国家科学技术学术著作出版基金资

微米纳米技术丛书·MEMS 与微系统系列

RF MEMS 器件设计、加工和应用

RF MEMS Devices Design, Fabrication, and Application

朱 健 编著

国防工业出版社

·北京·

图书在版编目(CIP)数据

RF MEMS 器件设计、加工和应用/朱健编著. —北京：
国防工业出版社,2012.12
（微米纳米技术丛书·MEMS 与微系统系列）
ISBN 978-7-118-08501-3

Ⅰ.①R... Ⅱ.①朱... Ⅲ.①微电子技术-元器件
Ⅳ.①TN6

中国版本图书馆 CIP 数据核字（2013）第 038848 号

※

国防工業出版社出版发行
（北京市海淀区紫竹院南路 23 号　邮政编码 100048）
三河市腾飞印务有限公司
新华书店经售
*
开本 787×1092　1/16　印张 19¾　字数 349 千字
2012 年 12 月第 1 版第 1 次印刷　印数 1—3000 册　定价 99.00 元

（本书如有印装错误,我社负责调换）

国防书店：(010)88540777　　发行邮购：(010)88540776
发行传真：(010)88540755　　发行业务：(010)88540717

此书同时获得

总装备部国防科技图书出版基金资助

致 读 者

本书由国防科技图书出版基金资助出版。

国防科技图书出版工作是国防科技事业的一个重要方面。优秀的国防科技图书既是国防科技成果的一部分,又是国防科技水平的重要标志。为了促进国防科技和武器装备建设事业的发展,加强社会主义物质文明和精神文明建设,培养优秀科技人才,确保国防科技优秀图书的出版,原国防科工委于1988年初决定每年拨出专款,设立国防科技图书出版基金,成立评审委员会,扶持、审定出版国防科技优秀图书。

国防科技图书出版基金资助的对象是:

1. 在国防科学技术领域中,学术水平高,内容有创见,在学科上居领先地位的基础科学理论图书;在工程技术理论方面有突破的应用科学专著。

2. 学术思想新颖,内容具体、实用,对国防科技和武器装备发展具有较大推动作用的专著;密切结合国防现代化和武器装备现代化需要的高新技术内容的专著。

3. 有重要发展前景和有重大开拓使用价值,密切结合国防现代化和武器装备现代化需要的新工艺、新材料内容的专著。

4. 填补目前我国科技领域空白并具有军事应用前景的薄弱学科和边缘学科的科技图书。

国防科技图书出版基金评审委员会在总装备部的领导下开展工作,负责掌握出版基金的使用方向,评审受理的图书选题,决定资助的图书选题和资助金额,以及决定中断或取消资助等。经评审给予资助的图书,由总装备部国防工业出版社列选出版。

国防科技事业已经取得了举世瞩目的成就。国防科技图书承担着记载和弘扬这些成就,积累和传播科技知识的使命。在改革开放的新形势下,原国防科工委率先设立出版基金,扶持出版科技图书,这是一项具有深远意义的创举。此举势必促使国防科技图书的出版随着国防科技事业的发展更加兴旺。

设立出版基金是一件新生事物,是对出版工作的一项改革。因而,评审工作需要不断地摸索、认真地总结和及时地改进,这样,才能使有限的基金发挥出巨大的效能。评审工作更需要国防科技和武器装备建设战线广大科技工作者、专家、教授,以及社会各界朋友的热情支持。

　　让我们携起手来,为祖国昌盛、科技腾飞、出版繁荣而共同奋斗!

国防科技图书出版基金

评审委员会

国防科技图书出版基金
第六届评审委员会组成人员

序

1994 年 11 月 2 日,我给中央领导同志写信并呈送所著《面向 21 世纪的军民两用技术——微米纳米技术》的论文,提出微米纳米技术是一项面向 21 世纪的重要的军民两用技术,它的出现将对未来国民经济和国家安全的建设产生重大影响,应大力倡导在我国及早开展这方面的研究工作。建议得到了当时中央领导同志的高度重视,李鹏总理和李岚清副总理均在批示中表示支持开展微米纳米技术的跟踪和研究工作。

国防科工委(现总装备部)非常重视微米纳米技术研究,成立国防科工委微米纳米技术专家咨询组,1995 年批准成立国防科技微米纳米重点实验室,从"九五"开始设立微米纳米技术国防预研计划,并将支持一直延续到"十二五"。

2000 年的时候,我又给中央领导写信,阐明加速开展我国微机电系统技术的研究和开发的重要意义。国家科技部于当年成立了"863"计划微机电系统技术发展战略研究专家组,我担任组长。专家组全体同志用一年时间圆满完成了发展战略的研究工作,这些工作极大地推动了我国的微米纳米技术的研发和产业化进程。从"十五"到现在,"863"计划一直对微机电系统技术给以重点支持。

2005 年,中国微米纳米技术学会经民政部审批成立。中国微米纳米学术年会经过十几年的发展,也已经成为国内学术交流的重要平台。

在总装备部微米纳米技术专家组、"863"专家组和中国微米纳米技术学会各位同仁的持续努力和相关计划的支持下,我国的微米纳米技术已经得到了长足的发展,建立了北京大学、上海交通大学、中国科学院上海微系统与信息技术研究所、中国电子科技集团公司第十三研究所等加工平台,形成了以清华大学、北京大学等高校和科研院所为主的优势研究单位。

十几年来,经过国防预研、重大专项、国防"973"、国防基金等项目的支持,我国已经在微惯性器件、RF MEMS、微能源、微生化等器件研究,以及微纳加工技术、ASIC 技术等领域取得了诸多突破性的进展,我国的微米纳米技术研究平台已经形成,许多成果获得了国家级的科技奖励。同时,已经形成了一支年富力强、结构合理、有影响力的科技队伍。

现在,为了更有效、有针对性地实现微米纳米技术的突破,有必要对过去的研究工作做一阶段性的总结,把这些经验和知识加以提炼,形成体系传承下去。为此,在国防工业出版社的支持下,以总装备部微米纳米技术专家组为主体,同时吸收国内同行专家的智慧,组织编写一套微米纳米技术专著系列丛书。希望通过系统地总结、提炼、升华我国"九五"以来微米纳米技术领域所做出的研究工作,展示我国在该技术领域的研究水平,并指导"十二五"及以后的科技工作。

丁衡高

2011 年 11 月 30 日

前　言

　　射频微机电系统(RF MEMS)是指利用 MEMS 技术制作各种用于电子通信的射频器件或系统,频段覆盖 100kHz～300GHz,最终目标是把半导体有源器件、微加工元件和 MEMS 器件集成到一块芯片上或微系统上,从而实现单芯片上的射频系统,完成信息的获取、传输、处理和执行等功能。RF MEMS 器件与传统电子器件相比,具有低插损、高隔离度、宽带、极低互调失真、近零驱动功耗、低成本集成能力的优势,可以实现各个通信部件的微型化和集成化,可以提高信号的处理速度和缩小整个雷达通信系统的功耗和体积,是无源器件的革命性改革,通过对高性能无源元件的单片集成,实现单芯片的射频系统,彻底改革了射频信号的处理方式。

　　为了便于国内 MEMS 科研人员了解和学习当前国际 RF MEMS 技术发展状况和最新进展,促进国内 RF MEMS 技术的研究进程,特地编写了《RF MEMS 器件设计、加工和应用》一书。本书从介绍 RF MEMS 的发展历史开始,系统地介绍了 RF MEMS 技术所涵盖的各类器件,以 RF MEMS 理论设计和工艺实现为基础,阐述了RF MEMS 器件的模型设计、结构制备等,详细论述了 RF MEMS 开关、电感、电容、移相器、谐振器、振荡器、滤波器、天线等 RF MEMS 设计方法、技巧以及工艺技术,论述了 RF MEMS 器件的封装技术和可靠性问题。

　　本书是第一部由国内作者编著的 RF MEMS 技术专业著作,在介绍 RF MEMS 理论基础上,侧重工程应用的设计方法及工艺技术,首次系统公布了南京电子器件研究所近十年来在 RF MEMS 领域的研究成果,包括获得国家技术专利的 RF MEMS 理论研究成果和工艺技术,代表我国 RF MEMS 技术的最新成果和最前沿技术。

　　本书是南京电子器件研究所微纳米研发部全体成员共同努力的成果,全书由我负责各章节的编写和审校,同时参与编写的有郁元卫(第 2 章、6 章、8 章),贾世星(第 3 章)、陆乐(第 4 章)、侯智昊和张龙(第 5 章、7 章)、侯芳(第 9 章)、吴璟和姜理利(第 10 章),高涛和陈辰(第 11 章),侯智昊负责了全书格式审校。在这里对所有参加编写的同事们表示感谢!

　　本书工作得到了总装备部中国微纳米技术专业组的支持,得到了国家科学技术学术著作出版基金委员会的资助,在此表示感谢!

感谢杨乃彬和高涛所长,是他们给了我一个施展才华的平台,不断地鞭策我;感谢我的恩师周百令、林金庭、林立强和冯耀兰,是他们给了我扎实的理论知识;感谢我的家人,特别是我的儿子朱天元,有多少个应该陪在他们身边的日日夜夜,由于工作忙而不能相伴;感谢我的好友何爱文(HELL Erwin),在键合工艺上给了我们团队最大的帮助;感谢多年来一直支持我的同仁和朋友们。

因本书是在我们团队承担大量科研任务的同时编写的,所以肯定有这样或那样的撰写错误,谨请指正和谅解。

谨将本书献给
我的恩师、引路人——丁衡高院士!
本书合作者
高涛、郁元卫、贾世星、陆乐、侯智昊、侯芳、吴璟、姜理利、陈辰、张龙。

朱 健
2013 年 2 月

目　录

Contents

XX

第1章 概　述

1.1　RF MEMS 的内涵

RF MEMS 技术是指采用 MEMS/NEMS 技术制造 RF 器件、组件或子系统,实现对 RF 信号的控制。与传统微波器件相比,RF MEMS 技术是创建低插入损耗(简称插损)和高线性射频组件的理想选择,它的应用将使现阶段的多频段多模式 RF 芯片的体积、重量、功耗和成本降低一个数量级,从而提高 RF 芯片的处理速度和处理能力。同时 RF MEMS 器件的可移动特性还能动态调整元件的参数值,大大提高多个 RF 器件的性能和灵活性。RF MEMS 技术使许多产品集成化、微型化、智能化,成倍提高器件和系统的功能密度、信息密度和互连密度,大幅度节能降耗[1,2]。

RF MEMS 在技术层面上,包括①开关、电感、可变电容、谐振器等组成的基本元件;②开关网络、移相器、滤波器、可重构网络等组成的基本组件;③单片接收机、变波束雷达、相控阵天线等组成的应用系统[2]。

1.2　RF MEMS 的发展历程

1.2.1　国外 RF MEMS 技术发展路线

在 20 世纪 80 年代初期,研制出了低频应用的 RF MEMS 开关。1990 年—1991 年,在 DARPA(美国国防预先研究计划署)资助下,位于加州 Malibu 的 Hughes(休斯实验室)研制出用于微波控制的第一只 MEMS 开关。它证实了直到 50GHz 范围内 RF MEMS 开关的优异性能,比用 GaAs 器件实现的开关性能要好得多。到 1995 年,Rockwell(罗克韦尔)科学中心和 TI(得州仪器)公司均研制出性能优异的 RF MEMS 开关。Rockwell 开关是金属—金属接触式的开关,适合于 DC ~ 60GHz 应用,而 TI 开关是电容式接触开关,适合于 10GHz ~ 120GHz 应用[3]。

第一套皮卫星(PICOSAT)由空军 OSP - 1 微小型航天器在 2000 年 1 月 26 日

1

送到太空,这是世界上送入轨道的最小的功能型卫星,验证了 PICOSAT 平台设计的 MEMS 器件技术以及通信系统、地面作战和航天司令部与太空监测网之间的协调。第二个 PICOSAT 由 OSP-2 送入太空,在主飞船里存放 1 年,2001 年 6 月释放出来。通过新一代 RF MEMS 开关技术,以及通信协议和地面操作的改进,以实现利用小电源维持长时间的在轨运行。已实现小尺寸 PICOSAT 平台(图 1.1),包括RSC(罗克韦尔科学中心)提供的 RF MEMS 开关阵列。而后在 DARPA/AFRL(空军研究实验室)资助下,进行了 PICOSAT 巡视卫星组(MEMS PICOSAT Inspector,MEPSI)项目研究,指出了下一步 PICOSAT 架构,集成高功率电台和反雷达导弹上的飞行计算机、MEMS 惯性测量单元、数字推进器等相关子系统。2002 年—2004 年的"用于空间运用的 DARPA—MEMS 和微技术"项目的目标是要实现新的轨道构架和军用航天系统,可实现微型航天器的批量生产。DARPA 预计,将来的高性能单个纳米卫星能够替代快速入轨方法,同时用于通信、遥感和制动等多卫星系统合随选卫星集群中。2003 年,RSC 报道了 MEMS TxRx 开关在 915MHz,1W 的功率下,在信标周期为 1 次/s 的情况下,冷开关寿命大于 1.8×10^6 次,可满足连续 2 周工作寿命的要求,同时指出了热开关下,必须控制加载射频功率信号的先后时序,来提高 RF MEMS 开关的使用寿命。2003 年实施MEPSI 的首次探险飞行。

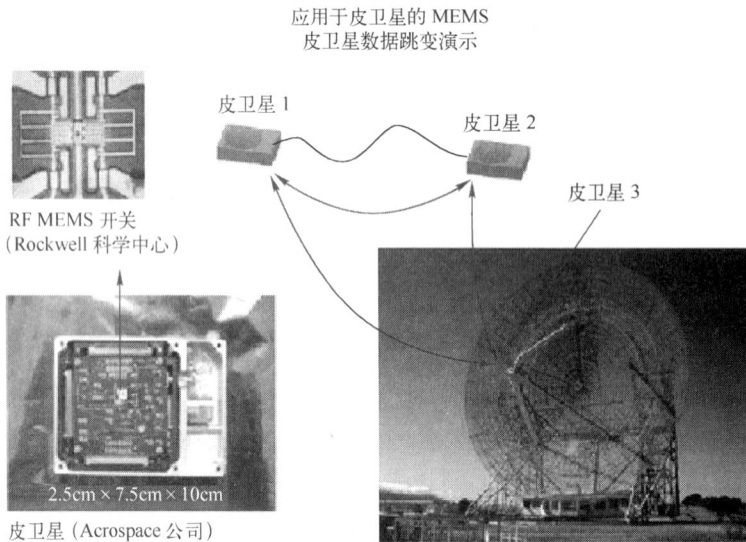

图 1.1 PICOSAT 平台

2003 年、2004 年,DAPRA 支持 RMI(Radant MEMS 公司)和 Memtronics 公司为首的研制团队开展 MEMS 相控阵天线的研究,在 RF MEMS 器件的封装技术和可靠性技术上进行了深入的研究,目前 RMI MEMS 开关(图 1.2)的工作寿命达到 10^{11} 次[4],Memtronics 的 MEMS 开关(图 1.3)[5] 报道的工作寿命达到 5×10^{11} 次,工作年限超过 15 年。

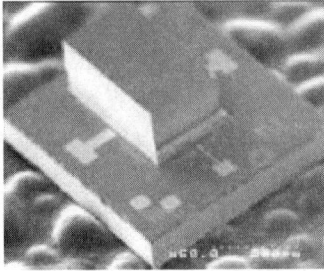

图 1.2　RMI MEMS 开关

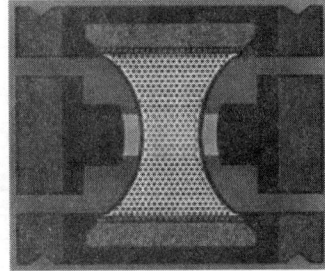

图 1.3　Memtronics MEMS 开关

2004 年,Philips 公司公开了一种无线通信用 MEMS 可调电容,通过电容器的一个可动金属极板的动作,获得高 Q 值和宽的变容范围,使用 PASSI™ 工艺研制的 MEMS 电容(图 1.4),Q 值大于 500,电容变比达到 17。

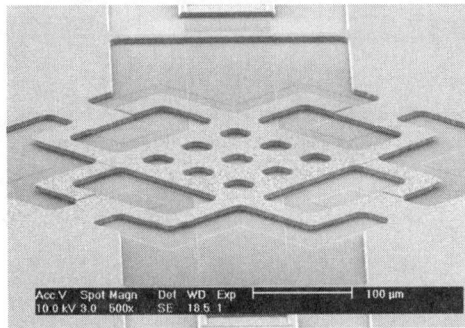

图 1.4　使用 PASSI™ 工艺研制的 MEMS 电容

基于 MEMS 技术的可重构天线孔径(RECAP 项目)是美国 DARPA 重点扶持的重要研究内容之一,其目标是开发基于 RF MEMS 技术的宽带可重构天线的核心技术与集成方法,包括宽带可重构孔径阵列(将天线孔径、RF MEMS 开关和 MMIC 发射/接受放大器集成在同一衬底上)、超宽带滤渗型天线、光子禁带天线、共形栅格天线等关键技术,目的是提高信号带宽,降低系统尺寸,用于实现天线波束的空间扫描或提供频率可重构能力实现多频段相控阵天线等。这些都是提高雷达与目标环境、杂波环境、电磁环境匹配能力的关键技术,其潜在应用平台巨大。表 1.1 给出了几种天线的成本与重量的比较,可看出 MEMS 天线的成本只有有源相控阵天线的 1/64 ~ 1/32,重量是有源相控阵天线的 1/8 左右。

表 1.1　几种天线的成本与重量的比较

天线形式	成本/万美元·m^{-2}	重量要求/kg·m^{-2}
有源相控阵天线	400～800	362
铁氧体移相器型无源相控阵天线	67.8	
MEMS－Tenna	12.5	45.3

　　为了解决巡航导弹与拦截导弹之间的价值不平衡,使用简单系统开发低成本拦截导弹系统,DAPAR 开展了 LCCMD(低成本巡航导弹防御系统)计划,探索了两个方案:一是集中探索拦截导弹;二是探索新的导引头概念。关于导引头开发了三个末端导引头,包括噪声雷达、微机电系统(MEMS)电子扫描阵列(ESA)和激光雷达(ladar)。其中 MEMS ESA 概念引起了 DARPA 的高度重视,经实验测试 MEMS ESA 导引头被证明是最适合该项目的低成本导引头方案。2002 年,其完成了 MEMS ESA 原型导引头设计(图 1.5),MEMS ESA 有 768 个辐射单元,工作频率 Ka 波段,波束宽度 3.5°,扫描范围 60°,峰值功率达 30W,平均功率 10W,使用 MEMS 而弃用传统的移相器可使功耗降低 2 个数量级,成本降低 1 个数量级。

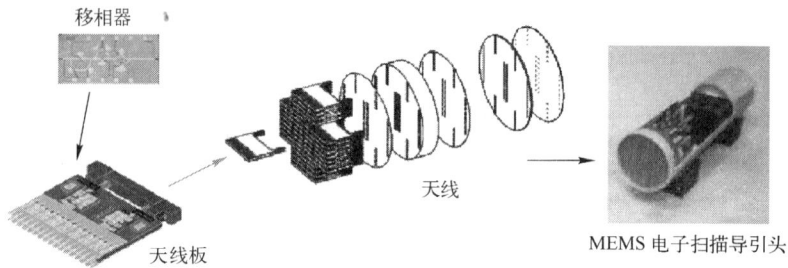

图 1.5　MEMS ESA 导引头原型设计

　　如图 1.6 所示,2006 年 4 月美国 Radant 技术公司在 AFRL 的支持下,完成了

图 1.6　X 波段 MEMS ESA

世界上第一部 X 波段 MEMS ESA 的演示[6]，用于美国陆军联合陆上巡航导弹组网防御传感器系统(JLENS)计划。天线阵面积 0.4m²，使用了 APG67 机载多功能雷达的发射机和接收机以及控制体系，使用了 MEMS ESA 天线包含了 RMI 公司的 25000 只 RF MEMS 开关组成的移相器，天线实现了电扫描角度 ±60°、空中探测距离超过 20km，为未来新一代雷达系统的大变革铺平了道路。

　　2006 年美国 UoM 报道了世界上首部圆片 MEMS 无源 ESA (PESA) (图 1.7)[7]，在一个 3 英寸(7.6cm)直径的圆片上集成了 1:1 Wilkinson 功分器馈线网络、8 个 DMTL 模拟 TTD(实时延)移相器、天线馈电接口和偏置电极(图 1.7(a))。微带贴片天线制作在 Rogers TMM3 介质板上。采用类似 MCM-D 工艺，两层衬底层叠在一起，固定在外框架上，形成了低剖面、轻质的圆片级 2D-ESA(图 1.7(b))。其中圆片上每个移相器包含 60 个可变电容，一个阵列包含了 480 个 RF MEMS 可变电容。MEMS PESA 的工作频率 38GHz，带宽 2GHz，天线 H 面增益 10dBi，辐射效率 25%，电扫描角度 ±12°。

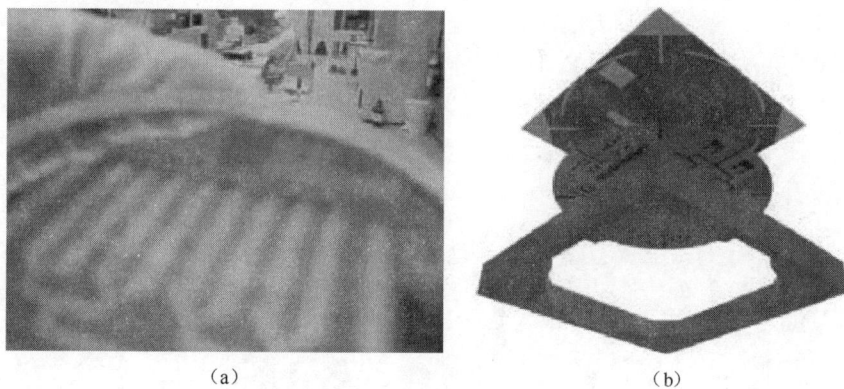

(a)　　　　　　　　(b)

图 1.7　Ka 波段圆片 MEMS PESA

　　2007 年，美国 Teravicta 公司发布了面向军事、航空和雷达等高端应用的 26GHz 高带宽 SPDT MEMS 开关[8]，其工作寿命 10⁸ 次 ~10⁹ 次。

　　2007 年 1 月，韩国 LG 电子技术研究院试制出了利用 RF MEMS 开关进行特性切换的手机用板状倒 F 形天线(PIFA)[9]，如图 1.8 所示。将 RF MEMS 开关、电容和 PIFA 结合，非手持时 RF MEMS 开关调至打开状态，手持时 RF MEMS 开关调至关闭状态，从而对天线特性偏差进行补偿。RF MEMS 开关为压电驱动 SPST(单刀单掷)开关，工作电压为 2.5V~4V，插入损耗为 0.19dB，隔离度为 44dB(频率均为 2GHz)。板状倒 F 形天线尺寸为 35mm×14mm×7mm。

　　2007 年，Wispry 公司推出全球首款集成数字电容阵列的 MEMS 芯片，用于动态地匹配手机天线阻抗，此款 MEMS 芯片是架构在裸片上的 80 个数字电容数组。

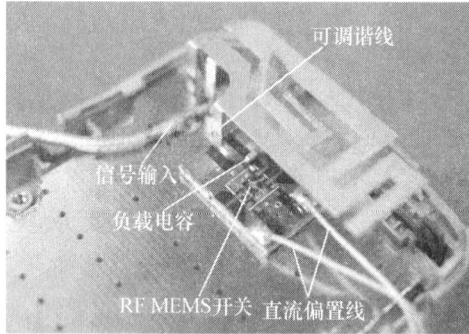

图 1.8　MEMS 可调谐 PIFA 天线

通过在手机中加入此款由数字式电容队列构成且能在 $10\mu s$ 内动态地调节其阻抗的 MEMS 芯片，手机用户可以接收到清晰的信号，而不会丢失信号，这样就扩大了无线移动服务的服务范围，降低了信号传输所需的功率，延长了手机的电池寿命 $10\% \sim 20\%$，因为在相同传输距离下，处在匹配状态下的天线所耗传输功率更小。

2008 年，德国报道了由 EADS 公司设计、Fraunhofer 研制的 Ka 波段雷达导引头（图 1.9），采用了数百只 MEMS 移相器[10]。

图 1.9　EADS 公司的基于 MEMS 移相器的 Ka 波段雷达导引头

国外 RF MEMS 技术从器件到组件到系统，发展路线见图 1.10 ~ 图 1.13。

1.2.2　国内 RF MEMS 技术发展路线

虽然 20 世纪 90 年代，针对 RF MEMS，中国有部分文章发表，但只有仿真结果，没有实测微波性能报道。

2000 年，南京电子器件研究所报道了国内第一只实测具微波性能的 RF MEMS 开关。

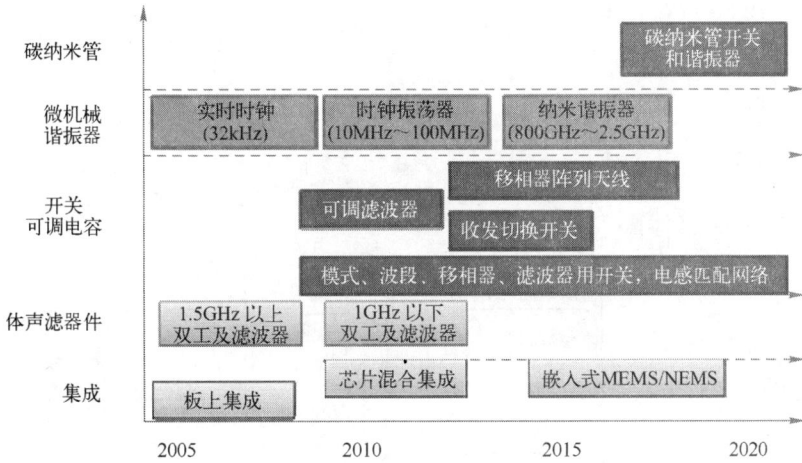

图 1.10　RF MEMS 器件进展预测[11]

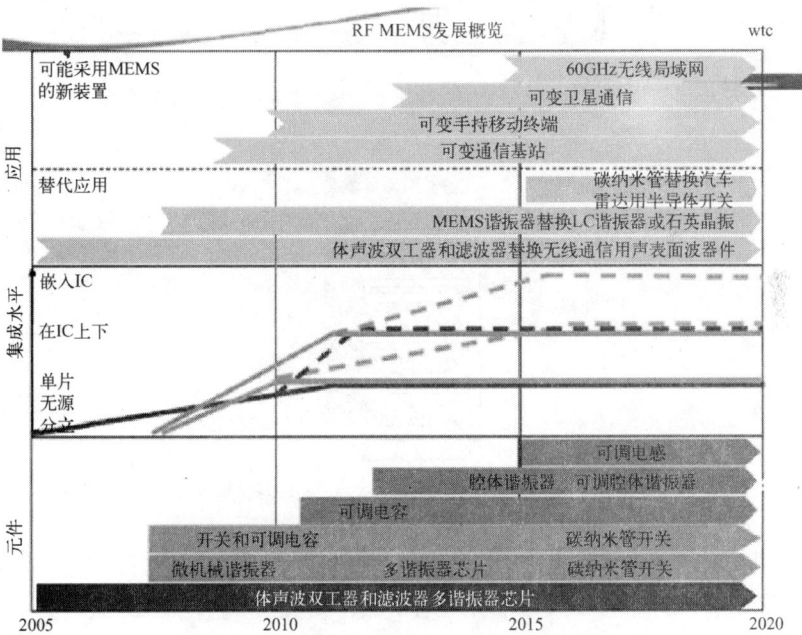

图 1.11　WTC 公司对 RF MEMS 器件、组件发展预测[11]

2001 年,国家科技部在"863"计划中"RF MEMS 开关"作为 MEMS 预启动两个重点项目之一由南京电子器件研究所和北京大学联合承担。

2002 年,南京电子器件研究所设计出基于 RF MEMS 开关的开关线型和高低通型 MEMS 移相器,研制出 4 位数字式 MEMS 移相器样品。

RF 微系统集成技术

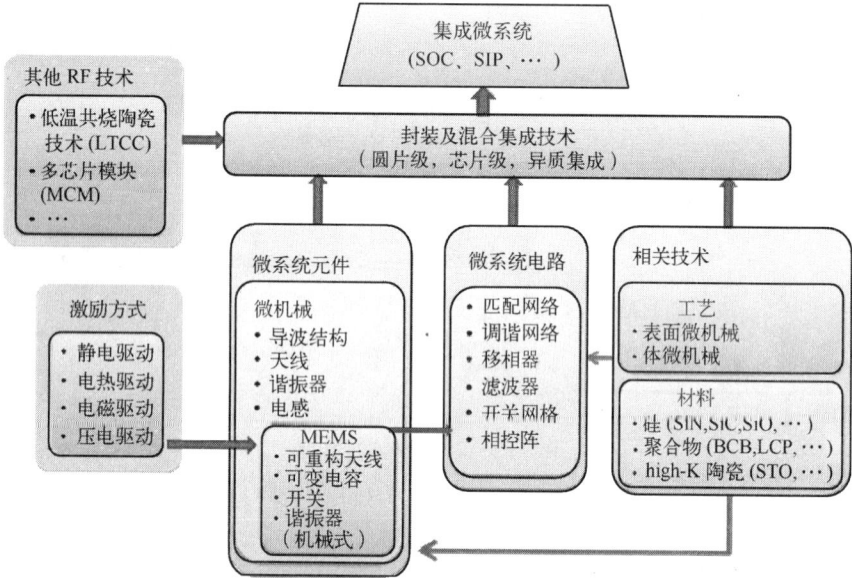

图 1.12 RF MEMS 关键技术、器件、组件及其系统发展相互关系[11]

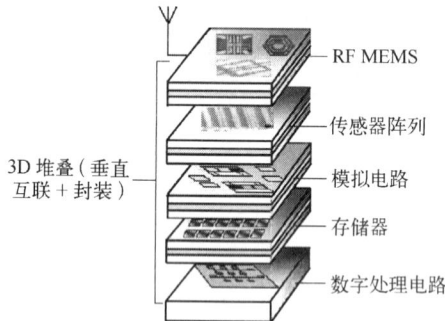

图 1.13 典型单片式射频系统

2003 年,国家科技部"863"计划 MEMS 重大专项计划支持成立国内五大 MEMS 国家级对外开发加工平台,南京电子器件研究所侧重 RF MEMS。

2005 年,南京电子器件研究所 MEMS 微带带通滤波器技术获得突破,RF MEMS 滤波器成为中国国内率先进入实用化领域的 RF MEMS 产品,同年申请了"双调谐传输零点微机械滤波器"国家发明专利。

2006 年,南京电子器件研究所开始基片集成波导 SIW 硅基滤波器和层叠滤波器、腔体式 MEMS 滤波器、可调滤波器研究,申请了"基于 MEMS 技术的层叠式滤波器"国家发明专利。

应用于皮卫星的 MEMS
皮卫星数据跳变演示

RF MEMS 开关
（Rockwell 科学中心）

皮卫星 1　　　　皮卫星 2

皮卫星 3

2.5cm × 7.5cm × 10cm

皮卫星（Acrospace 公司）

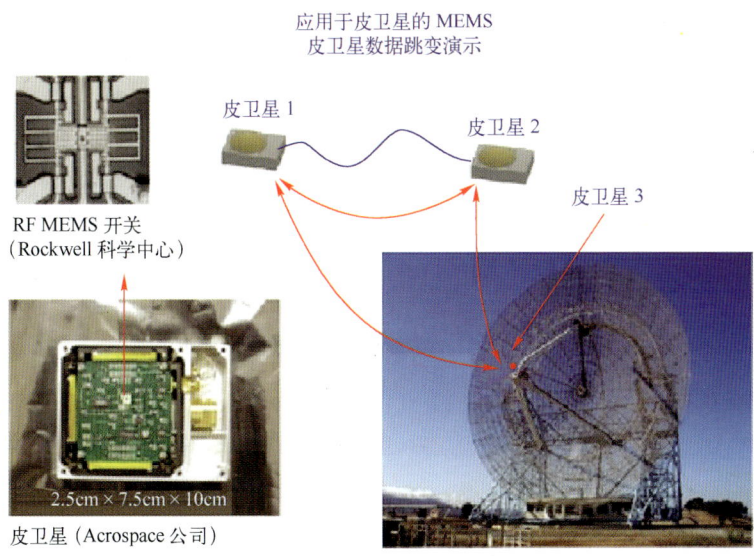

图 1.1　PICOSAT 平台

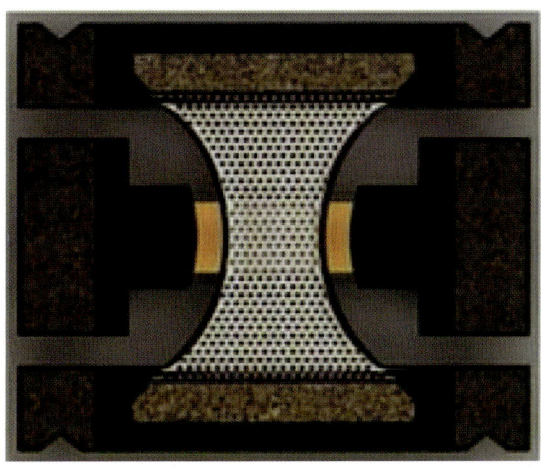

图 1.3　Memtronics MEMS 开关

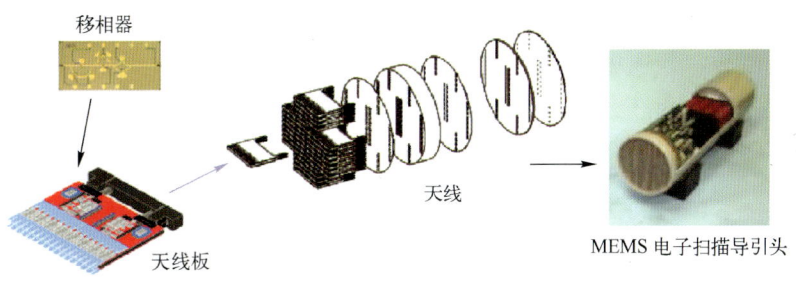

移相器

天线

天线板

MEMS 电子扫描导引头

图 1.5　MEMS ESA 导引头原型设计

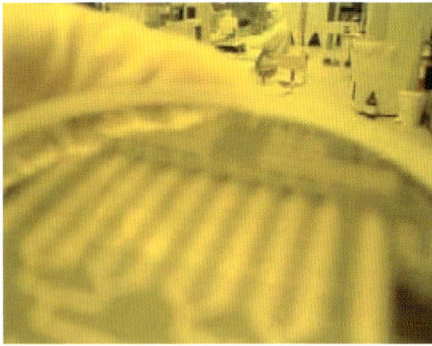

（a）　　　　　　　　　　（b）

图 1.7　Ka 波段圆片 MEMS PESA

图 1.9　EADS 公司的基于 MEMS 移相器的 Ka 波段雷达导引头

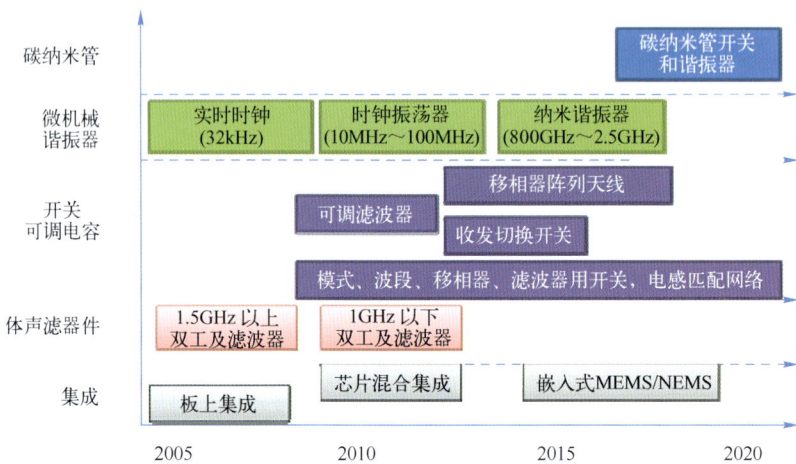

图 1.10　RF MEMS 器件进展预测

可能采用MEMS的新装置

应用

60GHz无线局域网

可变卫星通信

可变手持移动终端

可变通信基站

替代应用

碳纳米管替换汽车雷达用半导体开关

MEMS谐振器替换LC谐振器或石英晶振

体声波双工器和滤波器替换无线通信用声表面波器件

集成水平

嵌入IC

在IC上下

单片
无源
分立

元件

可调电感

腔体谐振器　可调腔体谐振器

可调电容

开关和可调电容　　　碳纳米管开关

微机械谐振器　　多谐振器芯片　　碳纳米管开关

体声波双工器和滤波器　多谐振器芯片

2005　　　　　　2010　　　　　　2015　　　　　　2020

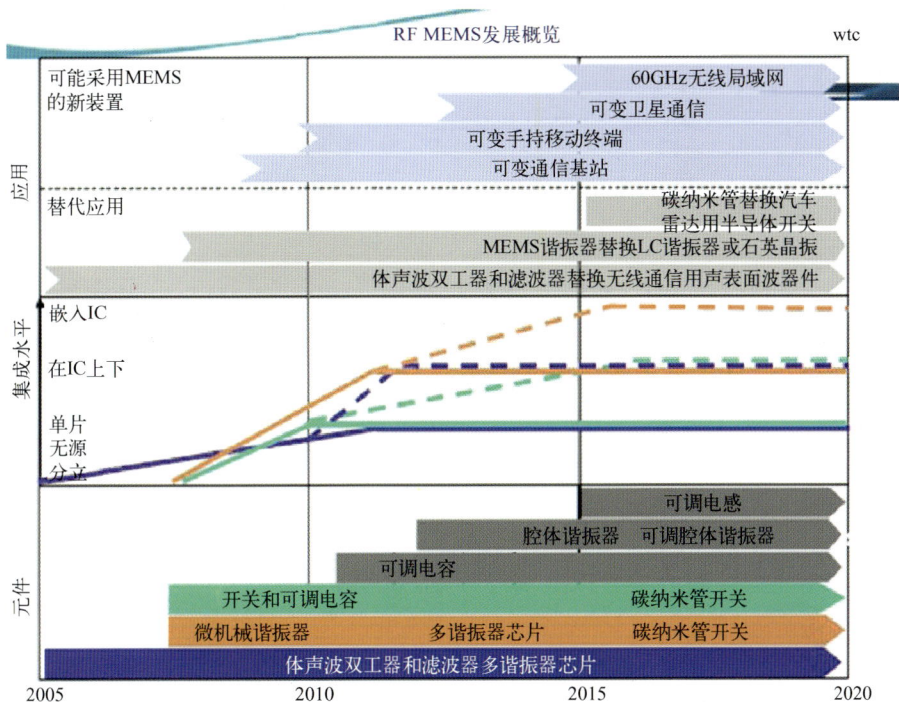

图 1.11　WTC 公司对 RF MEMS 器件、组件发展预测

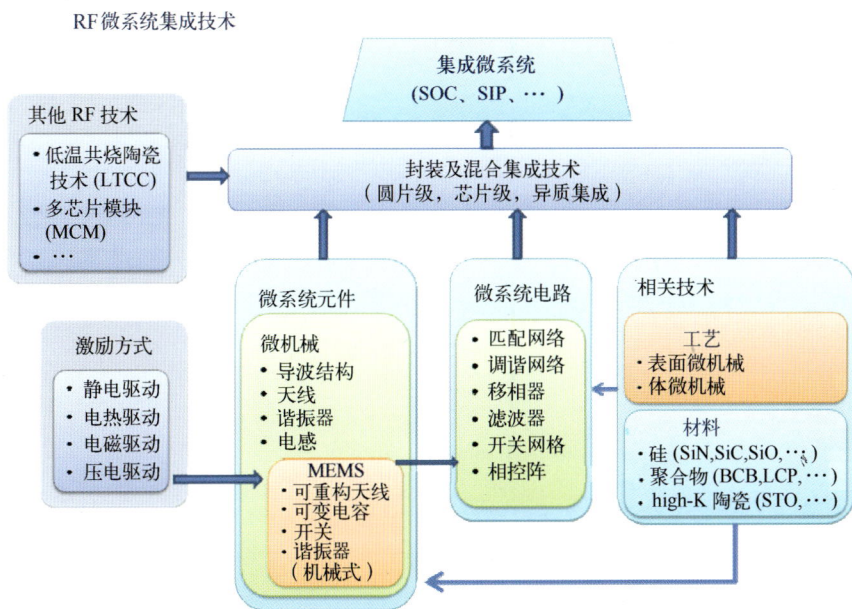

RF 微系统集成技术

集成微系统
(SOC、SIP、…)

其他 RF 技术
· 低温共烧陶瓷技术 (LTCC)
· 多芯片模块 (MCM)
· …

封装及混合集成技术
(圆片级，芯片级，异质集成)

激励方式
· 静电驱动
· 电热驱动
· 电磁驱动
· 压电驱动

微系统元件
微机械
· 导波结构
· 天线
· 谐振器
· 电感

MEMS
· 可重构天线
· 可变电容
· 开关
· 谐振器
（机械式）

微系统电路
· 匹配网络
· 调谐网络
· 移相器
· 滤波器
· 开关网格
· 相控阵

相关技术
工艺
· 表面微机械
· 体微机械

材料
· 硅 (SiN,SiC,SiO,…)
· 聚合物 (BCB,LCP,…)
· high-K 陶瓷 (STO,…)

图 1.12　RF MEMS 关键技术、器件、组件及其系统发展相互关系

RF MEMS 器件设计、加工和应用／彩三

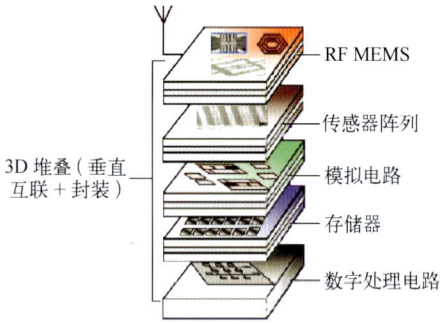

图 1.13　典型单片式射频系统

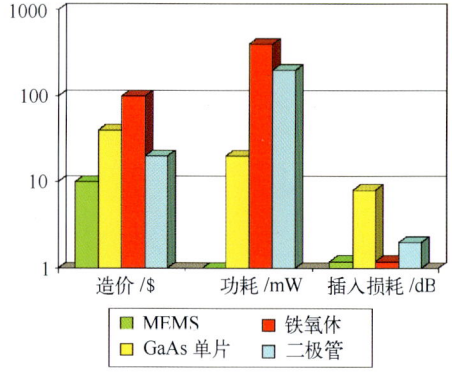

图 1.15　多种类型的移相器性能比较

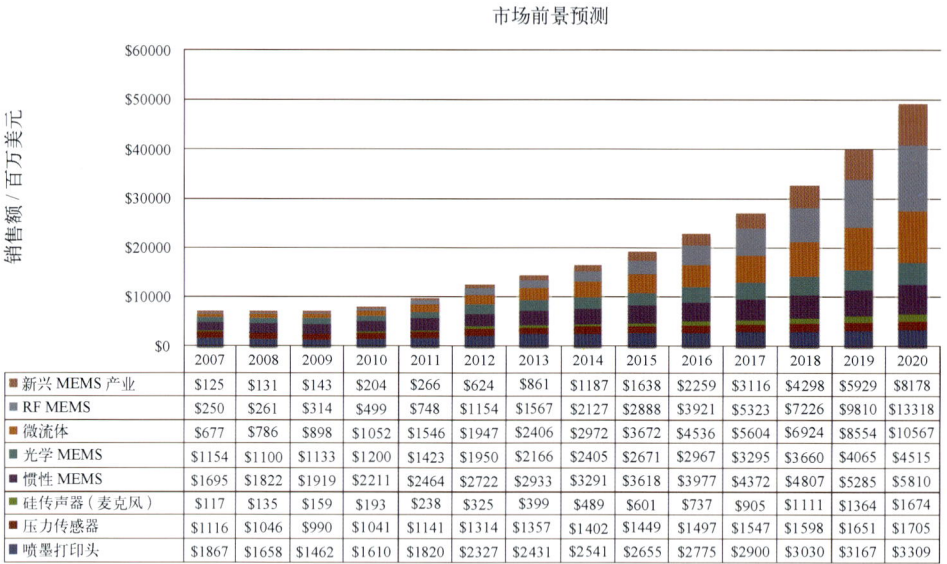

市场前景预测

	2007	2008	2009	2010	2011	2012	2013	2014	2015	2016	2017	2018	2019	2020
■新兴 MEMS 产业	$125	$131	$143	$204	$266	$624	$861	$1187	$1638	$2259	$3116	$4298	$5929	$8178
■ RF MEMS	$250	$261	$314	$499	$748	$1154	$1567	$2127	$2888	$3921	$5323	$7226	$9810	$13318
■微流体	$677	$786	$898	$1052	$1546	$1947	$2406	$2972	$3672	$4536	$5604	$6924	$8554	$10567
■光学 MEMS	$1154	$1100	$1133	$1200	$1423	$1950	$2166	$2405	$2671	$2967	$3295	$3660	$4065	$4515
■惯性 MEMS	$1695	$1822	$1919	$2211	$2464	$2722	$2933	$3291	$3618	$3977	$4372	$4807	$5285	$5810
■硅传声器（麦克风）	$117	$135	$159	$193	$238	$325	$399	$489	$601	$737	$905	$1111	$1364	$1674
■压力传感器	$1116	$1046	$990	$1041	$1141	$1314	$1357	$1402	$1449	$1497	$1547	$1598	$1651	$1705
■喷墨打印头	$1867	$1658	$1462	$1610	$1820	$2327	$2431	$2541	$2655	$2775	$2900	$3030	$3167	$3309

图 1.18　YOLE 公司 MEMS 器件的市场预测

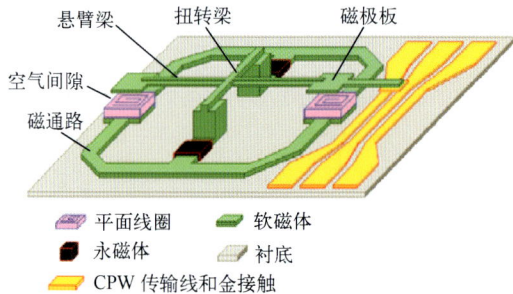

图 2.2　电磁驱动开关结构示意图

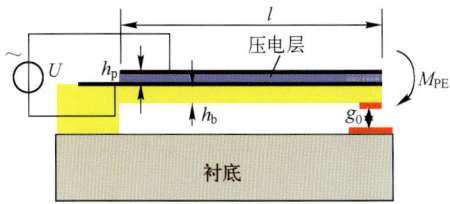

图 2.3　压电驱动开关结构示意图

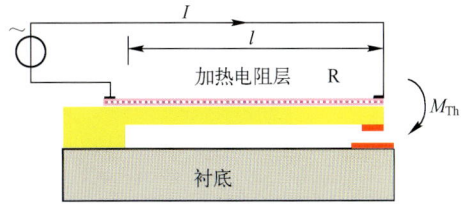

2.4　电热驱动开关结构示意图

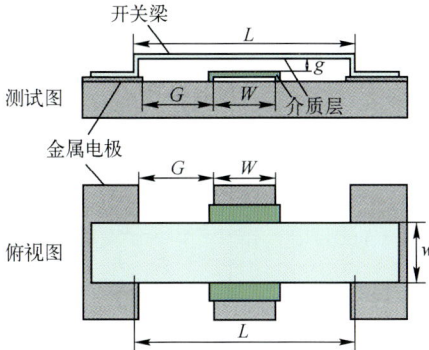

（a）结构示意图

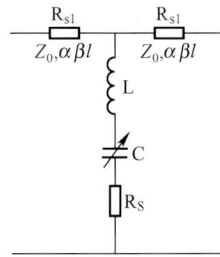

（b）等效电路

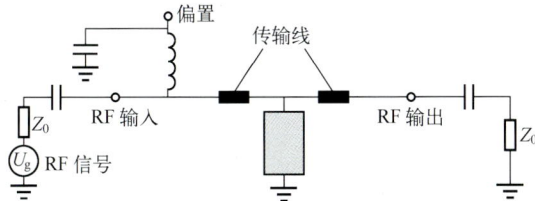

（c）偏置电路原理图

图 2.9　RF MEMS 并联电容式开关结构和等效电路图

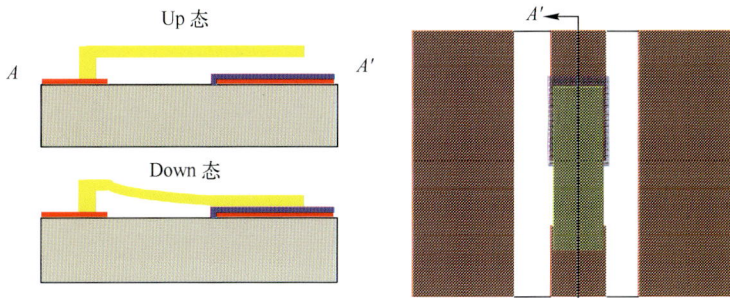

（a）结构原理

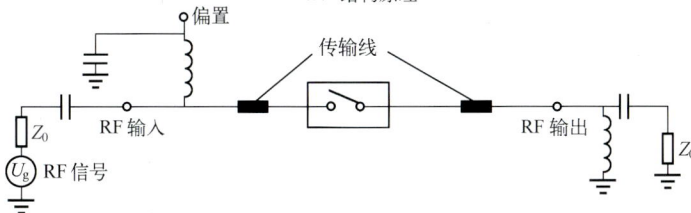

（b）偏置电路原理图

图 2.10　MEMS 串联电容式开关结构和等效电路图

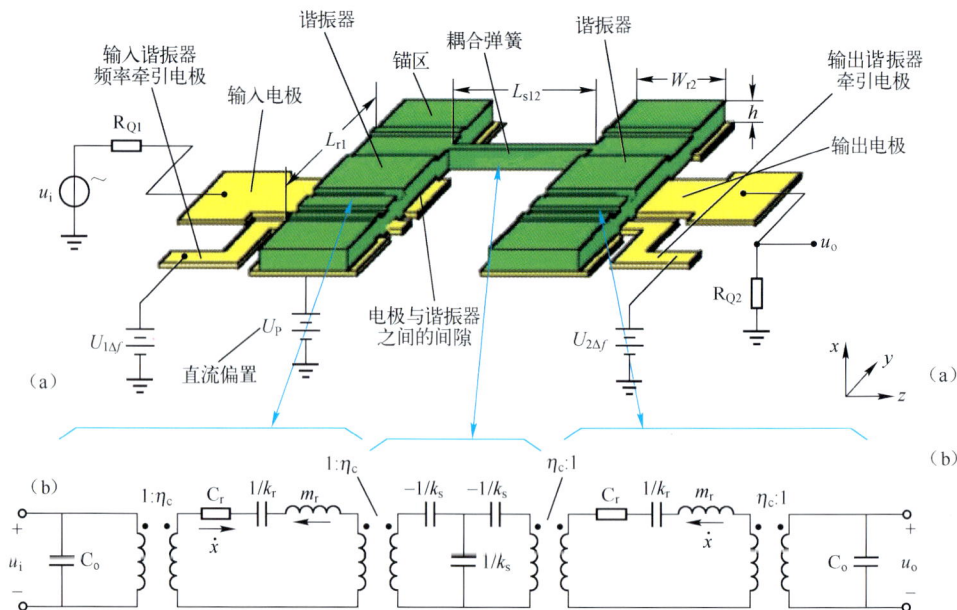

图 2.11　微机械滤波器的结构和原理示意图

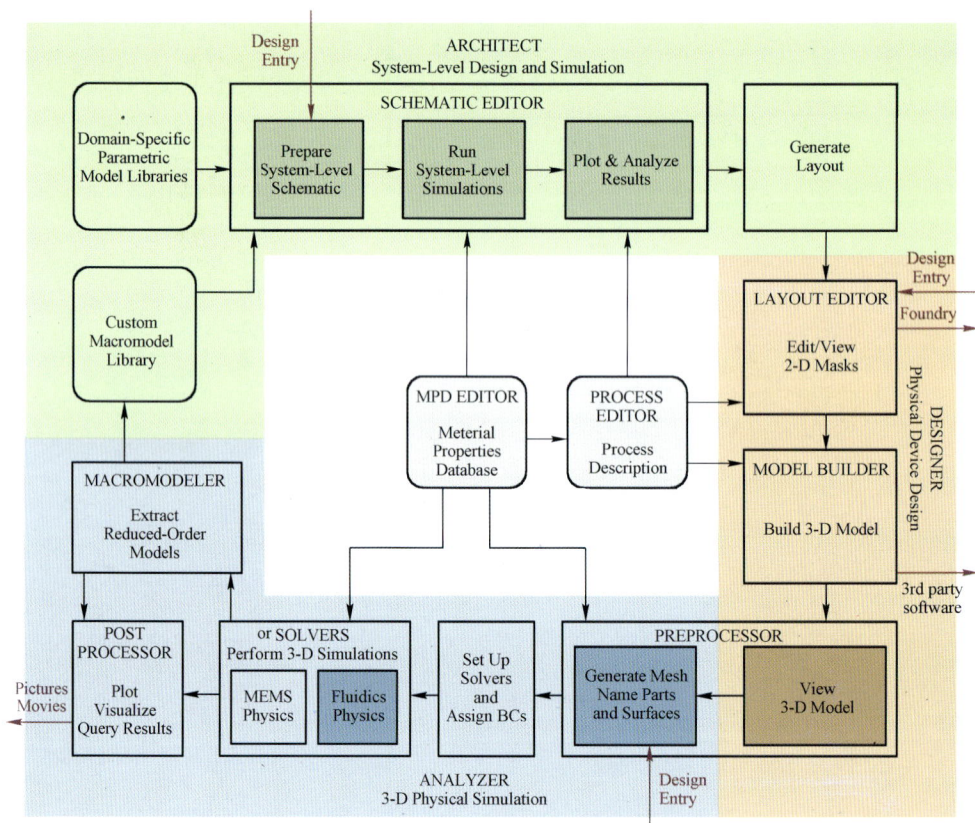

图 2.12　CoventorWare 软件的模块功能图

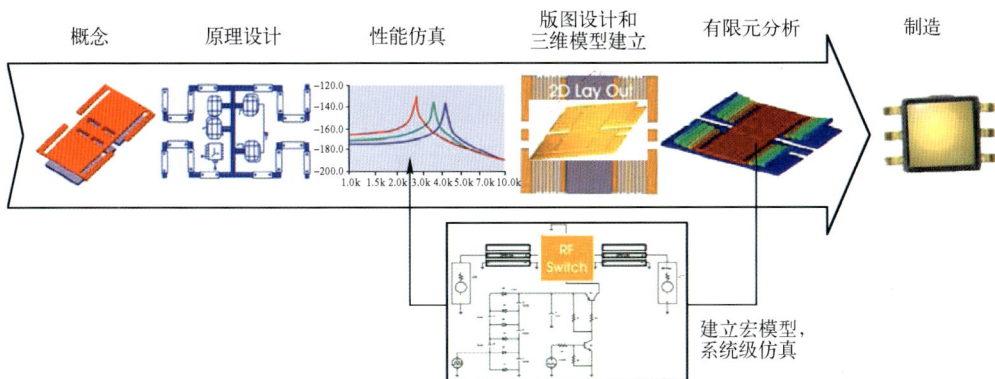

图 2.13   RF MEMS 设计流程图

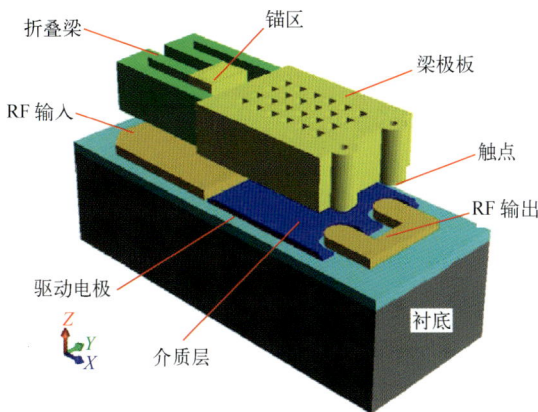

概念 | 原理设计 | 性能仿真 | 版图设计和三维模型建立 | 有限元分析 | 制造

建立宏模型,系统级仿真

折叠梁　锚区　梁极板

RF 输入　触点　RF 输出

驱动电极　介质层　衬底

图 2.14   南京电子器件研究所 RF MEMS 开关结构模型

ProcessEditor: E:\Design_Files\dcswitch\Devices\switch2005_fold.proc

File Edit View Help

Step	Action	Type	Layer Name	Material	Thickness	Color	Mask Name/ Polarity	Depth	Offset	Sidewall Angle	Comment
0	Base		Substrate	SILICON	10.0	gray	GND				
1	Deposit	Planar	SiO	THERM_OXIDE	1.0	cyan					
2	Deposit	Planar	Au	GOLD	0.3	red					
3	Etch	Front, Last La...				red	Au +	0.3	0.0	0.0	
4	Deposit	Conformal	SiN	SI3N4	0.3 SCF	blue					
5	Etch	Front, Last La...				blue	SiN +	0.3	0.0	0.0	
6	Deposit	Conformal	Au1	GOLD	1.0 SCF	orange					
7	Etch	Front, Last La...				orange	Au1 +	1.0	0.0	0.0	
8	Deposit	Planar	PMMA	POLYIMIDE	3.0	gray					
9	Etch	Front, By Depth				cyan	Dimple -	0.5	0.0	0.0	
10	Etch	Front, Last La...				gray	Anchor -	3.0	0.0	0.0	
11	Deposit	Conformal	Bridge	GOLD	5.0 SCF	yellow					
12	Etch	Front, Last La...				yellow	Bridge +	5.0	0.0	0.0	
13	Sacrif...			POLYIMIDE							

图 2.16   南京电子器件研究所 RF MEMS 开关工艺设计

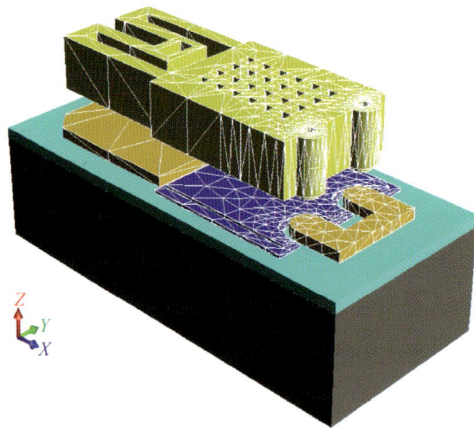

图 2.18　南京电子器件研究所 RF MEMS 开关网格划分后的模型

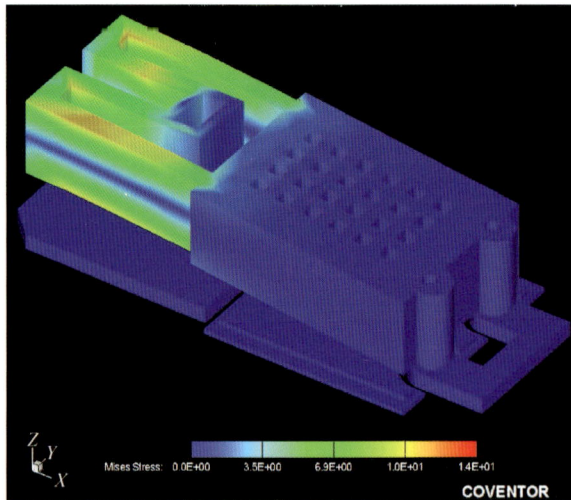

图 2.19　南京电子器件研究所 RF MEMS 开关梁结构应力分析

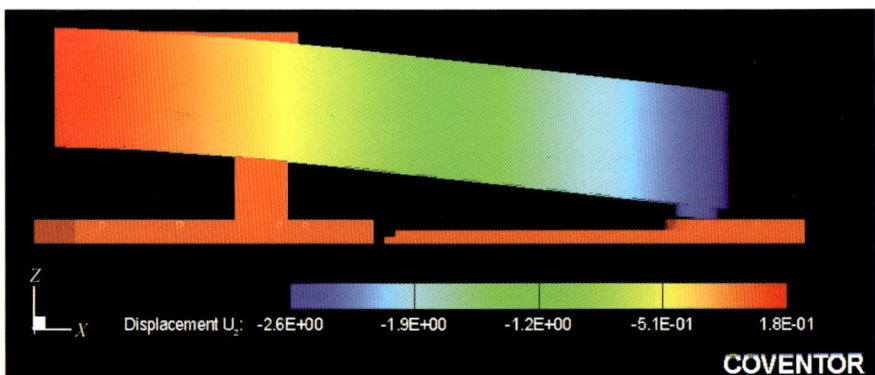

图 2.20　南京电子器件研究所 RF MEMS 开关梁结构位移分析

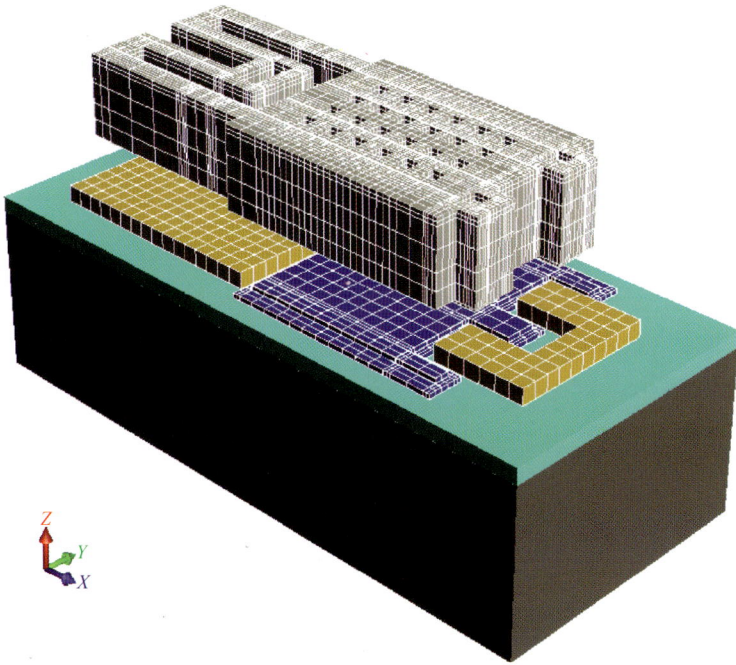

图 2.24　南京电子器件研究所 RF MEMS 开关网格划分后的模型

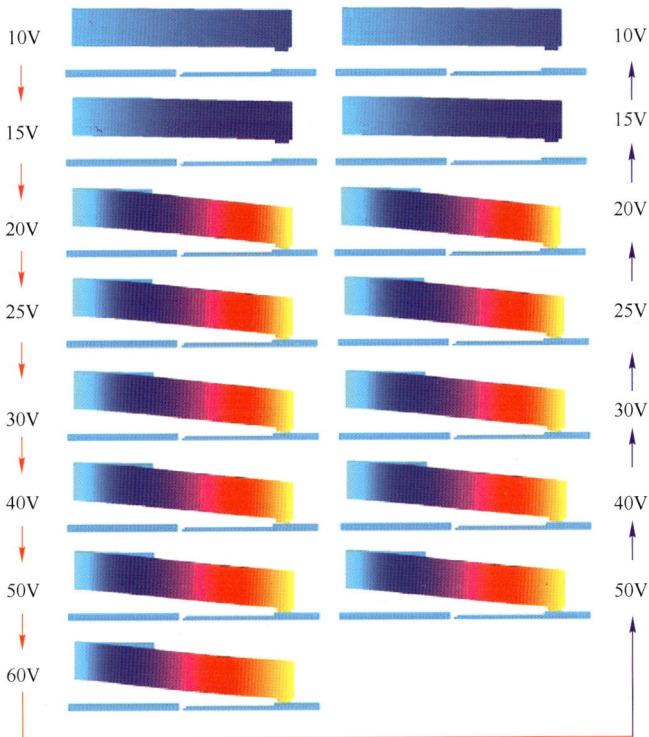

图 2.27　南京电子器件研究所 RF MEMS 开关加电后微结构变形

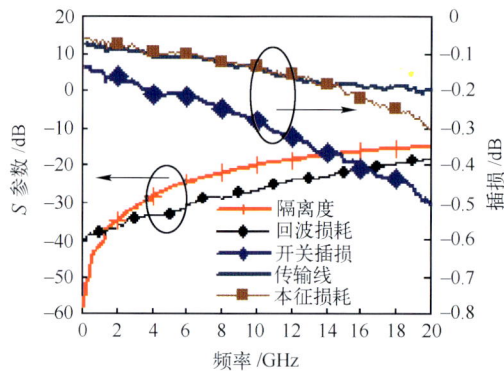

图 2.32　南京电子器件研究所 RF MEMS 开关 S 参数测量结果

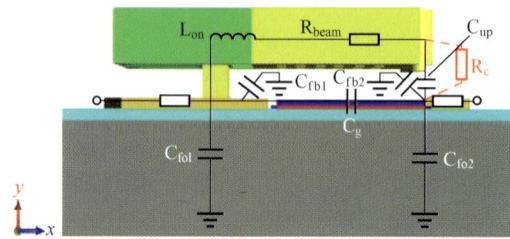

图 2.34　南京电子器件研究所 RF MEMS 开关电路模型

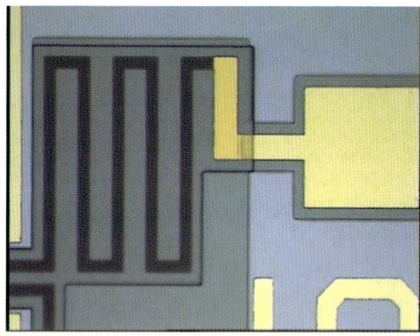

图 3.2　Si 化合物隔离薄膜

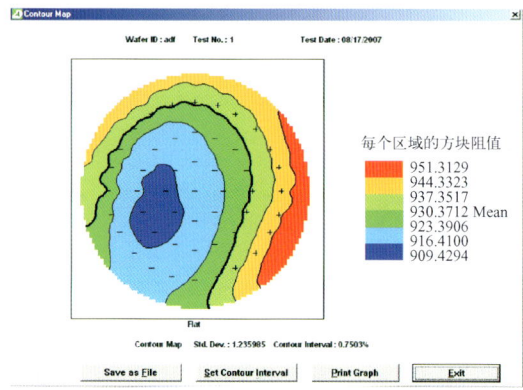

图 3.3　薄膜电阻率测量结果

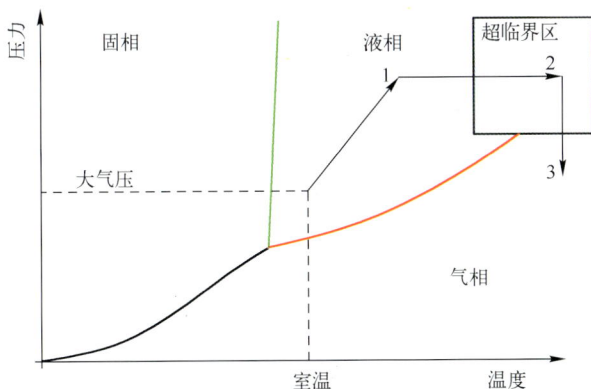

图 3.10 二氧化碳超临界相

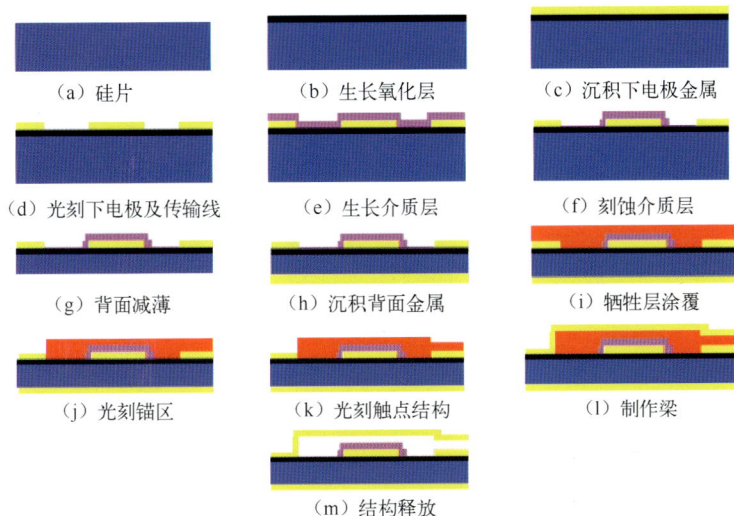

（a）硅片 （b）生长氧化层 （c）沉积下电极金属

（d）光刻下电极及传输线 （e）生长介质层 （f）刻蚀介质层

（g）背面减薄 （h）沉积背面金属 （i）牺牲层涂覆

（j）光刻锚区 （k）光刻触点结构 （l）制作梁

（m）结构释放

图 3.11 RF MEMS 器件低温表面牺牲层工艺流程示意图

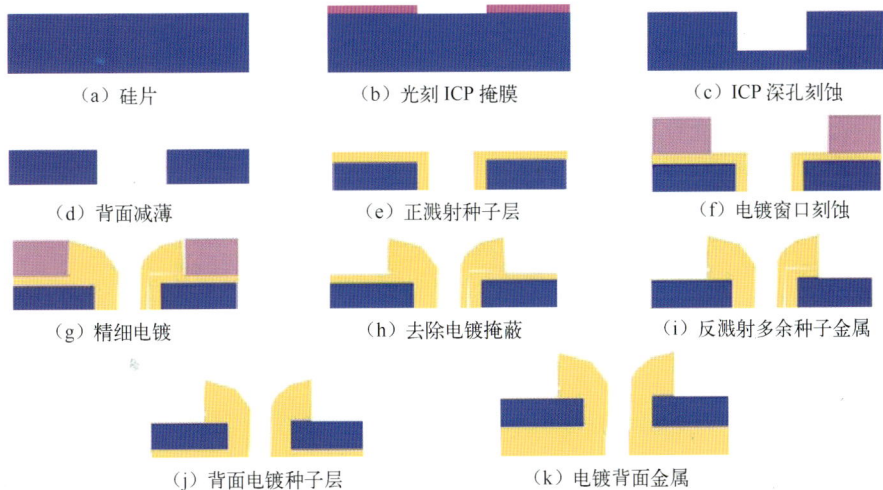

（a）硅片 （b）光刻 ICP 掩膜 （c）ICP 深孔刻蚀

（d）背面减薄 （e）正溅射种子层 （f）电镀窗口刻蚀

（g）精细电镀 （h）去除电镀掩蔽 （i）反溅射多余种子金属

（j）背面电镀种子层 （k）电镀背面金属

图 3.12 微带带通 RF MEMS 滤波器体硅典型工艺流程示意图

"三明治"结构工艺流程 (RF MEMS 滤波器系列产品)

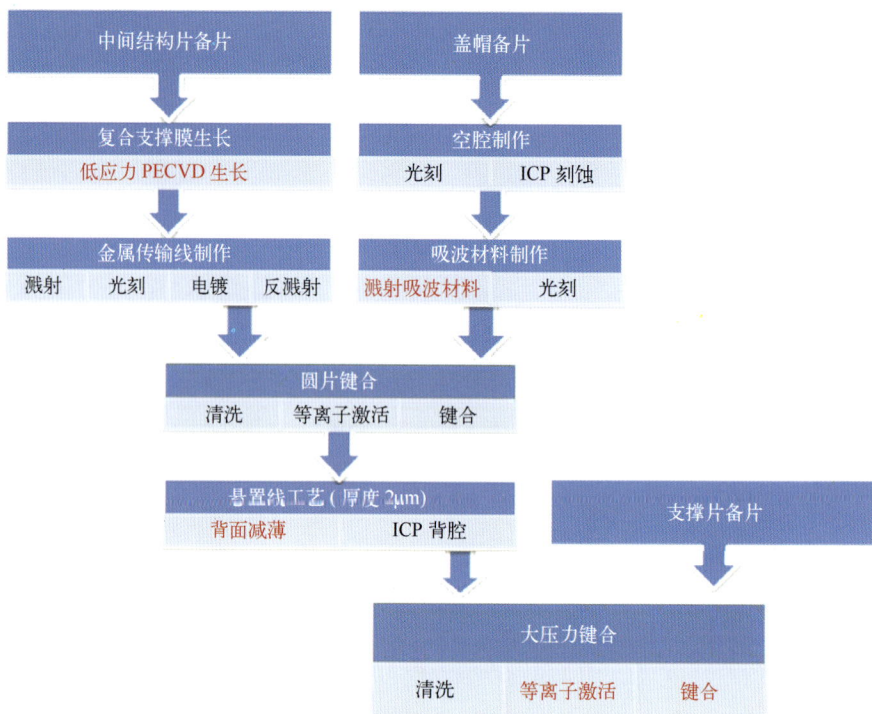

图 3.13   "三明治"结构的 RF MEMS 器件工艺流程图

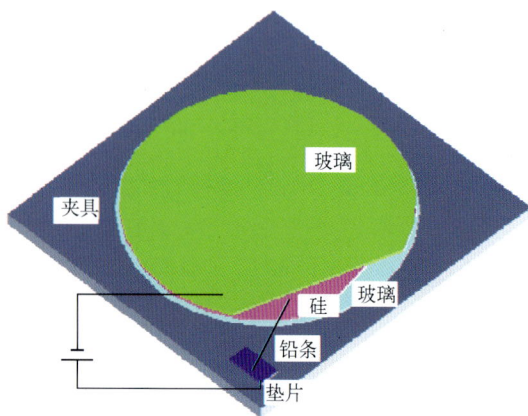

图 3.21   键合工艺调整示意图

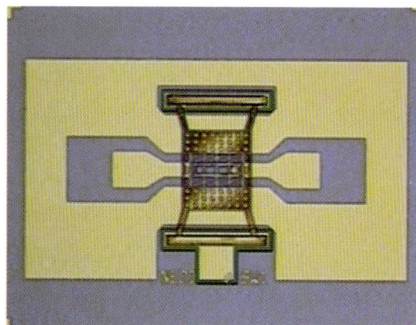

图 3.30   GaAs 衬底 RF MEMS 开关样品照片

（a）曝光

（b）显影

（c）电铸

（d）模具形成

（e）模具填充

（f）结构释放

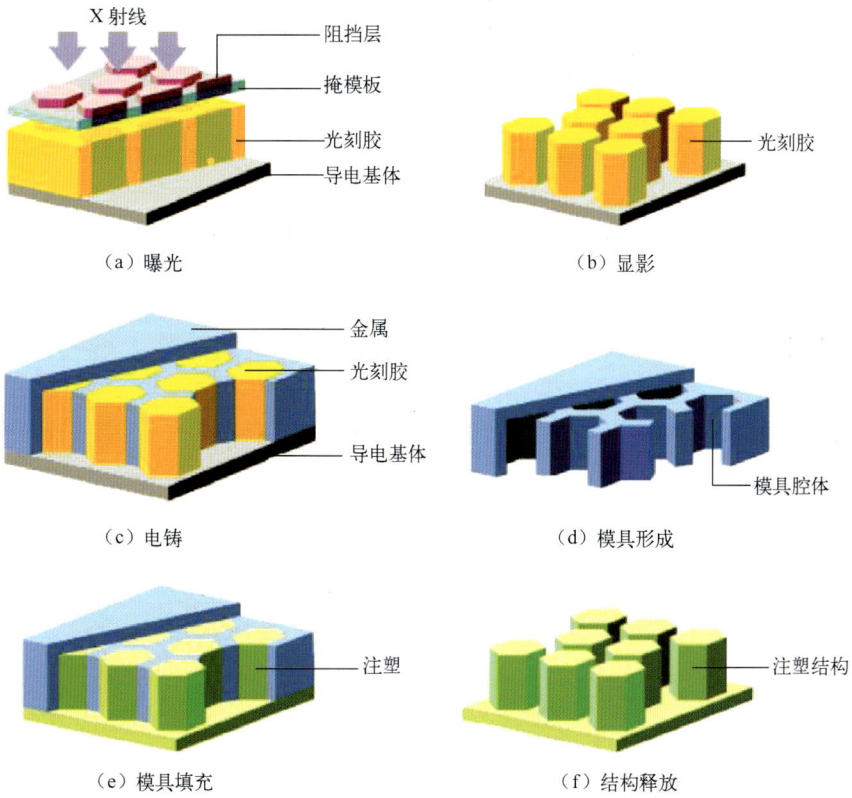

图 3.31　LIGA 工艺流程示意图

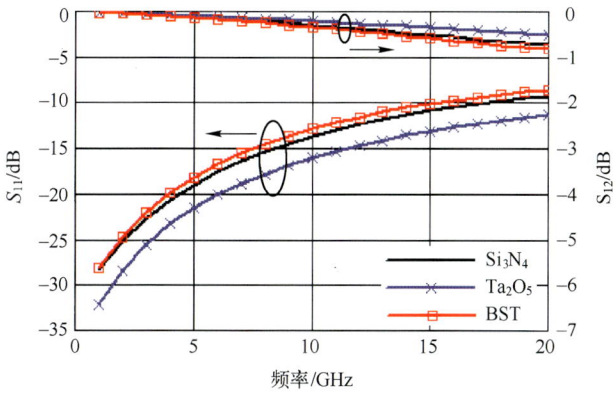

图 4.18　开态插损和反射损耗

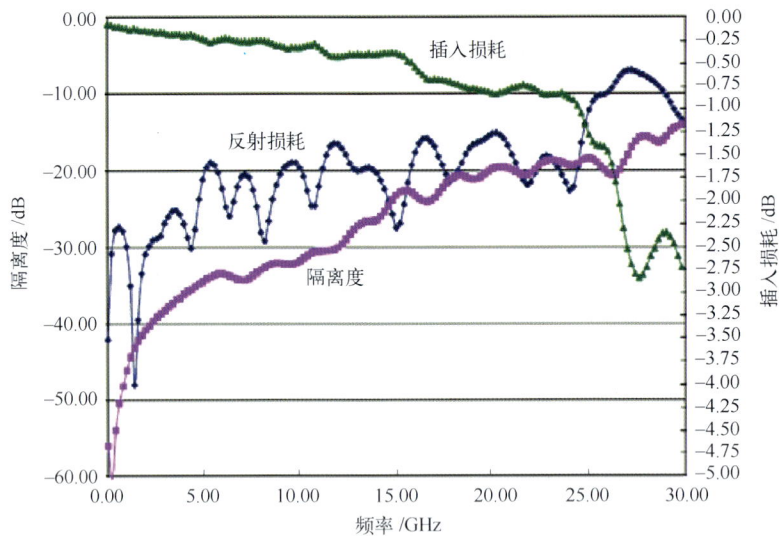

图 4.23　26.5GHz SPDT 开关的典型射频性能

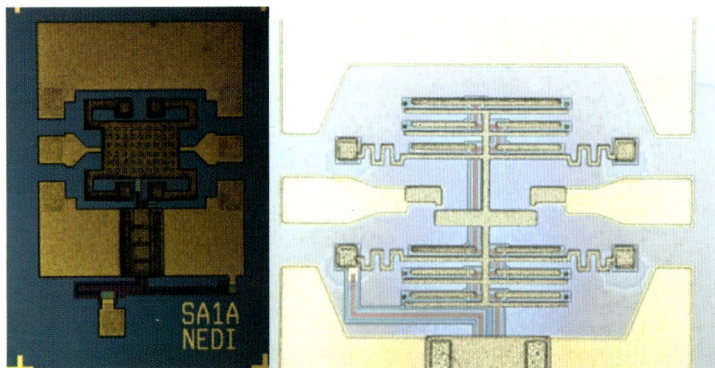

图 4.27　南京电子器件研究所研制的 GaAs 基 RF MEMS 开关

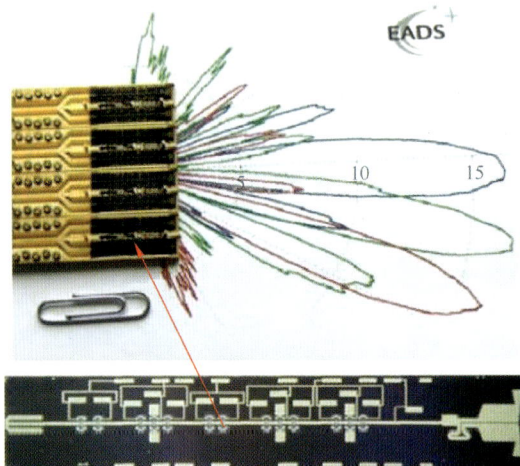

图 6.27　Ka 波段 1×8MEMS ESA 演示样机

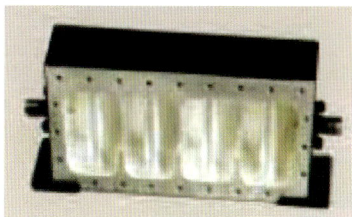

（a）腔体式滤波器

（b）波导式滤波器

（c）陶瓷滤波器

（d）分立元件滤波器

图 8.1　滤波器结构图

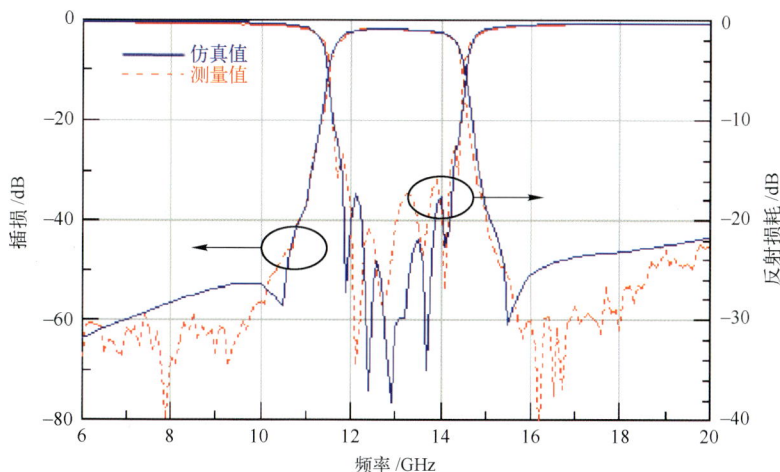

图 8.17　MEMS 滤波器实测性能与设计性能比较

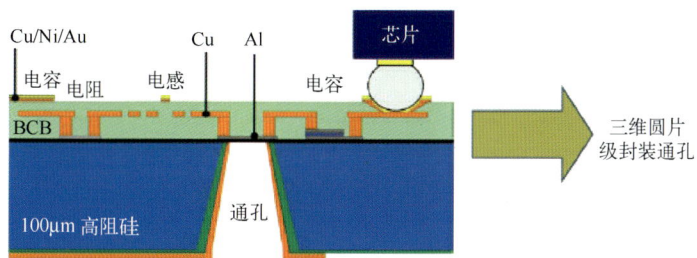

图 8.18　基于高阻硅衬底的 RF-IPD 技术

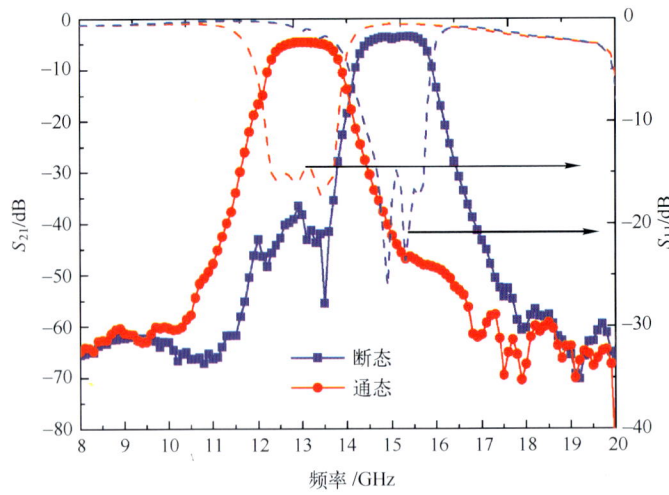

图 8.29　Ku 波段 MEMS 可调滤波器测试结果

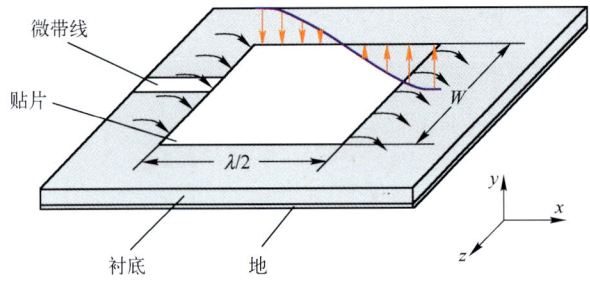

图 9.3　矩形贴片微带天线

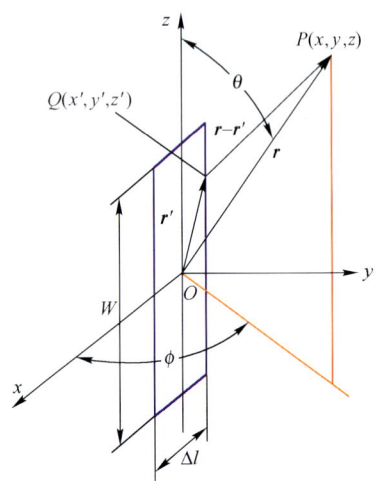

图 9.4　贴片辐射边缝

（a）

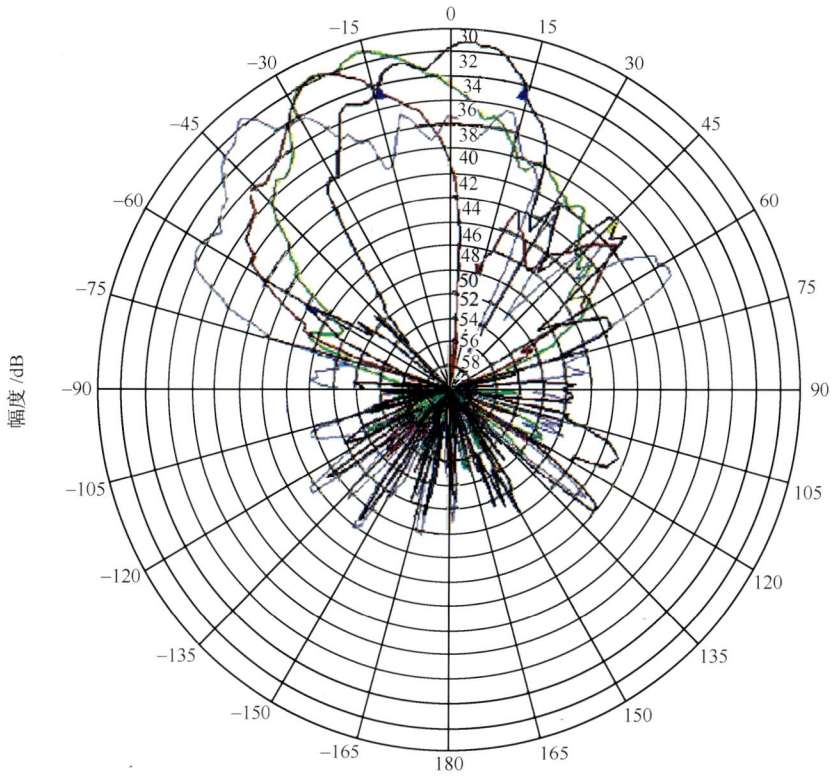

（b）

图 9.17　基于 MEMS 开关的方向可重构天线样品（a）和测试结果（b）

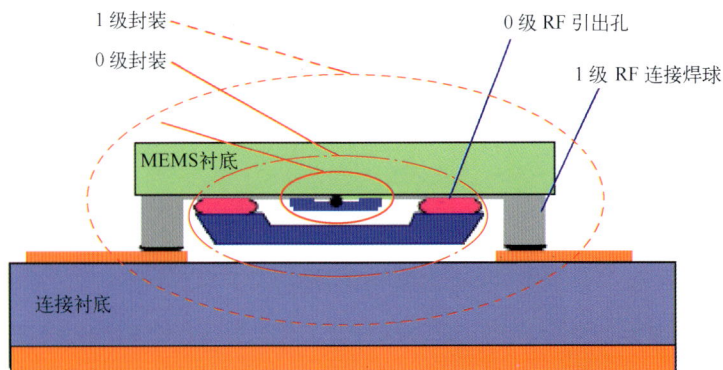

图 10.1　封装结构示意图

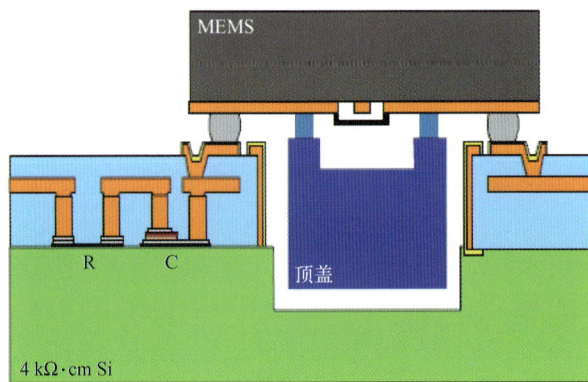

图 10.3　连接芯片开孔示意图

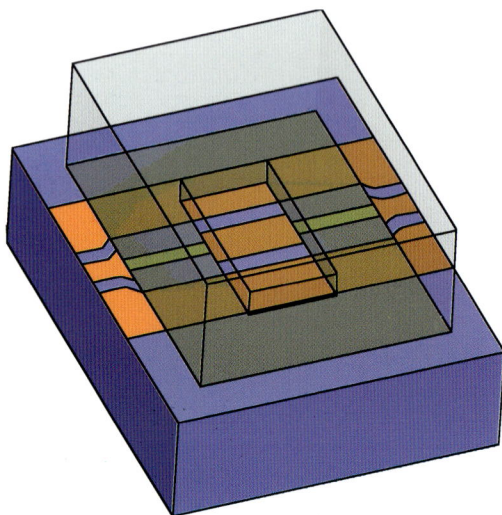

图 10.4　HFSS 中带有封帽结构的 CPW 模型

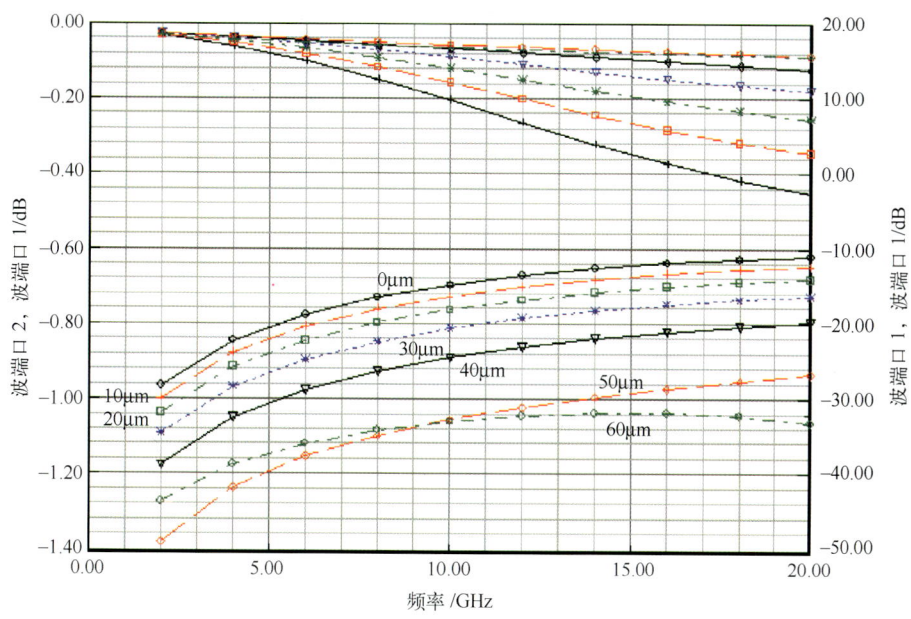

图 10.6 腔深 100μm 时随调配线尺寸变化的 MEMS 开关 S 参数仿真结果

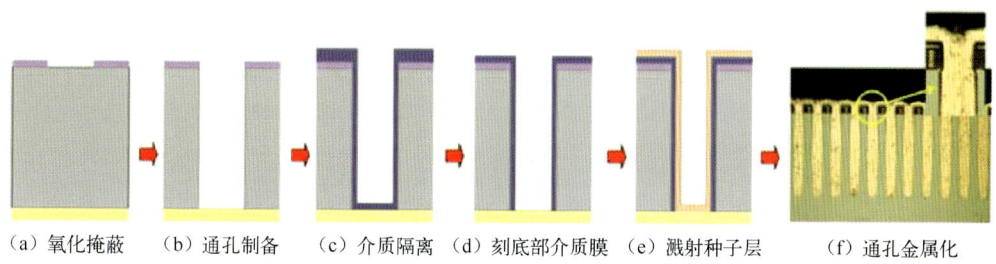

（a）氧化掩蔽   （b）通孔制备   （c）介质隔离   （d）刻底部介质膜   （e）溅射种子层   （f）通孔金属化

图 10.31   通孔互连的典型工艺流程

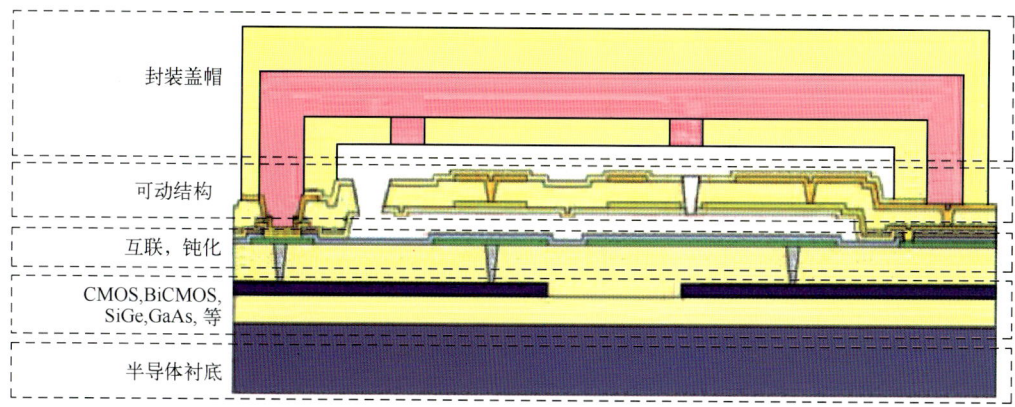

图 11.4   NXP 的 PASSI 工艺

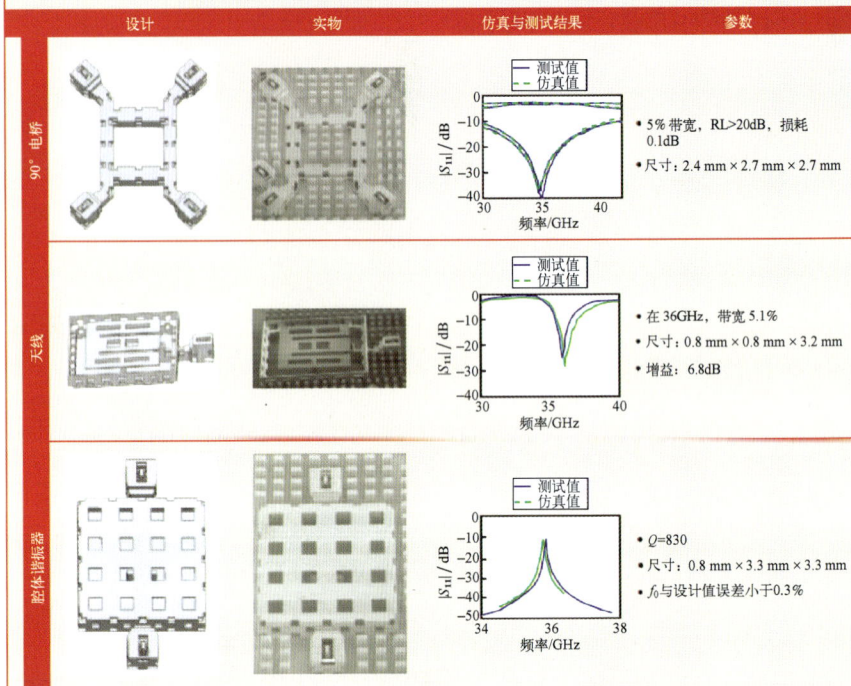

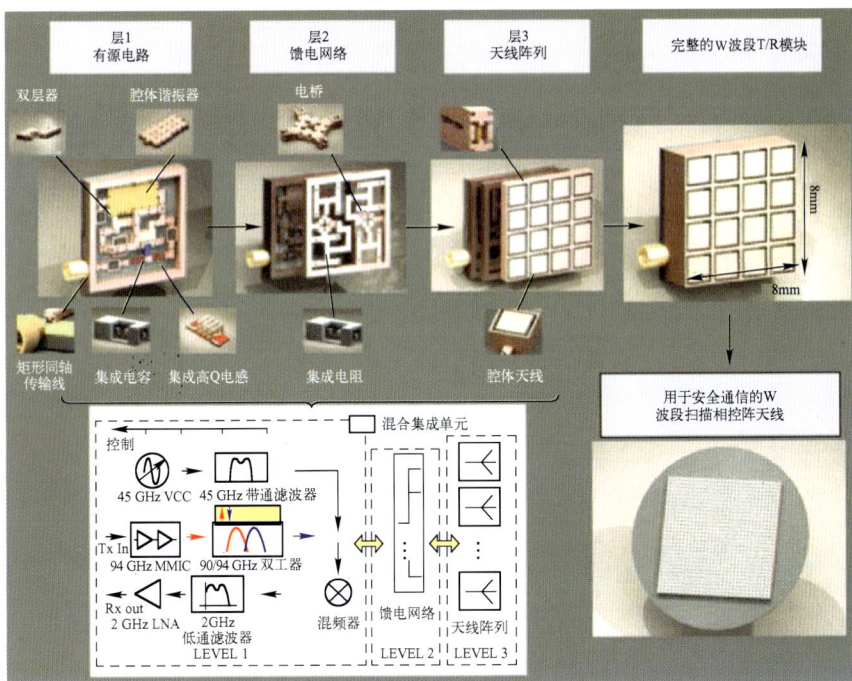

图 11.10　W 波段 3D 集成相控阵 T/R 模快示意图

2008 年,南京电子器件研究所基于 RF MEMS 滤波器的组件技术,基片集成波导(SIW)结构 MEMS 滤波器达到实用化水平。

2009 年,南京电子器件研究所研制的 RF MEMS 开关在中国首次实现 X 波段和 Ku 波段可重构 MEMS 天线的原理样机。

2010 年,南京电子器件研究所研制的 RF MEMS 开关在中国首次实现 Ka 波段可重构 MEMS 天线的原理样机。

图 1.14 以南京电子器件研究所研制的样品和工艺为例说明中国 RF MEMS 技术的发展历程。

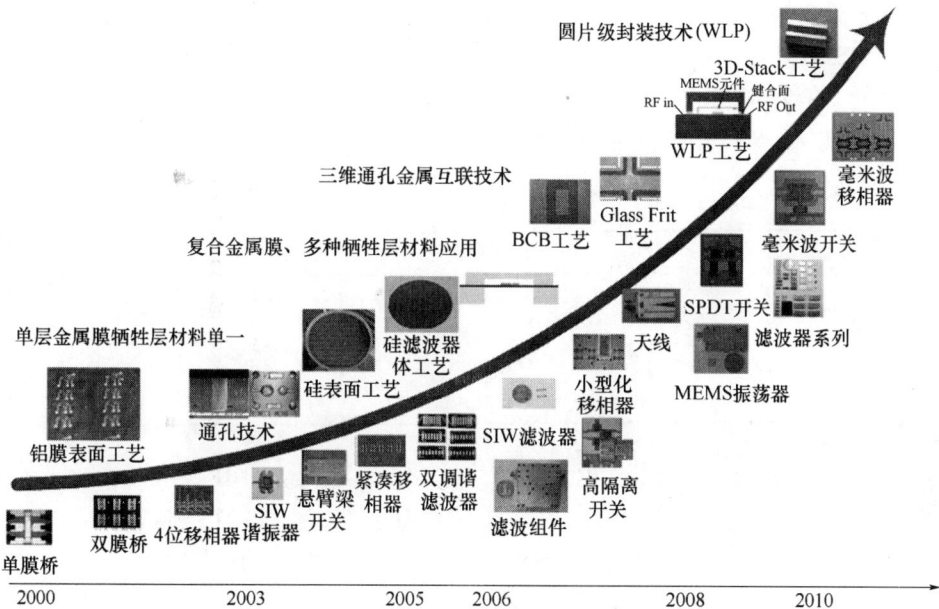

图 1.14 中国 RF MEMS 技术发展历程

1.3 RF MEMS 的优势和市场前景

1.3.1 RF MEMS 技术的优势

(1)线性。RF MEMS 本质上是一种机械系统,RF MEMS 器件中仅包含金属和介质,而不存在半导体结,因此既没有欧姆接触的扩散电阻,也不呈现势垒结的非线性伏安特性,因此 RF MEMS 具有超低的损耗、良好的线性特性。

(2)宽带。固态电子开关,如 Si CMOS 截止频率从 500MHz 发展到目前的

9

100GHz 左右，GaAs 或 InP PIN 二极管的截止频率从 500GHz 改善到目前的 2000GHz，而 RF MEMS 截止频率为 40000GHz（截止频率 $f=\dfrac{1}{2\pi R_{on}C_{off}}$，其中 R_{on} 为开关 ON 态的等效串联电阻，影响器件的损耗，C_{off} 为开关 OFF 态的等效开路电容，影响器件的隔离度）。因此 RF MEMS 与固态电子开关相比，具有最宽的工作带宽。

（3）直流功耗低。MEMS 开关等采用静电控制，驱动功耗极低。

（4）可集成。MEMS 独特的工艺技术使系统可实现单片集成化，弥补目前 MMIC（单片微波集成电路）的不足。

（5）低损耗。如使用 RF MEMS 开关构成的 MEMS 移相器在 10GHz～14GHz，3 位 MEMS 移相器的平均损耗是 −0.9dB，比使用 GaAs FET 的圆片上设计的移相器改善了 3dB～4dB。对 Ka 波段（35GHz），V 波段（60GHz）或 W 波段（77CHz，94GHz）系统，改善相当高，低损耗优势明显（表 1.2）。

表 1.2　RF MEMS 和 GaAs FET 3 位移相器的平均片上损耗[3]

频率/GHz	RF MEMS 损耗/dB	GaAs FET 损耗/dB
X 波段（10）	−1.0 ～ −0.9（−0.3/位）	−4 ～ −3（−1.2/位）
Ka 波段（35）	−2.0 ～ −1.7（−0.6/位）	−7 ～ −6（−2.2/位）
V 波段（60）	−2.5 ～ −2.3（−0.8/位）	−9 ～ −8（−2.8/位）
W 波段（94）	−3.3 ～ −2.7（−1.0/位）	−11 ～ −9（−3.3/位）

（6）RF MEMS 与固态、铁电器件性能综合比较有优势。RF MEMS 移相器在造价、功耗和插入损耗指标方面均优于传统的移相器，如图 1.15 所示。使用 RF MEMS 移相器可消除较大相控阵中 50%～75% 的 T/R 组件，确切的数量取决于雷达系统所要求的发射功率和范围以及系统的 G/T（增益/噪声）需要。对低损耗移

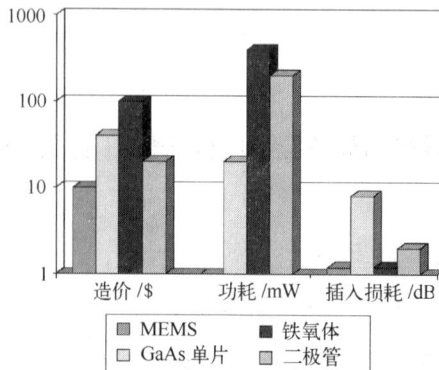

图 1.15　多种类型的移相器性能比较

相器,可用单 T/R(发/收)组件馈给 2 个到 4 个单元,形成杂化设计的相控阵,降低了系统的造价和复杂性。

(7) 采用 RF MEMS 技术可以有效降低雷达系统尺寸、重量和成本。图 1.16 为采用 RF MEMS 技术的相控阵雷达与传统 ESA 雷达和空馈电扫描雷达的造价和重量性能比较结果。

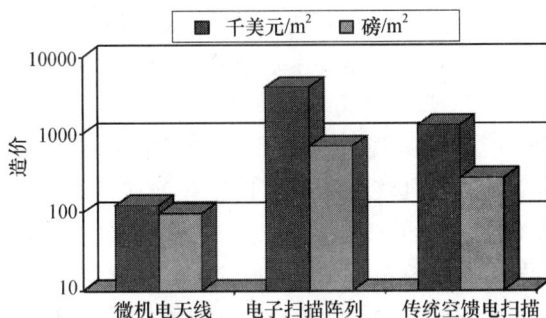

图 1.16　雷达的造价、重量比较(1 磅 = 0.45kg)

1.3.2　RF MEMS 技术的作用

1.3.2.1　RF MEMS 是现代电子系统智能化和微型化的核心技术

无论是雷达、精确打击武器、电子战、还是通信,所有这些电子系统的能力主要取决于射频前端部件这个共同的技术基础,由传统的微波半导体器件或单片电路所制成的射频部件当前所面临的最具挑战的技术障碍是功率、体积重量和成本这三个相互依存而又矛盾的因素。有源相控阵,尤其在机载和星载场合,对微波模块微型化和轻量化要求的严酷性是不言而喻的。综合电子战系统要求把越来越多的功能集成进越来越小的空间。毫米波导引头因为体积和重量指标相对劣势,每每受到红外技术的挑战,以致于难以发挥其全天候的性能优势。有源相控阵天线的发展因孔径受到严格限制,增加阵列天线面积的潜力已不大,减少 T/R 组件体积、重量,增加天线单元的功率密度成为当务之急。由此可见,微波前端使用较多的离片元件,在某种意义上已成为便携式小型化轻量化通信系统的瓶颈难题。微波前端装置的体积和重量不仅直接关系到系统的便携性、作战平台的机动性,往往还左右着系统的营运成本。以卫星系统为例,卫星的发射成本为每千克载荷数达拾万美元。电子装置目前已占到卫星载荷的 30% 左右,其中通信子系统占 15% 以上。降低微波前端的体积和重量,使之与低频及数字电路具有可比性将有望使用更小的运载工具,并获得较低的发射成本。对机载、星载相控阵雷达、合成孔径雷达采用基于微米/纳米技术的微型射频模块和系统进行改造,可实现信息获取、处理和收发功能集成在一个芯片上,尺寸可以减小上百倍,功耗降低百倍,性能得到提高。

1.3.2.2　RF MEMS 技术是提高现代化通信系统的灵活性与高效率的有效解决方案

21世纪的通信系统对通信速度、容量、互通性有更高要求,设备的规范化、小型化、宽带化、扩展频段、减少电台品种和数量等成为目前通信系统亟待解决的问题。如接收机要求大的动态范围,在不损失系统的灵敏度前提下保持良好的大信号性能;发射机要求高线性度的信号放大。传统的分立系统,功耗大体积大,难以在满足较宽频率范围的同时又具备高动态特性,其中带外干扰信号也潜在地影响着接收机的灵敏度与效率。为此需要发展自适应宽带多功能的相控可重构技术。RF MEMS 技术可实现在一块芯片上产生小型的、可调的、高性能的无源元件,彻底改革射频信号的处理方式,实现真正的高性能、低成本的单芯片 RF 系统。RF MEMS 可编程射频前端接收机整合了可调谐射频滤波器和软件可编程 DSP(数字信号处理),能提供高度灵活性和可编程能力,并降低成本。RF MEMS 无疑成为自适应宽带多功能的相控可重构技术的最合适选择,在噪声、线性度、功耗方面具有无可比拟的优势。采用 RF MEMS 技术的可重构系统可实现宽带多功能可重构射频系统,满足在系统的小尺寸、轻重量、低功耗与低成本情况下,降低带外信号灵敏度,实现宽而连续的频带,构筑灵活的宽带射频接收机前端,使系统能够随时根据需要调整,进而适应快速和不可预料的战争环境,更好地保证战场的生存率。RF MEMS 技术在提高车载/机载/船载收发机和卫星通信终端、GPS 接收机等的性能,在信息化作战和战场通信、智能化弹药(无线引信,无线制导)、微型卫星的通信系统、小型相控阵雷达,无线传感器网络(战场侦察、监视)等方面有着极广泛和重要的作用。将 RF MEMS 系统装在导弹和火箭上,可以使他们既有自动寻的、跟踪、拦截、反拦截等功能,又能地面人工控制。

1.3.2.3　RF MEMS 是"用于太空勘测的理想技术"

当前世界各国都在大力发展航空航天技术,对在严酷环境下工作的器件提出了更为苛刻的规格指标,如小尺寸、轻量化、低功率、防辐射、抗振动及长寿命等,而这正与 RF MEMS 的定义极为相符。RF MEMS 技术成为解决这些系统的体积重量、功耗和成本的关键技术,RF MEMS 器件对太空中的辐射和极端温度不敏感,而且还可开发更多的可重构多波段 MEMS 芯片和多功能集成模块,因此又称为是"用于太空勘测的理想技术"。

RF MEMS 产品具有广阔的应用前景,它潜在的用途包括:个人通信(移动电话、PDA);便携式计算机的数据交换(车载/机载/船载收发机和卫星通信终端、GPS 接收机等);信息化作战(战场通信、智能化弹药、无线引信、无线制导)、微型卫星的通信系统、小型相控阵雷达,无线传感器网络(战场侦察、监视)等),如图1.17 所示。

表1.3 给出部分 RF MEMS 器件的研究种类和应用方向,并且针对各个类型给

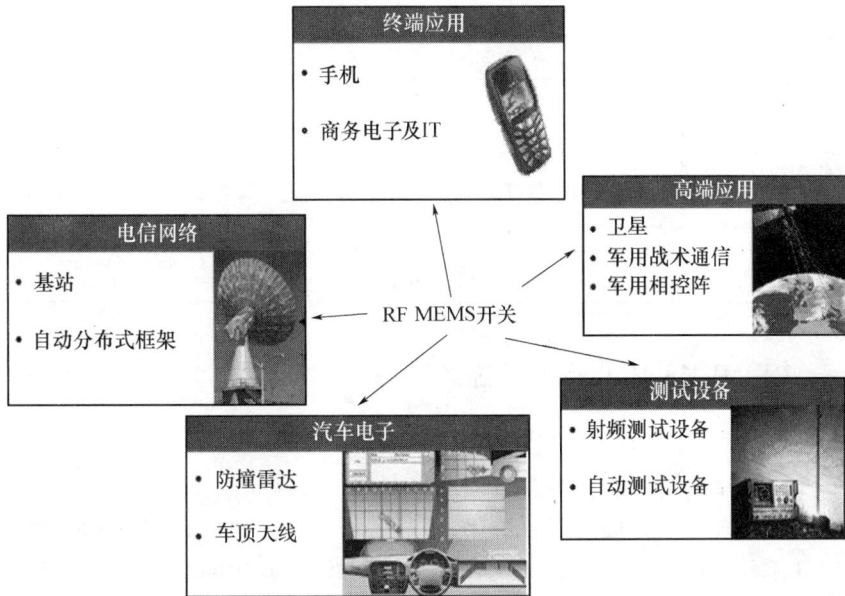

图 1.17　RF MEMS 开关的应用领域

出了 MEMS 应用带来的具体优点。

表 1.3　RF MEMS 的应用及优点综述

RF MEMS 器件	应用方向	优点
RF MEMS 开关（静电）	波段切换开关、旁路开关、可重构天线等，相控阵通信系统（地面、空间、机载）、相控阵雷达（地面、空间、导弹、机载、汽车）、无线通信（便携、基站）、卫星（通信和雷达）、仪器	近零驱动功耗，低插损，线性（信号不失真）。解决 Ku 波段以上弹载相控阵功耗的唯一手段
RF MEMS 移相器	相控阵雷达、导弹寻的系统等	近零驱动功耗，低插损，降低系统中功放的要求，是实现有/无源杂化设计的新型相控阵最佳方式
微机械谐振器	双工器，滤波器，收/发带通滤波器，压控振荡器（VCO）	小尺寸，可集成在射频系统级芯片
高 Q 值 RF MEMS 电感	匹配网络，不平衡变压器，VCO	IC 芯片上用，线性，高 Q 值可调范围大，无功耗
RF MEMS 可变电容	VCO，可调滤波器，收/发平台	IC 芯片上用，线性，高 Q 值可调范围大，无功耗

（续）

RF MEMS 器件	应 用 方 向	优 点
MEMS 微波滤波器	在微小型系统中代替传统滤波器,应用于射频前端组件	微型化,可集成,无功耗
MEMS 可重构匹配网络	集成可重构射频前端	低损耗、低功耗、高线性
MEM – Tenna	超低成本的轻型相控阵雷达、多频段相控阵天线、动态自适应天线、共形天线阵列	微型化,轻量化,可重构

1.3.3 RF MEMS 技术的市场前景

RF MEMS 的产业规模在 2006 年达到 1.27 亿美元,预测到 2015 年达到 28.88 亿美元,年平均增长率达到 46%[11],如图 1.18 所示。目前,美国掌握着 RF MEMS 技术领域的最高水平,并已达到实用化、产品化的程度。研究机构:HRL、RSC、TI、UoM、UCB、NEU、MIT Lincoln Labs.、Analog Devices、Raytheon、Northrup Grumman、Motorola 等。欧洲的研究机构:LETI、TIMA、Bosch、DaimlerChrysler、IMEC、EADS、BAE Systems、Thales、ST – Microelectronics 等。RF MEMS 产品包括 MEMS 开关、FBAR、振荡器等,主要供货商包括 Avago、Infineon、Radant MEMS、XCOM Wireless、Panasonic MEW、WiSpry、Epcos（NXP Semiconductor）、RFMD、DelfMEMS、OMRON、Advantest、Toshiba、MEMTronics 以及 SiTime、Discera、Silicon Clocks 等。

市场前景预测

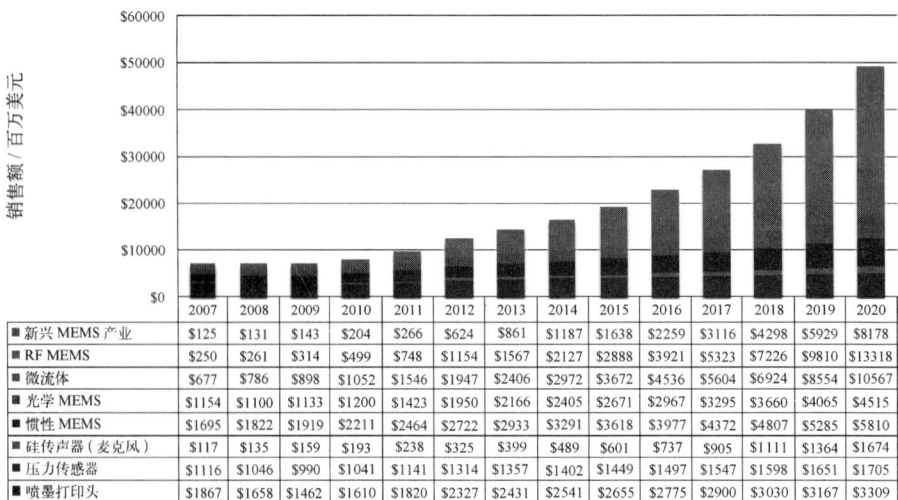

	2007	2008	2009	2010	2011	2012	2013	2014	2015	2016	2017	2018	2019	2020
■新兴 MEMS 产业	$125	$131	$143	$204	$266	$624	$861	$1187	$1638	$2259	$3116	$4298	$5929	$8178
■RF MEMS	$250	$261	$314	$499	$748	$1154	$1567	$2127	$2888	$3921	$5323	$7226	$9810	$13318
■微流体	$677	$786	$898	$1052	$1546	$1947	$2406	$2972	$3672	$4536	$5604	$6924	$8554	$10567
■光学 MEMS	$1154	$1100	$1133	$1200	$1423	$1950	$2166	$2405	$2671	$2967	$3295	$4065	$4515	
■惯性 MEMS	$1695	$1822	$1919	$2211	$2464	$2722	$2933	$3291	$3618	$3977	$4372	$4807	$5285	$5810
■硅声器（麦克风）	$117	$135	$159	$193	$238	$325	$399	$489	$601	$737	$905	$1111	$1364	$1674
■压力传感器	$1116	$1046	$990	$1041	$1141	$1314	$1357	$1402	$1449	$1497	$1547	$1598	$1651	$1705
■喷墨打印头	$1867	$1658	$1462	$1610	$1820	$2327	$2431	$2541	$2655	$2775	$2900	$3030	$3167	$3309

纵轴:销售额 / 百万美元

图 1.18　YOLE 公司 MEMS 器件的市场预测[11]

图 1.19 给出了 RF MEMS 器件研究、开发与生产单位数量分布图。同时,RF MEMS 研究已经形成了产业链,图 1.20 给出了 RF MEMS 支撑技术(设计、制造、封装、可靠性)、制造单位、研究单位和整机单位情况,以及 RF MEMS 产业链情况。

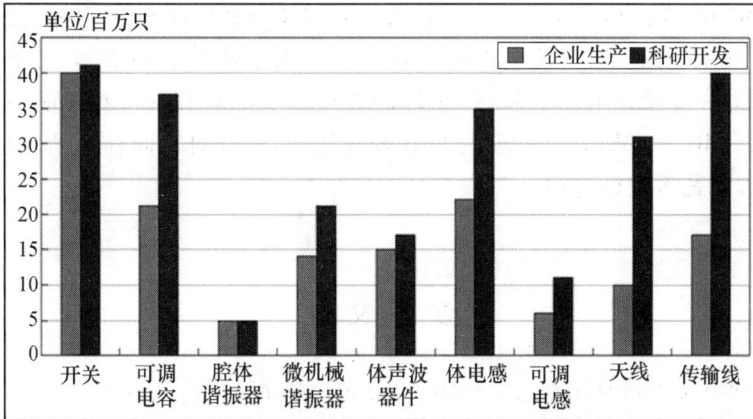

图 1.19　RF MEMS 器件研究、开发与生产单位数量分布图[11]

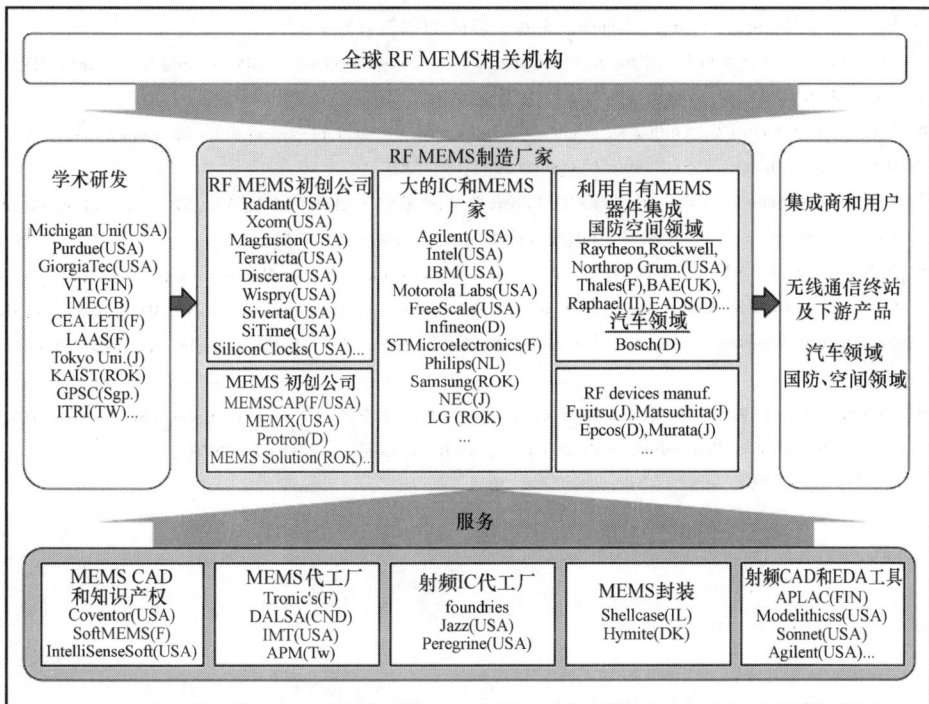

图 1.20　RF MEMS 的产业链等[11]

15

1.4 结 论

RF MEMS 是由电子和机械元件组成的集成化微器件或系统,其特征尺度在亚微米至亚毫米范围。与传统电路系统相比,具有多学科交叉、多部件、复杂功能、系统集成度高和小型化的明显特征,在性能和尺寸上都具有不可替代的绝对优势。本书将结合 RF MEMS 器件的研究现状及应用前景,针对不同种类的器件对设计方法、加工工艺等进行论述。

参 考 文 献

[1] 朱健. MEMS 技术的发展与应用[J]. 半导体技术,2003,1(28):29-32.

[2] 朱健. RF MEMS 国内外的发展趋势及我国的发展对策[J]. 中国机械工程,2005,16(7 增刊):4-7.

[3] Rebeiz G M. RF MEMS: Theory, Design, and Technology [M]. New Jersey:John Wiley & Sons, 2003.

[4] Newman H S, Ebel J L, Judy D, et al. Lifetime measurements on a high-reliability RF MEMS contact switch [J]. IEEE Microwave Wireless Compon. Lett. , 2008,18(2,):100-102.

[5] Goldsmith C L, Forehand D I, Peng Z, et al. High-cycle life testing of RF MEMS switches[C]. in IEEE MTT-S Int. Microwave Symp. Dig. , June 2007: 1805-1808.

[6] Maciel J J, Slocum J F, Smith J K, et al. MEMS electronically steerable antennas for fire control radars [C]. IEEE Aerosp. Electron. Syst. Mag,November 2007: 17-20.

[7] Van Caekenberghe K, Vähä-Heikkilä T, Rebeiz G M,et al. Ka-band RF MEMS TTD passive electronically scanned array[C]. in IEEE AP-S Int. Symp. Dig. , Jul. 2006: 513-516.

[8] McKillop J S. RF MEMS Switch ASICS[C]. Proceedings of Asia-Pacific Microwave Conference 2007.

[9] Park Y H, Park J H, Kim Y D, et al. A tunable planar inverted-F antenna with an RF MEMS switch for the correction of impedance mismatch due to human hand effects [J]. J. Micromech. Microeng. 2009, 19(1):015026.

[10] Neumann C, Schütz S, Wolschendorf F,et al. Ka-Band Seeker with Adaptive Beam forming using MEMS Phase Shifters[C]. Proceedings of the 5th European Radar Conference,October 2008:100-103.

[11] I-Micronews[OL]. www.i-micronews.com,2009.

第2章　RF MEMS 设计技术

利用 RF MEMS 技术可以实现多种用于射频及无线通信系统的器件及电路单元,常见的包括 RF MEMS 开关、继电器、可变电容、电感、微机械谐振器、微机械滤波器、移相器、压控振荡器(VCO)、混频器,以及各种微机械传输线、波导、天线等。RF MEMS 器件应用频率范围极广,已有的报道包括了 RF 频段(300MHz～3GHz)、微波频段(3GHz～30GHz)、毫米波段(30GHz～300GHz)甚至太赫兹频段。

RF MEMS 开关是最基本的 RF MEMS 器件,按闭合时的导通方式,可分为电阻式(欧姆接触)和电容式两种,机械结构上主要是双端固支梁(或膜桥式)和悬臂梁式。它的设计涉及静力学、动力学、电磁学和微细加工等方面。静力学主要分析开关结构的力学特性,得到结构的刚度特性;动力学主要进行开关的模态分析,获得结构的固有频率,分析空气阻尼的影响,计算开关时间;并通过力电耦合分析开关的电容、驱动电压、开关的接触力等。

RF MEMS 开关除了合理的结构设计之外,另一方面,必须考虑结构的射频设计,通过电磁学分析开关的射频特性,如插入损耗、隔离度、反射损耗等。由于 RF MEMS 器件的三维结构特性,RF MEMS 器件的电磁场仿真是目前 RF MEMS 器件进行结构优化和性能优化的最为行之有效的途径,通过结构设计和射频设计的数次反复,才能得到最优的结果。但同样考虑 RF MEMS 器件的微型化,表面粗糙度的存在会影响着可动结构接触的特性,必须在 RF MEMS 器件设计时考虑一个工艺因子。

RF MEMS 电容的设计过程与 RF MEMS 开关相仿,但结构设计的目标是可控的电容的变比的控制、品质因素 Q、初始电容值。

RF MEMS 谐振器分为低频谐振器(1kHz～250MHz 以下的 LF 频段)、中频谐振器(800MHz～1800GHz 的 HF 频段)以及微波毫米波谐振器(几 GHz 以上),结构形式上分为梳状谐振器、梁式谐振器、圆盘状谐振器、体声波谐振器以及微机械结构的微波谐振器(如薄膜悬浮式、微腔体式、微波导式)。在中低频段的微结构谐振器目前都是静电驱动,使梳状结构、梁结构、圆盘结构实现机械能与电能的反复交换。

为了提高 RF MEMS 结构的机械谐振频率,实现更快速度的开关时间(ns 量级)和更高的 RF MEMS 谐振频率,作为静电驱动的结构尺寸(长、宽、厚、间隙)已进入 nm 量级,其纳米效应的力学行为也需要进行考虑,如范德瓦尔斯(Van der Waals)力、卡西米尔(Casimir)力。

2.1　RF MEMS 牵涉的力学和尺度效应

RF MEMS 的结构尺寸在微米甚至纳米量级,构件的微型化,说明尺度因素是 RF MEMS 设计中必需考虑的主导因素,微器件的显著特征就是尺度效应(也称尺寸效应)和表面效应[1-4],表面效应也是由于微构件尺寸的减小引起表面作用的增强,物体尺寸的改变,导致与尺寸相关的各种物理量的变化;在微观领域,尺度效应引起的变化,如表面缺陷、表面粗糙度、晶格结构、结构应力、介质的不连续甚至量子效应等,都将导致微机电系统的力学环境和力学规律与宏观领域相比较有着明显的差异。当尺寸不断减小时,在宏观条件中的相对重要的作用力,或者说与尺寸的高次方成比例的重力、惯性力、电磁力等的作用相对减小,而在宏观条件下常被忽略的作用力,或者说与尺寸的低次方成比例的静电力、范德瓦尔斯力、弹性力、阻尼力等的作用,在微尺度下显得很重要。

RF MEMS 开关、可变电容、谐振器等是最基本的 RF MEMS 器件,不同的设计和不同的产品有不同的工作原理和工作机制,但基本的工作原理大都建立在微结构(如梁、膜、叉指结构等)的机械动作或结构的变形基础上。如 RF MEMS 开关主要依靠悬臂梁或间隙上的固定梁的机械运动在射频传输线路中实现短路和开路的器件;RF MEMS 电容采用可移动的金属膜扳或交指形梳状驱动结构实现电容的调节;RF MEMS 谐振器通过挠性结构、共振梁结构形成机械式谐振器和滤波器。高频应用时(如 GHz 量级),振动的谐振器要求材料轻(低密度)、弹性模量高、应力分布均匀、尺寸相对较小、振动结构间隙为亚微米至纳米量级。

开关的驱动方式包括静电、压电、热变形、电磁[5-8]等形式,其综合性能比较如表 2.1 所列[3]。

表 2.1　RF MEMS 典型驱动方式

驱动方式	驱动力	位移	速度	可靠性	能量密度	电压	效率	产生热量
静电	不大	较小	很快	很好	低	较高	很高	否
电磁	小	大	快	好	高	低	高	否
压电	大	小	快	好	高		很高	否
热电	大	大	较慢	一般	中等	低	很高	是
记忆合金	大	大	慢	一般	中等	低	低	是

因此 RF MEMS 结构设计时经常需要考虑结构振动的耦合特性、响应特性、Q

值、结构材料特性、结构应力特性。由于尺寸效应,微机电系统的力学环境、微结构
的机械力学规律、材料的特性都会与宏观系统有所不同,可以借鉴宏观系统中的分
析理论,如材料力学、结构力学、动力学、流体力学、连续介质力学和空气动力学等,
但必须吸取微机电系统力学研究成果,利用已检验的 MEMS 力学理论,开展 RF
MEMS 的结构设计。

2.1.1 静电力

RF MEMS 中的静电力一般存在于类似于平行板电容器的两个极板之间,静电
产生的力遵循库仑定律,由于库仑定律只是计算两个点电荷之间的作用力,对于静
电驱动的两个极板之间的力,需要把带电极板分割成无限多的电荷元,认为每个电
荷元是点电荷,根据叠加原理,作用于每个电荷元的静电力等于组成电极板的所有
电荷元作用于该点电荷的静电力的矢量和,也就是电极板之间的静电力需要通过
两极板之间存在的多个电荷之间的作用力进行矢量积分,该方法比较复杂。因此
在实际应用时,如图 2.1 所示,电容平行电极板之间的静电力 $\boldsymbol{F}$ 可通过能量梯度
计算得到[1,3]。

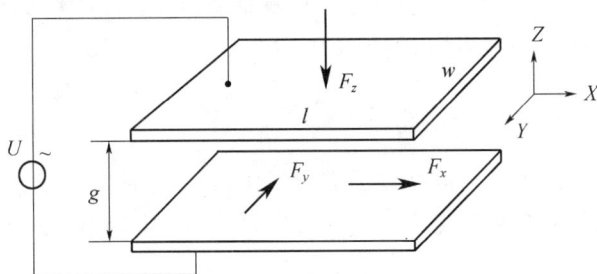

图 2.1 平行板间的静电力示意图

$$\boldsymbol{F} = - \nabla E \tag{2.1}$$

式中:E 为电容中储存的电势能,表示为

$$E = \frac{Q^2}{2C(x,y,z)} = -\frac{1}{2}C(x,y,z)U^2 \tag{2.2}$$

式中:Q 为电容 C 中储存的电荷;U 为加载在电容极板上的电压,如果采用无限大
平板模型,忽略电容的边缘效应,则电容量 C 为

$$C = \frac{\varepsilon_0 \varepsilon_r A}{g} = \frac{\varepsilon_0 \varepsilon_r wl}{g} \tag{2.3}$$

式中:ε_0 为真空介电常数;ε_r 为有效介电常数。
因此静电力为

$$F = \frac{1}{2}\frac{\partial C}{\partial x}U^2 \boldsymbol{x} + \frac{1}{2}\frac{\partial C}{\partial y}U^2 \boldsymbol{y} + \frac{1}{2}\frac{\partial C}{\partial z}U^2 \boldsymbol{z} \tag{2.4}$$

（1）如梳齿状驱动的 RF MEMS 开关、电容、谐振器等结构，当在 Z 方向保持间隙 g 不变，沿 X 方向（长度方向）的静电力为

$$F_x = \frac{1}{2}\frac{\varepsilon_0 \varepsilon_r w}{g}U^2 \tag{2.5}$$

当在 Z 方向保持间隙 g 不变时，沿 Y 方向（宽度方向）的静电力为

$$F_y = \frac{1}{2}\frac{\varepsilon_0 \varepsilon_r l}{g}U^2 \tag{2.6}$$

可见在长度方向和宽度方向的静电力与位移无关，只与电压的平方成比例关系。

从尺寸泛函分析分析静电力的尺寸效应，得到

$$F_x = C_x U^2 \propto L^0 \tag{2.7}$$

$$F_y = C_y U^2 \propto L^0 \tag{2.8}$$

式中：L 为特征尺寸；C_x 和 C_y 为与尺寸不相关的常系数。

（2）如膜桥开关、悬臂梁开关、梁式谐振器结构，当在 X、Y 方向保持尺寸 l 和 w 不变时，沿 Z 方向（间隙方向）的静电力为

$$F_z = -\frac{1}{2}\frac{\varepsilon_0 \varepsilon_r w l}{g^2}U^2 \tag{2.9}$$

可见在间隙方向的静电力与间隙的平方成反比，是非线性力。

从尺寸泛函分析分析静电力的尺寸效应，可以看到变化的参数只有间隙 g，即

$$F_z = C_z L^{-2} \propto L^{-2} \tag{2.10}$$

式中：L 为特征尺寸；C_z 为与尺寸不相关的常系数。因此静电力随着极板间距离的减小而迅速增大。

（3）如图 2.1 所示，当图中所有几何尺寸同时缩小为原尺寸的 $\frac{1}{10}$ 时，则静电驱动器的体积变为原有的 $\frac{1}{1000}$，由式（2.5）、式（2.6）和式（2.9）得出，在长度方向、宽度方向和间隙方向的静电力都保持不变。从尺寸泛函分析静电力的尺寸效应，即

$$F_i = C_i L^0 \propto L^0 \tag{2.11}$$

正是由于静电力与电极的体积无关，当然静电力与极板的厚度也无关，或者说静电力是一种表面力（与电极的面积相关），因此静电执行器的微型化易实现，同与体积相关的电磁执行器、形状记忆合金执行器相比，静电驱动的 RF MEMS 器件有明显的优势，应用较广泛。

在微观领域,忽略阻尼以及回复力影响,静电执行器的相应时间

$$t = \sqrt{\frac{2sm}{F}} \propto C_{\mathrm{t}} \sqrt{\frac{L^1 L^3}{L^0}} \propto C_{\mathrm{t}} L^2 \tag{2.12}$$

式中:s 为运动距离;m 为质量;F 为执行力;C_{t} 为与尺寸不相关的常系数。因此为静电执行器的相应时间小,即相应速度快。

静电执行器的功率密度为

$$p = \frac{Fv}{m} = \frac{Fs}{mt} \propto C_{\mathrm{p}} \frac{L^0 L^1}{L^3 L^2} \propto C_{\mathrm{p}} L^{-4} \tag{2.13}$$

静电力的功率密度与 L^{-4} 成比例,即尺寸越小,单位体积上的功率越高,也即是说静电驱动电压较高。

2.1.2 电磁力

电磁驱动具有成本低、使用方便等特点,所以传统的射频继电器主要采用电磁方式驱动。传统机械继电器结构和 MEMS 技术的融合,使采用电磁驱动的 RF MEMS 器件也是研究热点之一,如 2003 年美国 Magfusion 公司推出世界上首款磁锁 RF MEMS 继电器,2005 年,日本松下电工也推出了 RF MEMS 技术与机械继电器结构相融合的 ME - X 超小型高频继电器,上海交通大学于 2006 年发表了电磁驱动的 RF MEMS 开关结构,如图 2.2 所示。

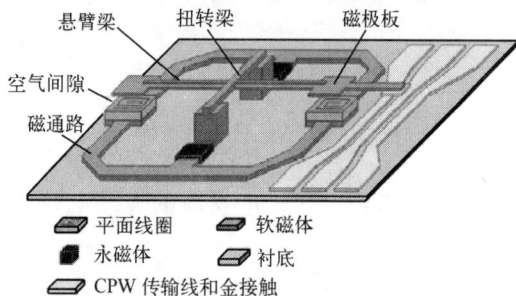

图 2.2 电磁驱动开关结构示意图

RF MEMS 中电磁力一般基于洛仑兹(Lorentz)力驱动。洛仑兹力是磁场对运动电荷的作用力,与运动电荷的速度有关,也与电荷的运动方向有关,洛仑兹力矢量公式为

$$\boldsymbol{F} = q\boldsymbol{v} \times \boldsymbol{B} \tag{2.14}$$

式中:$\boldsymbol{B}$ 为运动电荷所在处的磁感应强度;$\boldsymbol{v}$ 为电荷 q 的运动速度,$\boldsymbol{F}$ 是运动电荷所受到的磁场力,方向由右手螺旋定则确定。当 $q>0$ 时,$\boldsymbol{F}$ 与 $\boldsymbol{v} \times \boldsymbol{B}$ 同向,当 $q<0$

时,$\boldsymbol{F}$ 与 $\boldsymbol{v} \times \boldsymbol{B}$ 反向。当运动电荷沿磁场方向时,磁力为零,当运动电荷垂直磁场运动方向时,所受磁力最大[4]。

由于通电导线中有运动的电荷,将其置于磁场,将受到安培力的作用,表示为

$$\boldsymbol{F} = I(\boldsymbol{L} \times \boldsymbol{B}) \tag{2.15}$$

式中:$\boldsymbol{B}$ 是运动电荷所在处的磁感应强度;$\boldsymbol{L}$ 是电流 I 的运动速度。

对于空气间隙中平面线圈的磁感应强度

$$B = \frac{\eta N I}{t} \tag{2.16}$$

式中:η 为空气磁导率;N 为线圈匝数;I 为线圈电流;t 为空气间隙。

由于线圈的最大电流受温度限制,即线圈尺度越小所允许的电流也越小,因此尺度效应中 $I \propto L$,同时 $t \propto L$,因此 B 与尺度无关。

在磁感应强度为 B 的磁场中通入电流为 I 的导体或导电线圈都会受到电磁力的作用,其电流与线圈的横截面积有关,从尺寸泛函分析洛仑兹力的尺寸效应为[3]

$$\boldsymbol{F} = I(\boldsymbol{L} \times \boldsymbol{B}) \propto L^2 \tag{2.17}$$

即电磁力的变化与 L^2 成正比。同样由式(2.12)得出,电磁执行器的相应时间与 L 成正比,由式(2.13)得出,电磁执行器的相应时间与 L 成正比电磁执行器的功率密度与 L^{-1} 成比例。因此尺寸减小至 1/10,电磁力减小至 1/100,而静电力却与尺寸效应无关。

2.1.3 压电力

微传感器利用压电材料(如石英晶体、PZT、ALN、ZnO 压电陶瓷等)的正压电效应来感知外界机械能,微执行器通过压电材料的逆压电效应导致的材料变形产生响应动作。

一个压电驱动的 RF MEMS 开关[5,6]的结构示意见图 2.3,悬臂梁结构上涂覆一层压电层,在压电层上施加驱动电压 U,悬臂梁端部产生的弯矩 M_{PE} 使悬臂梁端部的位移 δ 表示为

$$\delta = \frac{M_{PE} l^2}{2EI} \tag{2.18}$$

式中:EI 为梁所谓等效弯曲刚度;l 为梁的长度。通常压电层的厚度远小于臂梁结构,并且端部触点电极的机械影响可忽略,则弯矩可简化为

$$M_{PE} \approx \frac{1}{2} d_{31} E_p w h_b V \quad (h_p \ll h_b) \tag{2.19}$$

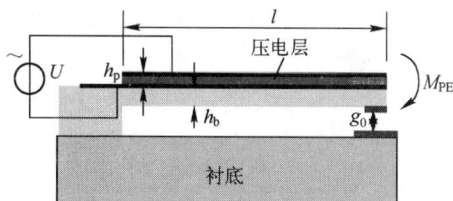

图 2.3　压电驱动开关结构示意图

式中：d_{31}、E_p 分别为压电材料的压电系数和弹性模量；w 为悬臂梁的宽度；h_p、h_b 分别为压电层和悬臂结构层的厚度，可见选用高压电系数的材料，可降低 RF MEMS 开关的驱动电压，典型地对应于 AlN、ZnO 和 PZT 材料，其压电系数分别约为 3pC/N、5pC/N 和 100pC/N。

相对于静电驱动，压电驱动基本是一种线性运动，不存在静电驱动的吸合电压，其驱动电压是悬臂梁端部的位移 δ 等于间隙 g_0，即

$$V_{TH} \approx \frac{1}{3d_{31}}\left(\frac{h_b}{l}\right)^2 \frac{E_b}{E_p} d_0 \quad (h_p \ll h_b) \tag{2.20}$$

接触力为

$$F_c = \frac{3M_{PE}}{2l} - \frac{3d_0 EI}{l^3} \tag{2.21}$$

假设 AlN 为压电层材料（$E_{p.AlN} = 320\text{GPa}$），Al 为悬臂梁结构层材料（$E_{b.Al} = 70\text{GPa}$），间隙 $d_0 = 2.5\mu\text{m}$，$h_b/l = 0.01$，梁宽 $w = 50\mu\text{m}$，则驱动电压约为 6V，接触力约 3μN。因此压电驱动具有低电压驱动、快速响应的优点，但压电材料的工艺复杂，目前压电驱动的 MEMS 开关还不太常见。

随着压电体尺寸的下降，输出位移变得十分微小，对于上述悬臂梁双膜片结构，驱动力 F 和位移 s 的尺度分别为[3]

$$F = \frac{3d_{31}E_p w h_b V}{4l} \propto \left(\frac{3d_{31}E_p V}{4}\right)\frac{L^1 \cdot L^1}{L^1} \propto L^1 \tag{2.22}$$

$$s = \frac{3d_{31}l^3 V}{h_b^2} \propto (3d_{31}V) \cdot \frac{L^3}{L^2} \propto L^1 \tag{2.23}$$

可见，压电驱动力与尺度 L^1 成正比，运动位移与尺度 L^1 成正比，做功能力与尺度 L^2 成正比。

2.1.4 电热力

热力驱动的机理是基于材料的热膨胀。如图 2.4 所示[7]，一层加热电阻薄膜

23

R 淀积在悬梁结构层上,当通过电流 I 时,由于热在梁厚度方向上的传播和衰减,产生弯矩 M_{Th} 使梁产生向下的位移。

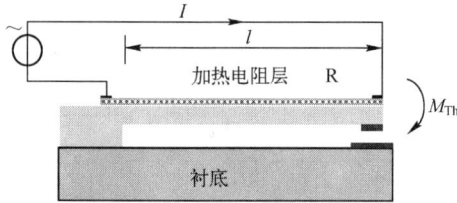

图 2.4　电热驱动开关结构示意图

弯矩 M_{Th} 可近似表示为

$$M_{Th} \sim \frac{\alpha h^3 E}{3\lambda l} I^2 R \qquad (2.24)$$

式中:α、λ 和 E 分别为梁材料的热膨胀系数、热导率和弹性模量;h、l 分别为梁的厚度和长度。$I^2 R$ 指出了加热电阻的功率消耗。

与压电驱动一样,热力驱动也是线性运动。电热驱动的优点是低电压、工艺简单,缺点是响应速度慢、功耗大,因此单纯的热驱动的 RF MEMS 器件还是较少应用的。

2.1.5　范德瓦尔斯力和卡西米尔力

随着微结构特征尺寸的减小,表面力就会产生显著影响,尤其在纳机电系统(NEMS)中,范德瓦尔斯力和卡西米尔力已经对微纳执行器的静态、动态稳定性产生了作用[4,9]。

范德瓦尔斯力是存在于分子或原子之间的一种弱的电性吸引力,随作用距离的增加呈几何级数递减。两半无限空间之间单位面积上的范德瓦尔斯力为

$$F(l) = -\frac{A}{6\pi l^3} \qquad (2.25)$$

式中:$A = \pi^2 C_w \rho_1 \rho_2$ 为汉马克常数,C_w 为范德瓦尔斯常数;ρ_1 和 ρ_2 为两个半无限空间体单位体积中的分子数量;l 为两个半无限空间物体界面间的距离。从严格意义上说,范德瓦尔斯力还不能归结为表面力,因为它是分子与分子、分子团与分子团之间的一种微观引力。从表达式可以看出,范德瓦尔斯力的尺度

$$F(l) \propto L^{-3} \qquad (2.26)$$

卡西米尔力是由量子的真空波动效应引起的,当 MEMS 中两块平行极板的间距达到纳米量级时,平行板间就存在卡西米尔力,间距越小,卡西米尔力作用越显著。单位面积的卡西米尔力为

$$F(l) = -\frac{\pi^2 hc}{240l^4} \tag{2.27}$$

式中:c 为光速;h 为普朗克常数;l 为两平板间距离。

从表达式可以看出,卡西米尔力的尺度

$$F(l) \propto L^{-4} \tag{2.28}$$

2.1.6 力的尺度效应

总结 MEMS 的尺度效应,如表 2.2[1] 所列,具有以下几个基本特征。

(1) 力的尺度效应。从宏观到微观领域的变化,使各种作用力的相对重要性发生变化。由于 RF MEMS 器件的微小型化,与特征尺寸 3 次方成比例的力(如惯性力、重力、电磁力等)的作用将相对减小;而与特征尺寸 2 次方成比例的力(如静电力、表面力、阻尼力、摩擦力等)的作用将明显增强,有时还需要考虑范德瓦尔斯力、卡西米尔力等在微观领域考虑的因素。

(2) 表面效应。由于 RF MEMS 器件的微小型化,或者说特征尺度的缩小,使表面积与体积之比相对增大。即与表面积相关的静电力、弹性力等将成为设计时必须考虑的因素。

表 2.2　常见力的尺寸效应

常见力	符号	关系式	尺度效应	参数说明
静电力	F_e	$\varepsilon AE^2/2$	L^0	ε——介电常数,A——面积,E——电场强度
电磁力	F_m	$\mu SH^2/2$	L^4	μ——磁导率,S——表面积,H——磁场强度
弹性力	f_e	$ES\varepsilon$	L^2	E——弹性模量,S——横截面面积,ε——弹性应变
惯性力	f_i	$m\mathrm{d}^2 x/\mathrm{d}t^2$	L^4	m——质量,x——位移,t——时间
重力	G	$\rho g V$	L^3	ρ——密度,g——重力加速度,V——体积

2.2　RF MEMS 器件的力学模型

RF MEMS 器件,如 RF MEMS 开关、电容、机械谐振器等含有可动的微结构部件,在设计时需要考虑其结构特性,主要是微结构力学特性,包括静态和动态特性[10,11]。典型地,MEMS 开关的静态特性描述开关的行为,如驱动电压、驱动力、开关梁的弹性刚度系数以及回复力,这是一个机电耦合的问题。一般微结构的动态过程可以视为质量弹簧阻尼系统的振动,主要考虑模态、阻尼、开关时间参数。

2.2.1 固支梁微结构

常用的双端固支梁结构示意如图 2.5(a)所示,微结构的弹性系数包含了梁本身的刚度和结构的残余应力因素。由于固支端存在弯矩和支撑力,截面均匀的双端固支梁在 y 方向的位移、支撑点的弯矩和支撑力可以表示为二阶微分方程。

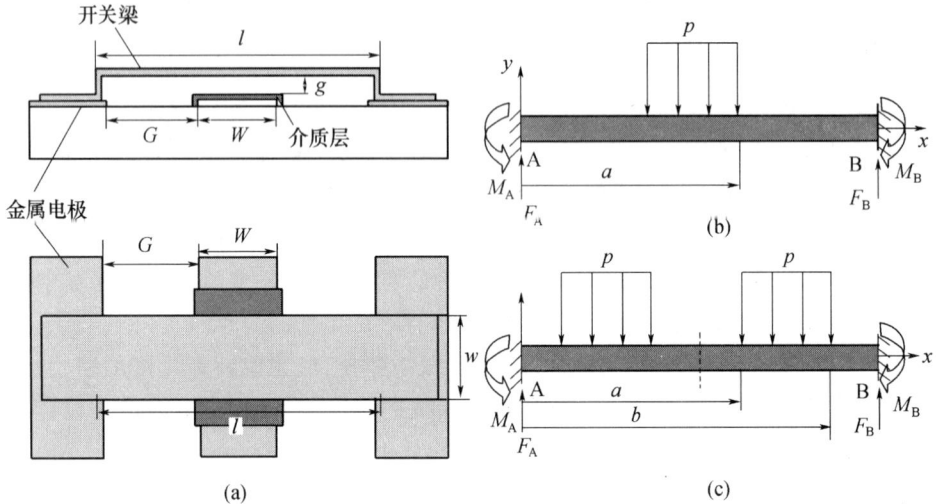

图 2.5 固支梁结构示意图(a)和力学分布模型((b)和(c))

当在梁中间作用均布力时,其受力模型如图 2.5(b)所示,梁的最大位移在梁的中点,而该点恰好是开关的接触点。因此把梁的中点处作为计算弹性刚度的位置,有

$$k'_c = 32Ew\left(\frac{t}{l}\right)^3 \frac{1}{8(a/l)^3 - 20(a/l)^2 + 14(a/l) - 1} \qquad (2.29)$$

当分布力作用在靠近支撑端的两侧时,梁的中心仍是位移最大的位置,如图 2.5(c)所示,此时弹性刚度为

$$k'_e = 4Ew\left(\frac{t}{l}\right)^3 \frac{1}{(a/l)(1 - a/l)^2} \qquad (2.30)$$

式中:w 和 t 分别为梁的宽度和厚度。

开关梁存在残余应力[12-14]时,残余应力会引起附加刚度。对于存在残余拉应力的情况,由残余应力引起的梁内的合力为

$$S = \sigma(1 - \nu)tw \qquad (2.31)$$

式中:S 为梁内截面上的合力;σ 为梁的残余拉应力;ν 为材料的泊松比。如图 2.5

（b）和 2.5（c）所示，当力加载在梁中间区域或者两侧区域时，残余应力引起的弹性刚度分别为

$$k''_c = 8\sigma(1-\nu)w\left(\frac{t}{l}\right)\frac{1}{3-2(a/l)} \tag{2.32}$$

$$k''_e = 4\sigma(1-\nu)w\left(\frac{t}{l}\right)\frac{1}{1-(a/l)} \tag{2.33}$$

总体弹性刚度系数是梁的刚度和残余应力引起的弹性系数之和，即

$$k_c = k'_c + k''_c, k_e = k'_e + k''_e$$

2.2.2 悬臂梁微结构

一种常见的悬臂梁示意如图 2.6（a）所示，由于悬臂梁一端为悬空结构，不会被约束施加外力，因此悬臂梁开关的应力得到了释放，在计算悬臂梁的弹性系数时不再需要考虑残余应力的影响。

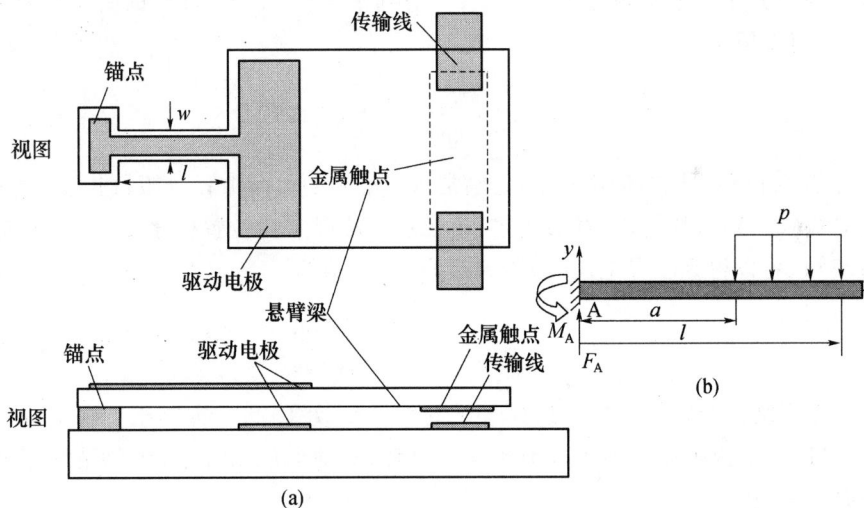

图 2.6　悬臂梁结构示意图（a）和力学分布模型（b）

悬臂梁弹性系数的计算方法与双端固支结构的计算方法相同。首先计算驱动力引起的弯曲，然后利用指定位置计算弹性系数。例如图 2.6（b）所示的悬臂梁结构在部分梁上作用均匀分布力时的弹性系数为

$$k_c = 2Ew\left(\frac{t}{l}\right)^3\frac{1-a/l}{3-4(a/l)^2+(a/l)^4} \tag{2.34}$$

27

悬臂梁结构的弹性系数远小于双端固支梁的弹性系数(集中力时相差 48 倍),因此,驱动悬臂梁需要的电压很低,这有利于实际应用。但有的悬臂梁结构为不同薄膜组成,应力梯度会导致致悬臂梁翘曲,这就是 RF MEMS 技术需要低应力薄膜淀积技术的原因之一。

2.2.3 膜桥微结构

膜桥微结构类同于固支梁微结构,但是采用的膜一般在亚微米量级,导致膜在面内就有形变,而固支梁一般不考虑面内形变,从而使膜桥微结构的数值计算方法有较大误差。但理论公式一般给出一维数值模型的结果,因而有时就以双端固支梁的力学模型作简单处理。

向开关施加驱动电压时,极板间产生的静电力驱动开关梁向下动作。一般将开关下拉电极与衬底电极看作平板电容进行静电力计算,计算结果如式(2.9)所示,尽管由于边界效应和极板变形的影响,这种近似的计算结果比实际情况大 20% ~40% 左右,但是这种建模方式有助于理解开关的驱动原理。同时近似认为静电力均匀分布在整个极板的面积上,考虑到平衡位置静电力与机械恢复力 $F = kx$ 相等,得到驱动电压

$$U = \sqrt{\frac{2kg^2}{\varepsilon wl}(g_0 - g)} \tag{2.35}$$

式中:g 为膜桥到下电极间隙;ε 为介电常数;g_0 为初始间隙;l 为膜桥长度。

对式(2.35)求导,并令导数为零,得到稳定临界点的位置位于 $g = 2g_0/3$,代入式(2.35),可以得到临界电压(或者说吸合电压)值为

$$U_p = U(2g_0/3) = \sqrt{\frac{8kg_0^3}{27\varepsilon wl}} \tag{2.36}$$

考虑到结构的弹性系数 k 是宽度 w 的线性函数,因此吸合电压与微结构宽度无关,可以在结构优化时利用这个特点,在相同驱动电压条件下,优化结构刚度和开关时间参数。

正是由于平行板电容结构的静电吸合效应,在 MEMS 可变电容器的设计中,该结构的电容变化率限制在 150% 以内(电容变比 2:1),为了实现高变比的 MEMS 电容,经常采用双间隙结构设计,也即驱动电极极板和可变电容极板同电容结构的上极板的间隙分别为 d_2 和 d_1,且 $d_1 \leq d_2/3$,由此理论吸合电容变化率由 50% 增加到 400%,甚至达到 1600%。

当开关处于闭合状态时,为了克服弹性回复力,需要在驱动电极上保持一定的电压。考虑介电层作用,接触时的静电力计算为

$$F_e = \frac{U^2}{2} \cdot \frac{\lambda \varepsilon_0 A}{(g + (h_d/\varepsilon_r))^2}, \quad \lambda = \begin{cases} 1(g \neq 0) \\ 0.4 - 0.8(g = 0) \end{cases} \quad (2.37)$$

式中:λ 是由于金属—介电层界面的粗糙度引起的电容减少系数,与工艺能力相关;h_d 为介电层厚度。

处于接触状态的开关梁的回复力简单近似为

$$F_m = k_e(g_0 - g) \quad (2.38)$$

式中:k_e 为等效弹性系数;g_0 为 $1\mu m \sim 5\mu m$;g 为 $0\mu m \sim 0.5\mu m$。式(2.37)仅对于 g 接近但不等于零时成立,这是因为梁与介电层紧密接触时的回复力尚无法简单计算得到。

当开关处于闭合状态时,静电力必须大于等于梁的回复力,因此由式(2.37)和式(2.38)得

$$U_h = \sqrt{\frac{2k_e}{\lambda \varepsilon_0 A}(g_0 - g)\left(g + \frac{h_d}{\varepsilon_r}\right)^2} \quad (2.39)$$

例如,对于 $k_e = 20N/m$,$g_0 = 0.5\mu m$,$A = (100 \times 100)\mu m^2$,$h_d = 200nm$ 和 $\varepsilon_r = 7.6$ 的情况,维持电压为 17.5V,梁的回复力约为 $30\mu N \sim 60\mu N$,但是静电力可以达到 1mN 以上,以确保梁能够和介电层稳定接触。由于回复力与弹性系数成正比,因此弹性系数越大,回复力越大,需要的维持电压也越高。当梁的 k 为 $15N/m \sim 40N/m$ 时,回复力约为 $30\mu N \sim 120\mu N$;而当 $k = 1N/m \sim 3N/m$ 时,由于回复力太小,梁在较长时间处于吸附位置后容易产生粘连引起失效。因此,设计中弹性系数一般都要大于 $10N/m$。

同时需要指出,受限于介质击穿强度,静电力不能因为驱动电压的增加而无限增加。例如 μm 量级间隙的空气击穿强度约 $3 \times 10^8 V/m$,也就是说在典型的 $100\mu m \times 100\mu m$ 的驱动电极上实现的最大的静电力约 4mN。10V 驱动电压在间隙 $1\mu m$ 的极板上产生的静电力在 0.004mN 量级,一个 MEMS 微继电器为了维持稳定的接触和实现低接触电阻需要 $50\mu N \sim 100\mu N$ 的接触力,因此静电激励的 MEMS 开关要么驱动电极面积达到 1mm × 1mm,要么驱动电压高到 100V 量级。

开关的刚度越小,需要的驱动电压越低,但是回复力越小,因此动作就越慢。因此,在满足动作频率要求的前提下,应减小开关的刚度,例如,采用折线型支撑梁、多层电极结构等。

上述分析的开关结构参数与开关结构设计考虑的参数间的对应关系[15]列于表 2.3。

表 2.3　结构参数与静电力、回复力、吸合电压的关系

结 构 参 数	静电力 F_e	回复力 F_r	吸合电压 V_p
弹性梁长 l		$\propto l^{-3}$	$\propto l^{-3/2}$
弹性梁宽 w		$\propto w$	$\propto w^{-1/2}$
弹性梁厚 t		$\propto t^3$	$\propto t^{3/2}$
电极驱动面积 A	$\propto A$		$\propto A^{-1/2}$
间隙 g	$\propto g^{-2}$	$\propto g$	$\propto g^{3/2}$

2.2.4　RF MEMS 开关时间计算

　　梁的动态过程可以视为质量弹簧阻尼系统的振动。在外界驱动力作用下,线性动态响应可以用达朗贝尔方程描述

$$m \frac{\mathrm{d}^2 x}{\mathrm{d} t^2} + \eta \frac{\mathrm{d} x}{\mathrm{d} t} + k x = f \tag{2.40}$$

式中:x 为位移;m 为质量;η 为阻尼系数;k 为弹性系数;f 是外力。利用拉普拉斯变换,传递函数为

$$\frac{X(\mathrm{j}\omega)}{F(\mathrm{j}\omega)} = \frac{1}{k} \frac{1}{1 + \dfrac{\mathrm{j}\omega}{Q\omega_0} - \left(\dfrac{\omega}{\omega_0}\right)^2} \tag{2.41}$$

式中:谐振频率 $\omega_0 = \sqrt{k/m}$,品质因数 $Q = k/(\eta\omega_0)$。因为谐振中只有中间或者边缘等部分的质量在运动,因此等效质量不是结构的全部质量,一般只有全部结构质量的 35% ~ 45%。实际使用中,当 $Q > 2$ 以后,开关再回到断开状态的平衡位置需要较长的衰减时间(在平衡位置附近振动),当 $Q < 0.5$ 时,阻尼使开关过程过于缓慢,因此一般情况下开关的 Q 值为 0.5 ~ 2。

　　开关闭合的时间可以根据开关位移等于间距来确定,即 $x = g_0$。开启时间强烈依赖于驱动电压,这比较容易理解,驱动电压越高,静电力越大,因此开启速度越快。另外 Q 值从 0.2 增加到 2 时,开启时间也大幅度缩短,但是再增加 Q 值对开启时间没有明显影响。对于惯性限制系统(加速度有限),阻尼很小可以忽略,同时 $Q > 2$,运动方程可以简化为

$$m \frac{\mathrm{d}^2 x}{\mathrm{d} t^2} + k x = -\frac{1}{2} \frac{\varepsilon_0 A U^2}{g_0^2} \tag{2.42}$$

　　其中外力被设定为恒定值,并等于初始力,解得

$$t_s \approx 3.67 \frac{U_p}{U_s \omega_0} \qquad (2.43)$$

式中：U_s 为驱动电压；U_p 为驱动动作的临界电压。当 $Q > 2$ 并且 $U_s > 1.3U_p$ 时，简化式（2.43）获得的结果与数值计算的结果非常接近。一般驱动电压取 $1.3U_p \sim 1.4U_p$，以获得较快的开启时间。开关的闭合时间也可以通过设定式（2.42）中的驱动力为零（去掉开启和维持电压）获得。当 Q 在 1 附近时，回复时间较短。

由于梁的质量非常小，开关动作的加速度非常大，在驱动电压 $U_s = 1.4U_p$ 的情况下，动作开始时的加速度为 $8000g$，动作即将完成时达到 $10^7 g \sim 10^8 g$（g 为重力加速度）。在开启过程中，由于梁接近下拉位置时间隙不断减小，而减小的间隙增加了阻尼，从而降低了一部分加速度。当间隙是 $3\mu m$ 时，梁从初始位置到开启位置时的速度可达 $6m/s$。

2.2.5 RF MEMS 开关能量消耗[10]

对于静电驱动的 RF MEMS 结构，如 RF MEMS 开关，其静态功耗为零，但开关动作时，将消耗能量，这是由于开关的动作过程需要排除空气，会受到空气的阻力，也就是空气阻尼的影响。对于圆形或者方形平板结构，其阻尼可以从可压缩气体雷诺方程得到

$$\eta = \frac{3}{2\pi} \frac{\mu A^2}{g_0^3} \qquad (2.44)$$

可见阻尼系数强烈地依赖于间隙面积和高度（式中，μ 为空气黏度系数）。减小阻尼的有效方法是在可动结构上打孔，打孔结构的阻尼为

$$\eta = \frac{12}{N\pi} \frac{\mu A^2}{g_0^3} \left(\frac{p}{2} - \frac{p^2}{8} - \frac{\ln p}{4} - \frac{3}{8} \right) \qquad (2.45)$$

式中：N 为孔的总数量；p 为孔的总面积占板全部面积的比例。

根据 $Q = k/(\eta\omega_0)$，可以计算悬臂梁的 Q 值近似表达式为

$$Q_{cantilever} = \frac{t^2 \sqrt{E\rho}}{\mu(wl)^2} g_0^3 \qquad (2.46)$$

双端固支梁结构 Q 值的一阶近似等于长度为该梁 $1/2$ 的悬臂梁的 Q 值为

$$Q_{fix-fix} = \frac{t^2 \sqrt{E\rho}}{\mu(wl/2)^2} g_0^3 \qquad (2.47)$$

例如对于长 $300\mu m$、宽 $60\mu m$、厚度 $1\mu m$ 的金双端固支梁，Q 值可以计算为 1。当间距减小到 $1.5\mu m$ 时，Q 值下降为 0.2。因此，为了增加 Q 值，特别是对于间隙很小的结构，必须使用打孔来降低阻尼。在非常低的气压情况下，$\mu \to 0$，阻尼系数

主要由支点和材料的微观损耗引起,一般金属梁在真空中的 Q 值可达 30 ~ 150,而多晶硅或者氮化硅结构的 Q 值可达 500 ~ 5000。当 Q 值的增加对开关速度的影响不大,但是对于开关回到平衡位置后的衰减时间影响很大时,Q 值的计算公式修正为

$$Q_e = Q[1.1 - (x/g_0)^{1.5}][1 + 9.638(\lambda/g)^{1.159}] \tag{2.48}$$

式中:Q_e 为大间距的 Q 值,Q 为小间距 $g = g_0$ 时的名义 Q 值。

2.3　RF MEMS 器件的电磁模型

2.3.1　射频设计基础

RF MEMS 器件设计除了常规的 MEMS 结构设计,其射频性能的设计同样重要。如果采用常规的传输线结构,那么就可以借鉴射频微电子设计方法。考虑到 MEMS 工艺的应用,利用微加工技术可以去除互联的衬底或进行屏蔽,因此电磁干扰、耦合,以及寄生效应、封装引起的电磁干扰问题都得到了很好的抑制,实现新的 MEMS 传输结构和多种新特性的电路形式。MEMS 微波电路主要应用于硅,特别是高阻硅,其机械、热、电等特性均与陶瓷相当,目前已经成功地开发出多种集成电路。特别是硅的深刻蚀技术使硅基电路比陶瓷和砷化镓(GaAs)基的成本低 1 个 ~ 2 个数量级。

传输线利用两个相位相反的电流相互抑制而传播无辐射电磁波,平行的信号线和地线支持反相电流,使除两导体之间以外的其他空间场相互抵消。由于衬底损耗及其寄生阻抗,即使在微带线、带状线、耦合带状线、共面波导等传输线中,传输效率仍旧是非常重要的问题,如寄生连接电容会引起不匹配和波的泄漏,而衬底的介电损耗会降低传输线的功率传输能力。

平面传输线的损耗包括导体损耗、介电损耗、辐射损耗。导体损耗是由于信号经过导体的导体材料的非理想性引起的,在微波和毫米波频段,电流密度主要集中在导体表面,随着深度的增加而指数减小,即趋肤效应。趋肤效应使电流产生焦耳热并消耗功率,形成欧姆损耗。对于有耗导体,信号的衰减与趋肤深度成反比。介质损耗和频率无关,是由于场在部分或者全部衬底内分布引起的,这是因为极化电荷及其翻转速度落后于电场变化而导致介质会吸收部分传输功率。传输线工作在开放或者半开放的情况下会产生辐射损耗,包括整个线长上的分布辐射损耗和局部不连续引起的辐射损耗,前者可以通过工作在主模来抑制,而后者却随着不连续处的寄生效应而增加。

在微波集成电路中,微带线和共面波导线(CPW)是最常用的两种传输线,其

结构原理图如图 2.7 和图 2.8 所示。使用微波在片测试系统时,芯片的输入输出
接口一般都是 CPW 接口。

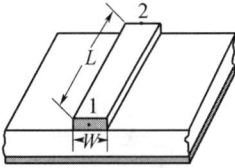

图 2.7　微带线结构

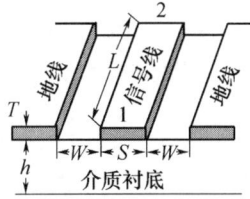

图 2.8　CPW 结构

有大量的文献对上述传输线进行研究,大部分使用准静态法分析,其数值计算
公式如表 2.4 和表 2.5 所列。

表 2.4　微带线综合设计公式

参 数	表 达 式
特性阻抗 Z_0 /Ω	$Z_0 = \begin{cases} \dfrac{60}{\sqrt{\varepsilon_{\text{eff}}}}\ln\left\{\dfrac{8h}{W'}+0.25\dfrac{W'}{h}\right\} & \left(\dfrac{W}{h}\leqslant 1\right) \\ \dfrac{120\pi}{\sqrt{\varepsilon_0}}\left\{\dfrac{W'}{h}+1.393+0.667\ln\left(\dfrac{W'}{h}+1.444\right)\right\}^{-1} & \left(\dfrac{W}{h}\geqslant 1\right) \end{cases}$ $\dfrac{W'}{h}=\dfrac{W}{h}+\dfrac{1.25}{\pi}\dfrac{t}{h}\left(1+\ln\dfrac{4\pi W}{t}\right) \quad \left(\dfrac{W}{h}\leqslant\dfrac{1}{2\pi}\right)$ $\dfrac{W'}{h}=\dfrac{W}{h}+\dfrac{1.25}{\pi}\dfrac{t}{h}\left(1+\ln\dfrac{2h}{t}\right) \quad \left(\dfrac{W}{h}\geqslant\dfrac{1}{2\pi}\right)$
有效介电常数 ε_{eff}	$\varepsilon_{\text{eff}}=\dfrac{\varepsilon_{\text{r}}+1}{2}+\dfrac{\varepsilon_{\text{r}}-1}{2}F\left(\dfrac{W}{h}\right)-\dfrac{\varepsilon_{\text{r}}-1}{4.6}\dfrac{\dfrac{t}{h}}{\sqrt{\dfrac{W}{h}}}$ $F\left(\dfrac{W}{h}\right)=\begin{cases}\left(1+12\dfrac{h}{W}\right)^{-\frac{1}{2}}+0.04\left(1-\dfrac{W}{h}\right)^2 & \left(\dfrac{W}{h}\leqslant 1\right) \\ \left(1+12\dfrac{h}{W}\right)^{-\frac{1}{2}} & \left(\dfrac{W}{h}\geqslant 1\right)\end{cases}$

表 2.5　CPW 的综合设计公式

结构	特性阻抗/Ω	有效介电常数
共面波导	$Z_0=\dfrac{30\pi}{\sqrt{\varepsilon_{\text{eff}}}}\dfrac{K(k')}{K(k)}$	$\varepsilon_{\text{eff}}=1+\dfrac{(\varepsilon_{\text{r}}-1)}{2}\dfrac{K(k')K(k_1)}{K(k)K(k'_1)}$
	$k=\dfrac{a}{b},a=\dfrac{S}{2},b=\dfrac{S}{2}+W,k_1=\dfrac{\sinh(\pi a/2h)}{\sinh(\pi b/2h)}$	

目前,在微波分析软件中,如 Ansoft HFSS 软件和 ADS 等电磁设计软件中均集成了传输线的综合分析工具。使用 ADS 软件中 LineCalc 工具,以高阻硅为衬底($\varepsilon_r = 11.9$),金为传输线,厚度 $1\mu m$,介质正切损耗设为 0.005(在计算软件中不能设定介质电导损耗),表 2.6 给出了不同硅片厚度传输线的物理尺寸和衰减特性参数。

表 2.6 微带线和 CPW 传输线的参数(X 波段 $f_0 = 10GHz$)

50Ω 微带线参数		趋肤深度 0.786μm	
硅厚度/μm	50Ω 线宽/μm	有效介电常数 ε_{eff}	衰减系数 A/(dB/cm)
200	158.1	7.811	0.308
250	198	7.854	0.271
300	238.1	7.897	0.247
360	286.5	7.95	0.227
400	319.1	7.986	0.217
50ΩCPW 参数	中心导体宽 120μm		趋肤深度 0.786μm
硅厚度/μm	50Ω 线间隙/μm	有效介电常数 ε_{eff}	衰减系数 A/(dB/cm)
200	67.9	6.055	0.371
250	70	6.164	0.372
300	71.2	6.23	0.372
360	72.2	6.278	0.372
400	72.6	6.3	0.372

2.3.2 RF MEMS 并联电容式开关

RF MEMS 并联电容式开关结构如图 2.9(a)所示,典型地膜桥是一层 0.5 μm 厚铝膜,悬空在一金电极薄膜($\approx 0.5\mu m$)上方 $2\mu m \sim 4\mu m$,电极薄膜以氮化硅层覆盖,此时信号为导通状态;当在膜桥和电极之间施加电压($\approx 30V$)时,膜桥吸合到介质上,形成高值电容器,射频信号全部反射回去,形成隔离状态,典型的断开电容为 35 fF,接通电容为 3 pF。

图 2.9(b)所示为膜桥开关不考虑接口效应的本征等效电路,在特性阻抗为 Z_0 的传输线上并联一个 RLC 回路,其中 R_s 代表膜桥的等效损耗电阻,L 为膜桥到

CPW 传输接地间等效电感，C 为等效膜桥在导通态或者隔离态间的可变电容；Z_0 为特性阻抗；α 为衰减常数；β 为相移常数；l 为传输线长度。因此 RF MEMS 并联电容式开关的隔离态特性呈现出在宽带范围内的带阻特性。

图 2.9(c)所示为膜桥开关使用时的偏置电路原理图，输入/输出均接有隔直电容，采用线绕电感实现微波信号与驱动信号的隔离。

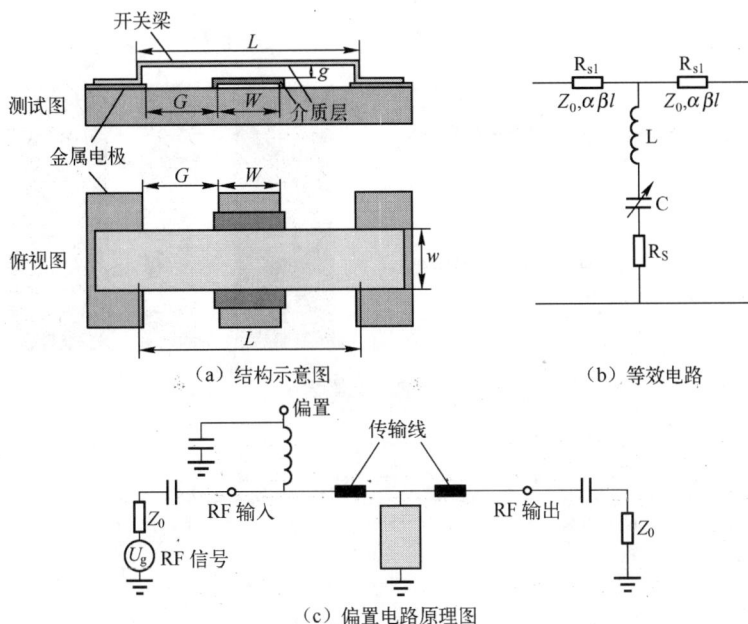

图 2.9　RF MEMS 并联电容式开关结构和等效电路图

2.3.3　直接接触式 RF MEMS 串联开关

直接接触式 RF MEMS 开关包括容性串联开关和欧姆接触式开关。欧姆开关是把两个金属表面拉近，使其相互接触来产生 DC 接触。电容开关则在这两个表面之间放一射频介质材料。欧姆开关一般用做串联开关，在 DC 下操作良好，但在 60GHz 以上则因寄生串联电容而导致效果较差。电容开关一般用在并联开关结构中，在低频操作(<100MHz)下有局限。

图 2.10(a)给出了一种容性串联 RF MEMS 开关的结构示意图，如 Lincoln 实验室开发的小型电容"阵列式"串联开关，经过验证电容率达(150～200):1。

图 2.10(b)是偏置电路原理图，输入/输出均接有隔直电容，开关的两端都采用线绕电感实现微波信号与驱动信号的隔离。

　　欧姆接触式开关使用金—合金接触,实现总开关电阻不到 1.5Ω。这使开关插入损失在 50GHz 以下时为 0.1dB ~ 0.2dB。开关向上状态(Up 态)的电容只有 fF 量级,如 Radant MEMS 公司的串联式(inline)开关用 7μm ~ 8μm 厚的金悬臂制造,悬挂在衬底上方 1μm 处,采用顶层硅圆片和 450℃ 的玻璃—玻璃密封进行气密性封装。结构同图 2.10 类似,区别在于欧姆接触式开关设计有专门的驱动电极,应用比较方便。

（a）结构原理

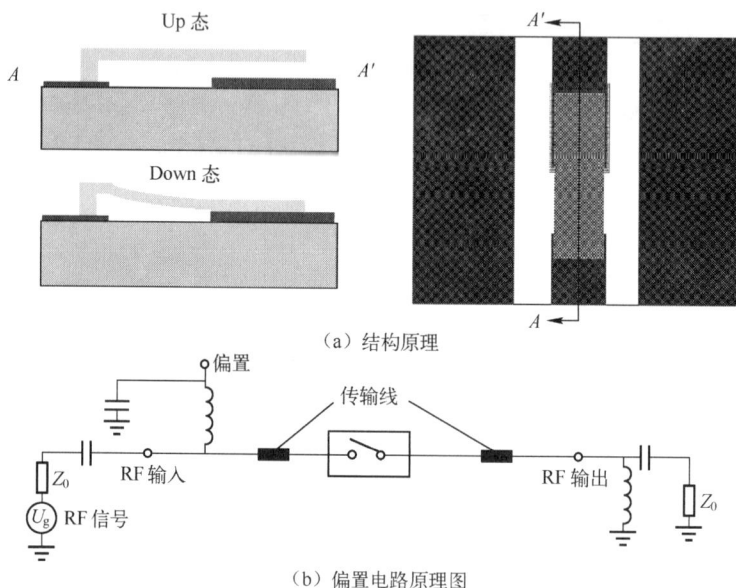

（b）偏置电路原理图

图 2.10　RF MEMS 串联电容式开关结构和等效电路图

2.3.4　MEMS 机械滤波器

　　通过微结构的振动可实现 MEMS 机械谐振器,通过机械能量耦合,可以实现 MEMS 机械滤波器。图 2.11 是一种二阶机械滤波器的结构原理图和等效电路原理图[16]。2 个固支梁由 2μm 厚的多晶硅薄膜组成,长 22μm,宽 8μm,机械耦合梁长度是 11.8μm,而梁与下电极的间隙是 25 nm,该滤波器测试结果表明中心频率为 34.5MHz,带宽 450kHz,插损 6dB,带外抑制 25dB。MEMS 机械滤波器通过真空封装,其 Q 高达上万,因此在数百 MHz 以下的应用中适合于窄带应用。从图 2.11 看出,谐振器的机械等效参数 k_r、m_r 和 c_r 构成的谐振网络与电路中的 RLC 谐振网络有类比特性。

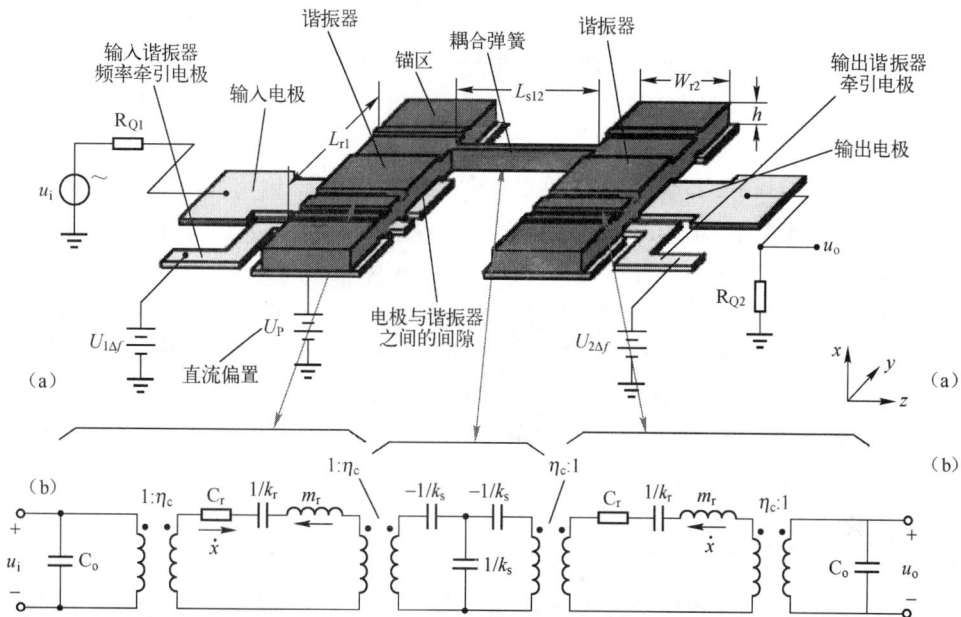

图 2.11　微机械滤波器的结构和原理示意图

2.4　计算仿真实例分析

MEMS 装置具有与传统的传感器和执行器等相同的功能,但通常一个 MEMS 装置只有几毫米大,而其中每个部件的大小则不足 $100\mu m$。自 20 世纪 70 年代建立 MEMS 研发(R&D)实验室以来,MEMS 正逐步迈向工业化。如何设计如此精细的结构(比人的头发丝还细),确保系统各部分正常运转,这是当前 MEMS 设计所面临的巨大挑战。在进行 MEMS 设计时,需要考虑的主要问题如下。

1) 保证 MEMS 在使用期间有效地工作

设计的 MEMS 器件需要保证在载荷、温度等参数在一定范围内变化时器件能正常工作。由于 MEMS 与传统机电设备在尺寸上的巨大差异性,以及微小元件对环境因素的敏感性,使 MEMS 设计要求更高。

2) 各种物理现象对器件性能的影响

外力、共振、热效应、压电效应、电磁场干扰、封装方式等会影响 MEMS 的运转情况、可靠性及精度,这些物理现象又是互相影响的,很难直观地预测 MEMS 器件的性能。而对于 RF MEMS 器件,其微波特性设计也是重要而必不可少的,与结构设计参数同样重要。

3）样品测试

传统电机的样机在部分元件被改动或拆卸后仍可用于反复测试，并重新设计，而 MEMS 的样品测试只能用来证实设计，而不是发现错误。因此 MEMS 需要考虑可测性设计。

基于上述 MEMS 设计的严格要求，为使体积纤小、结构精巧的 MEMS 器件能够精确、可靠地工作，MEMS 工程师在设计中普遍采用有限元分析（FEA）方法，借助软件对微机电系统的应力、应变、自谐振、热、流体压差与速度、电阻电导、电磁场等进行结构、流体动力学、热、电、磁等的单场或多场耦合分析，评估微机电系统在各种特定环境与恶劣条件下的可靠性与耐用性，使其体积更纤小、功能更强大、工作更稳定。目前设计 MEMS 器件的主流软件包括 Ansys、CoventorWare、Intellisuite 等。在 RF MEMS 设计方面，CoventorWare、Intellisuite 软件均有相关的 RF MEMS 开关设计教程文件，对 RF MEMS 设计人员有极大的帮助。

2.4.1 设计流程

以 CoventorWare 设计软件为例，主要包括 Architect 模块、Designer 模块、Analyzer 模块，具体功能如图 2.12 所示。通过 Designer 模块，可以输入 RF MEMS 器件的结构版图，通过工艺参数的设置，生成 RF MEMS 器件的三维（3D）模型，在 Analyzer 模块对 RF MEMS 器件模型进行各个对象定义，进行划分网格参数设置，通过静电、机械、热、压电、流体分析或者多物理场耦合分析，如力电耦合、热电耦合、压电耦合等分析，得到 RF MEMS 器件的应力、应变、谐振模态、C/V 特性等参数，并可以数据、表格、图片、动画的形式输出仿真结果。由于 Analyzer 模块基于结构的物理模型，采用有限元/边界元（FEM/BEM）方法，仿真时间长，因此设置的微结构尽量简化，否则会造成计算结果不收敛。而 Architect 模块基于电路（节点）的原理，把一个复杂的微结构简化为数个规则结构（如梁、板、膜等）行为级模型的串联、并联，采用了基于参数的模型仿真方法，构成了一种系统级的设计方法，在满足一定计算精度的前提下，大大加快了 RF MEMS 器件微结构参数优化的仿真时间。如图 2.12 所示，Architect 模块、Designer 模块、Analyzer 模块同时又构成了一个闭环的设计，需要 MEMS 设计人员灵活应用，以实现最理想的设计方法。

基于 CoventorWare 软件，一个典型的 RF MEMS 器件的仿真流程如图 2.13 所示，通过原理分析，形成一个概念方案，通过 Architect 模块，建立一个电路级模型，进行快速性能仿真和相关参数优化，形成 2D 版图设计，在 Designer 模块中，通过版图定义和工艺定义得到一个 RF MEMS 开关的 3D 微结构，在 Analyzer 模块中，通过结构的网格划分，采用不同的机械、电、机电耦合分析，得到 RF MEMS 开关的吸

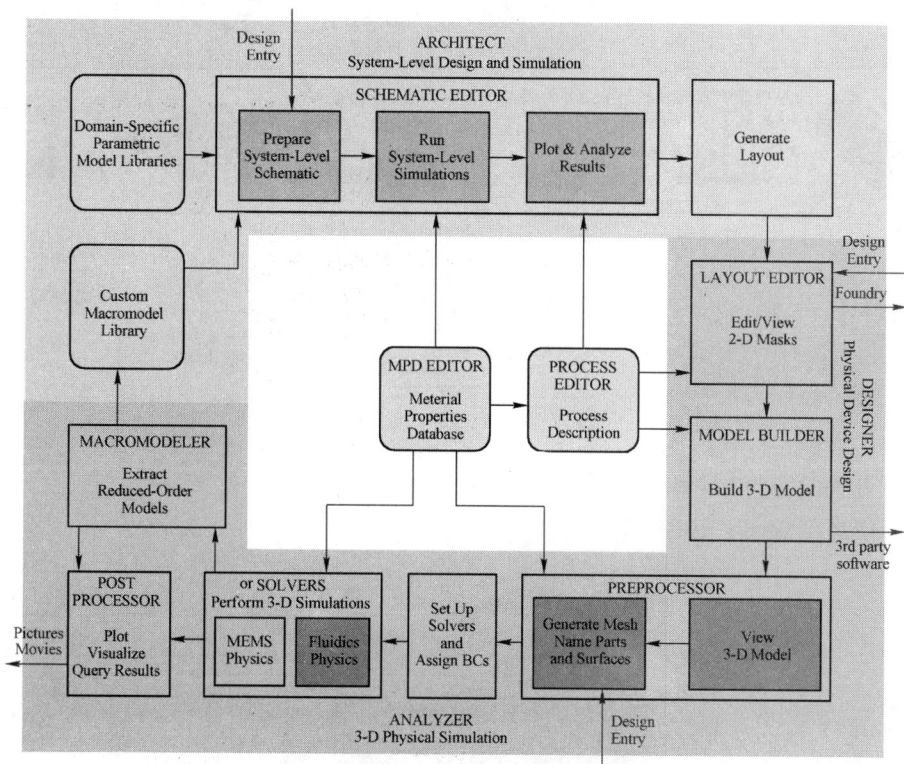

图 2.12　CoventorWare 软件的模块功能图

合(Pull – in)特性、接触特性、谐振频率、开关时间以及其他瞬态特性。对于设计的相关微结构,可以创建宏模型,使 RF MEMS 开关与外接电路相连,实现系统级仿真。虽然 CoventorWare 软件有相关微波 S 参数的分析功能,但对于一个射频工程师来说,使用 ANSOFT HFSS 软件、Agilent ADS 软件进行 RF MEMS 器件的微波性能设计和结果分析更得心应手些。当然可以跳过 Architect 模块,也能实现 RF MEMS 器件的设计。

下面以南京电子器件研究所(NEDI)设计的一个悬臂梁三端口 RF MEMS 开关为例,其三维结构模型如图 2.14 所示,重点介绍 RF MEMS 开关的结构设计和射频设计流程,并通过样品制备,得到了测试数据,通过基于物理结构的电路模型,拟合出等效电路参数。这个 RF MEMS 开关的设计例程对有志于 RF MEMS 研究的相关科技人员会有所启发。

RF MEMS 开关的设计要求如下:

开关的使用频率范围:0.1GHz ~ 20GHz

开关驱动电压:40V

概念　　原理设计　　性能仿真　　版图设计和
三维模型建立　　有限元分析　　制造

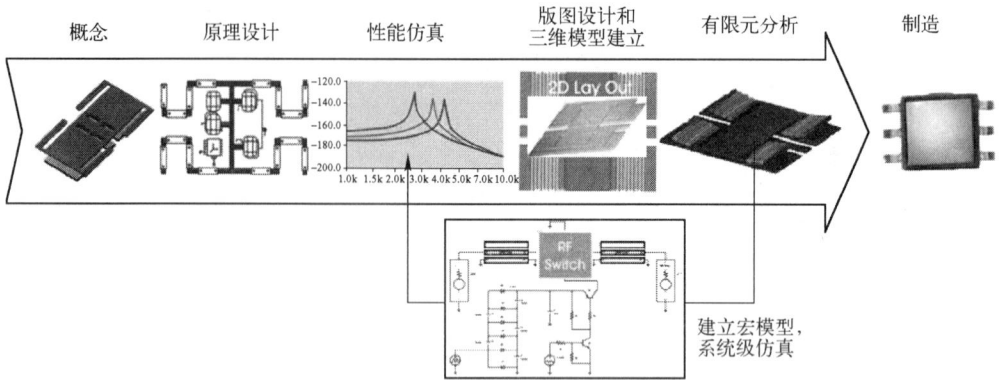

建立宏模型，
系统级仿真

图 2.13　RF MEMS 设计流程图

开关时间：80μs
隔离度：20dB(10GHz)

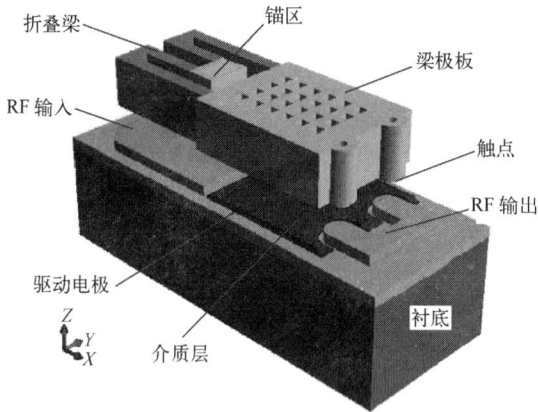

图 2.14　南京电子器件研究所 RF MEMS 开关结构模型

2.4.2　结构设计

采用 Designer 模块首先进行版图文件输入，主要考虑 RF MEMS 开关结构不同层数的定义、图形形状、尺寸，与工艺步骤相对应，包括 RF 输入/输出传输线层、驱动电极层、介质层、触点层、锚区层、折叠梁和梁极板结构层。图 2.15 为开关版图的设计界面显示。

接着进行工艺设计，CoventorWare 软件的工艺主要包括衬底(Base)、淀积(Deposit)、刻蚀(Etch)、牺牲层去除(Sacrifice)，虽然后来集成了一些标准工艺流程，增加了 LPCVD、PECVD、溅射、键合等工艺步骤和名称，但对于形成 3D MEMS 结构

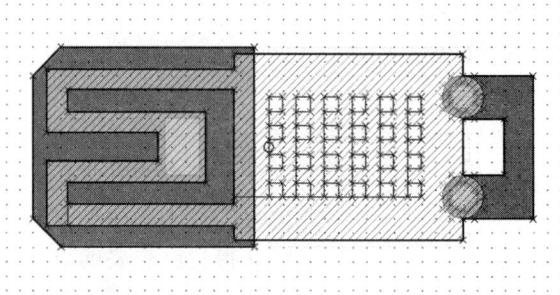

图 2.15　南京电子器件研究所 RF MEMS 开关版图设计

模型来说,通过几个基本的工艺步骤,实现各层薄膜和体结构加、减操作,通过设置不同的纵向(厚度)参数,一样能形成最终的三维结构模型。图 2.16 是 NEDI MEMS 开关的工艺设计,首先是衬底材料选择为硅(Step 0),热氧化一层 $1\mu m$ 厚的 SiO_2 膜(Step 1),淀积一层 $0.3\mu m$ 厚的 Au 膜(Step 2)、光刻后形成驱动电极(Step 3),淀积一层 $0.3\mu m$ 厚的 Si_3N_4 膜(Step 4)、光刻后形成驱动电极上方的介质膜(Step 5),以防止驱动电极与开关梁极板短路。接着淀积一层 $1\mu m$ 厚的 Au 膜(Step 6)、光刻后形成 RF 输入/输出电极(Step 7)。至此衬底材料上的传输结构图形制作完毕,下面开始制作牺牲层和结构层。淀积一层 $3\mu m$ 厚的 PMMA 作为牺牲层(Step 8),也就是说梁结构层与介质层之间的空气间隙设为 $3\mu m$,在 PMMA 上一

Step	Action	Type	Layer Name	Material	Thickness	Color	Mask Name/ Polarity	Depth	Offset	Sidewall Angle	Comment
0	Base		Substrate	SILICON	10.0	gray	GND				
1	Deposit	Planar	SiO	THERM_OXIDE	1.0	cyan					
2	Deposit	Planar	Au	GOLD	0.3	red					
3	Etch	Front, Last La..				red	Au　+	0.3	0.0	0.0	
4	Deposit	Conformal	SiN	SI3N4	0.3 SCF	blue					
5	Etch	Front, Last La..				blue	SiN				
6	Deposit	Conformal	Au1	GOLD	1.0 SCF	orange					
7	Etch	Front, Last La..				orange	Au1　+	1.0	0.0	0.0	
8	Deposit	Planar	PMMA	POLYIMIDE	3.0	gray					
9	Etch	Front, By Depth				cyan	Dimple　-	0.5	0.0		
10	Etch	Front, Last La..				gray	Anchor	3.0	0.0		
11	Deposit	Conformal	Bridge	GOLD	5.0 SCF	yellow					
12	Etch	Front, Last La..				yellow	Bridge　+	5.0	0.0		
13	Sacrif..				POLYIMIDE						

图 2.16　南京电子器件研究所 RF MEMS 开关工艺设计

次光刻形成触点(Step 9),触点的深度为 0.5μm,在 PMMA 上二次光刻形成锚区(Step 10),锚区的深度为 3μm,即穿透 PMMA 牺牲层,使后续的梁结构与 RF 输入电极直接相连。接着淀积一层 5μm 厚的 Au 膜(Step 11)、光刻后形成折叠梁、梁极板及锚区上方的图形(Step 12),当然为了以后的参数优化设计,也可以先后分两次分别形成折叠梁结构和梁极板图形。最后是去除牺牲层(Step 12),释放梁结构。在实际建立工艺文件的过程中,可以随时通过 3D 模型建立程序来检验和更改工艺设置参数,或者调整先后次序,最终获得自己想要的设计模型。

建立三维模型后,一是对材料参数进行设置,二是需要对相关结构的表面和体进行名称标称定义,如梁的上下表面、触点的表面、介质层的上表面、RF 输出电极的上表面,这时因为在下面的结构分析中,需要在面上施加力,在体上面施加电压参数,经过标记定义过的面和体可以在后续的参数分析直接调用。

接着对三维模型进行网格划分,对于包含一些不规则图形的结构,一般采用 Tetrahedrons 类型划分,即网格单元为一系列的四面体结构,对于只含有规则图形的结构,一般采用 Tetrahedrons 类型划分 Manhattan Bricks 类型划分,网格单元为一系列的正方体结构,可以节省仿真时间。由于上述图形包括圆柱形的触点结构,因此采用 Tetrahedrons 类型划分,参数设置如图 2.17 所示。网格划分后的模型如图 2.18 所示。

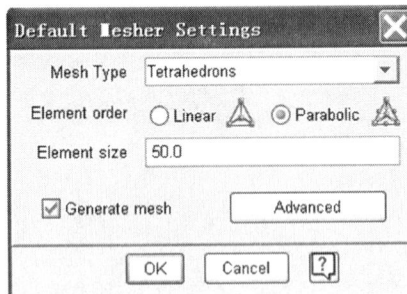

图 2.17　南京电子器件研究所 RF MEMS 开关网格划分设置条件

采用 Analyzer 模块对上述结构进行结构分析。首先使用 MemMech 分析结构的变形和应力分布。在 MemMech 下设置,使 Surface BCs 梁加载力为 0.0005MPa,contact BC 设置无接触面,梁结构所受应力分析如图 2.19 所示,梁结构位移分析如图 2.20 所示。由仿真结果可以得出,开关下拉时,最大应力 14MPa,主要分布在 U 形折叠梁的拐角处,而触点已接触到 RF 输出端口。

同样使用 MemMech 分析 MEMS 开关梁结构的谐振频率特性,在 MemMech 下设置,使 Surface BCs 梁加载力为零,设置参数如图 2.21 所示,进行 6 阶模态分析,不考虑阻尼特性,分析结果如图 2.22 所示。同时通过软件的 3D 可视化结果输出

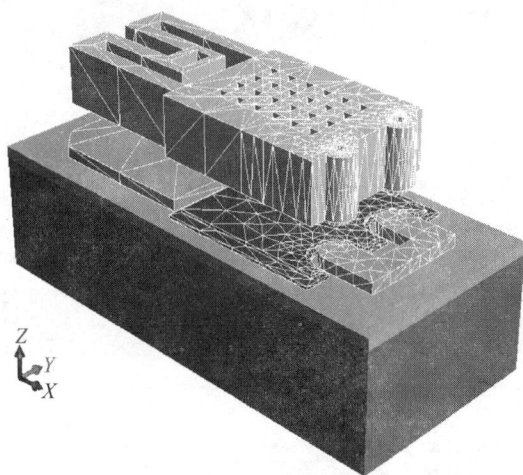

图 2.18　南京电子器件研究所 RF MEMS 开关网格划分后的模型

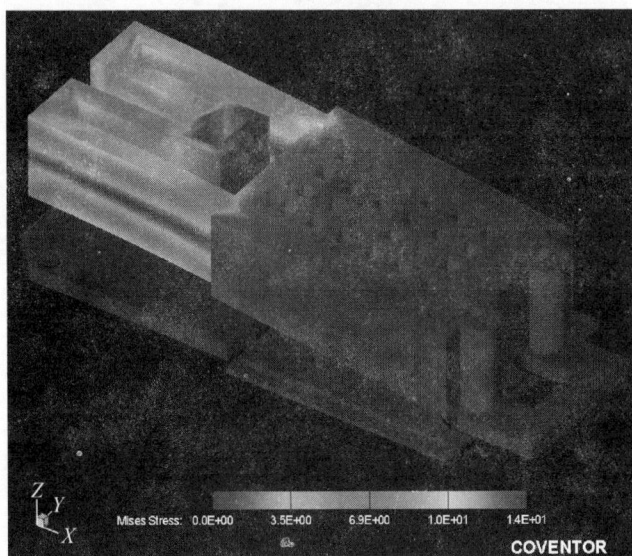

图 2.19　南京电子器件研究所 RF MEMS 开关梁结构应力分析

功能观看梁结构在各种模态下的变形、动作情况,由图 2.22 可知,2 阶模态频率约是主模态的 5 倍,结构干扰小,可以忽略不计。

按上述式(2.37)和式(2.42),得到南京电子器件研究所 RF MEMS 开关的结构设计参数如表 2.7[15]所列。

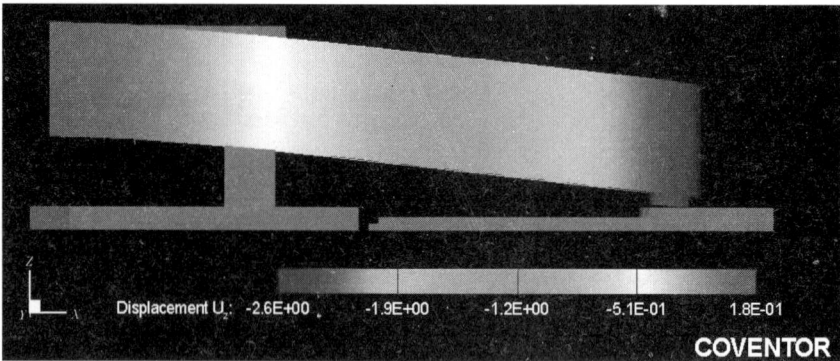

图 2.20　南京电子器件研究所 RF MEMS 开关梁结构位移分析

图 2.21　模态分析参数设置

表 2.7　开关结构设计结果一览表

序号	梁厚 $t/\mu m$	谐振频率 f_0/Hz	质量 m/kg	弹性系数 $k/(N/m)$	开关时间 $t/\mu s$	
					$U_s = 1.4U_p$	$U_s = 1.2U_p$
1	5	8599.338	8.118015×10^{-10}	2.37	48.5	56.6

采用 Analyzer 模块对 RF MEMS 开关吸合（Pull – in）特性、接触特性分析，需

图 2.22　南京电子器件研究所 RF MEMS 开关梁结构模态分析

要使用 Cosolve 分析,由于牵涉到力电耦合分析,计算量大,采用上述模型计算收敛速度极慢,因此在不影响微结构基本性能的情况下,对模型进行简化,如圆形触点结构改为正方形结构,按照上述步骤重新建立版图,采用 Manhattan Bricks 类型进行网格划分,梁结构层参数设置如图 2.23 所示。

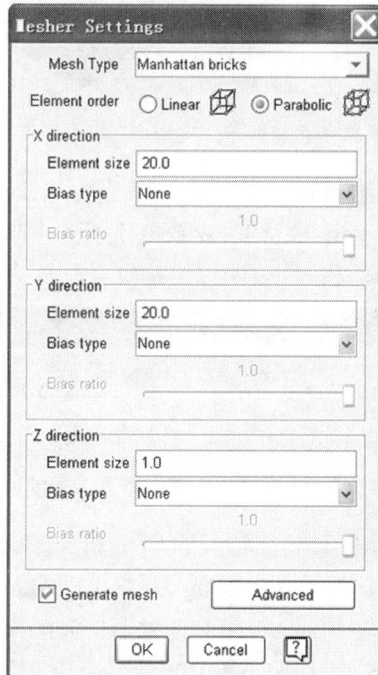

图 2.23　简化后南京电子器件研究所 RF MEMS 开关网格划分设置条件(Bridge 层)

　　介质层和驱动电极层的 x,y 方向 element size 各为 10,z 方向 element size 为 0.3,RF 输入和 RF 输出层的 x,y 方向 element size 各为 10,z 方向 element size 为 1。3D 模型网格划分后的模型如图 2.24 所示。

图 2.24　南京电子器件研究所 RF MEMS 开关网格划分后的模型

在 MemMech 下设置,使 Surface BCs 梁加载力为零,contact BC 设置无接触面。在 CoSolveEM 下设置,trajectory 项目下,设置电压 17V ~ 22V,步径 1V。CoSolveEM 的 pullin 仿真结果如图 2.25 所示,表明该结构吸合电压为 19.5V。

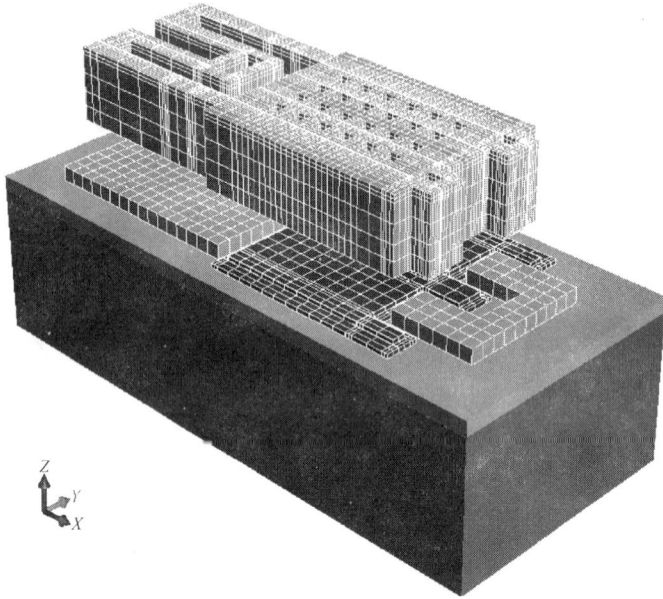

图 2.25　南京电子器件研究所 RF MEMS 开关 pullin 电压仿真结果

对 RF MEMS 开关的 Hysteresis 特性进行分析,也即开关从 0V 逐步加电到 60V,步进 10V,再从 60V 步进 10V 回到 0V,观察 RF MEMS 开关在吸合、吸合后以及释放的状态变化情况,在 MemMech 下设置,使 Surface BCs 梁加载力为零,而 contact BC 设置一些接触界面,如触点下表面运动到 RF 输出传输线上表面就不能再往下运动了,梁极板下表面运动到介质层上表面就不能再往下运动了。CoSolveEM 仿真结果如图 2.26 所示,表明该 RF MEMS 开关来回运动的重复性较好,迟滞电压范围在 15V ~ 20V。图 2.27 为 RF MEMS 开关驱动电极加电 10V - 60V - 10V,RF MEMS 开关梁结构的受力变形和触点位移图。表明该 RF MEMS 开关虽然吸合电压为 19.5V,在开关驱动电压从 20V 变化到 60V 时,开关的触点与 RF 输出电极相连,由于开关悬臂梁结构刚性强,不发生下榻,即开关的上极板和驱动电极不会接触,因此实现了宽驱动电压的 RF MEMS 开关设计,或者说工艺的误差容量较大。

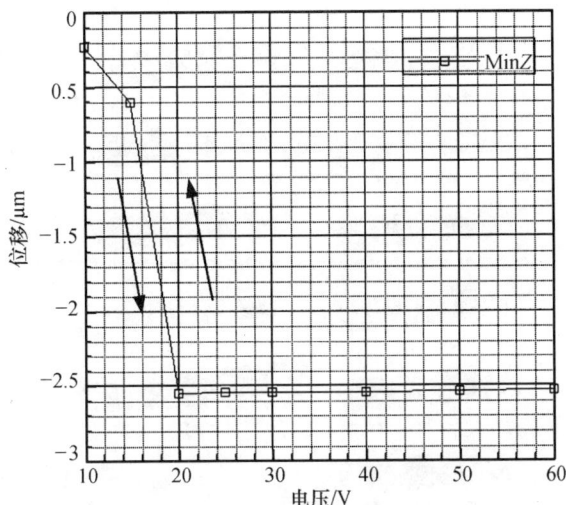

图 2.26 南京电子器件研究所 RF MEMS 开关 Hysteresis 特性仿真结果

利用 CoSolveEM BCs 程序,在 trajectory 项目下设置不同的驱动电压,可以实现 RF MEMS 开关机械性能设计参数的扫描功能。如上述 RF MEMS 开关在 10V ~ 60V 驱动电压下,接触力和结构回复力仿真结果如图 2.28 所示。即该开关在 20V、30V 和 40V 的驱动电压下,每个触点接触力 1μN、5.1μN 和 10.4μN,梁的回复力分别为 6.2μN、9.1μN 和 13.4μN。

在 Parametric Study 菜单分别设置不同的梁厚,实现 RF MEMS 开关力学性能参数的扫描,当梁厚 5μm 时,吸合电压为 19.5V,梁厚 6μm 时,吸合电压为 26.9V,梁厚 7μm 时,吸合电压为 38.8V。这是因为梁的厚度 t 增加,提高了结果的弹性系数,也就提高了 RF MEMS 开关的吸合电压,其基本关系为 $U_P \propto t^{3/2}$。

综上所述,RF MEMS 开关结构设计可以综合采用以下四种方法:①厚梁和宽梁设计,提高结构刚度;②在 RF 输出电极周围一定间隔包围着驱动电极,增加梁受力范围,增加静电力,使接触稳定;③触点设计,既减小接触电阻,又使得开关接触时驱动电极上的介质层不会同上方的悬臂梁电极接触,避免金属与介质层界面上产生附着力和排斥力,提高接触可靠性。④为了获得低的驱动电压,使用了折叠梁结构,降低梁的弹性系数 k_e,降低吸合电压,但同时影响了器件的回复力 F_r,设计时需要折中考虑。

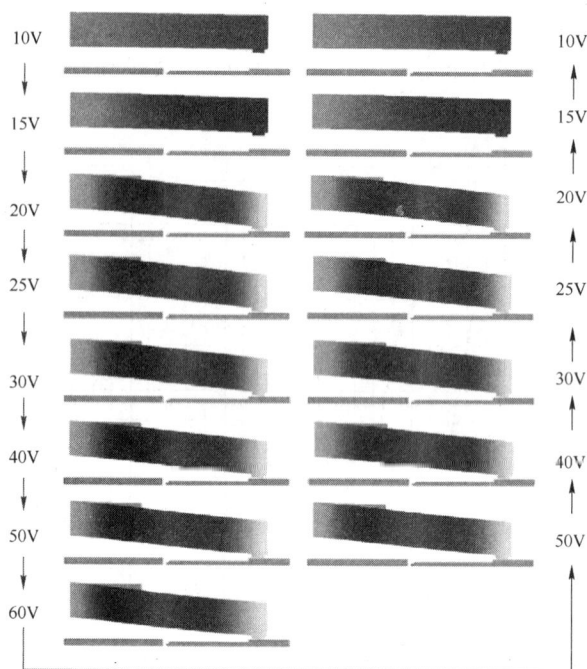

图 2.27　南京电子器件研究所 RF MEMS 开关加电后微结构变形

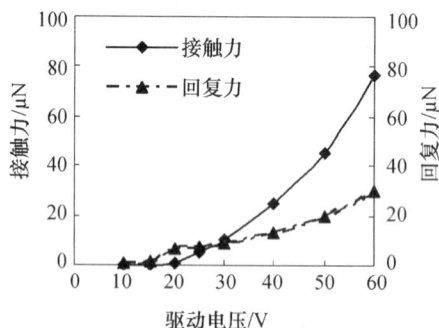

图 2.28　南京电子器件研究所 RF MEMS 开关驱动电压和结构受力的关系

2.4.3　射频设计

在 RF MEMS 开关悬臂梁微结构设计完成后,需要对 RF MEMS 开关进行射频设计,包括 RF 输入、输出采用传输线的形式、衬底材料特性、衬底厚度、触点位置、触点尺寸,通过传输线结构尺寸的优化,实现 RF MEMS 开关最佳匹配设计。由于 RF MEMS 开关具有三维结构,需要采用场仿真软件进行分析,常用的包括 AN-

48

SOFT HFSS 软件、Agilent ADS 软件,其中 HFSS 软件采用有限元法进行电磁场 Maxwell 方程求解,而 ADS 软件采用矩量法进行电磁场 Maxwell 方程求解。

为了满足在片测试的需要,RF MEMS 开关的射频接口采用 CPW 形式,接口阻抗为 50Ω,衬底材料选择高阻硅,选择触点直径为 $\phi10\mu m$,通过传输线尺寸的优化,忽略 RF MEMS 开关触点的接触电阻,设计的 RF MEMS 开关导通(On)状态的传输特性如图 2.29 所示。RF MEMS 开关设计的反射损耗优于 −30dB,在 10GHz 时插入损耗小于 0.1dB。

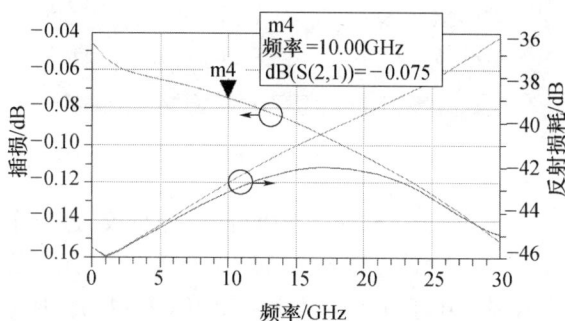

图 2.29 南京电子器件研究所 RF MEMS 开关导通态仿真结果

设计的 RF MEMS 开关关(Off)态的设计结果如图 2.30 所示,在 10GHz 时插入隔离度大于 20dB。

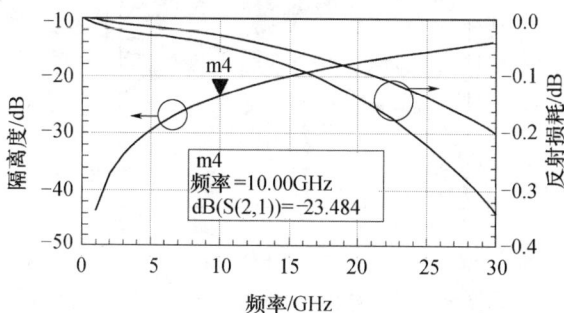

图 2.30 南京电子器件研究所 RF MEMS 开关关态仿真结果

2.4.4 实测结果分析

RF MEMS 开关采用南京电子器件研究所的低温表面牺牲层标准工艺进行了工艺流片,制作在高阻硅衬底上,使用了 7 块光刻版,工艺过程包括热氧化,溅射 Ti/Au、光刻、电镀形成传输线和驱动电极,在驱动电极表面 PECVD(等离子增强型化学气相淀积)一层 Si_3N_4 介质膜,涂敷 $3\mu m$ 厚的 PMMA 作为牺牲层,在 PMMA 上分步光刻形成触点和锚区图形,溅射触点金属并光刻、电镀形成折叠梁和开孔的悬臂梁结构层,最后用 O_2 等离子刻蚀 PMMA 释放结构。工艺样品如图 2.31 所示。

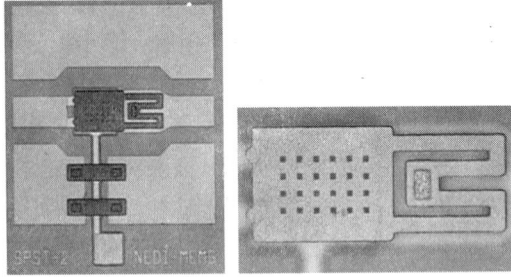

图 2.31　南京电子器件研究所 RF MEMS 开关样品显微照片

在 Cascade 探针台上,使用 Agilent 8510C 网络分析仪,进行了 10 只 MEMS 开关样品的在片微波性能测试,测试的平均结果如图 2.32 所示。在 DC ~ 20GHz 频率范围内,开关的插入损耗小于 0.5dB,扣除校准 CPW 线的损耗,开关的本征损耗小于 0.3dB,同一段 $700\mu m$ 长的传输线损耗相当。

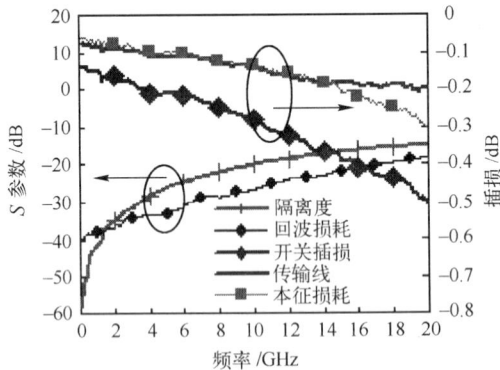

图 2.32　南京电子器件研究所 RF MEMS 开关 S 参数测量结果

利用自制的驱动电路板和 Lecroy 数字双踪示波器进行了开关动态特性测量,驱动信号脉冲频率 1kHz,驱动电压 40V,测量结果见图 2.33,表明开关时间 $t_{on} = 47\mu s$,$t_{off} = 5\mu s$,与仿真结果(表 2.7)非常吻合。

2.4.5　电磁模型拟合结果

基于三端口悬臂梁开关的物理结构,建立了 RF MEMS 开关的小信号模型,如图 2.34 所示。其中 C_g 表示 RF MEMS 开关输入/输出传输线间隙耦合电容,C_{up} 表

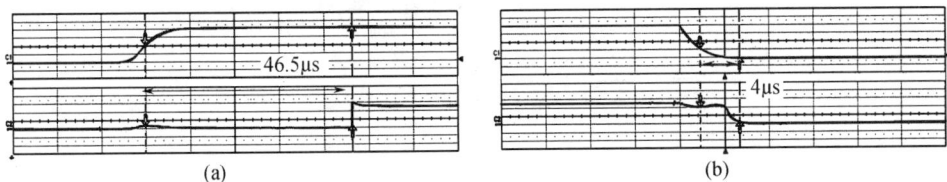

图 2.33 RF MEMS 开关 T_{on}(a)和 T_{off}(b)测量结果

示 RF MEMS 开关在 Up 态时触点区域输入输出传输线的耦合电容,在 Down 态时,开关的损耗电阻 R_{on} 由触点区接触电阻 R_{c} 和悬臂梁电阻 R_{beam} 构成。为了提高模型的精度,必须考虑 RF MEMS 开态和关态的边缘电容效应的影响,其中关态的边缘电容 C_{foff} 包含了输入/输出传输线的边缘电容(C_{fo1}, C_{fo2})和悬臂梁结构的边缘电容(C_{fb1}, C_{fb2}),同样 RF MEMS 开关开态的边缘电容 C_{fon} 包含了悬臂梁下拉后的悬臂梁结构的边缘电容(C_{fbon1}, C_{fbon2})和输入/输出传输线的边缘电容(C_{fo1}, C_{fo2}),悬臂梁的边缘电容值随着悬臂梁结构位置的不同而有所改变。由于 RF MEMS 开关的 C_{g} 和 C_{up} 都是 fF 量级的电容,所以边缘电容 C_{fon} 和 C_{foff} 不能忽略,分别由传输线的边缘电容和梁结构等效边缘电容构成。RF MEMS 开关开态和关态的等效电路模型如图 2.35 所示[17]。

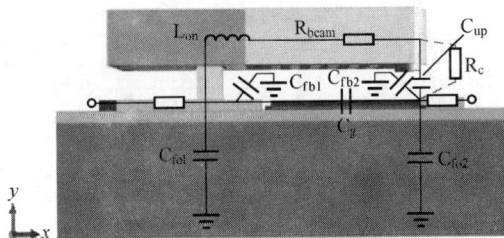

图 2.34 南京电子器件研究所 RF MEMS 开关电路模型

基于 RF MEMS 开关的测量结构,在提取 RF MEMS 开关本征的模型参数,此时,需去除端口寄生参数效应的影响。通过设计 Open、Sort 端口等测试结构,通过测试实际开关器件、与被测开关器件中等同的短路结构、开路结构的 S 参数,剥离端口寄生参数,采用 ADS 软件,通过参数拟合,提取模型中各等效元件的参数值,如表 2.8 所列。

表 2.8 RF MEMS 开关电路模型提取参数结果

参数	R_{on}/Ω	L_{on}/pH	C_{up}/fF	C_{g}/fF	C_{fon}/fF	$C_{\text{foff}}/\text{fF}$
模型值	0.6	195	6.4	10	8	10

图 2.36 是 RF MEMS 开关的测试结果和电路模型的仿真结果,在 0.1GHz ~ 20GHz 范围内非常吻合。

通态(ON)模型

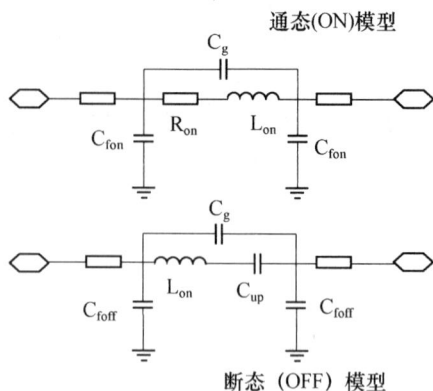

断态 (OFF) 模型

图 2.35　南京电子器件研究所 RF MEMS 开关电路模型

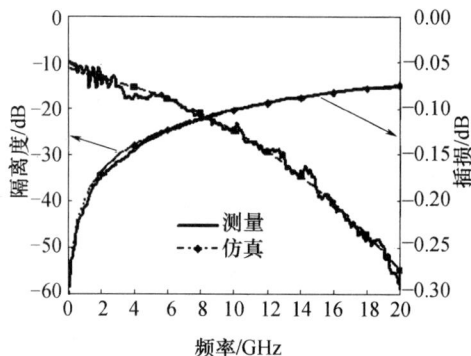

图 2.36　南京电子器件研究所 RF MEMS 开关测试和电路模型结果比较

参 考 文 献

[1] 刘凯,韩光平. 微电子机械系统力学性能及尺寸效应 [M]. 北京:机械工业出版社,2009.

[2] 梅涛,孔德义,张培强,等. 微电子机械系统的力学特性与尺度效应 [J]. 机械强度, 2001,23(4): 373 - 379.

[3] 孟光,张文明. 微机电系统动力学 [M]. 北京:科学出版社,2008.

[4] 高世桥,刘海鹏. 微机电系统力学 [M]. 北京:国防工业出版社,2008.

[5] Osterberg P M,Stephen D,et al. M - TEST: a test chip for MEMS material property measurement using electrostatically actuated test structures [J]. Journal of Microelectromechanial systems, 1997, 6(2):107 - 118.

[6] Lee H, et al. Piezoelectrically actuated RF MEMS DC Contact switches with low voltage operation[J]. IEEE Microwave Wireless Comp Lett, 2005,15:202 - 204.

［7］Santos H J, Fischer G, Tilmans H, et al. RF MEMS for ubiqnitous wireless connectivity：part 1 – fabrication ［J］. IEEE Microwave Magazine, 2004, 12;36 – 49.

［8］Rebeiz G M. RF MEMS；Theory, Design, and Technology ［M］. New Jersey;John Wiley & Sons, 2003.

［9］Delrio F W, Deboer M P, Knapp J A, et al. The role of van der Waals forces in adhesion of micromachined surfaces ［J］. Nature materials, 2005, 4 (8);629 – 624.

［10］王喆垚. 微系统设计与制造［M］. 北京;清华大学出版社,2008.

［11］Rebeiz G M. RF MEMS 理论·设计·技术 ［M］. 黄庆安,廖小平,译. 南京;东南大学出版社,2005.

［12］Freund L B, Floro J A, Chason E. Extensions of the Stoney formula for substrate curvature to configurations with thin substrates or large deformations ［J］. Applied Physics Letters, 1999,74(4);1987 – 1989.

［13］聂萌,黄庆安,李伟华. 多层膜残余应力全场光学在线测试 ［J］. 半导体学报,2005,26(5)；1028 – 1032.

［14］Espinosa H D, Zhu Y, Fischer M, et al. An experimental/computational approach to identify moduli and residual stress in MEMS radio – frequncy switches ［J］. Experimental Mechanics, 2003, 43 (3)；309 – 316.

［15］郁元卫,贾世星,朱健,等. 宽带直接接触式 RF MEMS 开关［J］. 传感技术学报,2008,21(4)；688 – 691.

［16］Wang K, Nguyen C T – C. High – order micromechanical electronic filters ［C］. Proc. IEEE, 10th Ann. Int. Workshop on Micro Electro Mechanical Systems,1997；25 – 30.

［17］Yu YW, Zhu J, Jia S X, et al. A High Isolation Series – shunt RF MEMS Switch［J］. Sensors, 2009, 9(6)；4455 – 4464.

第3章 RF MEMS 工艺技术

3.1 RF MEMS 工艺技术的发展

RF MEMS 发展到今天,其研发精力的很大一部分集中于 RF MEMS 工艺技术的突破。故了解 RF MEMS 工艺技术的发展,有助于更深入理解 RF MEMS 领域的发展。

目前,RF MEMS 工艺技术中大部分来源于半导体工艺技术,包括热处理、离子注入、光刻、薄膜生长等。最初 RF MEMS 使用的材料也是半导体工艺中的硅材料。随着 RF MEMS 商业化空间的扩大,RF MEMS 工艺技术在不断竞争中向前发展,RF MEMS 使用的材料也逐渐多元化,如 RF MEMS 中的聚合物材料。而且随着 RF MEMS 工艺与半导体工艺的侧重点不同,RF MEMS 与 IC 的集成面临挑战。如半导体器件只包含在衬底材料上的几微米中,而 RF MEMS 器件可能需要衬底材料的几百微米,甚至需要将多个衬底材料键合在一起。

虽然 RF MEMS 源于半导体技术,替代的基体如金属、玻璃/石英、陶瓷、塑料和硅橡胶等也流行起来。这种变化的驱动因素是从工艺和考虑所需的基础设施的角度出发,制造更廉价、生物兼容性好和容易制造的需要。虽然如此,但因为易于获取且其材料特性为人们所熟悉,大多数器件还是用硅来制造。基于硅的器件吸引人的原因还在于,它可在同一基体上将硅电子与 RF MEMS 器件集成在一起。

RF MEMS 工具箱包括一系列基于硅微制造工艺的加工方法。主要的加工步骤包括体微加工、表面微加工、LIGA(深 X 射线刻蚀、电铸成型等结合工艺)、硅片键合和其他特殊工艺。大多数器件仍然使用将这些工艺相结合的工艺制造。

体微加工使用湿法或者干法有选择地刻蚀基底,通常在掩膜层的辅助下来形成三维微机械结构。换句话说,它定义为从基底上制造三维机械结构的工艺。其中单晶硅为最主要的基底材料。根据刻蚀化学制品的选择,常用各向同性或者各向异性化学刻蚀的方法进行有选择性的材料去除。

不同比例的氢氟酸、硝酸、乙酸的混合物(HNA),成为硅各向同性刻蚀最常用的水溶化学制品、二氟化氙和三氟化溴用在硅各向同性刻蚀中。另外,各向异性硅刻蚀采用水溶剂,如氢氧化钾、酒石酸氢化邻苯二酚、氢氧化四甲基铵、氢氧化二

54

胺。在这些化学刻蚀过程中显示出的刻蚀各向异性,是由于不同的化学制品对硅特定晶面反应速率的不同造成的。在硅的(100)和(110)晶向的刻蚀速率远大于(111)晶向。而且,如果向硅中重度掺杂硼或磷以形成 pn 结电化学偏置,刻蚀速度会减少。这样,除了控制刻蚀溶液溶度和稳定外,还增加了一种刻蚀控制的方法。

除了化学刻蚀的方法以外,等离子增强刻蚀,如等离子刻蚀、反应离子刻蚀、深度反应离子刻蚀,也广泛地应用到体微硅刻蚀中。许多其他工艺,如硅熔融键合、硅—玻璃阳极键合、电火花加工以及激光加工也经常同硅体微加工一起使用。

表面微加工是一种对顺序放置在基体上的层面进行的工艺,它利用牺牲层薄膜选择性刻蚀来形成独立垂直甚至完全独立的薄膜微结构。相比较而言,表面微加工的重点放在基体表面微结构的制造上,基体只提供了机械支撑,可以是硅、石英、玻璃甚至金属材料。表面微加工利用类似 IC 制造中的各种标准方法,通过一系列的薄膜淀积和成型步骤来形成微结构。

通常采用选择性刻蚀来去除某些牺牲层,通过利用牺牲层和结构层的高刻蚀选择性使其结构层独立。最终产品为独立的微结构,其尺寸由薄膜成型技术决定。从某种意义上讲,表面微加工的概念非常简单,它仅仅需要一种稳定的基底、结构材料、牺牲材料和一个选择性刻蚀的方法。但实际上,表面加工一点也不简单。主要问题是控制独立材料力学特性,以及防止它们退化。从技术上来说,由于实用性最为重要,第一个表面微加工使用金属作为主要材料,不同金属也可以与光阻材料一起使用。直到 20 世纪 80 年代,使用半导体薄膜的表面微加工工艺才大量应用。如选择 HF 作为选择性刻蚀剂;氧化物,如二氧化硅和磷硅玻璃(PSG)作为流行的牺牲层材料;多晶硅和低应力氮化硅成为常用的结构材料。其他牺牲层材料,如铝、多晶硅、聚合体、铜等也得到利用。表面微加工的主要局限性在于淀积层的厚度以及它们的力学性能。

为了补充表面微机械在加工高深宽比能力的不足,LIGA 技术首先在德国面世。但是同步辐射 X 射线光源过于昂贵,以远紫外光为光源的准 LIGA 技术渐渐发展起来。

由于 LIGA 技术中使用非硅材料技术,它与硅集成技术的兼容性存在问题。在采用感应耦合等离子体刻蚀原理的高深宽比刻蚀硅的技术出现后,硅体微机械技术继承了原来可以制作惯性质量块等的优点,同时可以模仿表面微机械的微结构形式(如叉指电极等)制作复杂的 MEMS 器件。该技术利用可制作较厚结构的特点避免了表面微机械技术中严重影响成品率的结构释放的黏附问题。再考虑近些年得到很大发展的硅—硅键合等多层微结构形成技术,MEMS 技术在整体趋势上越来越向三维加工方向发展。

键合是一种连接片子的方法,也是脱离圆片厚度对器件尺寸限制的很方便的方法。它还提供了一种通过结合片来制造多层器件的方法,这些片子使用体微或者表面微加工,甚至加上了电路。圆片键合的其他应用是器件键合、密封以及三维微系统异质堆叠集成。玻璃—金属键合最早在 1969 被研究出来。目前最常用的键合形式为熔融键合、阳极键合、共晶键合以及各类利用过度层材料的键合。

过去多年来开发的许多非传统微加工技术也包含在 MEMS 工艺的工具箱中,丰富了种类的多样性。人们希望制造真三维结构,于是开发了微细电火花加工、激光微加工和三维立体光刻的开发。随着对生物兼容性器件需求的日益增加,塑料已经变得更加普遍,而且塑料的工艺随之快速出现。其他便宜又快速的工艺有硅树脂橡胶结构的软光刻,此工艺在微流体领域内特别普遍。

3.2 表面牺牲层工艺

正因为微电子工艺技术的迅速发展,从而带动了 MEMS 工艺技术不断向前推进,MEMS 的基础工艺与微电子工艺是相通的,尤其是 MEMS 领域的表面微机械工艺,其工艺过程中使用的外延生长、热氧化、化学气相淀积、物理气相淀积、溅射、电镀、光刻等加工方法更是与微电子工艺有着密切的联系。简单地说,表面微机械工艺是指将微结构制作于表面附近,在工艺过程中移除或腐蚀牺牲层材料,保留衬底材料。制作悬空微结构的关键技术是牺牲层腐蚀。与体工艺相比,表面微机械工艺与集成电路工艺更为接近,兼容性也更好。

图 3.1 给出了表面牺牲层工艺的基本过程:首先在硅片上淀积一层隔离层,用于电绝缘和衬底保护,然后淀积牺牲层和进行图形加工,最后溶解牺牲层形成悬臂梁的结构。

3.2.1 高温表面牺牲层工艺

高温表面牺牲层工艺中大部分工艺的温度在 600℃ 以上,它的加工方法有材料制备的外延生长、热氧化、化学气相淀积、物理气相淀积、金属化、光刻、干湿法腐蚀、超临界释放等。所用的材料主要有二氧化硅、磷硅玻璃、多晶硅、氮化硅等。表面牺牲层工艺一般以硅片作为衬底,通过淀积多层薄膜和图形加工制备出三维结构。硅片本身不被加工,器件的结构部分由淀积的薄膜加工而成,结构与基体之间制备一层或多层牺牲层用来支撑结构层,在微器件流片的最后工艺中去除牺牲层。

3.2.1.1 高温表面牺牲层工艺的材料选择

表面牺牲层工艺所要求的材料是一组相互匹配的结构层、牺牲层材料,见表

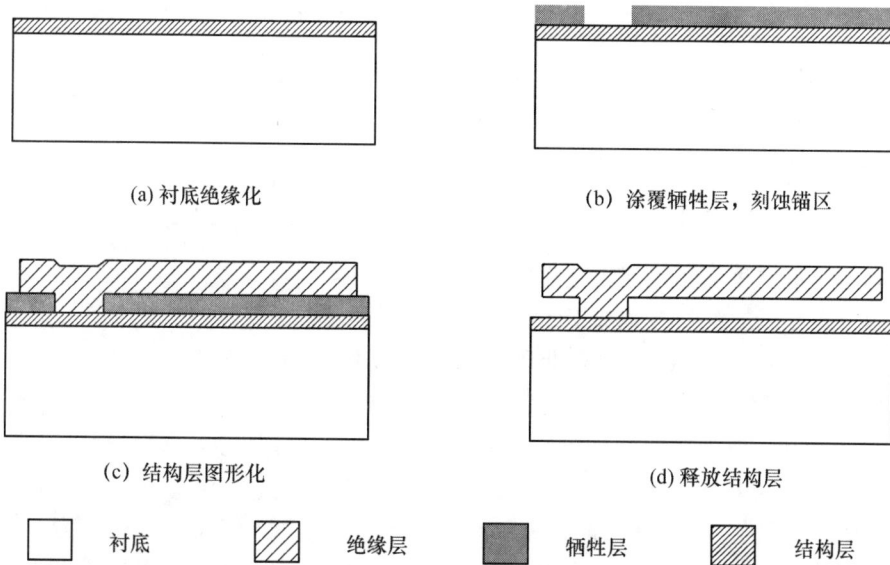

(a) 衬底绝缘化

(b) 涂覆牺牲层，刻蚀锚区

(c) 结构层图形化

(d) 释放结构层

▢ 衬底　　▨ 绝缘层　　▨ 牺牲层　　▨ 结构层

图 3.1　表面牺牲层工艺过程

3.1。结构层材料必须满足应用所需的电学和力学性能,要求适中的残余应力、高屈服的断裂应力、低蠕变和疲劳强度、抗磨损等。牺牲层材料应有好的黏附性、低的残余应力、工艺副作用小。选择的化学腐蚀剂应该对牺牲层材料和结构层材料有高的选择比、合适的流动性和表面张力,能保证牺牲层被全部刻蚀干净。此外,所选择的材料和工艺应该与其余工艺有良好的工艺兼容性。

以淀积掺杂的多晶硅为结构层材料,氧化硅或掺杂的磷硅玻璃为牺牲层材料,已经广泛用于高温表面牺牲层工艺结构制作,这两种材料常用于 IC 技术,其薄膜淀积的技术已经成熟。用氮化硅作为多晶硅微结构的牺牲层的主要缺点是氮化硅难以用湿法工艺去除,而且低压化学气相淀积(LPCVD)淀积的氮化硅有较大的内应力,当厚度大于 300nm 时,应力容易引起薄膜的破裂。不用铝作为牺牲层材料,则因为 LPCVD 淀积多晶硅温度为 630℃,超过铝的熔点;此外铝会在淀积多晶硅的设备中造成污染。还有其他一些应用于表面微结构的材料,如多晶硅作为牺牲层材料,通过淀积富硅膜降低氮化硅膜的残余应力。

表 3.1　高温表面牺牲层工艺结构层与牺牲层材料组合

结 构 层		牺 牲 层	
材料	厚度/μm	材料	厚度/μm
多晶硅	1 ~ 4	PSG, SiO$_2$	1 ~ 7

57

（续）

结 构 层		牺 牲 层	
Si_3N_4	0.1 ~ 1	PSG，SiO_2	2
SiO_2	0.5 ~ 3	多晶硅	1 ~ 3
多晶硅 – ZnO	2 – 1	PSG	0.6
多晶硅 – Si_3N_4 – 多晶硅	1 – 0.2 – 1	PSG	2

3.2.1.2 高温表面牺牲层工艺研究

1）多晶硅的淀积与微加工

多晶硅薄膜的制备方法有低压化学气相淀积（LPCVD）、常压化学气相淀积（APCVD）、等离子体增强化学气相淀积（PECVD）和分子束淀积等方法。[1]对于表面微加工来说，最主要的加工方法是以硅烷（SiH_4）为气源，在石英炉管反应器内淀积多晶硅的 LPCVD 技术。630℃时，多晶硅的淀积速率为 10nm/min，温度降低，淀积速率也下降。多晶硅的晶体微结构与淀积条件有关，硅烷气体浓度为 100% 时，压力为 200mTorr（1Torr = 133Pa）的 LPCVD 淀积条件下，低于 580℃淀积时，薄膜晶体结构为无定形，超过 580℃时薄膜为多晶向晶畴结构。当薄膜为多晶时，随着淀积温度的升高，晶粒结构发生变化。600℃时，晶粒非常细小；625℃时晶粒开始长大，形成垂直于膜面的柱状结构；随着膜厚的增加，晶粒尺寸逐渐增大。晶体的位向取决于淀积温度，600℃ ~ 650℃之间的薄膜的主要位向为 <110>；650℃ ~ 700℃之间，主要位向为 <100>。在微结构的加工过程中，多晶硅可以选择在淀积过程中直接通入磷烷或者砷烷气体进行掺杂，或者淀积后再进行掺杂工艺，掺杂后还要进行退火等工艺，这些高温工艺会导致多晶硅晶粒发生再结晶，从而表面粗糙度增加，图形分辨率变差。

由于多晶硅的主要成分是 Si，所以多晶硅的刻蚀可以采用反应离子刻蚀（RIE）或者采用 ICP（感应耦合等离子体刻蚀）进行刻蚀，刻蚀气体可以用 CF_4 或者 SF_6，电离的 F 原子与硅发生如下反应

$$Si + 4F^* \rightarrow SiF_4$$

反应生成挥发性产物 SiF_4，由抽气系统排出反应室。由于多晶硅薄膜一般只有几微米厚，其刻蚀的掩模材料选用光刻胶或者 Al。

2）二氧化硅的淀积与微加工

在 IC 工艺中，二氧化硅是一种多用途的基本材料，它是一种无定形材料。在多晶硅表面微结构加工中，二氧化硅主要是作为绝缘层或者牺牲层材料，另外的用途是作为多晶硅厚膜图形的刻蚀掩膜。

在多晶硅表面微结构工艺中，广泛采用的二氧化硅薄膜成形方式是热氧化和

LPCVD。用于衬底绝缘层薄膜的二氧化硅是在 900℃～1100℃ 的高温热氧化下形成的,热氧化的二氧化硅是本体氧化,氧化速率随着氧化膜厚度增加而下降,该工艺获得的最大的实用膜厚低于 2μm,一般用热氧化法制备小于 1μm 厚度的氧化膜。热氧化的二氧化硅薄膜结构致密,均匀性好,一般采用干氧—湿氧—干氧的顺序生长。用于牺牲层材料的二氧化硅薄膜可以在 400℃～450℃(LTO)生长,也可以在 700℃～900℃(HTO)生长,然后通过高温退火(1000℃)提高其密度。

二氧化硅可以用 RIE 进行干法刻蚀,反应气体一般用 CF_4 加缓冲气体(Ar,N_2 等),但是该方法会产生大量的反应聚合物,刻蚀结束后要用 O_2 等离子体对表面进行清洁,同时,如果刻蚀时间过长,在刻蚀完二氧化硅后刻蚀气体会对衬底表面造成损伤。经典的二氧化硅腐蚀方法是采用氢氟酸腐蚀。常用的腐蚀剂是以氟化铵(NH_4F)为缓冲剂的氢氟酸溶液,加入了氟化铵,可以在较长时间内维持溶液内氢氟酸的比例,使得腐蚀特性能够重复和稳定,而且减少了氢氟酸对光刻胶的浸蚀作用。二氧化硅的腐蚀对温度最敏感,温度越高,腐蚀速率越快,一般采用 40℃ 进行腐蚀。

由于湿法腐蚀时,光刻胶的掩蔽时间有限,同时侧向腐蚀随着时间延长会不断加大,所以在刻蚀较厚的二氧化硅膜时,一般采用干法加湿法的工艺,即采用干法把大部分二氧化硅刻蚀掉,留下少量的二氧化硅膜用湿法腐蚀干净。

3）氮化硅的淀积与微加工

氮化硅(Si_3N_4)广泛应用于集成电路工艺中的电绝缘和表面钝化。在高温表面牺牲层工艺中,PECVD 氮化硅主要用于结构的表面钝化保护,LPCVD 氮化硅主要用于结构的衬底绝缘。PECVD 氮化硅一般在 200℃～400℃ 进行淀积,反应气体是高纯 SiH_4(硅烷)和 NH_3(氨气)或者 N_2(氮气),采用 13.56MHz 的工业频率射频电源,而较低的频率有利于降低薄膜应力,采用双频源淀积氮化硅薄膜,可以有效控制薄膜应力,可以实现残余应力接近 0MPa。LPCVD 氮化硅一般在 700℃～900℃ 进行淀积,反应气体是 SiH_2Cl_3(二氯甲硅烷)或者 SiH_4 和 NH_3。氮化硅有较大的残余张应力,容易引起膜的断裂,一般膜厚控制在几百纳米以内。

氮化硅是一种不活泼的致密材料,也常用做二氧化硅的覆盖层,但此时不能用氢氟酸腐蚀,也不能用 BHF 腐蚀,因为他们都能迅速地溶解二氧化硅,从而造成严重的钻蚀。通常采用沸腾的磷酸(H_3PO_4)在 140℃～200℃ 对氮化硅进行腐蚀,腐蚀速率约为 10nm/min。另外氮化硅可以用反应离子刻蚀(RIE)进行干法刻蚀,反应气体一般用 CF_4 加缓冲气体(Ar,N_2 等),或者在刻蚀气体中加入 O_2,以减少刻蚀过程中反应聚合物的产生。

4）磷硅玻璃(PSG)的淀积与微加工

磷硅玻璃是一种常用的钝化和介质膜,对钠离子有较强的捕集合阻挡作用,在高温表面牺牲层工艺中常用做牺牲层材料。磷硅玻璃的淀积应力比二氧化硅小，LPCVD 磷硅玻璃在 600℃～800℃ 之间采用 SiH$_4$（硅烷）、N$_2$O（笑气）和 PH$_3$（磷烷）淀积而成，PECVD 磷硅玻璃在 300℃～400℃ 采用 SiH$_4$（硅烷）、N$_2$O（笑气）和 PH$_3$（磷烷）或者四乙氧硅烷（TEOS），三甲亚磷酸盐（TMP）淀积而成，磷硅玻璃在高温（>900℃）下，会变软和回流，可以使得图形阶梯的边缘变得光滑和圆润。

氢氟酸及 BHF 都能腐蚀 PSG，由于氢和氧能使得玻璃疏松，促使 P$_2$O$_5$ 快速溶于水中，因此，腐蚀速率随着玻璃中耦合的 P$_2$O$_5$ 量增大而提高。含磷 4%（质量）的 PSG 在浓氢氟酸腐蚀剂（40%）中，腐蚀速率可以达到 1μm/min。

3.2.2 低温表面牺牲层工艺

针对 RF MEMS 器件，由于微波传输线通常采用金属材料，因此在微波传输线形成后续工艺必须是低温工艺，低温表面牺牲层工艺的绝大部分工艺的温度为 350℃ 以下，有利于 RF MEMS 器件的制作，由于 RF MEMS 要求衬底材料的微波损耗越小越好，通常采用高阻硅或 GaAs 为衬底材料。它的加工方法有材料制备的氧化、低温淀积、衬底减薄抛光、金属化、电镀、光刻、干湿法腐蚀、超临界释放等。

3.2.2.1 低温表面牺牲层工艺的材料选择

低温表面牺牲层工艺的结构材料主要是聚合物或者金属材料，可以采用一层或多层材料，也可以增加低应力的绝缘介质薄膜来制作复合梁结构。牺牲层材料选择聚合物需要考虑工艺过程的稳定性和在工艺结束后能否去除干净，选择金属材料需要考虑工艺过程中是否有良好的工艺兼容性，所以牺牲层材料的选择显得尤为重要。目前，RF MEMS 典型器件的梁结构材料以金或者合金为主，一定厚度的金（>0.3μm）在传输微波信号时的插入损耗非常小，但是纯金的塑性太大，形成的结构梁容易发生形变，影响器件的性能和可靠性。合金材料能够提高结构层的强度和硬度，增加器件的寿命（表 3.2）。

表 3.2　低温表面牺牲层工艺结构层与牺牲层材料组合

结　构　层		牺　牲　层	
材　料	厚度/μm	材　料	厚度/μm
聚酰亚胺	10	Al	1.5～3
聚对二甲苯	5～10	金属，光刻胶	0.5～3
Al, Si Al	0.5～2	光刻胶	2
Au	6-12	聚酰亚胺，聚对二甲苯，Cu	1～3
Cu	1-0.2-1	聚酰亚胺	2
Ni	0.5～2	光刻胶，聚对二甲苯	2

（续）

结 构 层		牺 牲 层	
W	2. 5 – 4	SiO_2	8
Mo	1 – 0. 2 – 1	Al	0.5 ~ 1
Ni Au	5 ~ 15	聚酰亚胺，Cu	1 ~ 2

RF MEMS 器件的衬底材料一般使用 HRSi（$\rho > 4k\Omega \cdot cm$）或者 GaAs 圆片。尽管 Si 片是极好的的加工材料,但在 Si – SiO₂ 界面上不可避免发生的自由电荷严重地降低了 HRSi 的 RF 特性。解决此问题的有效途径:一是 SiO₂ 图形化,去掉不起作用的绝缘面积;二是在 Si – SiO₂ 界面注入高剂量原子(如 Ar),它在 Si 衬底中产生阱,防止电荷移动,即使 SiO₂ 薄膜形成后,表面仍然是钝化的。

3.2.2.2 低温表面牺牲层工艺研究

1）微波信号与低频驱动信号隔离电阻薄膜制备工艺

在 RF MEMS 器件中,常采用静电驱动,因此用来隔离微波信号与低频驱动信号的隔离电阻薄膜制作必不可少,在集成电路中已广泛使用金属膜或合金薄膜电阻元件。薄膜电阻的特点[1]:①阻值范围宽广,小到几欧,大到兆欧级的电阻都可用薄膜电阻实现;②阻值精度高,电阻的温度、电压系数比扩散电阻有数量级的降低;③制作在硅片的氧化层上,可减少图形面积,寄生效应比扩散电阻小。薄膜电阻的材料有金属(如 Ta)、合金(如 Ni – Cr)、金属—氧化物(如 Cr – SiO₂)、硅化物金属(如 Cr – Si)等。薄膜电阻的淀积工艺一般采用真空蒸发—电子束蒸发、直流或射频溅射、磁控溅射等,对于难溶金属只能采用电子束蒸发或溅射工艺,对于合金材料最好采用磁控溅射,以保证淀积前后的组分不变。

薄膜电阻的计算如下

$$R = \frac{\rho}{t} \cdot \frac{l}{w} = R_s \frac{l}{w} \tag{3.1}$$

式中:R_s 为方块电阻值;ρ 为薄膜的电阻率;l、w、t 分别为薄膜电阻的长、宽、厚。方块电阻 R_s 可由测量获得,由于薄膜很薄,受电阻边缘和接触电阻的影响,R_s 一般随厚度 t 呈非线性变化。

微波信号与低频驱动信号隔离电阻薄膜一般采用高阻薄膜,典型工艺,如采用磁控溅射制备 Si 化物薄膜,如图 3.2、图 3.3 所示,经测试其典型薄层电阻为 930Ω/□,电阻率片内一致性达到 ±2.2%。具体工艺:在 SiO₂ 绝缘层上光刻,溅射 Si 化物薄膜 1000Å,用丙酮剥离,用 PECVD 生长 Si₃N₄ 薄膜 3000Å 并图形化,对电阻薄膜进行后续工艺保护。

图 3.2　Si 化合物隔离薄膜

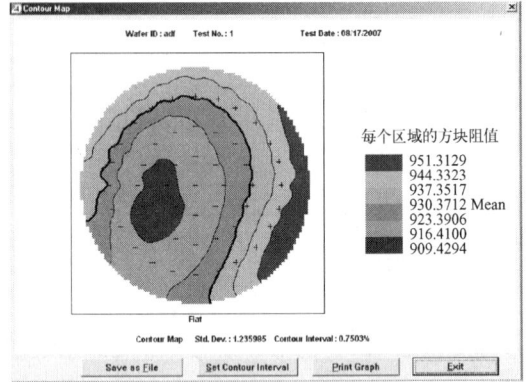

图 3.3　薄膜电阻率测量结果

对于 RF MEMS 器件的整个工艺流程,图形化工艺起了重要的衔接作用,它主要包括:光刻工艺,介质、金属等材料刻蚀两方面内容。

2) 光刻工艺

目前,RF MEMS 器件的光刻主要采用接触式曝光工艺来实现,一般要经过以下基本工艺流程,如图 3.4 所示。

光刻中的每一步对光刻质量都有直接的影响,所以必须选择好合适的工艺条件来控制光刻过程中每一步操作。随着 RF MEMS 工艺技术的不断发展,RF MEMS 器件的图形越来越复杂,光刻精度要求越来越高,目前已经对亚微米尺寸图形甚至纳米图形提出了加工要求,这就要求不断提高光刻工艺技术水平。

(1) 感光胶。常用的感光胶一般分为正胶和负胶两大类,正胶曝光后光照区域很容易在显影液里被溶解去除,负胶曝光后光照区域被保留下来,而没有曝光的部分被显影去除。所有的感光胶通常都含有两种基本原料:树脂(resin)和光敏剂(Photo－Active Compound,PAC)。在集成电路领域,普遍使用的是正性感光胶,而在 MEMS 领域,正胶和负胶都被广泛使用。正胶在光刻过程中,受到光照射的区域光敏剂发生化学反应,从而将 PAC 变成可溶于碱性溶液的物质。负胶在光刻过程中,受到光照射的区域发生聚合或者交联反应,聚合为不可溶物质。近年来,SU－8、BCB 等负性感光胶越来越受到关注。

(2) 曝光。常用的曝光技术:紫外光线技术——光谱波长范围 157nm ～ 436nm;X 射线技术——光谱波长范围 0.4nm ～ 5nm;电子束技术——10keV ～ 100keV;聚焦离子束技术——50keV ～ 200keV。曝光方式有两种,一种是直接刻写,另外一种是掩模版方式。目前,在 MEMS 领域常用的是直接接触掩模版方式,它是用一块制好图形的掩模版紧贴在(或者非常接近)基片上,然后将光线透过掩模版投射到基片上,对涂敷在基片上的感光胶进行有选择的曝光。从高压弧灯发

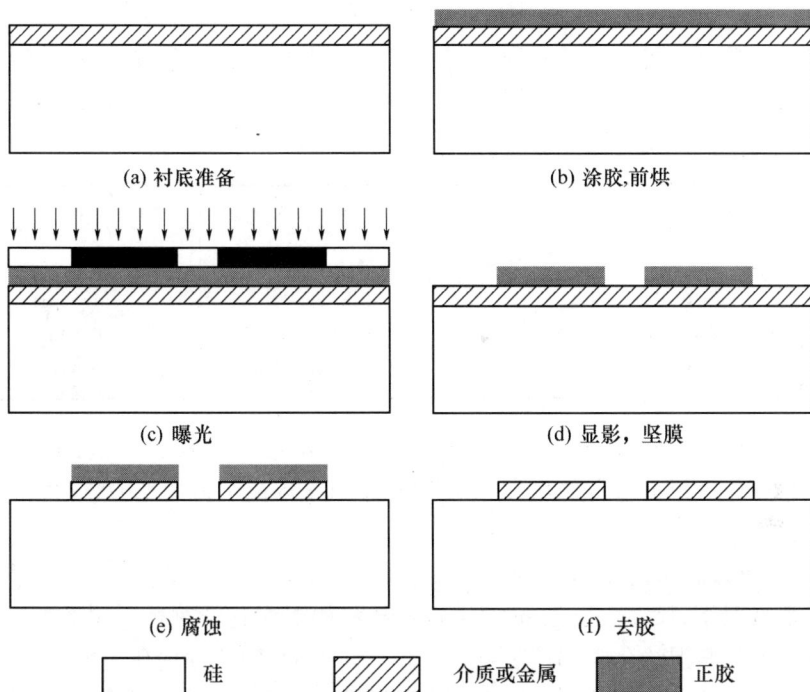

(a) 衬底准备   (b) 涂胶,前烘

(c) 曝光   (d) 显影,坚膜

(e) 腐蚀   (f) 去胶

□ 硅   ▨ 介质或金属   ▩ 正胶

图 3.4 接触式光刻工艺流程图

出的光源经过光学透镜校直获得平行光线,然后经过滤波来获得需要的曝光波长。光刻胶对于不同波长的光源其敏感程度不同,每一种光刻胶的感光度都有它的峰值和一定的光谱吸收范围。在确定了使用的光刻胶类型后,配以合适的光源进行曝光就可以得到满意的效果。一般在光刻胶的产品说明书上,都会有光刻胶涂敷厚度、曝光剂量、光谱吸收范围等详细工艺参数说明。

$$t = \frac{E}{I} \qquad\qquad (3.2)$$

曝光时间(t)等于曝光剂量(E)与曝光强度(I)的比值,其中曝光强度(单位:mW/cm^2)可以采用光强计在光刻机上进行实时监测获得。

接触式曝光中光线衍射现象会影响光刻图形精度,以等宽条纹图案为例,理论最小分辨率为

$$2b_{min} = 3[\lambda(s + 0.5d)]^{1/2} \qquad\qquad (3.3)$$

式中:$2b_{min}$为干涉条纹的周期;s为掩模版与光刻胶间的距离;d为光刻胶的厚度;λ为光源的波长。如果完全接触,则 $s = 0$,可以得到

$$2b_{min} = 3[\lambda \cdot d/2]^{1/2} \qquad (3.4)$$

利用这些条件可以计算不同光刻胶厚度条件下的最小光刻分辨率,如表3.3所列。

表3.3 不同光刻胶厚度的最小光刻分辨率

光源波长 距离	$\lambda = 405\text{nm}$	$\lambda = 220\text{nm}$
$d = 10.0\mu\text{m}$	$2.15\mu\text{m}$	$1.58\mu\text{m}$
$d = 1.0\mu\text{m}$	$0.68\mu\text{m}$	$0.50\mu\text{m}$
$d = 0.5\mu\text{m}$	$0.48\mu\text{m}$	$0.35\mu\text{m}$

(3)去胶。去除残余光刻胶的方式:①有机溶液(如丙酮)浸泡,负性光刻胶采取专用去胶液浸泡或者加热去除光刻胶;②氧气等离子体辉光去胶;③以上两种方式复合使用。

3)介质与金属刻蚀(表3.4)

一般情况下,尺寸大于3μm的结构选择浸槽湿法化学刻蚀。非晶态,多晶态和单晶态的材料湿法化学刻蚀基本上是各向同性的,即刻蚀的所有方向是均匀进行的。这种湿法化学刻蚀在抗蚀剂掩膜下形成弧形侧壁结构,需要对腐蚀液浓度、温度、腐蚀时间等工艺参数精确控制才能得到良好的结构尺寸。随着结构尺寸的日益缩小,维持湿法化学刻蚀方法的优势变得日益困难,当结构尺寸小于3μm时,湿法化学刻蚀方法已经被定向的干法化学刻蚀方法所替代。当结构尺寸小于1μm时,选用更为先进的光刻方法进行光刻,再镀膜剥离的工艺形成亚微米尺寸结构。

表3.4 刻蚀配方及条件[2]

刻蚀材料	腐蚀配方及腐蚀温度
Si	$126\text{HNO}_3 : 60\text{H}_2\text{O} : 5\text{NH}_4\text{F}$ 23℃ (体积比)
Si	KOH(30(质量)%) 80℃
Si	XeF_2 2.6mTorr
GaAs	$1\text{H}_2\text{SO}_4 : 7\text{ H}_2\text{O}_2 : 2\text{ H}_2\text{O}$ 23℃ (体积比)
GaAs	CCl_2F_2 20mTorr
SiO_2	10:1($\text{H}_2\text{O} : 49\%\text{ HF}$)23℃ (体积比)
SiO_2	5:1($\text{NH}_4\text{F} : 49\%\text{ HF}$)40℃ (体积比)
SiN	H_3PO_4 160℃
Si、SiN	$\text{SF}_6 + \text{O}_2$ 100W (13.56MHz, 20mTorr)

刻蚀材料	腐蚀配方及腐蚀温度
Si、SiN、SiO$_2$	CF$_4$ + O$_2$ 100W（13.56MHz,60mTorr）
Al	H$_3$PO$_4$ 80℃
Ti	20H$_2$O:1H$_2$O$_2$:1HF 23℃（体积比）
Cr	（22%（NH$_4$）2Ce（NO$_3$）6）+8% HAc + H$_2$O 23℃（体积比）
Au	5% I$_2$ + 10% KI + 85% H$_2$O 23℃（体积比）
Ag	KCN + H$_2$O$_2$ 23℃
Cu	30% FeCl$_3$ + 3% HCl + H$_2$O 23℃（体积比）
Mo	180 H$_3$PO$_4$:11 HAc:11HNO$_3$:150H$_2$O 23℃（体积比）
W	30% H$_2$O$_2$:70% H$_2$O 50℃（体积比）
Ni	16H$_3$PO$_4$:1HNO$_3$:1HAc:2H$_2$O 50℃（体积比）
NiCr	（15%（NH$_4$）2Ce（NO$_3$）6）+5% HNO$_3$ + H$_2$O 23℃（体积比）
光刻胶	O$_2$ 400W（30kHz,300 mTorr）
聚酰亚胺	O$_2$ 300W（30kHz,200 mTorr）

4）牺牲层及触点工艺

除了半导体材料及其相关薄膜之外，其他种类的材料也可以作为牺牲层和结构层，这些材料主要包括聚合物和金属薄膜。聚合物和金属薄膜能够在更低的温度下形成并采用更简单的设备进行沉积和加工。

用光敏聚酰亚胺替代非光敏聚酰亚胺，光敏聚酰亚胺通常用于器件表面的钝化保护，具有很好的工艺稳定性和兼容性，光刻图形精度高。但在 RF MEMS 器件中也可作为牺牲层材料，为了提高涂敷后牺牲层厚度的均匀性，首先将光敏聚酰亚胺置于 -4℃ 以下环境中储存，启用前提前缓慢释放胶内掺杂的空气；优化涂胶工艺参数，1000r/m,10s，然后加速到 5000r/m,30s，静置 60min，让光敏聚酰在衬底表面自然流平，热板110℃，前烘3min；为了提高锚区图形（图3.5）和触点图形（图3.6）的光刻精度，曝光时采用低真空（LVAC）模式。

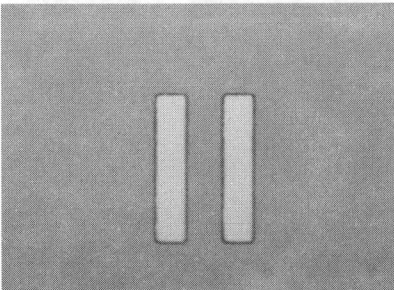

图 3.5　锚区光刻图形　　　　图 3.6　触点光刻图形

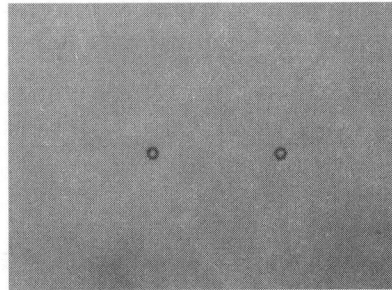

65

开关仿真的牺牲层高度通常控制在 $2\mu m \sim 3\mu m$ 时,下拉电压可达到 $50V \sim 70V$。由于结构层制作完后牺牲层需要去除得非常干净,聚酰亚胺完全亚胺化条件是:真空烘箱,$300℃$,$2h$ 以上,固化后的聚酰亚胺难以去除,优化后的亚胺化条件:真空烘箱,$80℃$,$30min$,然后将温度升到 $150℃$,保持 $60min$。亚胺化前按上述涂胶条件得到的胶厚度约 $3.00\mu m$;亚胺化后胶厚约 $2.70\mu m$,固化率 10%。

金属触点是 RF MEMS 开关和微继电器中的重要结构,直接关系器件的性能和可靠性,触点工艺优化需要解决的问题包括触点的接触材料的选择、触点的接触面积的控制、触点的表面平整度的控制、触点的黏附力的计算、触点的接触电阻的测量。

触点材料主要考虑材料的硬度、极低的接触电阻和较高的熔点,并且能抵抗表面膜的形成。通常采用高熔点和低电阻率的合金材料,如 Ti/Au、$Ti/Pt/Au$、W/Au 合金。

触点工艺主要考虑传输线上的下触点(图 3.7)和膜桥、梁上的上触点(图 3.8)的形成、工艺兼容性,主要通过溅射、蒸发、RIE、光刻形成所需形状、所需高度的金属触点,考虑工艺前后兼容性,优化工艺条件,提高工艺控制精度。开关加上驱动电压后,触点接触,当去除驱动电压时,必须克服触点接触黏附力,使结构分离,通过有限元仿真分析,设计合适的触点大小和接触面积,合理控制接触黏附力,减小触点的接触电阻,提高开关的性能。

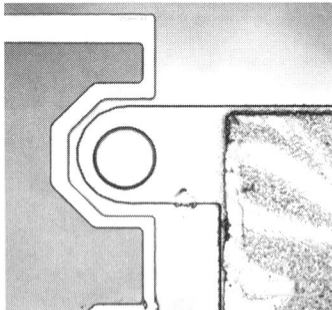

图 3.7　下触点

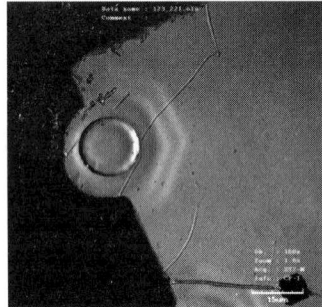

图 3.8　上触点

5) 微细电镀工艺技术

金具有较低的接触电阻,导电性能良好,同时具有很高的化学稳定性。镀金层延展性好,易抛光,耐高温,具有很好的抗变色性能。电镀是一种电化学过程,也是一种氧化还原反应过程。电镀的基本过程是将待镀件浸在金属盐的溶液中作为阴极,金属板作为阳极,接通电源后,在待镀件上淀积所要的金属镀层,即在阴极上发生还原反应,阳极上发生氧化反应。

电镀溶液的类型可分为单盐镀液和络合物镀液。络合物镀液主要有氰化物镀液、氢氧化物镀液、焦磷酸镀液、柠檬酸镀液、酒石酸镀液等。由于氰化物镀液与其他镀液相比具有相对好的电镀效果,因此目前应用最为广泛。反映电镀液电镀能力的有以下几个指标。

1) 分散能力

指电镀液使镀层金属均匀分布的能力。其中又分为两点,电流的均匀分布和金属镀层的均匀分布。

(1) 电流均匀分布:即要使靠近阳极和远离阳极的阴极表面的电流密度尽量相一致。根据实验结果,可以得到近阴极与远阴极电流密度有如下关系

$$\frac{D_1}{D_2} = 1 + \frac{\Delta L}{\frac{1}{\rho} \cdot \frac{\Delta \varphi}{\Delta D} + L_1} \qquad (3.5)$$

式中:D_1 为近阴极电流密度;D_2 为远阴极电流密度;ΔL 为与阳极的距离差;ρ 为溶液电阻率;$\Delta \varphi / \Delta D$ 为溶液的极化率(代表镀液的性能参数,一般氰化物镀液都较大);L_1 为与阳极的距离。

由上述公式可知,欲提高电流均匀分布的能力,应使 $\Delta L \downarrow$,$\rho \downarrow$,$\Delta \varphi / \Delta D \uparrow$,$L_1 \uparrow$。

(2) 镀层均匀分布:在阴极上发生的还原反应,不只是镀层金属的电沉积,还包括析氢反应(析出氢气)和其他副反应(金属杂质或有机杂质的还原)。

如果用 η_1 和 η_2 分别表示近阴极和远阴极的电流效率,则镀层的分布可表示为

$$\frac{M_1}{M_2} = \frac{D_1 \eta_1}{D_2 \eta_2} \qquad (3.6)$$

在氰化物镀金过程中,随着阴极电流密度的增加,电流效率会逐渐减低。因此,在宏观表现上,氰化物镀金的分散能力是相对比较好的。

2) 覆盖能力

指镀液使镀层金属完整覆盖的能力(使凹槽、通孔的表面都能沉积金属)。影响其能力的因素有:镀液的性质、被镀基体材料性质、被镀基体材料的表面状态。

3) 整平作用

指可填平金属表面微观粗糙度的能力。由电流和金属在微观表面上的分布所决定,又称微观分散能力。相对于其他的电镀方式,氰化物电镀的整平作用是比较差的,电镀后基体的表面稍显粗糙。

目前广泛采用的是中性柠檬酸盐的电镀液配方,它具有如下优点:

(1) 毒性小。

（2）镀层内应力小。

（3）镀层光亮,结晶细致均匀,孔隙率低。

（4）电解液稳定性高,操作条件适应范围宽,电解液易于维护。

（5）阴极电流效率高。

（6）镀层与底层金属电极结合牢固。

（7）均镀能力好。

电镀液配方全部采用 LS - 01 镀金开缸剂与去离子水为 3∶2 的配比进行混合,并添加氰化亚金钾控制金的含量稳定在(2 ~ 8) g/L。在添加完氰化亚金钾后及时添加镀金补充剂,其中每添加 1g 氰化亚金钾就要补充 1mL 的镀金补充剂。经常检查电镀液 pH 值的大小,使其稳定在 6 ~ 8。如果超出范围,在低于 6 时要添加柠檬酸钾,高于 8 时要添加柠檬酸进行调节。

3.2.3 黏附机制和抗黏附方法研究

牺牲层去除通常采用化学溶剂腐蚀的工艺来完成,湿法腐蚀速率高,方法简单,腐蚀选择性好,但是在芯片干燥过程中很容易造成可动结构不可恢复的黏连,如图 3.9 所示。随着液体逐渐通过加热被蒸发去除,微结构的上表面被曝露在空气中,而困在悬空微结构下的液体需要更多的时间去除。由于液体中的表面张力吸引微结构与衬底紧密接触,该密切接触以及通常汗水表面导致出现了沿着光滑平行表面的范德华(Van der Waals)吸引力,使得薄层互相黏连。对于大尺寸器件而言,表面张力可以忽略并且不会造成显著的变形。但是,由于微尺寸器件常常采用柔性结构并包含微小的间隙,表面张力能够使表面微结构产生显著的变形造成粘连。

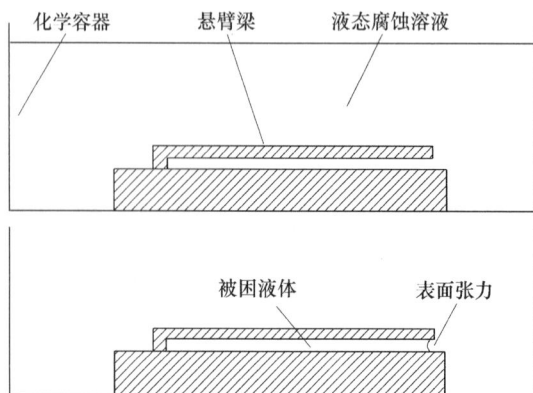

图 3.9　表面张力引起表面微结构粘连

　　悬空结构与衬底的接触会导致不可逆的损坏,产生新的固体桥接。微结构的这种失效膜式称为黏附,黏附是黏接与磨擦的合成结果,目前已经开发了多种方法来解决黏附问题:

　　(1)改变固体液体界面的化学性质以减少毛细吸引力。

　　(2)提高溶液温度或减少接触面积,防止产生过大的结合力。

　　(3)采用各种能量输入形式释放黏附在衬底上的结构,可以局部进行或整体进行。

　　(4)提供反向力以防止接触,如本征应力引起的弯曲。

　　(5)超临界流体烘干方法可以防止液体与空气界面出现的反向表面张力,图3.10 是典型的二氧化碳超临界相烘干技术。

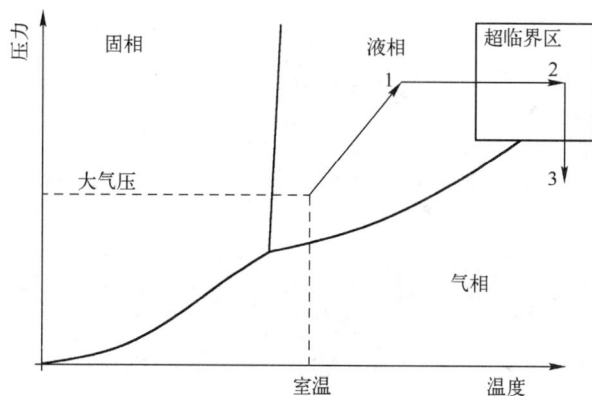

图 3.10　二氧化碳超临界相

　　以简单的 MEMS 金属悬臂梁开关芯片工艺为例,低温表面牺牲层工艺流程如图 3.11 所示。

　　选取高阻硅片,正面 PECVD 生长氧化层,光刻和反应离子刻蚀(RIE)形成电信号隔离区域和下电极触点台阶。淀积金属,采用光刻和电镀等工艺制作传输线、下电极。PECVD 生长氮化硅形成介质层,RIE 刻蚀氮化硅制作上、下电极隔离图形。硅片背面根据设计厚度要求进行机械减薄、抛光,背面溅射金属并电镀形成地。硅片正面涂覆牺牲层,光刻出锚区以及触点图形,正面溅射金属,光刻电镀金属形成 RF MEMS 结构梁与上电极图形。最后去胶及反溅金属,通过 RIE 刻蚀牺牲层或者湿法去除牺牲层的方法释放梁结构。

　　如考虑将微波信号与直流信号隔离,且对 RF MEMS 开关进行封装,并考虑与其他微波器件的集成,则工艺要复杂得多。

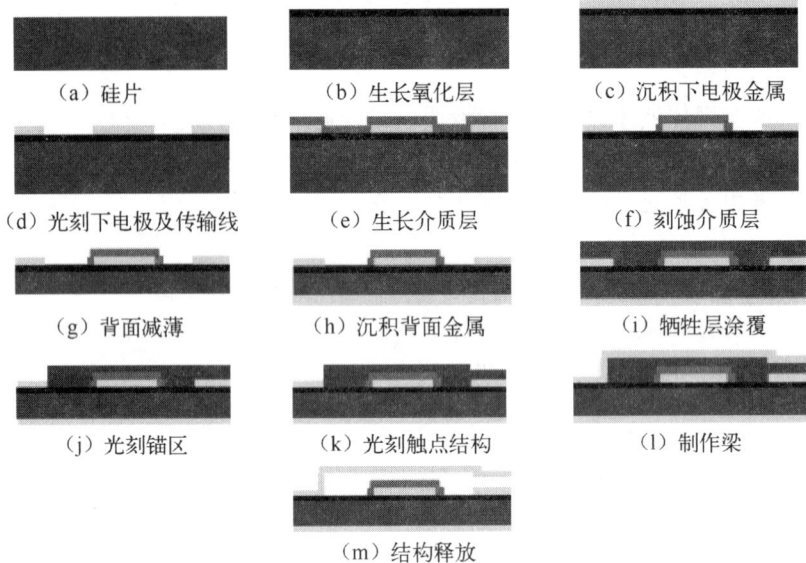

(a) 硅片   (b) 生长氧化层   (c) 沉积下电极金属

(d) 光刻下电极及传输线   (e) 生长介质层   (f) 刻蚀介质层

(g) 背面减薄   (h) 沉积背面金属   (i) 牺牲层涂覆

(j) 光刻锚区   (k) 光刻触点结构   (l) 制作梁

(m) 结构释放

图 3.11 RF MEMS 器件低温表面牺牲层工艺流程示意图

3.3 RF MEMS 器件体硅工艺流程

RF MEMS 体硅工艺主要针对 RF MEMS 滤波器、衬底集成波导(SIW)滤波器、MEMS 天线等器件的研制。该工艺通过 ICP(Inductive Coupled Plasma,感应耦合等离子体)深孔刻蚀、背面精密减薄、精细电镀等关键工艺控制,实现对衬底厚度精确要求的一类 RF MEMS 器件的加工,提高该类器件的成品率。

以微带带通 RF MEMS 滤波器工艺为例,简单的体硅工艺流程如图 3.12 所示。

先在硅片正面光刻通孔掩膜图形,然后用 ICP 刻蚀深孔(大于 $400\,\mu m$)。通过硅片背面精密减薄露出通孔背面图形。正面溅射金属在通孔侧壁和硅片正面形成电镀种子层。在硅片正面光刻出传输线的电镀窗口,带胶精密电镀,形成正面传输线结构和通孔侧壁金属覆盖。通过反溅射去除硅片正面多余的电镀种子层,形成传输线图形。背面溅射金属和电镀形成背面大面积的和正面与背面间良好的金属互连。

同样针对复杂的"三明治"结构的 RF MEMS 滤波器、谐振器、天线、硅膜开关等工艺流程要复杂得多,见图 3.13。

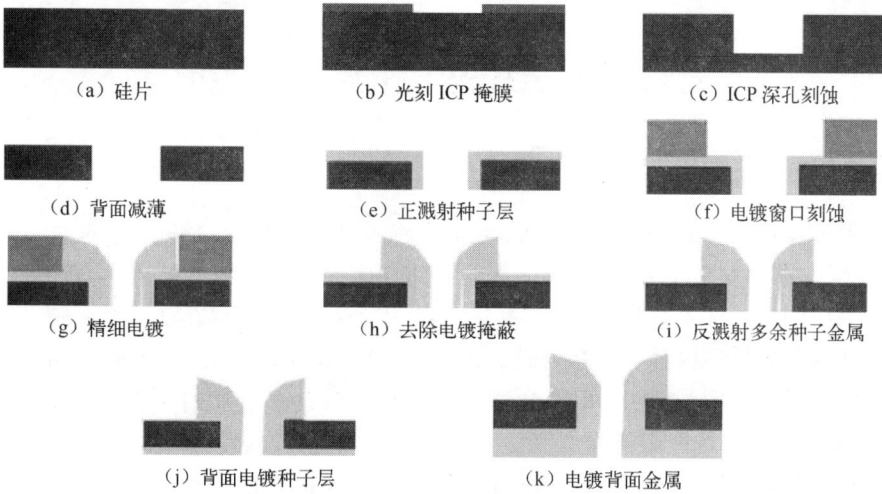

（a）硅片　　　　　　　　（b）光刻 ICP 掩膜　　　　　　（c）ICP 深孔刻蚀

（d）背面减薄　　　　　　（e）正溅射种子层　　　　　　（f）电镀窗口刻蚀

（g）精细电镀　　　　　（h）去除电镀掩蔽　　　　（i）反溅射多余种子金属

（j）背面电镀种子层　　　　　（k）电镀背面金属

图 3.12　微带带通 RF MEMS 滤波器体硅典型工艺流程示意图

"三明治"结构工艺流程 (RF MEMS 滤波器系列产品)

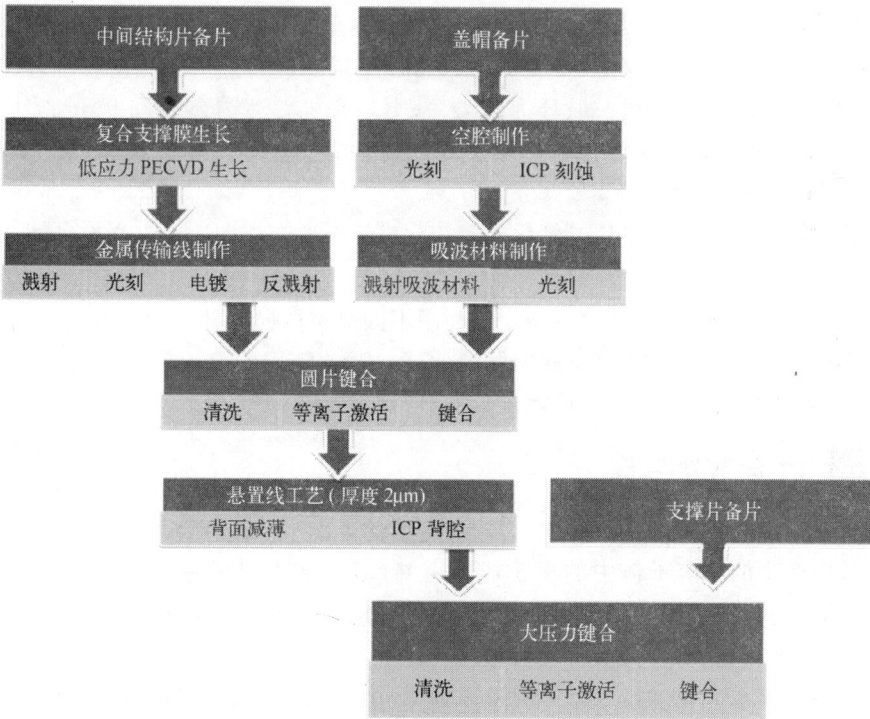

图 3.13　"三明治"结构的 RF MEMS 器件工艺流程图

3.4 RF MEMS 典型工艺介绍

3.4.1 湿法腐蚀工艺

湿法刻蚀是指利用液态化学试剂或溶液通过化学反应进行刻蚀的方法。在 RF MEMS 器件制造中,湿法腐蚀工艺主要用于大面积腐蚀牺牲层。

湿法刻蚀的优点是选择性好、重复性好、生产效率高、设备简单、成本低。

硅的各向异性腐蚀有许多湿性腐蚀剂:NaOH、CsOH、NH_4OH、联氨、TMAH。

应用最广泛的为 KOH、EDP 和联胺。需要注意的是联胺有剧毒,蒸气有爆炸性。KOH 的缺点是钾离子和 IC 工艺不兼容。EDP 也有毒性,但比联胺弱。

TMAH 无毒且与 IC 兼容。TMAH 腐蚀导致(001)晶面平坦,但腐蚀速率的重复性低。通常,搅动可以提高腐蚀的速率和一致性。

腐蚀剂的最终选择由以下因素确定:毒性、IC 的兼容性、腐蚀速率、操作方便、腐蚀的拓扑结构、腐蚀自停止、腐蚀选择性等。

碱性溶液对硅的不同晶面具有不同的腐蚀速率,刻蚀速率用 R 表示,通常有 $R(100) > R(110) > R(111)$,基于这种刻蚀特性可以在硅衬底上加工出各种各样的微结构。各向异性腐蚀剂一般分为两类,一类是有机腐蚀剂,包括 EPW(乙二胺,邻苯二酚和水)和联胺等,另一类是无机腐蚀剂,包括碱性腐蚀液,如 KOH,NaOH,LiOH 和 NH_4OH 等。

普遍应用的掩膜材料是二氧化硅和氮化硅。对应于 KOH 和 EDP 腐蚀液的掩膜材料为:金、铬、铂银合金、铜和钽。

腐蚀自停止机理:硅刻蚀自停止是利用不同晶格取向的硅和掺杂浓度不同,使硅在不同的腐蚀液中表现出不同的腐蚀性能。通常使用的腐蚀停止机制是 B^+ 腐蚀停止,这种腐蚀停止是基于重掺杂硅的 B^+ 比轻掺杂的慢。

3.4.2 干法刻蚀工艺

干法刻蚀是相对于湿法腐蚀而言,即所谓的等离子体刻蚀技术,主要是指利用低压放电产生的等离子体中的离子或自由基(处于激发态的分子、原子及各种原子基团等)与材料发生化学反应或通过轰击等物理作用而达到刻蚀的目的。主要包括 PE、RIE、IBE、ECR 及 ICP 刻蚀技术。

其中 ICP 深硅刻蚀技术是一种重要的体硅加工工艺,是一种高密度等离子体的刻蚀,具有控制精度高、大面积刻蚀均匀性好的优点。因此目前对于高性能要求的 Si 刻蚀工艺主要通过 ICP 实现。

ICP 采用 Bosch 工艺专利技术[4-6]，工艺气体为 SF_6 和 C_4F_8，SF_6 为刻蚀气体，C_4F_8 为钝化保护气体。对硅的刻蚀，利用高频辉光放电产生的高活性 F 自由基和 Si 发生反应，来达到刻蚀 Si 的目的。F 自由基是活性 F 原子，在没有等离子辅助时也与 Si 发生反应，因此对硅的刻蚀主要是离子增强的化学刻蚀。SF_6 作刻蚀 Si 的气体，相对常用的 CF_4，SF_6 含有更多的 F 自由基，所以刻蚀速率较快。SF_6 在高频辉光放电下，产生活性 F^* 自由基，电离反应式是

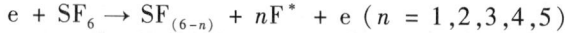

$$e + SF_6 \rightarrow SF_{(6-n)} + nF^* + e \ (n = 1,2,3,4,5)$$

这些高活性 F^* 自由基到达 Si 表面时，与 Si 发生下述反应：

$$Si + 4F^* \rightarrow SiF_4$$

生成挥发性产物 SiF_4，由抽气系统排出反应室。

SF_6 气体刻蚀是各向同性刻蚀的，要获得高深宽比的结构，就必须进行各向异性刻蚀，也就是要采用侧壁保护的方式刻蚀，因此采用 C_4F_8 为钝化保护气体。由 Bosch 专利提出的刻蚀和钝化交替进行的方式，可以做到有较高的刻蚀速率又保证了良好的各向异性。刻蚀过程如图 3.14 所示，用于对沟槽侧壁的刻蚀，通过在侧壁表面生长一层保护膜实现对已刻蚀侧壁的保护作用，工艺过程是刻蚀 - 保护 - 刻蚀 - 保护的循环过程。一般来说，刻蚀反应和生成聚合物的反应是同时并存的。作为反应的结果，片子表面或者被刻蚀、或者被等离子反应的聚合物沉积。在刻蚀槽的底面总是有入射离子，所以离子相关的刻蚀反应超过等离子聚合物的生成反应，结果是刻蚀槽的底面被进一步刻蚀；在刻蚀槽的侧壁因为不容易受到离子的入射，等离子聚合物生成反应有可能超过刻蚀反应，其结果是侧壁被钝化。经过刻蚀—保护—刻蚀—保护的不断循环过程，刻蚀的深度不断加深，从而得到需要的刻蚀深度。

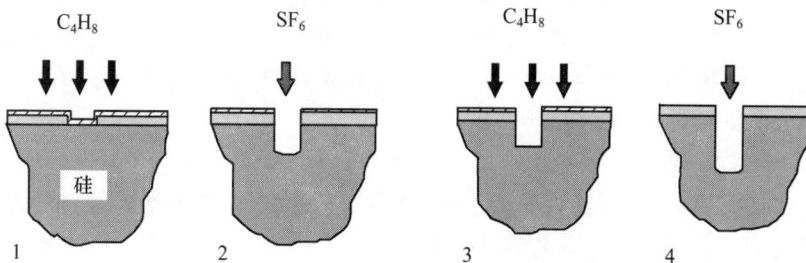

图 3.14　ICP 深硅刻蚀工艺过程示意图

在 ICP 刻蚀过程中，会出现刻蚀的底切（图 3.15）和根切效应。

刻蚀的开始阶段会形成刻蚀的底切，SF_6 刻蚀气体通过掩蔽膜对侧壁进行刻蚀，形成侧向刻蚀，从而横向的尺寸会有损失，形成结构的底切。在工艺试验中，通

过适当减小刻蚀功率、刻蚀气体流量以及刻蚀气压,减小 SF_6 的等离子体密度,从而减小横向尺寸的线条损失,减小底切现象。

图 3.15 ICP 底切效应图

图 3.16 所示的结构为通过键合形成的空腔结构。在刻蚀的最终阶段,如果结构已完全释放,刻蚀没有停止,等离子体在底部的分布效应将产生侧向刻蚀,从而对结构的根部形成过刻蚀,产生根切效应。

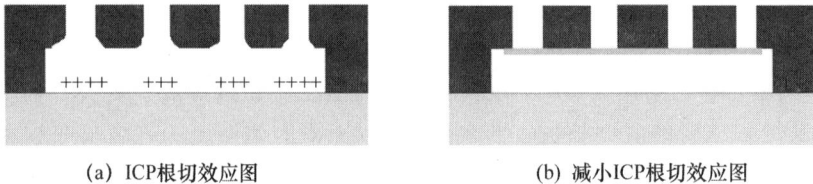

(a) ICP根切效应图   (b) 减小ICP根切效应图

图 3.16 ICP 根切效应

为了克服根切效应,通过金属薄膜对刻蚀等离子体的吸附效应,减弱对梳齿根部的侧向刻蚀。可以在刻蚀工艺前,在刻蚀背面生长 Al 膜,结构释放后用 H_3PO_4 溶液去除 Al 膜,由于 Al 膜对于等离子体的吸附作用,较好地减小了 ICP 刻蚀的根切效应,结构光滑平整度好。

ICP 刻蚀工艺中,对刻蚀的主要影响因素包括 SF_6、C_4F_8 气体流量比,刻蚀时间比,上电极功率,下电极功率,工作气压等工艺参数,这些参数需要结合具体的工艺设备和工艺状态,通过工艺试验确定。

3.4.3 通孔与填孔工艺

通孔是 RF MEMS 中的重要结构,主要应用于 RF MEMS 滤波器和金属互联工艺中。以 RF MEMS 滤波器为例,通过对通孔侧壁金属化实现芯片正面和背面的信号互连,特别是实现微波接地功能。因此对通孔的侧壁垂直度和表面粗糙度提出了严格的要求,侧壁表面粗糙度受长草效应影响很大,侧壁垂直度既不能形成倒梯形,也不能太垂直,否则后续金属工艺无法沉积,故必须形成一定角度的梯形,同时梯形角度不宜过大,通孔的互连直接影响互连电阻、接地效果、等效电感,引起微波插损的变化和中心频率的漂移,因此通孔的质量直接影响 RF MEMS 滤波器的性能,是 RF MEMS 滤波器制造的关键工艺之一。

ICP 深硅刻蚀技术是一种重要的体硅加工工艺,是一种高密度等离子体的刻蚀,具有控制精度高、大面积刻蚀均匀性好的优点。

因此,可以通过 ICP 进行通孔的刻蚀。在实际的工艺中,有些 ICP 设备不能直接用于通孔的刻蚀,可以通过刻蚀深孔,然后减薄后获得通孔结构。

对于通孔刻蚀,由于刻蚀的深度大,大于 $400\mu m$,比常规微惯性器件刻蚀要深得多,微惯性器件的刻蚀通常小于 $150\mu m$,而随着刻蚀的增加,自由基和等离子的分布和能量分布的变化,在刻蚀上带来新的问题。通孔刻蚀工艺要求侧壁垂直、侧壁光滑、长草效应小。

在通孔刻蚀工艺中,需要调整的工艺参数包括上电极功率、下电极功率、气流量、刻蚀时间比、工作气压和碟阀位置等工艺参数。

对于侧壁垂直度的调节,当上电极功率、下电极功率、工作气压等参数固定,SF_6、C_4F_8 气体流量比和刻蚀时间比直接影响刻蚀侧壁的垂直度。当 SF_6、C_4F_8 气体流量比与刻蚀时间比偏小时,C_4F_8 对侧壁的钝化保护作用大于 SF_6 对侧壁的刻蚀作用,侧壁钝化保护效应变大,随着刻蚀时间的延长与刻蚀深度的加深,侧向刻蚀效应逐渐减小,底部尺寸逐渐变小,刻蚀截面呈现为倒梯形截面,见图3.17(a)。反之,当 SF_6、C_4F_8 气体流量比和刻蚀时间比偏大时,SF_6 对侧壁的刻蚀作用大于 C_4F_8 对侧壁的保护作用,侧壁刻蚀效应变大,随着刻蚀时间的延长、刻蚀深度的加深,侧向刻蚀逐渐变大,底部尺寸逐渐变大,刻蚀截面呈现为梯形截面,见图3.17(b)。

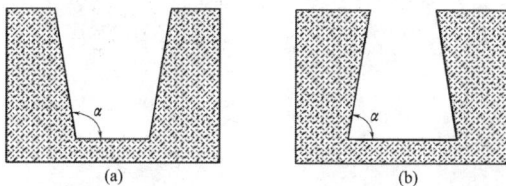

图 3.17 ICP 刻蚀不同工艺条件下的剖面图

为了减小侧壁的长草效应,即降低侧壁粗糙度。在工艺条件中,在已经调节 SF_6、C_4F_8 的前提下,首先考虑刻蚀功率影响到刻蚀的速率和侧壁形貌,刻蚀功率的增加,产生的等离子体密度越大,就会有更多的离子和活性 F^* 自由基用于刻蚀,因此刻蚀的速率将增加。同时由于刻蚀的化学反应比较充分,提高刻蚀功率有助于提高刻蚀的侧壁形貌。相对于上电极功率,提高下电极功率的作用对垂直度的影响更为直接,当提高下电极功率时,可提高等离子体和自由基的垂直方向的聚集效应,从而在垂直方向的刻蚀作用加强,刻蚀的垂直度提高。

气体工作压力也是影响侧壁垂直度和粗糙度的重要因素,在各向异性的刻蚀当中,离子入射到片子上的方向一致性也是重要的。入射角分散度小并垂直于槽的底面的刻蚀效果比入射角分散度大的刻蚀效果要好。离子方向的一致性可以通过减小压力来实现。因为使离子入射角产生分散性的最重要的因素是离子壳层中气体分子对离子的碰撞,所以,减小气体分子数目是必要的,而气体分子数目决定于反应室的气体压力。同时减小气体的工作压力,提高抽气系统的抽取能力,可以将反应物及时排出,避免了反应物吸附在刻蚀表面造成的表面粗糙。

但同时工作压力不能减小太多,因工作气压太小,即抽气系统对腔体气体的抽取能力太高,将反应气体抽取太多,这等效于降低反应物的气体流量,这样反应速率将大为降低,对于 $>400\mu m$ 的深硅刻蚀,工艺时间过长,工作效率将大为降低。

在工艺中,对于工作气压的调节是通过调节碟阀位置来控制反应压力,当碟阀位置增大时,抽气系统对反应腔气体的抽取能力提高,工作气压降低,真空度提高;反之,碟阀位置减小时,工作气压升高,真空度降低。

对侧壁刻蚀的主要影响因素包括 SF_6、C_4F_8 气体流量比、刻蚀时间比、上电极功率、下电极功率、工作气压等工艺参数,经过对工艺参数合理的设定,可以得到较好的工艺条件,得到侧壁垂直度和表面粗糙度较好满足性能要求的通孔结构。如图 3.18 所示,是工艺调整前后的深孔刻蚀 SEM 图,由图可见垂直度和表面光洁度大幅提高。

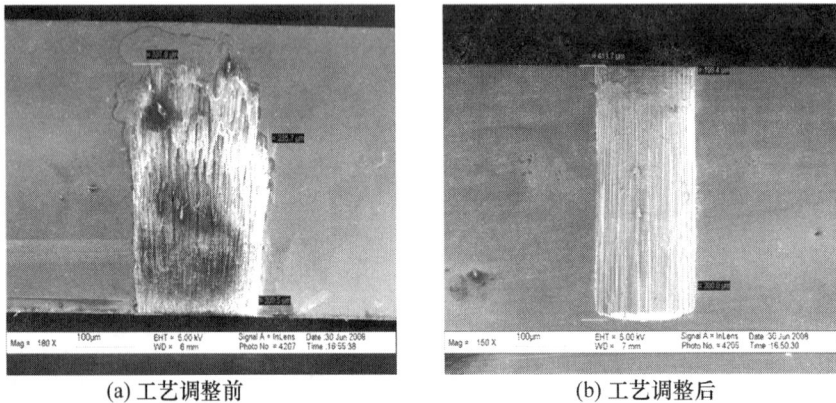

(a) 工艺调整前   (b) 工艺调整后

图 3.18 深孔刻蚀 SEM 图

当对垂直度要求不高的通孔刻蚀时,也可以通过湿法腐蚀获得,这样可以在减小工艺成本的情况下实现工艺要求。

3.4.4 圆片键合工艺

键合是一种重要的体加工工艺,主要包括硅—玻璃键合、硅—硅键合、硅—金属键合、硅—砷化镓键合、过渡层键合以及临时键合等工艺,因第 10 章专述 RF MEMS 封装技术,本节就简单介绍三层键合工艺的关键点。

当前 MEMS 器件设计中越来越多地出现了基于三层甚至是多层键合技术的结构,如应用于堆叠式 MEMS 滤波器。玻璃—硅—玻璃、硅—硅—硅多层结构的键合中,Si - 玻璃是阳极键合而 Si - Si 之间的黏接实质是通过金—金热压键合而黏接在一起的。

3.4.4.1 玻璃—硅—玻璃(GSG)键合技术

该工艺是通过两次阳极键合最终成形(图 3.19)[7]。在该试验中,出现了以下几个问题,一是玻璃与硅片因热膨胀系数不同而导致键合片的平整度受到影响,当发生一定形变和翘曲后在第二次键合时易导致裂片;二是第二次阳极键合时直接把上电极、下电极接在"三明治"结构的玻璃上,使得第一次键合界面处剩余的 O^{2-} 受到反向高电压的影响而打破原有的平衡态和电荷分布,又被拉回到玻璃里,造成玻璃结构内部被破坏,形成"麻点"现象,见图 3.20。

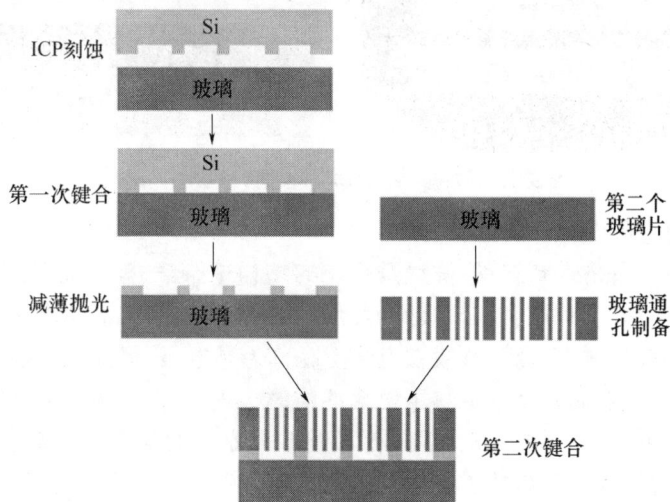

图 3.19 玻璃—硅—玻璃键合工艺的流程示意图

因此对阳极键合模式可以进行电调整:将带通孔的玻璃片放在键合片上面,切口部分避免与硅片的切口处重叠,从而露出小部分硅片,用一扁平薄导体(不能接触上电极)将硅片与夹具上的 spacer 相连,使硅片接触正极,避免将正电压加在底部的玻璃片上,见图 3.21,这样硅片的两面都与玻璃进行阳极键合,不会打乱原有建立的内部电荷分布和键合效果,从而形成牢固键合界面。图 3.20 为键合工艺调整前效果示意图,工艺调整后的键合效果见图 3.22。

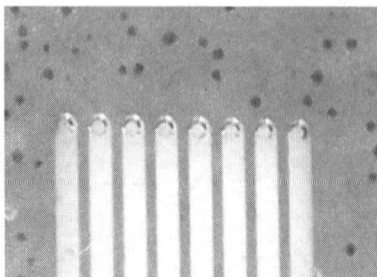

图 3.20 工艺调整前的键合效果

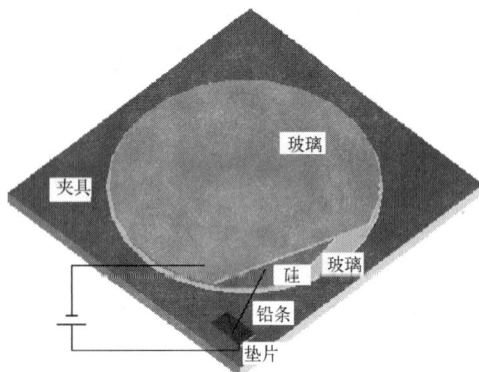

图 3.21 键合工艺调整示意图

图 3.22 带通孔的玻璃—硅—玻璃键合结构图

3.4.4.2 硅—硅—硅三层键合

RF MEMS 层叠式滤波器、射频微系统的结构中,硅—硅—硅三层键合工艺是关键工艺之一,硅—硅之间的黏接常常通过金—金热压键合而黏接在一起。在硅片的正、反面都溅射有金膜,金膜在电学上是作为导电层、焊盘或是地,因此金膜的保护至关重要。然而在金—金热压键合的同时也发生了金硅共晶现象,金膜表面凹凸不平、颜色变暗,导电性被破坏,将影响整个器件的性能。因此在金—金热压键合时主要解决金硅共熔的工艺问题。通常可以采用:①以钛铂金薄膜取代钛金薄膜。金属铂在大多数金属中因其熔点高而难以与其他金属发生共熔,但与金、钛等金属的黏附性很好,因此作为金硅之间的阻挡层非常适合[8]。试验证实铂薄膜起到了阻止金硅共晶的作用。②改进金—金热压键合工艺程序。金硅键合共晶的温度为363℃,因此金—金热压键合典型工艺条件为:温度在350℃,工艺时间1h,

压力 2500mbar($1bar = 10^5 Pa$)。同时给键合机增加 N_2 通道,以充氮保护。

3.4.5 圆片减薄抛光工艺

RF MEMS 滤波器、天线等,衬底厚度会影响器件的中心频率、带宽等。制备这些器件对结构层厚度的精确把握尤为重要,以实现器件的预期性能。RF MEMS 器件厚度控制通过圆片的减薄抛光实现,减薄抛光工艺主要包括开展粘片工艺、修盘工艺、研磨抛光工艺。

3.4.5.1 粘片工艺

在研磨抛光之前,硅片必须能够被牢固地支撑以施压在磨盘或者抛光盘上,而不至于产生弯曲变形或碎片。硅片的粘贴不仅要能够均匀地支撑硅片以承受施加的压力,也要能承受硅片在磨盘或抛盘上运行的切向摩擦力,通常采用粘蜡的方法。将玻璃载片置于粘片台上,并加热至90℃~110℃的温度,将一层蜡均匀涂在上面,压片膜下面的腔体抽真空,压片膜上面的腔体注入压缩空气,利用真空和加压的方式使硅片粘贴在玻璃载片上,如图 3.23 所示。真空和加压一段时间后,降温至室温,蜡便将硅片牢牢地粘在玻璃载片上了。

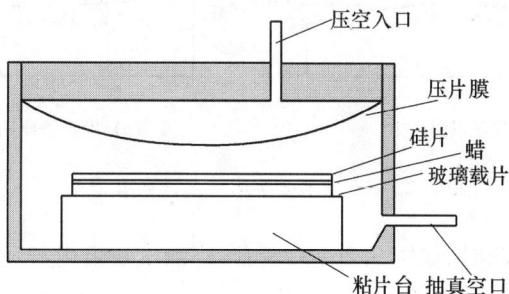

图 3.23　粘片原理示意图

如果硅片与载片粘贴不佳的话,将会影响到硅片表面的平坦度或造成表面缺陷。例如,当蜡层中含有气泡或微粒时,会造成磨抛时的区域性压力而导致硅片的弯曲度或凹洞的产生。粘片工艺要求粘后玻璃片与硅片间无气泡,粘片前后的厚度数值相差不大。

粘片工艺需要设定的参数有粘片温度、冷却截止温度、温度补偿、临界真空值、压空压力值、浸润时间、粘附时间等。粘片温度和涂蜡均匀度对粘片平整度影响最大,而其余的因素影响甚小。

3.4.5.2 修盘工艺

磨盘的平整度直接关系到被研磨硅片的平整度,因此研磨之前磨盘的平整度必须控制在一定的范围内,一般为 $2\mu m \sim 3\mu m$。方法是先将测试块放在磨盘轨道的中间进行修盘,测试块的放置位置如图 3.24 所示,然后测量测试块的凹凸。若测试块表面为凹,则磨盘表面即为凸,如图 3.25(a)所示;反之若测试块表面为凸,则磨盘表面为凹,如图 3.25(b)所示。

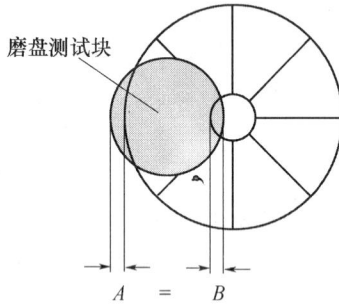

图 3.24　测试块放置方法

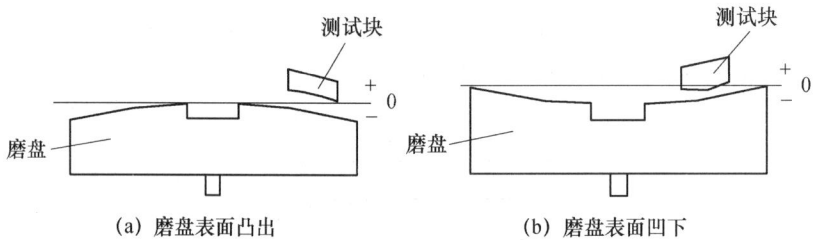

(a) 磨盘表面凸出　　　　　　　　(b) 磨盘表面凹下

图 3.25　使用测试块测量磨盘的表面状况

当磨盘表面为凹时,如图 3.26(a)所示,将测试块沿内径放置如图 3.26(b)所示,进行修盘;当磨盘表面为凸时,如图 3.27(a)所示,将测试块沿外径放置如图 3.26(b)所示,进行修盘。经过一系列试验发现,经磨片之后盘中心通常都会凹下去,边缘地带凸出来,所以只需将测试块放置在轨道外侧进行修盘即可。修盘时用 20μm 的 Al_2O_3 磨料,测试块上加 3.5kg 的压重块,盘速 50r/m,修 10min。如果修后平整度改善不明显,可适当加大磨料流量、加快盘速、加重块以及延长修盘时间,直至平整度达到要求,一般可以达到 0～2μm。

3.4.5.3　研磨抛光工艺

研磨过程的控制,主要是以更换不同粒径磨料和调整所施加的荷重为主。在研磨较大厚度时,可以先用粗大颗粒的磨料进行研磨,以加快研磨速度,然后使用细颗粒的磨料,去除粗颗粒磨料造成的损伤层,以减小对硅表面的损伤。

对所施加的荷重,开始阶段需由小逐渐增加,以使磨料能够均匀散布并去除晶片上的高出点,在研磨结束前也需慢慢将研磨压力降低。图 3.28 是一种加重的

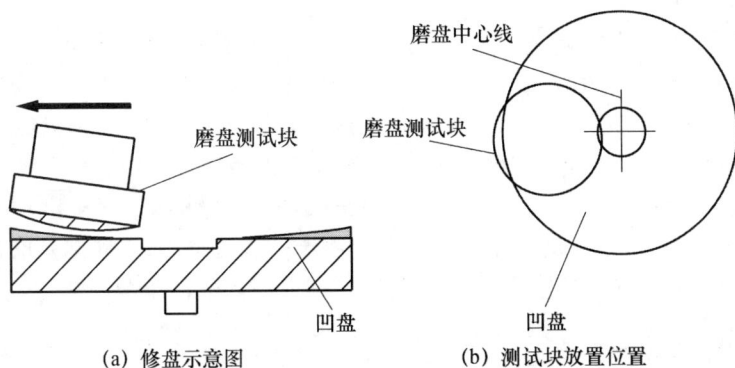

(a) 修盘示意图　　　　　(b) 测试块放置位置

图 3.26　磨盘表面为凹时的修盘方法

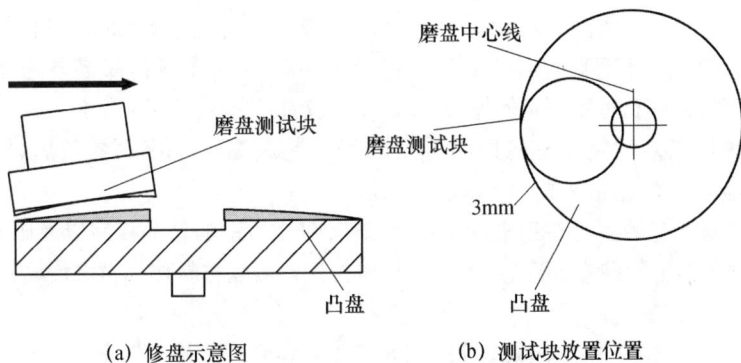

(a) 修盘示意图　　　　　(b) 测试块放置位置

图 3.27　磨盘表面为凸时的修盘方法

顺序。

采用了图 3.28 所示的加重程序,一方面,以改善平整度和减小引入片中的应力;另一方面,在研磨结束前分步将研磨压力降低,通过降低研磨速率,提高了对厚

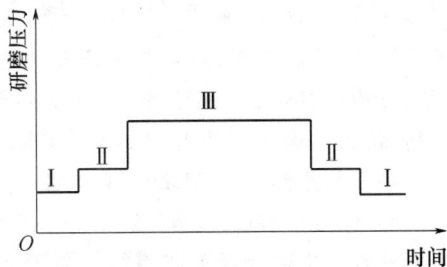

图 3.28　研磨过程中研磨压力与时间的关系示意图

81

度精确性的把握。

对研磨晶片厚度的精确控制,一方面,根据实验得到的速率设定时间,通常设定时间比按速率值算的时间要短,这种保守做法是为了避免将厚度磨过;另一方面,可以参考表头读数,但是由于磨料的颠簸使读数误差较大,所以只能来估计晶片磨掉的厚度。所以,需要多次中测,以得到厚度的最精确数值。

研磨之后为精抛光工艺,需要采用颗粒较小的精磨料(如 CeO_2 粉)和抛光液,所以相对于研磨来说,研磨速率要小得多。由于研磨速率小,因此抛光前预留的厚度也小,通常为 $10\mu m$,但为了精确把握厚度,同样需要数次中测。

3.4.6 衬底转移工艺

衬底转移工艺是 RF MEMS 器件制造的另一种工艺途径,目前主要用于 MEMS 开关、MEMS 变容器的制造。其工艺流程首先是在低阻硅衬底上加工出开关结构,在高阻衬底上加工出信号传输线,然后将两个圆片进行键合,再采用各向同性腐蚀去除低阻硅衬底,而开关结构的释放在键合前后均可。高阻衬底需要考虑微波电路的损耗,可以采用陶瓷、石英、玻璃、GaAs 以及高阻硅。

衬底转移工艺的优点是可以将金属沉积工艺放在工艺流程的最后,因而避免了前道高温工艺可能带来的金属熔化问题。

衬底转移工艺的不足在于增加了键合工艺,圆片间距的精确控制以及圆片间热失配问题。对于热失配问题,可以选择与硅材料相近的陶瓷材料作为微波传输衬底。

3.5 GaAs 基 RF MEMS 工艺技术

传统 RF MEMS 器件主要基于硅衬底,与传统分立器件相比具有体积小、损耗低、成本低等优点。与微惯性器件采用的低阻硅不同,为了降低介质损耗,提高 RF MEMS 器件的性能,RF MEMS 器件通常采用高阻硅材料,高阻硅片与普通硅片相比具有较低的介质损耗,成本低于化合物半导体(砷化镓 GaAs、磷化铟 InP 等),随着硅基 MEMS 加工技术的日益成熟,硅基 RF MEMS 无源元件的实现成为可能。RF MEMS 技术为此提供了一种解决方式,其可在一块芯片上产生小型的、可调的、高性能的无源元件,能彻底改革射频信号的处理,有可能实现真正的高性能、低成本的单芯片射频系统。然而,目前国内微波器件的单片集成芯片主要集中在 GaAs 衬底上实现,要使 RF MEMS 无源器件与 MMIC 有效结合,一是采用混合集成手段,另一则是开发基于 GaAs 材料和 GaAs 工艺的 MEMS 技术。另外由于 GaAs 材料的介质损耗要优于高阻硅片,更适合毫米波器件等高频器件。

由于 GaAs 材料在高温时,易变形和产生分解,所以对于 GaAs 材料,要开发低温 RF MEMS 工艺。和硅基 MEMS 工艺相类似,GaAs 基微机械加工工艺也包括体加工工艺和表面加工工艺。GaAs 材料具有电子迁移率高、耐高温、抗辐照等特点，并且易生长出异质结构，这些优越特性为 GaAs MEMS 提供了潜在的应用价值，虽然 GaAs 材料的机械强度比不上硅，但足够满足 RF MEMS 的应用，使 GaAs 材料被应用于制造高性能的 RF MEMS 器件成为可能。

典型的 GaAs 基表面牺牲层工艺流程(图 3.29)：首先在 GaAs 外延衬底上进行光刻 I，刻蚀出传输线和开关下电极图形，溅射大于 $0.7\mu m$ 的金属，主要是 Ti/Au 作为传输线的下电极金属，然后通过金属剥离工艺，形成下电极图形，接着涂覆一层约 $1.5\mu m$ 厚的牺牲层材料，根据后续工艺的需要，即可以是聚酰亚胺也可以是光刻胶，在牺牲层上刻蚀出锚点结构，溅射一层 500nm Au 层作为开关梁的触点，在牺牲层上方采用光刻工艺刻蚀，注意要选用去除工艺与牺牲层不同的光刻胶，带牺牲层生长氮化硅介质层约 $2.0\mu m \sim 2.3\mu m$，光刻出上电极图形，在其上溅射 300nm Au 层，剥离制作传输线层金属，干法刻蚀出介质层的梁结构，最后通过四甲基氢氧化铵(TMAH)水溶液去除牺牲层释放结构，如果要进一步提高开关性能，还可以结合 GaAs MEMS 体工艺，在释放结构前进行 GaAs ICP 背孔刻蚀，背面溅射金层并进行电镀工艺，最后再释放梁结构。图 3.30 为南京电子器件研究所研制的 GaAs 衬底 RF MEMS 开关样品。

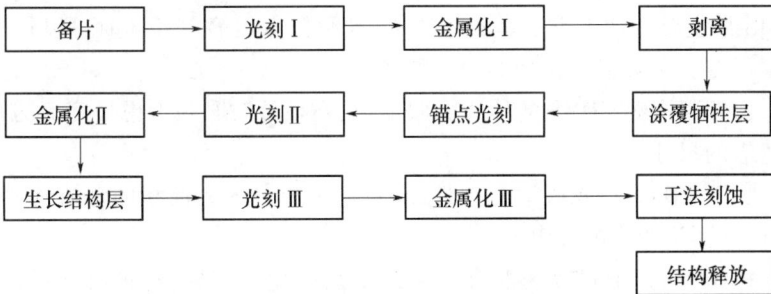

图 3.29　GaAs 基 RF MEMS 工艺流程

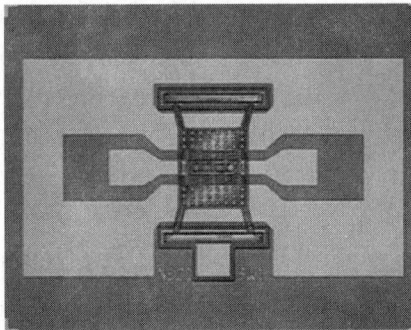

图 3.30　GaAs 衬底 RF MEMS 开关样品照片

3.6 新材料 新工艺

3.6.1 聚合物材料

聚合物材料越来越多地被用于制造微结构、传感器以及执行器。聚合物分子较大,一般是由小分子构造而成的链状分子。长链聚合物是由称为链节的结构化实体组成,链节沿分子链连续重复。很多的聚合物链就构成了体聚合物。聚合物材料的物理特性不仅与分子重量和分子链的构成有关,同时也与分子链的排列有关。

3.6.1.1 PDMS

PDMS 为聚二甲基硅氧烷(Polydimethylsiloxne),是属于室温硫化硅树脂人造橡胶家族的一种人造橡胶材料[9-11]。这是一种广泛应用于 MEMS 微流体等领域的聚合物材料。它成本低,有透光性、电绝缘性、机械弹性、气体浸透性和生物兼容性;并且使用简单,同硅片之间具有良好的黏附性,具有良好的化学惰性,因此也常用于芯片封装等领域。

PDMS 最主要的加工方法是成型技术,这种技术很简单且同时可以快速、低成本地加工原型。它有很多独特的加工特性:

(1)由于凝固时 PDMS 的体积会收缩,故在设计时必须考虑尺度上的补偿,从而得到所需的尺寸。

(2)由于 PDMS 体积收缩及弹性,在凝固的 PDMS 上淀积的金属薄膜可能会产生裂缝,从而可能影响导电性。

(3)PDMS 可以通过改变混合比来改变表面化学特性,这种改变可以通过化学处理或者电学处理来实现。

商用的 PDMS 为黏稠的液体,它可以浇铸或旋涂在衬底上。目前 PDMS 还不能像普通光刻胶那样旋涂和图形化。尽管正在开发 UV 凝固 PDMS,但是技术仍然很不成熟。目前可以采用等离子体刻蚀的方法来形成 PDMS 薄膜图形,但是其刻蚀速率十分低。在 800W 功率和 100V 的偏压下,刻蚀速率约 7nm/min;且若采用 O_2 等离子刻蚀 PDMS,表面和线条边缘处会粗糙不平整。

3.6.1.2 Parylene

Parylene 为聚对二甲苯,是一种高分子聚合物。它是由对二聚物(di-para-xylene)气相沉积而成。商用的通常有三种:parylene N,C 和 D[12,13]。Parylene N 是对位二甲苯聚合物,是完全线性和高度结晶的聚合物。Parylene C 和 D 则相似。MEMS 中主要应用的是 parylene C。它可以用化学气相淀积法沉积制作,具有无针孔、化学稳定性好及边、孔覆盖性好等特点。Parylene 具有很低的弹性模量和非常好的塑性,适合做大绕度膜材料,同时它的介电常数低,击穿电压高,也是一种很好的 RF MEMS 材料。它不仅作为微结构、微器件的保护涂层,同时还用做微结构、微传感和微驱动材料,同时在 RF 器件中还被用做低 K 介电层材料。

Parylene 的 CVD 沉积温度为室温,比其他材料低得多。但与硅及硅化物比较,parylene 的热膨胀系数很大,故与硅及硅化物做复合膜时,热膨胀系数失配度很大。在热处理时温度应控制在 160℃ 以下,以免产生大的热应力;并且它的玻璃转折温度为 150℃ ~240℃ 之间,这也限制了 parylene 作为 MEMS 的材料层,因为较高的热处理温度产生的热应力会导致结构的严重变形,从而导致结构工作失效。

Parylene 膜沉积的工作原理时先将固体原料汽化,后高温分解,最后在室温下聚合成膜。但由于沉积的膜侧壁和底部具有相同的厚度,故很难用剥离工艺实现膜的图形化。通常 parylene 膜的图形化采用氧气等离子刻蚀,可选用光刻胶作为掩膜材料。

3.6.1.3 PI

PI 为聚酰亚胺(Polyimide)代表了一类聚合物,由于自身的循环链键结构,因此聚酰亚胺具有优异的机械特性、化学特性和热学特性[14~16]。体加工的聚酰亚胺部件应用很广泛,在微电子工业中聚酰亚胺广泛作为绝缘材料应用。

聚酰亚胺是由聚酰亚胺先驱物,结合 R 基和 r 基等芳香基,经过脱氢环化形成循环链键聚合物而得到的。其中 R 基和 r 基这些芳香基决定了最终所得到的聚酰亚胺特性。通过对悬挂的微制造聚酰亚胺线的测量,凝固的聚酰亚胺内压力为 $4 \times 10^6 Pa \sim 4 \times 10^7 Pa$ 量级。而且聚酰亚胺的机械特性和电特性与方向有关。很多特性如折射系数、介电常数、弹性模量、热膨胀系数以及热导率与加工条件有关。

在 MEMS 中,聚酰亚胺可以用来做绝缘膜、衬底、机械元件、弹性接头与连杆、黏合膜、传感器、扫描探针以及应力释放层。在这些应用中,聚酰亚胺材料表现出良好的性能:化学稳定性;低于 400℃ 时的热稳定性;优异的绝缘性;机械坚固性和耐久性;材料与处理设备便宜。聚酰亚胺也可以用做传感器和执行器的结构单元。但是由于聚酰亚胺既不导电,对压力也不敏感,所以导体和应变计需要另外集成。薄金属膜应变计已与聚酰亚胺集成,其有效应变系数在 2 至 6 之间。还有一种解决方法可以将聚酰亚胺材料改性使之变得敏感:例如,已经证实聚酰亚胺和碳微粒压阻复合物,其有效应变系数为 2 ~ 13。

3.6.1.4 碳氟化合物

碳氟化合物如特氟纶(Teflon)和 Cytop 等由于很强的 C—F 键,都有很好的化学惰性、热稳定性和非可燃性。他们可以用做表面覆盖层、绝缘层、抗反射膜或者沾附层。Cytop 不但具有与特氟纶一样优良的特性,同时还具有更好的光投射性,而且在一些特定含氟元素的溶液中有很好的溶解性。含氟聚合物膜可以采用旋涂或者 PECVD 淀积。在 MEMS 中，特氟纶和 Cytop 可以用做电绝缘层、黏附键合以及减少摩擦力。

3.6.2　LIGA

LIGA 是德国 Karlsruhe Research Center 在 1980 年初期发明的制造高深宽比结构的方法。它使用 X 射线厚胶、高能同步 X 射线发生器以及电镀等设备，批量制造高深宽比的金属和塑料结构[7]。LIGA 的三大核心技术分别是：光刻、电铸和注塑成型。最初的 LIGA 技术利用 X 射线作为光刻源，粘贴在金属或金属镀膜上的有机玻璃作为光刻胶。在光刻和显影后，用电铸方法将显影出的微结构填满。当电铸成型完成后，再将 PMMA 用化学或物理方法除掉，从而得到电铸成型的模具，然后再用注模成型或压膜成型工艺来大批量生产。

LIGA 的基本工艺顺序如图 3.31 所示：在导电衬底上涂覆厚光刻胶(厚度从几微米到几毫米)，用 X 射线曝光显影后得到三维光刻胶结构；利用导电层作为电镀种子层，利用 X 射线光刻胶作为电镀的模具，电镀铜、金、镍或者镍合金等金属填充光刻胶结构形成的空腔；去掉光刻胶得到与光刻胶结构互补的三维金属结构，三维金属结构既可以作为需要的最终器件，也可以作为精密铸造塑料的模具使用，即浇铸或者热压制造大量的与光刻胶结构完全相同的塑料器件。LIGA 加工的衬底必须导电，或在绝缘衬底上淀积导电层。LIGA 可以制造多种高分子材料、金属以及锆钛酸铅(PZT)、钛铌镁酸铅(PMNT)、三氧化二铝、氧化锆等陶瓷材料。LIGA 工艺最大的特点是可以加工出高深宽比、侧壁十分垂直和表面光滑的微结构。其深宽比通常可以大于 200，表面粗糙度可小于 50μm，加工出的微结构的径向尺寸可小于微米，微结构的精度可达纳米级。当用于大批量生产时，LIGA 工艺通常显示出低成本的优越性。除了尺寸精确，侧壁垂直和表面光滑的优点外，LIGA 工艺的另一优点是它可以将非硅材料，如塑料、陶瓷、金属、合金、玻璃等用来制造微结构和微系统，进而突破了 RF MEMS 器件单纯由硅材料来制造的局限性，为不同的 MEMS 应用提供了材料的可选性。LIGA 工艺关键之一是 X 射线掩模板的制造。通常生产周期较长、成品率低、费用较高。由于 LIGA 工艺需要用高能电子加速器所产生的 X 射线作为光刻的光源，其初始成本较高，可提供光源设施相对少，限制了以 LIGA 为基础的微制造方法的广泛应用。

PMMA 是 X 射线光刻工艺最常用的光刻胶材料。它具有对比度好、刻蚀表面平滑、具有可接受的光灵敏度等优点。同其他光刻胶一样，PMMA 也需要达到最小曝光剂量后才能被显影出来。由于 X 射线光刻采用投影式，其曝光剂量在 PMMA 层内的深度变化而不同。表面的曝光剂量要比底层的曝光剂量高。通过实践经验

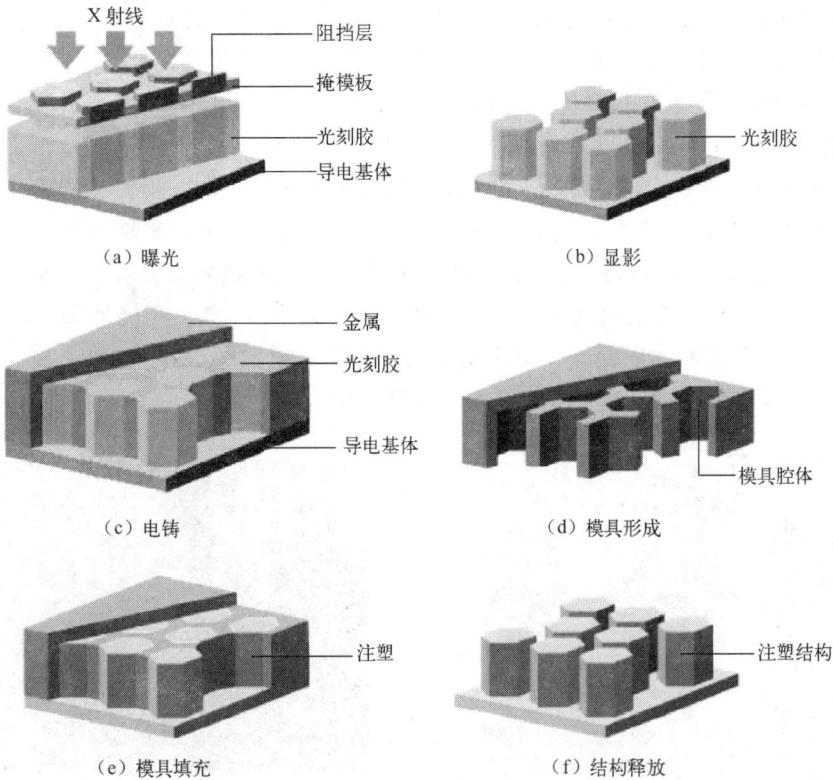

（a）曝光　　　　　　　　　　　　（b）显影

（c）电铸　　　　　　　　　　　　（d）模具形成

（e）模具填充　　　　　　　　　　（f）结构释放

图 3.31　LIGA 工艺流程示意图

得到,底层曝光量在 $3kJ/cm^3 \sim 4kJ/cm^3$ 时能够得到比较好的结构。较高的曝光量可得到显影速度快、无残余未显影 PMMA 的结构。

　　PMMA 经过 X 射线光刻后,要用一定化学成分的溶液将其曝光过部位的低分子、量分子溶解后来完成显影过程。目前使用最多的显影液是由德国人 G. V. Ghica 发明的简称 G – G 显影溶液。

　　为了实现悬空结构,可以在导电衬底上首先淀积一层牺牲层(厚度小于 $5\mu m$),光刻刻蚀后形成需要的图形,然后再进行 LIGA 的工艺过程。全部完成后刻蚀去除牺牲层,形成悬空可动的金属结构。利用这种方法 LIGA 能够实现悬空的梳状电容、加速度传感器、静电马达,以及齿轮等。

　　LIGA 使用的光刻是 IC 工艺,而电镀和铸造技术是传统机械加工工艺,因此 LIGA 是连接 IC 制造与机械加工的桥梁。LIGA 既可以像 IC 一样大批量、并行加工,又可以像机械加工一样得到三维复杂结构。LIGA 加工结构表面质量好,完全垂直衬底,加工材料便宜,适合大批量生产。利用 LIGA 已经成功地实现了多种微系统与结构,包括封装、微电机、微执行器、微齿轮泵、微陀螺、压力传感器,以及生物医学 MEMS 领域的微泵、微阀、DNA 序列分析芯片和生物传感器等。采用 LIGA 技术制造的光谱仪、光纤连接器、加速度传感器、陀螺等已经商品化。

尽管 LIGA 技术有很多优点,但是昂贵的同步 X 射线机严重阻碍了 LIGA 技术的广泛使用。近年来,以 IBM 公司发明的 EPON SU－8 为代表的紫外光厚胶的出现,促进了准 LIGA 工艺的发展。准 LIGA 借用了 LIGA 的思想,但是使用紫外光进行光刻,也称为 UV－LIGA,极大地降低了对设备的要求。SU－8 是一种树脂型光刻胶,单层甩胶厚度可以达到 $25\mu m \sim 50\mu m$,并且可以通过多次甩胶实现厚光刻胶层;另外,SU－8 具有的高透光率,适合紫外光曝光,因此 SU－8 能够加工三维结构,准 LIGA 工艺的发展促进了三维微结构加工技术的发展。

图 3.32 和图 3.33 为上海交通大学研制的微齿轮样品。

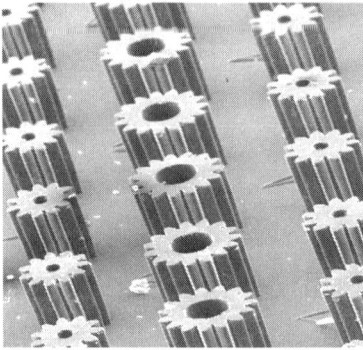

图 3.32　200μm 高的 SU8 图形
（上海交通大学）

图 3.33　SU8 和金属双层齿轮
（上海交通大学）

3.6.3　纳米压印

纳米压印光刻(Nanoimprint lithography, NIL)是由华裔科学家美国普林斯顿大学 CHOU 等在 1995 年首先提出的一种全新的纳米图形复制方法,它采用传统的机械模具微复型原理来代替包含光学、化学及光化学反应机理的传统复杂光学光刻,避免了对特殊曝光束源、高精度聚集系统、极短波长透镜系统以及抗蚀剂分辨率受光半波长效应的限制和要求,目前压印的最小特征尺寸可以达到 5nm[18]。NIL 较之目前的投影光刻和其他下一代光刻技术具有高分辨率、超低成本和高生产率等特点,已被纳入 2005 版的国际半导体蓝图,并被排在 16nm 节点。现在普林斯顿大学、得克萨斯大学、哈佛大学、密西根大学、林肯实验室、摩托罗拉公司、惠普公司及瑞士的 PaulScherrer 研究所、德国亚琛工业大学等众多知名大学和研究机构都在致力于纳米压印光刻技术的研究、开发与应用。

目前全世界已有五家纳米压印光刻设备提供商,它们是美国的 Molecular Imprints Inc. ,Nanonex Corp,奥地利的 EV Group、瑞典的 ObducatAB 和德国的 Suss Microtec Co. ,Inc.。尽管 NIL 从原理上回避了昂贵的投影镜组和光学系统固有的物理限制,但因其属于接触式图形转移过程,又衍生了许多新的技术问题。其中1:1 压印模具的制作、套印精度、模具的使用寿命、生产率和缺陷控制被认为是当前最大的技术挑战。

现有的纳米压印光刻工艺主要包括微接触印刷(Microcontact Print,μ – CP,MCP)、热压印(Hot Embossing Lithography,HEL)和紫外纳米压印(Ultra – violet Nanoimprint lithography ,UV – NIL)(图 3.34)。

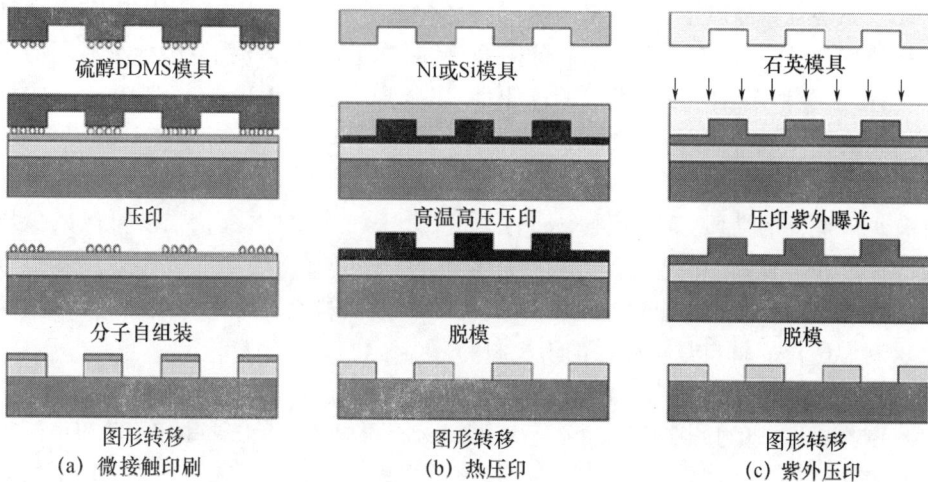

硫醇PDMS模具	Ni或Si模具	石英模具
压印	高温高压压印	压印紫外曝光
分子自组装	脱模	脱模
图形转移	图形转移	图形转移
(a) 微接触印刷	(b) 热压印	(c) 紫外压印

图 3.34　主流的纳米压印技术

3.6.3.1　微接触印刷

微接触印刷先通过光学或电子束光刻得到模板。压模材料的化学前体在模板中固化,聚合成型后从模板中脱离,便得到了微接触印刷所要求的压模。常用材料是聚二甲基硅氧烷(PDMS)。然后,将 PDMS 压模与墨垫片接触或浸在墨溶液中,墨通常采用含有硫醇的试剂。再将浸过墨的压模压到镀金衬底上,衬底可以为玻璃、硅、聚合物等多种形式。此外,在衬底上可以先镀上一薄层钛层然后再镀金,以增加黏连。硫醇与金发生反应,形成自组装单分子层 SAM。

印刷后有两种工艺对其处理。一种是采用湿法刻蚀;另一种是在金膜上通过自组装单层的硫醇分子来链接某些有机分子,实现自组装,如可以用此方法加工生物传感器的表面。

微接触印刷不但具有快速、廉价的优点,而且它还不需要洁净间的苛刻条件,甚至不需要绝对平整的表面。微接触印刷还适合多种不同表面,具有操作方法灵活多变的特点。该方法的缺点是在亚微米尺度,印刷时硫醇分子的扩散将影响对比度,并使印出的图形变宽。通过优化浸墨方式、浸墨时间,尤其是控制好压模上墨量及分布,可以使扩散效应下降。

3.6.3.2 热压印

热压工艺是在微纳米尺度获得并行复制结构的一种成本低而速度快的方法,仅需一个模具,完全相同的结构可以按需复制到大的表面上[19]。

热压印的工艺过程分三步:压模制备、压印过程、图形转移。其基本概念是用电子束刻印术或其他先进技术,把坚硬的压模毛坯加工成一个压模;然后在用来绘制纳米图案的基片上旋涂一层聚合物薄膜,将其放入压印机加热并且把压模压在基片上的聚合物薄膜上,再把温度降低到聚合物凝固点附近并且把压模与聚合物层相分离,就在基片上做出了凸起的聚合物图案,还要稍作腐蚀除去凹处残留的聚合物;图形转移是对上一步做成的压印件,用常规的图形转移技术,把基片上的聚合物图案转换成所需材质的图案。

首先是压模制备,压模通常用 Si,SiO$_2$,Si$_3$N$_4$、金刚石等材料制成。这些材料具有很多优良的性质:高努氏(Knoop)硬度、大压缩强度、大抗拉强度可以减少压模的变形和磨损;高热导率和低热膨胀系数,使得在加热过程中压模的热变形很小。另外,重复的压印制作会污染压模,需要用强酸和有机溶剂来清洁压模,这就要求制作压模的材料是抗腐蚀的惰性材料。

压模的制作通常用高分辨电子束刻印术(EBL),其过程是先将做压模的硬质材料制作成平整的片状毛坯,再在毛坯上旋涂一层电子束曝光抗蚀剂,并用电子束刻印术刻制出纳米图案,然后用刻蚀、剥离等常规的图形转移技术,把毛坯上的图案转换成硬质材料的图案。

然后是压印过程,用纳米压印术制作纳米器件所用的基片,如 Si 片、SiO$_2$/Si 片、镀有金属底膜的 Si 片等,主要步骤如下:

(1) 加热聚合物到它的玻璃化温度以上,减少在模压过程中聚合物黏性,增加流动性。只有当温度到达其玻璃化温度以上,聚合物中大分子链段运动才能充分开展,使其相应处于高弹态,在一定压力下,就能迅速发生形变。但温度过高也会增加模压周期,却对压模结构没有明显改善,甚至会使聚合物弯曲而导致模具受损。

(2) 施加压力使聚合物被图案化的模具所压。压力可以填充模具中的空腔。压力不能太小,否则,不能完全填充腔体。

(3) 压模过程结束后,整个叠层被冷却到聚合物玻璃化温度以下,以使图案固化,提供足够大的机械强度。

(4) 脱模。

压印后,原聚合物薄膜被压得凹下去的那些部分便成了极薄的残留聚合物层,为了露出它下面的基片表面,必须除去这些残留层,除去的方法是各向异性反应离子刻蚀。

最后是图案转移。图案转移有两种主要方法,一种是刻蚀技术;另一种是剥离技术。刻蚀技术以聚合物为掩模,对聚合物下面层进行选择性刻蚀,从而得到图案。剥离工艺一般先采用镀金工艺在表面形成一层金层,然后用有机溶剂进行溶解,有聚合物的地方要被溶解,于是连同它上面的金一起剥离.这样就在衬底表面形成了金的图案层,接下来还可以金为掩模,进一步对金的下层进行刻蚀加工。

热压印相对于传统的纳米加工方法,具有方法灵活、成本低廉和生物相容的特点,并且可以得到高分辨率、高深宽比结构。热压印的缺点是需要高温、高压,且即使在高温、高压下很长时间,对于有的图案,仍然只能导致聚合物的不完全位移,即不能完全填充印章的腔体。

3.6.3.3 紫外压印

在大多数情况下,石英玻璃压模(硬模)或 PDMS 压模(软模)被用于紫外压印工艺。该工艺的流程如下:被单体涂覆的衬底和透明压模装载到对准机中,通过真空被固定在各自的卡盘中,当衬底和压模的光学对准完成后,开始接触。透过压模的紫外曝光促使压印区域的聚合物发生聚合和固化成型。后续工艺类似于热压工艺。

紫外压印主要提出了步进—闪光压印[20]。1999 年,步进—闪光压印发明于 Austin 的得克萨斯大学,它可以达到 10nm 的分辨率。步进—闪光压印法与纳米热压印术相比,主要是在"压印过程"这一步有所不同。它不是把加热后的聚合物层冷却,而是用紫外光照射室温下的聚合物层来实现固化。它使得旋涂在基片上的聚合物在室温下就有较好的流动性,压印时无需加热;所用压模对紫外光是透明的,通常用 SiO$_2$ 或金刚石制成,并且压模表面覆盖有反黏连层。

步进—闪光压印的工艺过程如下:先在硅基片上旋涂一层薄的有机过渡层,再把室温下流动性很好的聚合物——感光有机硅溶液旋涂在基片有机过渡层上作为压印层。在压印机中把敷涂层的基片与上面的压模对准,压模下压使基片上感光溶液填满压模的凹图案花纹,用紫外光照射使感光溶液凝固,然后退模。压印后,还要用卤素刻蚀、反应离子刻蚀等除去凸图案以外那些被压低的压印层和转移层。此外再用刻蚀,剥离等图案转移技术进行后续加工。

紫外压印相对于热压印来说,不需要高温、高压的条件,可以廉价地在纳米尺度得到高分辨率的图形。其中的步进—闪光压印不但使得工艺和工具成本明显下降,而且在工具寿命、模具寿命、模具成本、工艺良率、产量和尺寸重现精度也至少保持光学光刻水平。此外,工艺耗时短,提高生产效率,特别是能够实现局部固化,这样可以用小压模在大面积基片上步步移动重复压印出多个纳米图案。但其缺点是需要在洁净间环境下进行操作。

参 考 文 献

[1]《电子工业生产技术手册》编委会.电子工业生产技术手册—半导体与集成电路卷[M].国防工业出版社,1991.11.

[2] Williams. Etch rates for Micromaching Processing Part Ⅱ [J]. Journal of microelectromechanical systems, December 2003,12(6).

[3] Elwenspoek M.硅微机械加工技术[M].姜岩峰译.北京:化学工业出版社,2007.5.

[4] 卓敏,贾世星,等.用于微惯性器件的 ICP 刻蚀技术[J].传感技术学报,2006,5:1381 – 1383.

[5] Zhuo Min ,Chen An Ding,Zhu Jian,et al. Deep Hole Fabrication Based on ICP Process[J]. Advanced Materials Research,2009,60 – 61:293 – 297.

[6] Jia Shixing,Zhang Long, Zhu Jian. Fabrication of Microvia – hole by Wet Etching of Pyrex Glass[J]. dvanced Materials Research,2009,60 – 61:303 – 306.

[7] 吴璟,巩全成,等.基于中间硅片厚度可控的三层阳极键合技术研究[J].功能材料与器件学报,2007,12.

[8] Rebeiz Gabriel M.RF MEMS 理论设计技术[M].黄庆安,译.南京:东南大学出版社,2003 年.

[9] 刘长春,崔大付,王利.聚二甲基硅氧烷微流体芯片的制作技术[J].传感器技术,2004.

[10] Naka K, Werber A,Zappe H,et al. Sealing method of PDMS as elastic material for MEMS[C]. Micro Electro Mechanical Systems,2008. MEMS 2008. IEEE 21 st International Conference:419 – 422.

[11] Wang H H,Yang P C,Liao W H, et al. A New Packaging Method for Pressure Sensors by PDMS MEMS Technology[C]. NEMS '06.1st IEEE International Conference:47 – 51.

[12] 王亚军,刘景全,杨春生,等.Parylene 薄膜及其在 MEMS 中的应用[J].微纳电子技术,2008.

[13] Rodger D C, Meng E,Weiland J D,et al. Wafer – Level Parylene Packaging with Integrated RF Electronics for Wireless Retinal Prostheses[J]. Journal of Microelectromechanical Systems,19(4):735 – 742.

[14] 肖素艳,车录锋,李昕欣,等.基于 PI 衬底的柔性 MEMS 电容式触觉力传感器设计与制作[J].传感技术学报,2008.

[15] Kim Jae Sung, Kwak Ki – Young, Kwon Kwang – Ho,et al. A locally cured polyimide – based humidity sensor with high sensitivity and high speed[J]. Sensors,2008 IEEE,2008:434 – 437.

[16] 邓俊泳,冯勇建.聚酰亚胺在 MEMS 中的特性研究及应用[J].微纳电子技术.2003.

[17] 吴广峰,胡鸿胜,朱文坚.LIGA 工艺基础及其发展趋势[J].机电工程技术,2007.

[18] 范细秋.纳米压印及 MEMS 仿生功能表面制备的研究[D].华中科技大学,2006.

[19] Dr Sharon Farrens,Paul Kettner.用于聚合物基微流体 MEMS 的等离子体活性晶圆键合技术(英文)[J].电子工业专用设备,2006.

[20] 孙洪文,刘景全,陈迪,等.纳米压印技术[J].电子工艺技术.2004.

第4章 RF MEMS 开关

4.1 RF MEMS 开关概述

4.1.1 RF MEMS 开关的特性

RF MEMS 器件和系统中,RF MEMS 开关是最重要的一种基本元件,可被用在移相器、高达 120GHz 的通信卫星开关网络、防御系统的组合快门和无线通信等系统中,RF MEMS 开关以其理想的性能和简洁的设计方案成为目前 RF MEMS 技术中研究的热点,并取得了很大的进展,RF MEMS 开关正走向成熟。

RF MEMS 开关利用力学运动来控制射频信号传输的通与断,是 RF MEMS 器件中较早进入应用领域的器件之一。由于移动通信等相关产业的高速发展对 RF MMIC 器件提出了更高的性能要求,所以作为微波信号变换的关键器件——微波开关,RF MEMS 开关以其固有的低功耗、低插入损耗和低交叉调制损耗等特性,在微波领域表现出巨大的应用前景。

目前,传统的半导体开关,例如 FET 和 PIN 二极管开关,正广泛地应用在单片微波集成电路(MMIC)和射频/微波电路中。表 4.1 是 RF MEMS 开关同 MESFET 开关和 PIN 二极管开关的比较[1]。

表 4.1 RF MEMS 开关同 MESFET 开关和 PIN 二极管开关的比较

参　数	MESFET 开关	PIN 二极管开关	RF MEMS 开关
串联电阻/Ω	3~5	1	<1
插入损耗/dB(1GHz)	0.5~1.0	0.5~1.0	0.1
隔离度/dB(1GHz)	20~40	40	40
IP_3/dBm	40~60	30~35	>66
1dB 压缩点/dBm	20~35	25~30	>33
尺寸/ mm³	1~5	0.1	<0.1
开关速度/量级	≈ns	≈μs	≈μs
控制电压/V	8	3~5	3~30
控制电流/μA	<10	10^4	<10

和这些半导体开关相比,由于在结构上消除了金属—半导体结和 pn 结,RF MEMS 开关具有如下的优点。

(1) 消除了欧姆接触中的接触电阻和扩散电阻,极大减小了器件的电阻损耗。而且高电导率的金属结构能以极低的损耗传输微波信号。

(2) 具有极低的三阶互调积,显著减小了开关的谐波分量和互调分量,消除了由于半导体结引起的 $I-U$ 非线性。

(3) 具有较高的开/关电容比,在通常的结构尺寸下,RF MEMS 开关的开/关电容比约 20 ~ 100。

(4) 静电驱动的 RF MEMS 开关具有极低的直流功耗,典型的瞬态功耗为 10nJ。

(5) 几乎能制作在任何衬底上。

然而,和半导体开关相比,目前 RF MEMS 开关还有一些技术瓶颈,阻碍了 RF MEMS 开关的大规模应用。主要表现在以下几点。

(1) 相对较慢的开关速度。大多数 RF MEMS 开关的开关时间为 $2\mu s \sim 40\mu s$。

(2) 较低的功率处理能力。虽然英国伦敦帝国理工学院于 2009 年研制了一款高功率三维 RF MEMS 开关,耐受功率达到 4.6W。但目前大多数 RF MEMS 开关传输的信号功率被限制在 20mW ~ 500mW。

(3) 较高的驱动电压。静电驱动的 RF MEMS 开关的驱动电压通常为 5V ~ 150V。

(4) 较低的可靠性。虽然已有报道 RF MEMS 开关样品的寿命已达 10^{13} 次开关循环,然而目前产品化的 RF MEMS 开关的寿命还在 10^9 次 ~ 10^{11} 次开关循环。这和许多系统要求的 200 亿次 ~ 2000 亿次开关循环还有差距。

(5) 封装问题。RF MEMS 开关要求封装在惰性气体中,且周围气氛的湿度要极低。这导致封装成本较高,且封装技术本身会影响 RF MEMS 开关的可靠性。

各国科学家们正致力于解决上述瓶颈。

4.1.2 RF MEMS 开关的分类

RF MEMS 开关有不同的分类:如按不同的致动机理,有静电致动、压电致动、热致动、磁致动和铋合金(形状记忆合金)致动等。

按触点分类,有电阻触点开关和电容耦合开关两类。电容耦合开关的触点是通过绝缘介质层制得的。电阻触点开关可以在直流下工作而电容耦合开关则不能。这是由于电容耦合开关中存在隔直电容所致。工作频率同开关设计选型有十分密切的关系。

按电路结构分串联式、并联式。按复原方式分弹簧、有源法。按几何结构有悬臂梁、桥式、圆形等。

虽然有以上不同的分类方式,但研究得最多的是由静电驱动的电容式开关和接触式开关。这是由于静电驱动开关通常采用与 IC 工艺相兼容的表面微机械加工技术进行制造,且静电作用无需工作电流,因而功耗极低,在首先考虑节省功耗的无线通信系统中成为首选。

4.1.3　RF MEMS 开关的激励方式

RF MEMS 开关的激励方式有静电激励、压电激励、热激励、磁激励等。静电激励是利用加在开关上的外加电压所形成的静电作用力来产生运动;压电激励借助开关构件上外加电压生成的电场令其尺寸发生变化来产生相关的运动;热激励通过开关构件经电流加热膨胀发生尺寸变化来产生相关的运动;铋合金致动利用形状记忆合金材料的特性来引发运动。在低温时使形状记忆合金材料产生形变,然后将其加热至高温,它就可以恢复成形变前的形状。在这种形状变化的过程中,记忆合金材料的物理尺寸将发生变化,铋合金致动正是利用这种物理尺寸的变化来产生相关的运动。静电激励无需工作电流,因而功耗极低,由于低功耗的优点,静电激励的微机械开关在首要先考虑节省功耗的无线通讯系统中更具吸引力,成为首选。

静电激励方式在结构上采用两块分开一定距离的极板,当施加电压时,极板在电场力的作用下发生变形,实现开关的闭合。COVENTOR 公司用此法制造的 RF MEMS 开关如图 4.1 所示。

图 4.1　COVENTOR 公司采用静电力驱动的 RF MEMS 开关

驱动电压的大小与极板间的间距成正比关系。静电激励存在的主要困难是开关两极板的间距与驱动电压之间的矛盾,要想得到高的隔离度,极板的间距不能太小，但此时驱动电压又太高。为了克服这一缺点，出现了变截面悬臂梁、弹簧式桥等多种结构，一定程度上解决了驱动电压高的问题。据报道，有些开关的结构设计已经能把驱动电压降到 10V 以下，这使得开关向实际应用又迈出了一大步。

传统的机械式电磁继电器采用电磁力驱动，由于电磁力的大小与距离存在非线性，当接近接触时，电磁力呈指数增加，最终实现稳定的接触，因此非常适合用于驱动开关。同时由于电磁力的产生和磁场的建立之间不存在延迟，因此这种驱动方式能提供较快的开关速度。如 Microlab 公司制造出了一种颇似常规磁继电器的开关[2]，如图 4.2 所示。然而，在 MEMS 领域，由于器件尺寸和材料的特殊性，很难在硅片上制作足够圈数的三维线圈，虽然可以加大驱动电流弥补，但仍存在工艺复杂、制作成本高等缺点，因此电磁式驱动在 MEMS 开关领域并未广泛采用。

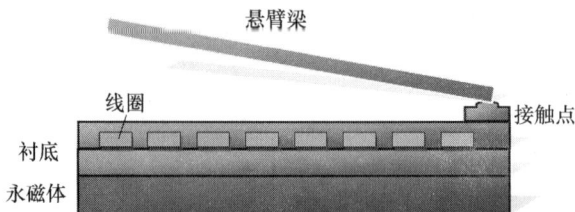

图 4.2　Microlab 公司采用电磁驱动的 RF MEMS 开关

电—热驱动采用两种热膨胀系数不同的材料，通过通电发热产生变形实现开关的闭合。意法半导体利用 MEMS 技术试制成功的电—热驱动的 RF MEMS 开关[3]如图 4.3 所示，即利用铝及氮化硅间的热膨胀差别引起被称作"双晶效应

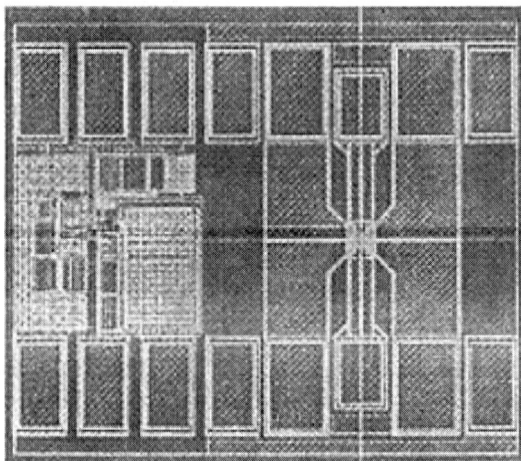

图 4.3　意法半导体采用电—热驱动的 RF MEMS 开关

（Bimorph Effect）"的变形来实现开关的闭合。在 MEMS 领域，热驱动元件的体积都很小，热容量很小，因此能实现开关的快速动作。

4.1.4　RF MEMS 开关的设计

RF MEMS 开关在设计时主要考虑它的插入损耗、隔离度和驱动电压的大小。从插入损耗和隔离度方面来看，希望关态和开态的电容比尽可能大，但大的电容比使得驱动电压增大。因此，在设计开关的几何尺寸时，要用软件模拟分析使参数优化。

RF MEMS 器件一般的设计步骤是采用通常的微波设计软件（如 Agilent ADS）进行微波性能模拟，得到插入损耗、隔离度、驻波等指标，采用有限元模拟软件（如 ANSYS）进行机械性能模拟得到驱动电压、开关延迟等指标。在较低的工作频段，可以采用集总的 RF MEMS 器件模型进行分析，但是由于 RF MEMS 器件的优势在于较高频段，使得场模拟技术成为主流技术。

有限元模拟一般采用模态分析和多物理场耦合分析等技术。将商用软件集成起来，基本能够形成软件设计环境，而与多用户加工基地的工艺模型相结合，可以形成良好的设计与制造的接口。

ADS 软件对 RF MEMS 开关等效电路的模拟，主要是分析电路中对其电学性能的影响。而 ANSYS 软件是分析开关受到静电力作用时的力学性能。只有综合考虑了开关的电学、力学参数，才能较全面地反映其性能，才能对开关的设计有一定的指导意义。

4.1.4.1　传输线设计

在 RF 频段，普通的线不能用来传输信号。一般采用"传输线"来把能量从一点传输到另一点，如同轴电缆。为了在高频传输线上避免信号的反射，传输线要求达到电阻匹配，如在所有的电路传输线上，特性阻抗都设计为 50Ω，可以把信号线和地线通过绝缘层隔开设计在特定的结构上面就可以。

传输线可以设计在平的基片上面，这种方法广泛运用于传统电路和 MEMS 电路中，一般的结构有微带（传输）线和共面波导线（CPW）。

微带线是由沉积在介质基片上的金属导体带和接地板构成的一个特殊的传输系统，如图 4.4 所示，它可以看成是由双导体传输线演化而来的，即将无限薄的导体板垂直插入双导体之间，因为导体板和所有电力线垂直，所以不影响原来的场分布。微带线的优点是可以使电路中的分离元件连接更加容易。

对于给定的绝缘层高度 h，当信号线宽度增加时，特性阻抗减小。典型的 RF MEMS 射频开关通过控制微带线空隙的通断来达到开关的闭合和断开。串联或者并联都可以采用。

共面波导是一种表面带条传输线。它是由金属薄膜带条和两条位于其紧邻两侧的平行延伸的接地电极(接地面)所形成,带条和地电极均在介质基片的同一个表面上,如图 4.5 所示。其中,ε_r 是衬底材料的介电常数,H 是衬底的高度,T 是传输线的厚度,W 是中心导带的宽度,G 是中心导带与接地面的距离。

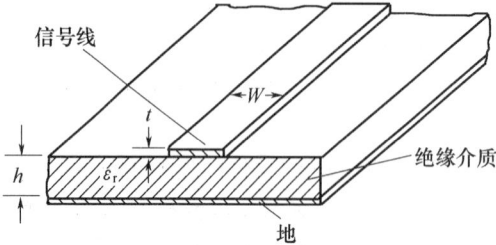

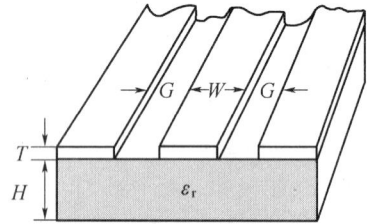

图 4.4　微带线　　　　　　　　　　　　　　　　　图 4.5　共面波导

共面波导的优点是中心导带与接地面位于同一平面内,因此,对于需要并联安置的元器件很方便。RF MEMS 膜开关的金属膜或者悬臂梁开关悬臂梁一般都是距共面波导上方几微米通过激励产生位移。另外一个优点是可以改变信号线的宽度以符合元器件的连接而且保持其特性阻抗不变。

共面波导采用高介电常数 ε_r 的基片,以保证波导内的波长小于自由空间的波长,从而使场集中在介质和空气的分界面附近。共面波导有许多特点和槽线相同,例如,具有固有的圆极化射频磁场,故适宜做不可逆磁性器件;带条导体与地电极平面位于同一平面上,便于并联连接外界元件构成混合集成电路。此外,它还有一个独特的性质,即其特性阻抗与基片的厚度几乎无关。因此,可以利用低损耗高介电常数的材料做基片来减小电路的纵向尺寸,这对于低频段的微波集成电路来说是特别重要的。

4.1.4.2　衬底材料的选择

RF MEMS 开关的传输线和电极是制作在绝缘介质基片(即衬底)上的,衬底材料选用的是绝缘材料,所有的绝缘介质都不是零电导率的。实际上,电磁波在介质基片上电导率(绝缘介质是有耗的)越大,损耗就越大。正切损耗参数(tanδ)描述了介质基片的损耗特性,正切损耗取决于材料的纯度。定义为

$$\tan\delta = 2\sigma/\varepsilon v \tag{4.1}$$

式中:σ 为绝缘材料的电导率(S/m);ε 为介电常数;v 为频率。

信号的相速与衬底的介电常数和周围的介质(通常是空气)有关。介电常数越大,信号的相速越小。所以衬底材料的选择在设计中非常重要。表 4.2 列举了一般的绝缘介质的特性参数。很多 RF MEMS 射频开关采用砷化镓(GaAs)作为底

层材料,主要是因为其和单片集成微波电路(MMIC)有兼容性。空气是最好的绝缘材料,它损耗低、信号相速高、散射较低。理想的微机械结构可以把信号线悬置在空气中,这样会达到比较理想的参数特性。

表 4.2　材料特性参数表

材 料	电导率/(S/m)	相对介电常数 ε_r	正切损耗(10GHz)	热导率/(W/cm² · K)	绝缘强度/(kV/m)
氧化铝	10^{-10}	9.7	2	0.3	4×10^5
晶体		9.4/11.6	1	0.4	4×10^5
石英	10^{-17}	3.8	1	0.01	10×10^5
玻璃	10^{-12}	5	20	0.01	
聚苯乙烯		2.53	4.7	0.001	2.8×10^4
铁氧体		13 ~ 16	2	0.03	4×10^5
砷化镓	10^{-5}	12.3	16	0.3	3.5×10^4
硅(高阻抗)	4×10^{-4}	11.7	50	0.9	3×10^4
空气		1	0	0.00024	3×10^3

4.1.4.3　导体的选择

频率较高的时候,电流集中在导体的外表面,这就减小了电流传导的有效横切面积,导体的电阻会增加,称为"趋肤效应"。"趋肤深度"是指电流减小到初值的 $1/e$ 时,离导体外表面的深度,为

$$\delta = 1/\sqrt{f\pi\sigma\mu} \qquad (4.2)$$

式中:f 为频率(Hz);σ 为电导率(S/m);μ 为磁导率(H/m)。

为了减小损耗,微带线或者共面波导线的厚度至少是其导体趋肤深度的3倍。一些一般的导体材料的特性参数如表4.3所列。

表 4.3　导体材料特性参数

材 料	电导率/(S/m)	相对磁导率 μ_r	趋肤深度(10GHz)/μm
铜	5.8×10^7	1	0.66
金	4.1×10^7	1	0.78
铝	3.5×10^7	600	0.85
镍	1.47×10^7	1	0.05
水银	1×10^6	1	5.0
硅	4.4×10^{-6}	1	75.8

4.1.4.4 微机械结构材料的选择

RF MEMS 开关的材料参数是决定开关阈值电压、固有弹性频率、最大位移的因素之一,主要指弹性模量、应力、绝缘常数。驱动电压随材料的弹性模量的增加而增加。梁或薄膜的介电常数对阈值电压影响比较小,但对于电容性膜开关,其绝缘介质膜的介电常数就比较重要,为了确保 RF MEMS 膜开关运行稳定,要求介质膜内的电场强度不能大于介质强度或者长时间在介质强度附近工作。梁或薄膜的弹性模量越大,其谐振频率越高。

微机械加工所用的材料主要涉及单晶硅、多晶硅、二氧化硅、氮化硅、石英、金刚石和金属。其中主要材料是单晶硅。迄今很多微机械基本上都是采用单晶硅,这是由于单晶硅最适宜微细加工的结构和特性,适宜于微机械应用的足够力学强度,而且它的来源广泛,提纯和拉制技术成熟,为制造廉价的微机械提供了先决条件。

表 4.4 列举了一些重要材料的特性参数。从表中可以看到硅有比较高的弹性模量和屈服强度,作为 MEMS 结构材料有比较好的刚性和力学强度;Si_3N_4 是一种比较好的绝缘介质材料,可在 MEMS 电容性膜开关中作为介质膜。微构造的特性很大程度上依存于材料的物性。材料物性及其对微结构的影响如表 4.5 所列。

表 4.4　几种微机械结构材料的材料参数

类　别	材　料	弹性模量/GPa	屈服强度/GPa	相对介电常数 ε_r
介质	SiO_2	72	8.4	3.9
	Si_3N_4	130	14.0	7
	Al_2O_3	530	15.4	10
金属	Au	61	0.32	
	Al	70	0.17	
	Cr	180	0.36	
	Ni	207	0.06	
半导体	Si	190	7.0	13.5
钻石	C	1040	53.0	5.7

表 4.5　材料物性对微结构的影响

特　性	影　响	影　响　举　例
内应力	弹性变形,固有频率,弯曲变形	压力传感器灵敏度,振动传感
弹性模量		固有振动频率
拉伸长度	机械强度	微型泵的构造强度

（续）

特　性	影　响	影　响　举　例
疲劳	可靠性	
热导率	热惯性系数	流量传感器和热红外传感器
热容	热绝缘性	响应速度及灵敏度
摩擦	摩擦阻抗	
摩耗	持久性	微型电机的转动速度

以圆形薄膜为例,当有内部应力存在时,压力 p 和中心变形 ω_0 的关系为

$$p = 4\frac{\omega_0}{a^2}\left[\frac{4}{3}\frac{E}{1-\nu^2}(\frac{t}{a})^2 + \sigma\right] \tag{4.3}$$

式中:a 及 t 分别为薄膜的半径和厚度;E、ν、σ 分别为薄膜的弹性模量、泊松比和内部应力。

4.2　RF MEMS 电容式开关

1996 年,Gold smith 提出电容式膜桥结构开关[4],电容开关并联在传输线和地之间,根据所加偏置电压,或者使传输线不受干扰,或者连接到地。理想的电容式开关在未加偏置电压时,呈现出零插入损耗,而在加了偏置电压后,则有无限大的隔离度。电容式开关适用的频率较高($5\text{GHz} \sim 100\text{GHz}$)。

Raytheon 公司在较早的时期(1995—2000 期间)研制了 RF MEMS 电容式并联开关[5]。图 4.6 为该开关的实物图。这类开关可以应用于 X 和 K 波段移相器、可调滤波器等中。下拉电压为 30V ~ 50V,开关电容比为 80 ~ 120,10GHz ~ 40GHz 的

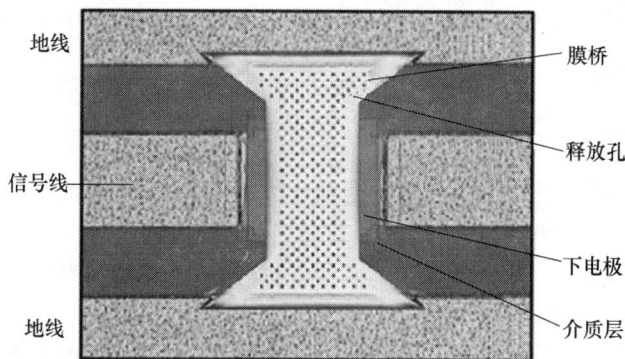

图 4.6　Raytheon 公司的 MEMS 电容式并联开关

插入损耗为 0.07dB，10GHz 时的隔离度为 20dB，30GHz 时的隔离度为 35dB。

Michigan 大学研制的电容式并联开关如图 4.7[6] 所示。在桥墩处采用了回形的支撑梁，下拉电极是位于信号线两侧的两个大面积电极。它的下拉电压要小得多，为 6V～12V。但是由于这种开关的弹性系数非常低，对外界环境的影响非常敏感，因此开关还采用了上拉电极，在开关未被驱动时，上拉电压将可动膜维持在开态。这种开关的微波特性也相当优秀，在 1GHz～30GHz 的情况下，插入损耗低于 0.1dB，30GHz 时隔离度为 25dB。

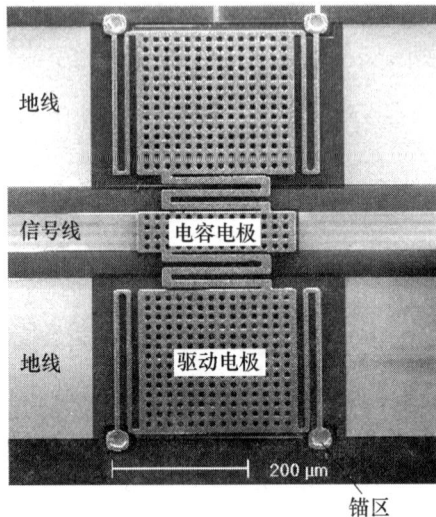

图 4.7　Michigan 大学研制的低下拉电压的电容式并联开关

2000 年国内南京电子器件研究所朱健等在中国电子学会第一届全国纳米技术与应用学术会议上报道了国内第一款具有微波性能的 RF MEMS 开关，驱动电压 20V，DC～20GHz 插入损耗低于 0.69dB，14GHz～18GHz 隔离 13dB，18GHz～20GHz 隔离 16dB（图 4.8）。

4.2.1　RF MEMS 电容式开关基本原理

RF MEMS 电容式开关的的基本结构示意图如图 4.9 所示，其中图 4.9（a）是低电容状态，无直流控制电压时，开关是导通的，金属膜没有变形。由于金属膜和信号线之间的间距相当大，两者之间的耦合电容就很小，微波信号以极低的插入损耗通过开关。图 4.9（b）是高电容状态，当上、下极板间施加直流电压时，静电吸引力使膜向下偏移。当直流电压超过开关的阈值电压时，金属膜就和信号线上的绝缘层相接触，两者之间的耦合电容变得比较大，使微波信号几乎全反射。这样传输到射频输出端的微波信号就变得很小，开关处于断开状态。

102

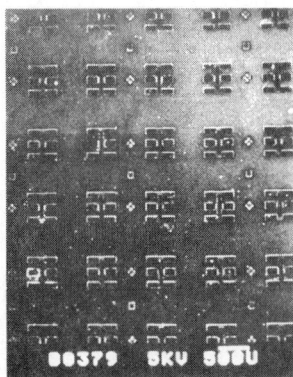

图 4.8　南京电子器件研究所研制的 RF MEMS 电容式开关

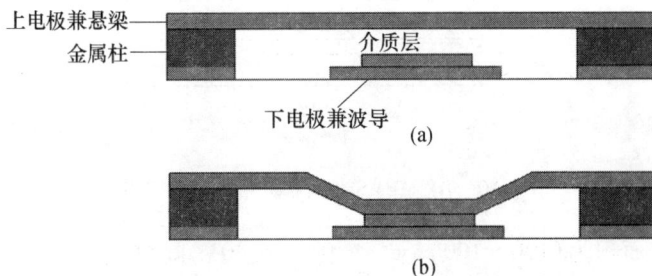

(a)

(b)

图 4.9　RF MEMS 电容式开关结构示意图

4.2.2　RF MEMS 单膜桥开关

RF MEMS 单膜桥开关结构示意图如图 4.10 所示,上电极是一层金属膜,并且在信号线上镀一层介质膜,对于单膜桥开关,当开关未被激活时,射频信号以很小的衰减通过底层膜。当开关被激活时,是金属与介质的接触,而非金属与金属直接接触,实现两者的直流隔离,并起到提高隔离度和防黏附的作用,适用于 10GHz ~ 120GHz 的频率范围。

当外力分布在整个膜桥上时,总的弹性系数由膜桥的刚度和双轴残余应力共同确定,即

$$k = \frac{32Et^3w}{L^3} + \frac{8\sigma(1-\nu)tw}{L} \tag{4.4}$$

式中:E 为弹性模量;t、ω 为梁或膜的厚度、宽;L 为梁或膜的长;σ 为张应力;ν 为泊松比。

用静电激励的开关中,开关结构受到的静电力为

103

$$F = \frac{QE}{2} = \frac{CUE}{2} = \frac{CU^2}{2\left(g + \frac{t_d}{\varepsilon_r}\right)} = \frac{\varepsilon_0 AU^2}{2\left(g + \frac{t_d}{\varepsilon_r}\right)} \tag{4.5}$$

式中：U 为电压；g 为空气间隙；C 为上下电极间的电容；A 为电极的有效面积；通常要在电极上淀积一层绝缘膜，厚度 t_d 在 100nm～200nm 范围中；相对介电常数 ε_r；ε_0 是真空中的介电常数。

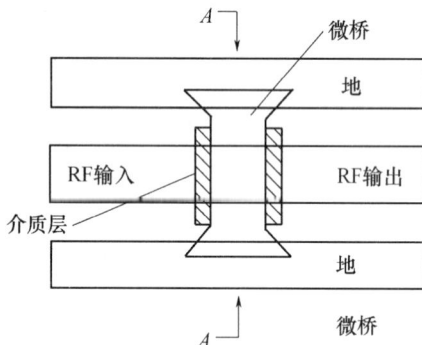

图 4.10　RF MEMS 单膜桥开关结构示意图

对于一个面积为 $(100 \times 100)\,\mu m^2$，激励电压 40V，间隙 2.5μm 的开关，其静电力仅有 11μN，但对开关已经足够了，因为在下拉过程中，g 逐渐变小，静电力增大，但位移量的增大又引起弹力增大，当平衡时

$$F = \frac{\varepsilon_0 AU^2}{2\left(g + \frac{t_d}{\varepsilon_r}\right)} = k(g - g_0) \tag{4.6}$$

式中：g_0 为空气隙的原高。

此时 $g = 2g_0/3$，过了这个位置就会迅速塌陷，称这个位置的电压为阈值电压，即

$$U_p = \sqrt{\frac{8k_z g_0^3}{27\varepsilon_0 A}} \tag{4.7}$$

式中：k_z 为运动结构在所希望的运动方向的等效弹性系数；g_0 为开关与驱动电极之间的距离；ε_0 为真空介电常数；A 为施加静电力的开关面积。

从方程可以看出有几种方法可降低所需的驱动电压：一是降低 g_0 可显著降低下拉电压 U_p；二是增加驱动面积 A 可降低 U_p，但这样会引起开关尺寸的变化，导致开关体积的增加，所以，增加驱动面积只能在合理的范围内增加；三是降低开关的弹性系数。

开关通过上下电极之间的静电力进行控制,其插入损耗和隔离度性能取决于"开"态和"关"态的电容。当开关未被激活时,在两板间建立了一个电容

$$C_{\mathrm{on}} = \frac{\varepsilon_0 \varepsilon_{\mathrm{r}} A}{d} \tag{4.8}$$

RF MEMS 单膜桥开关等效电路模型如图 4.11 所示。

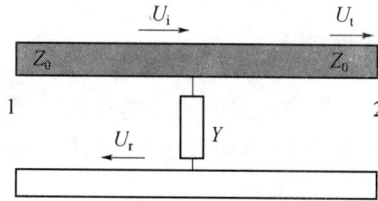

图 4.11   RF MEMS 单膜桥开关等效电路模型示意图

容性并联开关散射参量 S 矩阵

$$S_{11} = S_{22} = \frac{1}{1 - \dfrac{2}{Z_0 \cdot Y}} \tag{4.9}$$

$$S_{21} = S_{12} = \frac{1}{1 + Y \cdot \dfrac{Z_0}{2}} \tag{4.10}$$

$$Y = \frac{1}{\dfrac{1}{\mathrm{j}\omega C} + \mathrm{j}\omega L + R_{\mathrm{s}}} \tag{4.11}$$

式中:ω 为信号的角频率;Z_0 为传输线的特性阻抗;Y 为导纳,反映了开关的等效阻抗;R_{s} 为桥膜本身电阻。

开态时,膜桥与信号线之间的电容 C_{U} 为数十 fF,$Y \approx \mathrm{j}\omega C_{\mathrm{U}}$,反射损耗

$$S_{11} = \frac{1}{1 + \dfrac{2\mathrm{j}}{Z_0 \omega C_{\mathrm{U}}}} \Rightarrow |S_{11}|^2 = \frac{1}{1 + \dfrac{4}{Z_0^2 \omega^2 C_{\mathrm{U}}^2}} \Rightarrow |S_{11}|^2 \approx \frac{Z_0^2 \omega^2 C_{\mathrm{U}}^2}{4} \tag{4.12}$$

关态时,

$$\text{若} f \ll f_0, Y = \mathrm{j}\omega C_{\mathrm{d}}; \text{若} f = f_0, Y = \frac{1}{R_{\mathrm{s}}}; \text{若} f \gg f_0, Y = \frac{1}{\mathrm{j}\omega L} \tag{4.13}$$

关态隔离:

$$f \ll f_0 \text{ 时}, S_{21} = \frac{1}{1 + \dfrac{\mathrm{j}\omega C_{\mathrm{d}} Z_0}{2}} \Rightarrow |S_{21}|^2 = \frac{1}{1 + \dfrac{\omega^2 C_{\mathrm{d}}^2 Z_0^2}{4}} \Rightarrow |S_{21}|^2 \approx \frac{4}{\omega^2 C_{\mathrm{d}}^2 Z_0^2}$$

$$\tag{4.14}$$

$$f = f_0 \text{ 时}, S_{21} = \cfrac{1}{1 + \cfrac{Z_0}{2R_S}} \Rightarrow |S_{21}|^2 \approx \frac{4R_S^2}{Z_0^2} \qquad (4.15)$$

$$f \gg f_0 \text{ 时}, S_{21} = \cfrac{1}{1 - \cfrac{jZ_0}{2\omega L}} \Rightarrow |S_{21}|^2 = \cfrac{1}{1 + \cfrac{Z_0^2}{4\omega^2 L^2}} \Rightarrow |S_{21}|^2 \approx \frac{4\omega^2 L^2}{Z_0^2} \quad (4.16)$$

4.2.3 RF MEMS 双膜桥开关

为提高 RF MEMS 膜桥开关在微波低频段的隔离性能,可以采用双膜桥结构、高介电常数的介质膜、引入微电感结构等措施设计一种新颖的开关结构,如图 4.12(a)所示;建立了等效 LCR 电路模型[4],如图 4.12(b)所示。其中 Z_0 为 CPW 的阻抗,C、L_S、R_S 分别为膜桥的电容、等效电感、等效电阻。Z_1、L_1 分别为膜桥深入接地部位的阻抗与电感,其作用为降低关态谐振频率 f_0。

利用 ADS 软件的 Linecalc 工具,选用高阻硅作衬底,确定了 CPW 导线的宽度和间隔为 $120\mu m$ 和 $75\mu m$。应用 Ansoft 公司的 HFSS(High Frequency Structure Simulator)软件对膜桥开关进行三维电磁场分析,三维模型如图 4.12(c)所示。

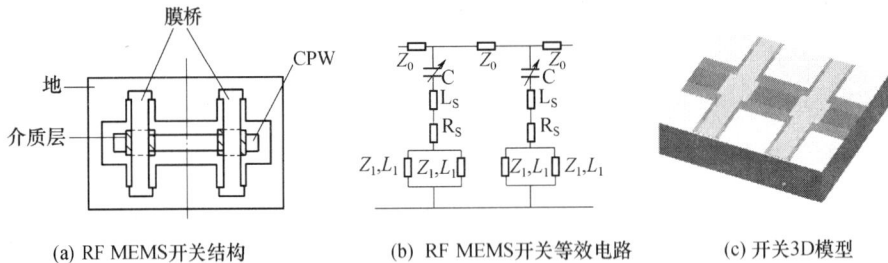

(a) RF MEMS开关结构   (b) RF MEMS开关等效电路   (c) 开关3D模型

图 4.12 RF MEMS 双膜桥开关

开关采用相同的介质膜,单膜桥结构与双膜桥结构的性能比较如图 4.13 所示。由仿真结果可知,双膜桥开关的隔离度在谐振频率附近频段提高 10dB 以上。

采用优化设计的 MEMS 双膜桥开关,同传统的单膜桥开关(使用相同的介质膜)性能比较如图 4.14 所示,可见采用双膜桥结构、高介电常数的介质膜以及引入微电感结构这些措施,设计的 RF MEMS 开关结构在微波低频段(3GHz ~ 6GHz)有着很好的隔离性能。

2000 年 Rizk J. 等发布了一款双膜桥开关,在 75GHz ~ 100GHz 时隔离度是 -40dB,插损是 -0.3dB[7](图 4.15)。

2003 年,国内南京电子器件研究所朱健等发布了一款双膜桥开关,驱动电压 24V,S 波段隔离度大于 -40dB,插损小于 -0.3dB(图 4.16)。

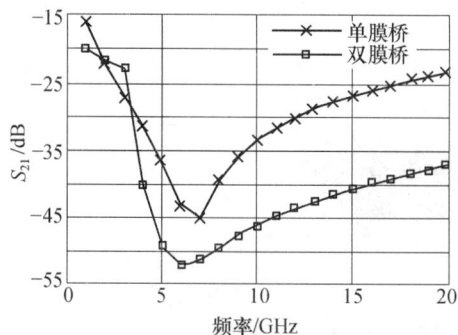

图 4.13 单膜桥与双膜桥开关比较

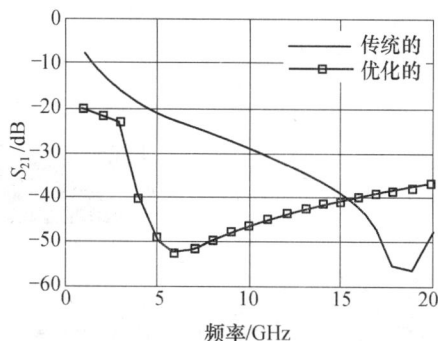

图 4.14 优化设计与传统 MEMS 开关性能比较

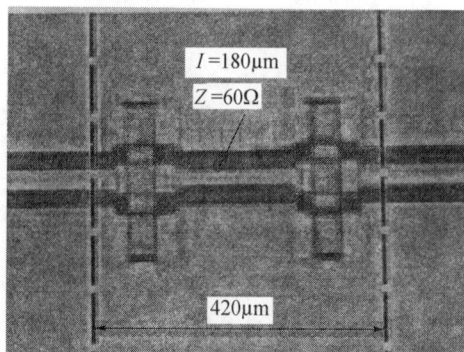

图 4.15 Rizk J. 的双膜桥 RF MEMS 开关

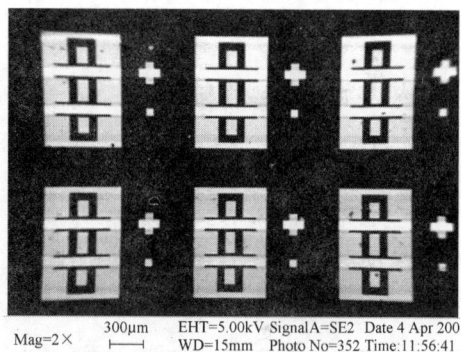

图 4.16 南京电子器件研究所的
双膜桥 RF MEMS 开关

4.3 RF MEMS 接触式开关

RF MEMS 接触式开关基本原理如下。

RF MEMS 接触式开关将微波传输线中间断开,通过悬空的微带线的运动实现传输线的通断。当开关处于 UP 态时,传输线断开,微波信号被隔离;当开关处于 DOWN 态时,传输线连通,微波信号导通。接触式串联开关常用于 DC～几 GHz 频段。

悬臂梁开关利用在上下极板间施加驱动电压,使悬臂梁发生挠曲,当梁的前端接触到下面的触点时,实现信号的接通。由于极板宽度远大于极板间的距离,极板长度远大于极板的厚度,因此可以将极板受力等效为一维悬臂梁力学模型(图 4.17)。

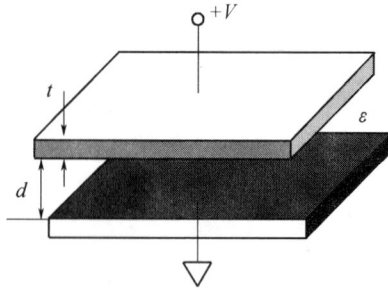

图 4.17   RF MEMS 接触式开关的一维悬臂梁力学模型

在外加电压下,电极板间形成电容

$$C = \frac{\varepsilon A}{d} \tag{4.17}$$

平板间静电势能为

$$E = \frac{1}{2} C U^2 \tag{4.18}$$

平板单位面积上的载荷为

$$q = \frac{F}{A} = \frac{\varepsilon U^2}{2d^2} \tag{4.19}$$

在静电力作用下,梁开始向下弯曲。随着电压增大,梁尖端越来越向下弯,使得尖端静电力越来越集中,在某一电压处,梁处于不稳定状态,将自发地完成余下的运动,直至自由端触至基体为止,这一电压称为阈值电压。实验表明,梁尖端的挠度大约为 $1/3d$ 时,梁就处于不稳定状态。因此阈值电压大小可以表示为

$$U_{th} \approx \sqrt{\frac{18EId^3}{5\varepsilon l^4 w}} \tag{4.20}$$

梁的一阶横向振动频率

$$f = \frac{3.52}{2\pi} \sqrt{\frac{EI}{\mu l^4}} \tag{4.21}$$

对复合膜梁的有效 EI

$$(EI)_{eff} = \left(\frac{bt_1^3}{12}\right)\left[\frac{4 + 6t_2/t_1 + E_1 t_1/E_2 t_2}{1 + E_1 t_1/E_2 t_2}\right] \tag{4.22}$$

式中:E 是弹性系数;I 是截面惯距;b 为梁宽;t_1、t_2 为对应梁上不同材料的厚度;E_1、E_2 为对应梁上不同材料的弹性系数。

RF MEMS 串联开关的电磁模型:Up 态是一个串联电容,Down 态是一个小电阻。它的射频特性为,Up 态的隔离度: $|S_{21}|^2 = 4\omega^2 C_U^2 Z_0^2$, C_U:Up 态的电容,Z_0:传输线电导,Down 态的插入损耗: $|S_{21}|^2 = 1 - \dfrac{R_S}{Z_0}$, R_S:Down 态电阻。

4.4　RF MEMS 开关优化设计

4.4.1　高隔离度设计

对于给定的传输线,开关的隔离度同膜桥的关态电容 C_d、等效电阻 R_s、等效电感 L 有关。选择高介电常数的介质膜,提高 C_d,可提高开关隔离度。更需说明的是,隔离度在谐振频率 f_0 处最高,在小于 f_0 的频段范围内,C_d 的增加能提高隔离度;大于 $f_0/2$ 的频段,L 的增加能明显提高隔离度;大于 $3f_0/4$ 的频段,R_s 的减小能明显提高隔离度。选择微电感结构的膜桥开关,可降低关态谐振频率,从而大大提高谐振频率附近频段的隔离度。

因此设计合适的膜桥结构形式、几何参数、选择合适的谐振频率和介质膜的控制,是高隔离度 MEMS 膜桥开关设计制作的关键。

除 4.2.3 介绍的采用双膜桥结构外,选择高介电常数的介质膜也是提高开关隔离度的有效方式。

开关采用三种不同介电常数的介质膜材料:Si_3N_4、Ta_2O_5、BST($Ba_xSr_{1-x}TiO_3$),开关开态和关态的 S 参数的仿真结果如图 4.18 和图 4.19 所示。由仿真结果可知,选用的三种介质膜,对开关开态插损及反射损耗影响不大,而对关态隔离度影响很大,10GHz 频带内,差距约 20dB ~ 40dB。微电感结构的引入,使开关关态谐振频率降低,大大提高谐振频率附近频段的隔离度(>30dB)。

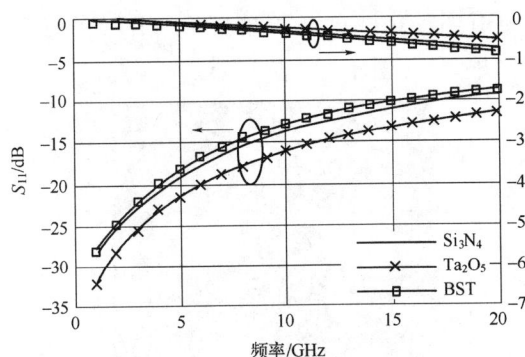

图 4.18　开态插损和反射损耗　　图 4.19　关态隔离

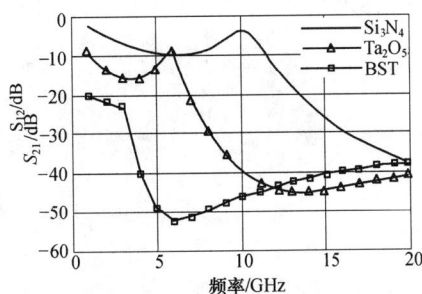

驱动信号与微波信号物理隔离的 RF MEMS 开关优化

针对 RF MEMS 开关在宽带应用时遇到的驱动信号与微波信号间的干扰问题,可以通过驱动信号与微波信号物理隔离结构设计,使用 IntelliSuite® 软件进行开关机电耦合分析。

在开关总的结构尺寸确定的前提下,使用 ADS/Momentum 场分析软件,微调膜桥和梁的结构参数,通过通孔接地实现微带线与接地共平面波导(CPWG)信号的连接。

通过驱动电极的结构和连接方式及与微波信号线间隙的调整,用三端口结构或四端口结构代替二端口开关,从而实现 RF MEMS 开关整体性能的优化(图4.20)。

(a) 二端口开关　　　　　(b) 三端口开关　　　　　(c) 四端口开关

图4.20　驱动电极结构变化实现驱动信号与微波信号物理隔离

4.5　RF MEMS 开关产品

4.5.1　RMI 公司的 RF MEMS 开关

该公司现已生产并出售的开关主要有四种:SPST(单刀单掷);SPDT(单刀双掷);SP4T(单刀4掷);SP6T(单刀6掷)开关[8](图4.21,表4.6)。

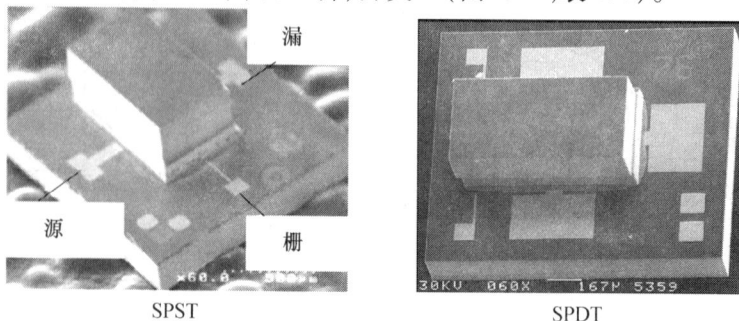

SPST

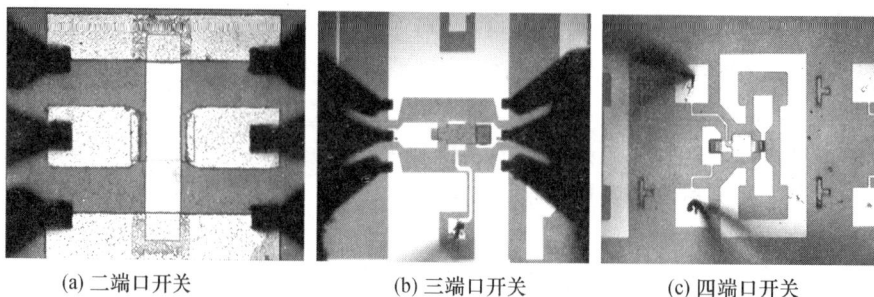

SPDT

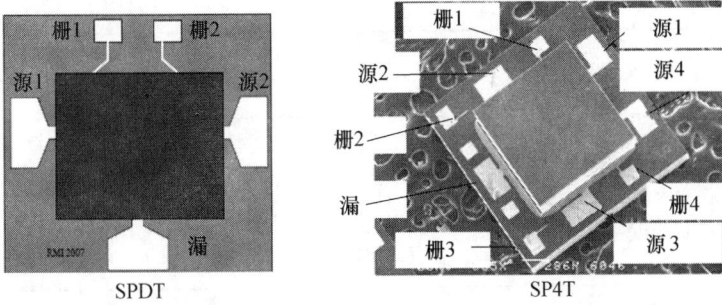

图 4.21　RMI 公司的 RF MEMS 开关产品

表 4.6　RMI 公司的 RF MEMS 开关性能

开关类型	开关型号	插损 /dB	隔离度 /dB	反射损耗 /dB	开关寿命 /cycle	开关时间 /μs
SPST 开关	RMSW100 型号 （DC～12GHz）	<0.17 (4GHz) <0.28(10GHz)	>20 (4GHz) >11 (10GHz)	<-24 (4GHz) <-20 (10GHz)	>10^{11} (冷开关) >10^{11} (热开关)	<10 (on 态) <2 (off 态)
	RMSW101 型号 （DC～12GHz）	<0.26 (4GHz) <0.32 (10GHz)	>21 (4GHz) >12 (10GHz)	<-22 (4GHz) <-20 (10GHz)	>10^{11} (冷开关) >10^{9} (热开关)	<10 (on 态) <2 (off 态)
	RMSW200 型号 （DC～40GHz）	<0.4 (10GHz) <0.5 (38GHz)	>20 (10GHz) >12 (38GHz)	<-20 (10GHz) <-20 (38GHz)	>10^{11} (冷开关) >10^{11} (热开关)	<10 (on 态) <2 (off 态)
	RMSW200 HP 型号 高功率宽带	<0.4 (10GHz) <0.5 (38GHz)	>20 (10GHz) >12 (38GHz)	<-20 (10GHz) <-20 (38GHz)	>10^{10} (冷开关) >10^{11} (热开关)	<10 (on 态) <2 (off 态)
	RMSW201 型号 （0～20GHz）	<0.45 (10GHz) <0.6 (18GHz)	>21 (10GHz) >18 (18GHz)	<-22 (10GHz) <-20 (18GHz)	>10^{11} (冷开关) >10^{11} (热开关)	<10 (on 态) <2 (off 态)

（续）

开关类型	开关型号	插损 /dB	隔离度 /dB	反射损耗 /dB	开关寿命 /cycle	开关时间 /μs
SPDT 开关	RMSW220 HP 型号 (0~40GHz)	<0.5 (20GHz) <0.8 (35GHz)	>17 (20GHz) >12 (35GHz)	< -18 (20GHz) < -15 (35GHz)	>10^{10} (冷开关) >10^{11} (热开关)	<10 (on 态) <2 (off 态)
	RMSW221 (0~20GHz)	<0.5 (10GHz) <0.8 (18GHz)	>26 (10GHz) >25 (18GHz)	< -30 (10GHz) < -13 (18GHz)	>10^{11} (冷开关) >10^{11} (热开关)	<10 (on 态) <2 (off 态)
SP4T 开关	RMSW240 型号 (0~40GHz)	<0.4 (10GHz) <0.7 (18GHz)	>26 (10GHz) >25 (18GHz)	< -20 (10GHz) < -11 (18GHz)	>10^{11} (冷开关) >10^{11} (热开关)	<10 (on 态) <2 (off 态)
SP6T 开关	RMSW260 型号 (0~20GHz)	<0.5 (10GHz) <0.8 (18GHz)	>25 (10GHz) >22 (18GHz)	< -22 (10GHz) < -18 (18GHz)	>10^{11} (冷开关) >10^{11} (热开关)	<10 (on 态) <2 (off 态)

4.5.2 原 TeriVicta 公司的 RF MEMS 开关[9]

原 TeraVicta 公司推出的 RF MEMS 开关产品包括 5GHz 开关;7GHz 系列以及高性能的 26.5GHz SPDT 开关。

高性能 26.5GHz SPDT 开关大大增强了 TeraVicta 系列开关产品的性能。如图 4.22 中的 SEM 图所示,这种开关在 SPDT 开关的每条腿上集成了双高强度磁盘驱动器(HFDA),在栅线中集成了薄膜电阻,在开关柱(switch beam)上集成了偏压电阻。采用相同的 HFDA 技术能够确保这种 26.5GHz 开关与之前的 7GHz 系列开关产品具有同样的可靠性、功率处理性能和线性度。

26.5GHz SPDT 开关的射频性能如图 4.23 所示。在从直流到 12GHz 的频率范围内它的介入损耗低于 0.4dB,在最高 24GHz 频率下的介入损耗小于 0.9dB。在从直流到 12GHz 的频率范围内它的隔离度大于 30dB,在最高 26GHz 的频率下隔离度大于 18dB。在从直流到 26.5GHz 的整个开关带宽内,其回波损耗优于 17dB。根据上述特性,这款 26.5GHz 的 SPDT 开关能够在 15Gbit/s 以上带宽的应

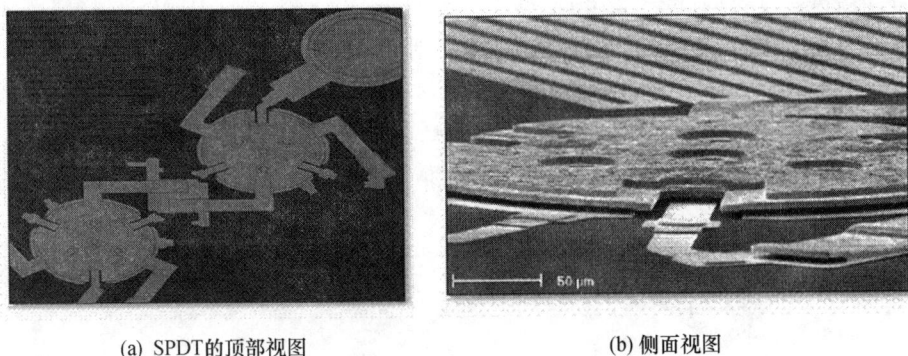

(a) SPDT的顶部视图　　　　　　　　(b) 侧面视图

图 4.22　26.5GHz SPDT 开关的 SEM 图

用中实现信号完整性极高的开关控制,能够支持数据速率达 20Gbit/s 以上的差分信号应用。这一带宽足以满足精确测试新一代高性能处理器、DSP、FPGA 和存储子系统的需求,这些器件和系统大多集成了高速互联协议,例如 SRIO(Serial Rapid IO,串行高速 IO)、PCIe(PCI Express)和 10Gbit/s 以太网(10GE/OC - 192)。

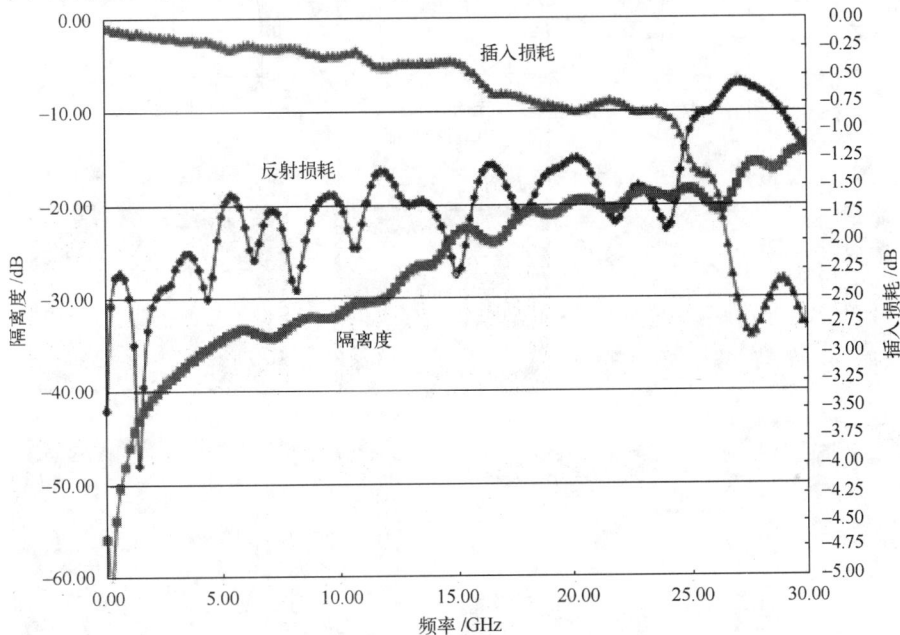

图 4.23　26.5GHz SPDT 开关的典型射频性能

4.5.3　Omron 公司的 RF MEMS 开关[10]

Omron 公司生产的 RF MEMS 开关(图 4.24,表 4.7)主要是针对 ATE 市场开发的,他们是利用自有的 5 英寸(1 英寸 = 2.54cm)和 8 英寸的 MEMS 圆片生产线进行加工。应用对象:ATE 自动检测设备;射频测试仪和射频组件。

2SMES – 01 开关:开关外形尺寸为 5.2mm × 3.0mm × 1.8 mm ($L × W × H$)。

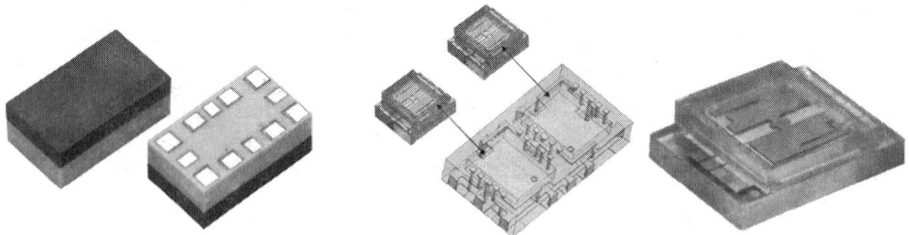

(a) 开关的外形及示意图

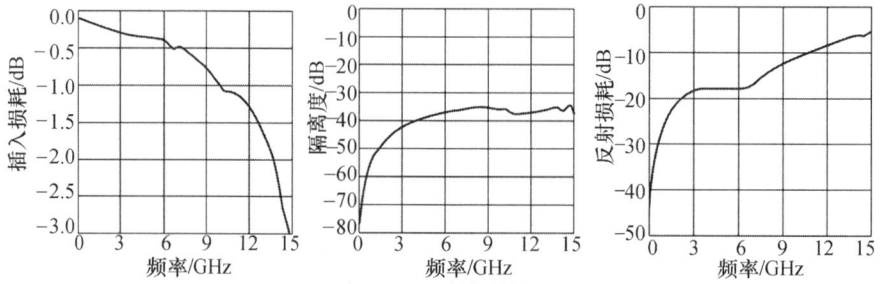

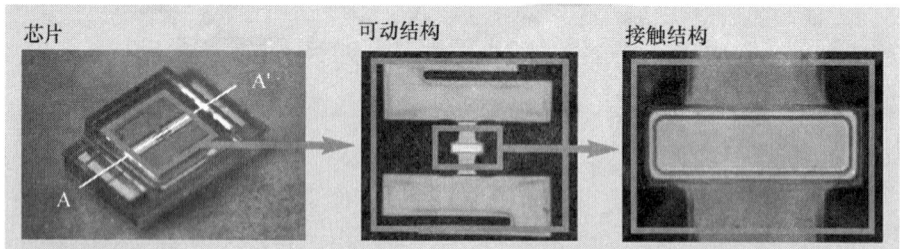

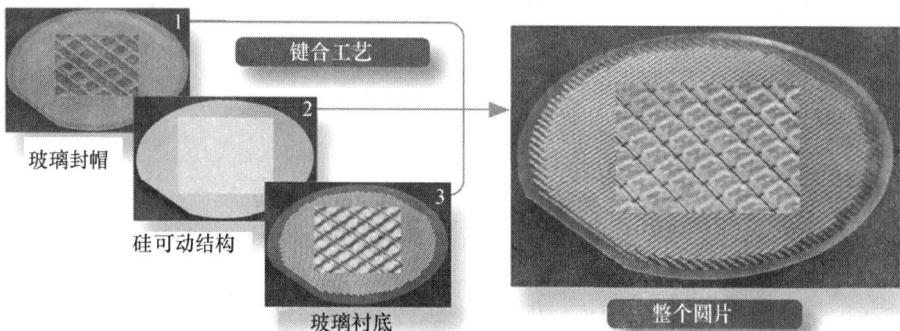

(b) 射频性能

(c) 芯片结构

图 4.24 Omron 公司生产的 RF MEMS 开关

表 4.7　Omron 公司生产的 RF MEMS 开关的参数指标

性　能	2GHz	8GHz	10GHz	12GHz
隔离度/dB		30		
插入损耗/dB		1	1（典型值）	3
反射损耗/dB		10		
最大功率/dBm	36			
最大功率容量/dBm	30			

4.5.4　Panasonic 公司的 RF MEMS 开关[11]

Panasonic 公司生产的 MEMS 继电器,采用了 MEMS 技术与机械继电器机构相融合的技术,具有超小的外形尺寸:4.0mm × 2.5mm × 1.3mm（$L × W × H$）,工作频率范围为 0 ~ 6GHz;优异的高频性能:在 6GHz 时,器件的插入损耗约为 0.5dB、隔离度为 28dB。此外由于继电器采用了机械自锁原理,因此具有低的耗电量（100mW）。主要的应用对象:IC 测试仪、测试仪器（图 4.25,表 4.8）。

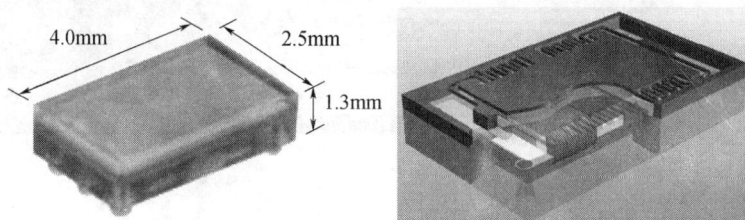

图 4.25　Panasonic 公司生产 RF MEMS 开关

表 4.8　Panasonic 公司生产的 RF MEMS 开关的参数指标

规　格	项　目	概　要
产品编号	AMEX1001	
线圈规格	额定操作电压	DC3V（单线圈自锁）
	额定耗电量	100mW
接点规格	接点构成	
	接点材料	Au 系列
	接点接触电阻（初期）	300mΩ（典型）
	接点允许负载	10mA/DC1.5V（电阻负荷）
高频特性 （初期、50Ω 系列、≈6GHz）	插入损耗	0.5dB（典型）
	隔离度	28dB（典型）

(续)

规　格	项　目	概　要
寿命	电气寿命	1000 万次以上（10mA/DC1.5V 电阻负荷时）
耐电压（检测电流 10mA）	接点间	100V/min 以上

4.5.5 南京电子器件研究所的 RF MEMS 开关

　　南京电子器件研究所研究开发的直接接触式 RF MEMS 开关,采用高阻硅材料为衬底,利用电镀金工艺形成悬臂梁结构层,悬臂梁有折叠梁和直梁两种,开关的驱动电压为 60V ~ 80V,0.1GHz ~ 10GHz 内器件的插入损耗小于 0.3dB,隔离度大于 38dB,寿命大于 10^8 次。（图 4.26）

图 4.26　南京电子器件研究所生产的硅基 RF MEMS 开关

　　同时也研制了以砷化镓为衬底的 Ka 波段 RF MEMS 开关,采用蟹腿结构的直接接触式串联开关,以光敏聚酰亚胺作牺牲层,同样使用电镀金形成结构层的工艺制作方法,开关驱动电压为 60 V ~100V,35GHz 时的插入损耗小于 0.3dB,隔离度大于 18dB。（图 4.27）

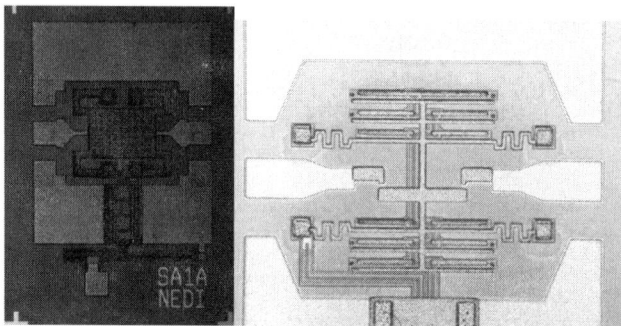

图 4.27　南京电子器件研究所研制的 GaAs 基 RF MEMS 开关

参 考 文 献

[1] Rebeiz G M. RF MEMS: Theory, Design, and Technology [M]. New Jersey:John Wiley & Sons, 2003.

[2] Ruan M. Latching microelectromagnetic relays [C]. Proceedings of the Technical Digest of the 2000 Solid – State Sensors and Actuators Workshop, 15 July 2001,91(3):346 – 350.

[3] Robert P, et al. Integrated RF – MEMS switch based on a combination of thermal and electrostatic actuation [C]. TRANSDUCERS, Solid – State Sensors, Actuators and Microsystems, 12th International Conference, 2003, 2:1714 – 1717.

[4] Goldsmith C, et al. Characteristics of micromachined switches at microwave frequencies[J]. Microwave Symposium Digest, 1996, IEEE MTT – S International, 2:1141 – 1144.

[5] RF MEMS Development at Raytheon[EB/OL]. http://www. raytheon. com/technology_today/2011_i1/ special1. html.

[6] Pacheco S P, Katehi L P B, Nguyen C T – C. Design of low actuation voltage RF MEMS switch[J]. Microwave Symposium Digest, 2000 IEEE MTT – S International,1: 165 – 168.

[7] Rizk J. High – Isolation W – Band MEMS Switches[J]. IEEE MICROWAVE AND WIRELESS COMPONENTS LETTERS, JANUARY 2001,11(1):10 – 12.

[8] Radant MEMS Switch[EB/OL]. http://www. radantmems. com/radantmems.

[9] McKillop J S, Goins D A. High performance K – band MEMS switches[C]. European: Microwave Conference, 2007:1233 – 1236.

[10] RF MEMS SWITCH [EB/OL]. http://www. components. omron. com/components/web/pdflib. nsf/0/ 9AAA9A30064393CA862574F80078809C/$ file/SB_RFMEMS – 02 + Sales + Brochure. pdf.

[11] MEMS relay ME – X[EB/OL]. http://www3. panasonic. biz/ac/e/tech/pimites/explan_tech/ operation_relay_001/index. jsp.

第5章　RF MEMS 电容和电感

5.1　概　述

　　电容电感等无源器件是 RF 电路的基本元件,在现代无线和高速数字电路中发挥关键作用,也很难实现片上集成。但 pn 结、肖特基二极管等半导体固态器件,具有调谐范围低(<30%)、Q 值低、寄生电阻大和自谐振频率低等缺点,无法满足现代移动通信对低损耗、高频率的要求。随着近几年来 MEMS 技术的快速发展,使用 MEMS 技术解决这两种元器件片上集成的愿望也越来越强烈。

　　利用 MEMS 技术制作的电容、电感等无源器件,可以实现高 Q 值,非常适合现代无线通信技术对低损耗的要求。RF MEMS 电容的 Q 值可达 $100 \sim 400$,RF MEMS 电感的 Q 值可达到 30 以上。而且,RF MEMS 电容器件可以承受较大的 RF 电压摆幅,可以实现具有非常高的 IIP3(三阶输入截止点)的可调网络。MEMS 可调电容不会出现 pn 结正偏现象,因此在高功率下也不会有电流流过。从制造工艺角度讲,RF MEMS 电容和电感可以廉价地制造在玻璃、陶瓷、高阻硅衬底上,使用电镀等厚金属淀积工艺,以及使用牺牲层、衬底刻蚀、三维金属互联等工艺,可以研制出便于集成在芯片上的 RF MEMS 电容、电感,在可调网络、滤波器、低噪声振荡器、高增益放大器、片上匹配网络和集成 LC 滤波中具有广泛的潜在用途。

5.2　结　构　设　计

　　相对于传统电容和电感,RF MEMS 电容和电感的吸引力主要表现在高 Q 值上,因此设计时最基本的思路首先是提高 Q 值。

　　在建模仿真设计中,衬底、信号线钝化隔离层的附加电容、阻抗及其微波损耗是影响提高 Q 值不可忽视的因素。在可调电容的设计中,支撑电极板和活动叉指的悬梁机械强度、弹性系数、刚度等因素对电容性能起着重要的影响,需要认真计算和仿真。对于线圈电感,衬底的类型、隔离层材料、悬空高度、信号线引出方式等因素影响着电感的性能和损耗,为三维螺旋电感技术中体硅工艺和表面微加工工

118

艺中影响电感性能的主要因素。

5.2.1 电容和电感的 Q 值与寄生效应

电容和电感都存在寄生效应,限制其性能。通常利用品质因数(Q 值)和自谐振频率(f_{SR})衡量寄生效应的影响和器件性能的好坏。Q 值主要用于衡量线性元件,其定义为每周期存储期间的能量与能量损耗的比值。可以表示为

$$Q = \omega \frac{\text{平均储能}}{\text{损耗功率}} \tag{5.1}$$

对于电容电感等器件,Q 值等于器件阻抗的虚部与实部之比;对于电容器件,其 Q 值为

$$Q = \frac{1}{2\pi f C R_s} \tag{5.2}$$

对于电感器件,其 Q 值为

$$Q = \frac{2\pi f L}{R_s} \tag{5.3}$$

式中:R_s 为电容电感的串联寄生电阻。如图 5.1 所示。对于电容、电感,较高的串联电阻都将降低器件 Q 值。随着器件工作频率的增高,射频信号的趋肤效应将进一步导致串联电阻的升高和 Q 值的降低[1]。对于电容器件,介质损耗也将降低器件的 Q 值,并且与器件的工作频率相关[2]。对于 RF MEMS 电容器件,其介质材料通常使用气体或为真空,不存在介质损耗,因此,串联电阻损耗占器件损耗的主导地位。但由于衬底的存在,衬底也将带来一部分损耗,如图 5.1(a)所示。对于电感器件,由于需要使用线圈结构,因此其串联电阻更大,其 Q 值相比于电容要低很

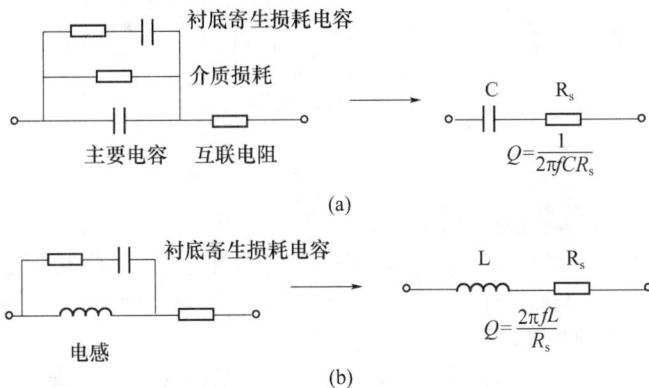

(a)

(b)

图 5.1 电容电感的寄生模型及其等效电路

多,而且片上电感同样具有衬底损耗,如图5.1(b)所示。因此,对于电容和电感而言,其 Q 值与工作频率和容值/感值密切相关,在确定器件的 Q 值时,必须标明其工作频率和容值/感值。

连接电容与电路之间的引线,甚至是电容的平板电极都包含寄生电感[1]。电路模型如图5.1(a)所示,为电容 C 与寄生电感 L_{para} 的串联。当频率较低时,由于寄生电感的阻抗较小,对电容的影响较小;随着工作频率的升高,寄生电感的影响越来越大。当频率高于电容的自谐振频率

$$f_{SR} = \frac{1}{2\pi \sqrt{CL_{para}}} \tag{5.4}$$

时,寄生电感 L_{para} 将处于主导地位,对于电路而言,其更像是一个电感。

电感器件通常由金属线圈组成,线圈也存在寄生电容。其电路模型由每匝线圈的电感和寄生电容并联在一起构成,如图5.2(b)所示,简化的电路模型为电感 L 与寄生电容 C_{para} 并联。在频率较低时,电容具有较大的阻抗,电流主要流过电感,因此,寄生电容的影响较小;随着频率的升高,寄生电容的阻抗降低,使得寄生电容的影响也越来越大。当频率高于电感的自谐振频率

$$f_{SR} = \frac{1}{2\pi \sqrt{LC_{para}}} \tag{5.5}$$

时,寄生电容将处于主导地位,电感也失去了其作用。通常,电感的谐振频率较电容更低。从电感 Q 值公式(5.3)可以看出,电感的 Q 值随着频率的升高而升高,但因为并联寄生电容随着频率的升高,降低了电感在较高频率下的等效感值,因此,

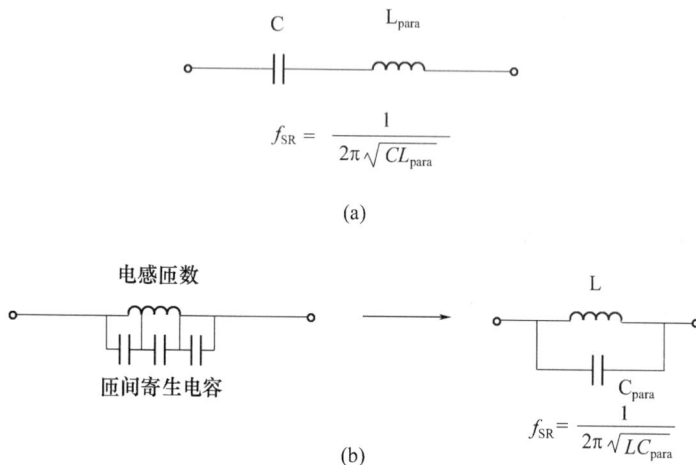

(a)

(b)

图5.2 电容电感的自震荡模型

Q 值通常具有一个最大值。

5.2.2 电容结构

在标准半导体工艺中,利用"三明治"(金属—电介质—金属)结构很容易实现片上固定电容。在集成电路中片上集成电容,具有电容一致性高、可降低噪声和减少寄生电容、电阻的优点。但在半导体工艺中,由于成本的限制,很难实现几皮法以上的电容,因此,通常需要使用高介电常数材料或者利用片外电容。

在压控谐振器(VCO)等模拟电路中,需要使用压控可变电容。目前,主要利用反偏 pn 结实现,通过反偏电压改变耗尽区宽度,实现电容的改变。电容变化量通常在 2:1 ~ 10:1 的范围。但半导体变容器件的应用,受到 Q 值较低的限制。在 GHz 频率范围,Q 值通常在 50 左右,而为了获得较低的相位噪声,振荡器通常需要较高 Q 值的电容[3],例如,在 1GHz,对于 2pF 的电容 Q 值需要大于 50[4]。利用微机械加工技术,可以实现较高 Q 值的可变电容并有望实现与电路的片上集成,并可实现较大的变容比。

MEMS 可变电容主要分为利用表面工艺加工的平板结构电容和利用体工艺加工的叉指结构电容两大类。利用表面工艺加工的平板结构电容更容易与集成电路工艺集成,实现片上可变电容。

5.2.2.1 平板结构电容

已经有很多利用表面微加工工艺开展的平板结构电容研究[5-7]。通常在绝缘衬底上制作平板结构的下电极,上电极利用"弹簧"结构支撑,悬空于下电极之上,并与衬底平行,如图 5.3(a)所示。在上下电极之间施加电压 V,所产生的静电力为

$$F_e = \frac{\varepsilon_0 A V^2}{2g^2} \tag{5.6}$$

式中:ε_0 为真空介电常数;A 为上下极板的正对面积;g 为上下极板之间的间隙。

上下电极之间的静电力 F_e 使上电极向下电极方向运动,减少上下电极之间的间隙 g,提高上下电极之间的电容。上极板的回复力为 $F_s = k\Delta g$,其中 k 为弹性系数,Δg 为上极板的运动距离。弹簧的回复力 F_s 随着运动距离 Δg 的增加而线性增加,而静电力 F_e 的增加速度大于弹性力 F_s 的增加速度。这导致当上电极运动距离达到电容初始间隙 1/3 时(当 $\Delta g = g/3$ 时),上电极"吸合"于下电极。这限制平板结构 MEMS 可变电容的"可控"变化率为总变化率的 50%,但仍可以满足大部分 VCO 应用的要求。其中,寄生电容不随着电压变化而改变,但降低了可能的电容变化量。

在手机等便携式应用中,其直流控制电压通常为 3.6V 或者更低(但可以利

用电荷泵提高控制电压)。在设计中,工艺水平决定电容间隙,系统的需求决定电容及其变化量,并进一步决定上电极"弹簧"的弹性系数。另外,电信号将通过上电极的"弹簧"结构与上极板相连,因此将引入串联寄生电阻。可以通过优化"弹簧"结构,降低寄生电阻。一个优化的办法是在弹性系数允许范围内,将"弹簧"设计成"短""厚""宽"的形状。另外,也可以使用高电导率金属作为"弹簧"材料。

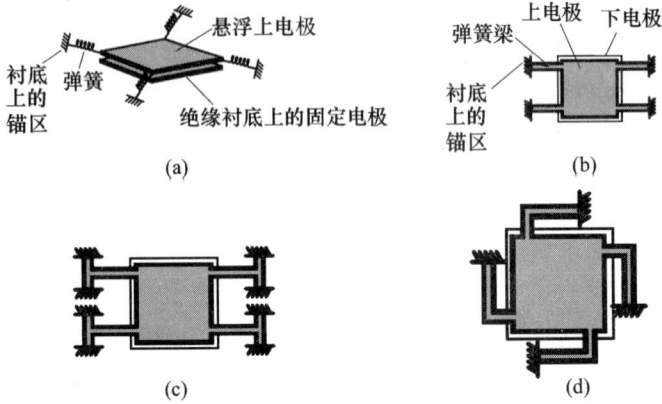

图 5.3 几种平板结构电容示意图

在表面微加工工艺中,通常会引入应力,为 MEMS 可变电容的设计和制造带来困难,在进行 MEMS 上电极的结构设计过程中,必须加以考虑。图 5.3(b)所示的直梁上电极,应力通常难以释放,当上电极为压应力时,将使上电极向上翘曲或者向下塌陷;当上电极为张应力时,将增加上电极的驱动电压。即便可以利用低应力工艺制作上电极,材料之间的热膨胀系数的差别,也会导致上电极的应力随着环境温度变化(例如,多数消费类电子产品的工作温度范围较大,为 −20℃ ~ +40℃)。可以通过使用与衬底热膨胀系数相同的材料制作上电极,避免由于热膨胀系数的差别而引入的应力问题,例如可以使用非晶硅材料作为上电极,单晶硅作为衬底。但硅为半导体材料,在需要绝缘衬底和高电导率上电极的情况下并不适用。

已有一些研究,在降低应力影响的同时,获得高 Q 值,如图 5.3(c)所示[8]。利用 LPCVD 多晶硅作为弹簧及上电极材料,并将"弹簧"设计成 T 型,以释放上电极应力。在多晶硅表面制作金层,降低由上电极引入的寄生电阻,提高 Q 值,在 1GHz 下,其 Q 值为 20,对于 2pF 的 MEMS 电容,其自谐振频率在 6GHz 以上。在 4V 的驱动电压下,其变容比为 1.5:1。通常,为了保持悬空结构平整,需要使用同一种材料,该电容使用 Au/多晶硅 Si 复合上电极,也导致其上电极在室温下发生一定变形。

图 5.3(d)所示的 RF MEMS 电容结构利用溅射的铝材料作为上电极和"弹簧"结构,并利用氧等离子体对上电极结构进行释放[5]。"旋转"结构的上电极,使上电极的应力可以得到释放,并降低温度对上电极的影响。即便如此,只有上电极长宽小于 $200\mu m$ 的情况下,才可以避免上电极的翘曲,因此,为了获得足够大的电容值,该电容需要并联使用。在 1GHz 下,2.1pF 的 MEMS 电容,其 Q 值为 62;5.5V 驱动下,变容比为 1.16:1。该工艺是用低温牺牲层工艺,与 CMOS 工艺兼容。

所有表面工艺制作的 MEMS 电容上电极都具有小释放孔,提高上电极的释放速度。另外,在设计中,通常在下电极表面覆盖 Si_3N_4 等介质材料,防止上下电极"短路"。

5.2.2.2 叉指结构电容

目前体硅微机械叉指可变电容器(梳状驱动)工艺和可靠性比较成熟,如图 5.4(a)所示。该类器件,具有相互重叠的固定叉指和由"弹簧"支撑的可动叉指两部分。当施加直流电压,静电力吸引移动叉指,增加与固定叉指的重叠长度,从而改变固定叉指与可动叉指之间的电容。电容值与叉指的数量和厚度成正比关系,与电容间隙成反比关系。因此,使用深反应离子刻蚀(DRIE)技术,实现高深宽比刻蚀,以提高单位面积的电容值。通常,为了提高电容值,需要庞大数目的叉指,利用几个电容模块并联的方式,提高电容。与表面微加工的电容相似,"弹簧"的寄生电阻为电容损耗的主要来源。

Rockwell 科学中心已经开发了几个版本的体工艺叉指可变电容[9-11]。最早的是采用 DRIE 在 SOI 硅片的顶层硅上刻蚀叉指结构,利用 HF 酸刻蚀 $2\mu m$ 厚的 SiO_2 埋层,并利用超临界干燥防止结构黏附。即使使用重掺杂的硅材料(大于 $10^{20} cm^{-3}$),"弹簧"和叉指的寄生电阻也过高,无法满足低损耗要求。为了降低寄生串联电阻,溅射薄层铝,覆盖硅的顶部和侧壁。但即使有较厚的埋层 SiO_2,低阻衬底硅材料也会带来较大的损耗和寄生电容,如图 5.1(a)所示。如果利用高阻衬底材料,不但可以提高了 Q 值,还可以将寄生电容降低至少 1/10。

使用玻璃基板,可以进一步提高 Q 值,如图 5.4(b)所示。该电容利用 $20\mu m$ 厚的环氧树脂将 SOI 硅片的薄层硅与玻璃键合。环氧树脂的弹性模量远小于玻璃和硅材料的样式模量,利用环氧树脂进行键合,可以隔离硅和玻璃衬底的应力。利用干湿法工艺,去除 SOI 硅片的衬底硅,并去除埋层氧,漏出 $20\mu m$ 厚的顶层硅。之后,沉积 $2\mu m$ 的 Al 并光刻,利用等离子体刻蚀图形化,用于降低串联电阻。利用光刻胶和 Al 作为掩蔽,进行 DRIE 刻蚀,直至环氧树脂埋层。环氧树脂可以利用氧等离子体刻蚀,掏空可动结构下的环氧树脂。之后溅射 $0.25\mu m$ 厚 Al 覆盖可动硅结构侧壁,进一步降低串联电阻。制作的电容叉指宽度为 $2\mu m$,厚度为

（a）叉指结构电容示意图

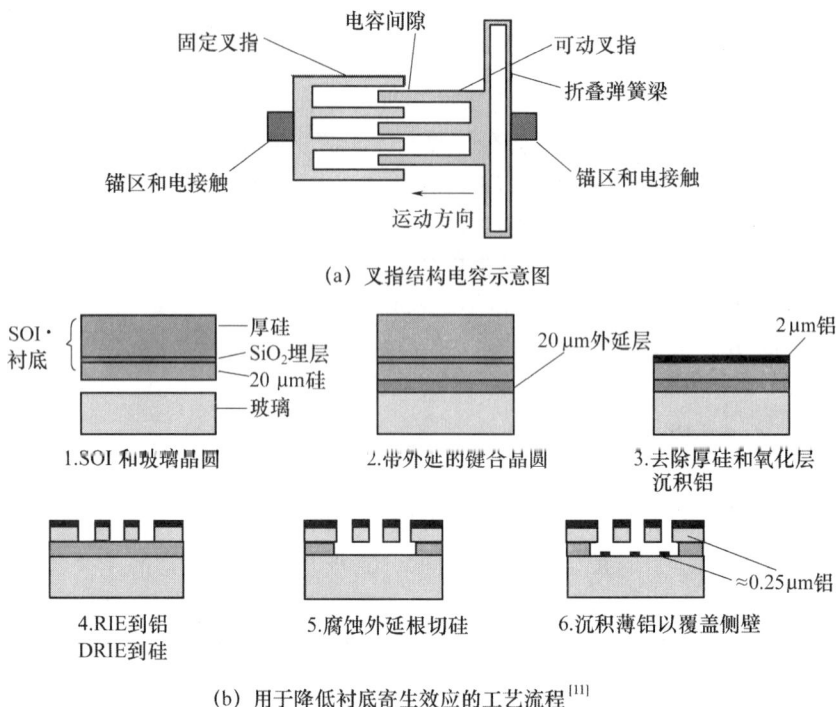

1.SOI 和玻璃晶圆　　　　2.带外延的键合晶圆　　　　3.去除厚硅和氧化层
　　　　　　　　　　　　　　　　　　　　　　　　　　　沉积铝

4.RIE到铝　　　　　　　5.腐蚀外延根切硅　　　　6.沉积薄铝以覆盖侧壁
　DRIE到硅

（b）用于降低衬底寄生效应的工艺流程[11]

图 5.4　叉指结构电容

$20\mu m$，间隙为 $2\mu m$，叉指重叠宽度为数微米。初始容量为 2pF 的可变电容，需要 1200 套叉指结构。在 1GHz 时，其 Q 值为 61，自谐振频率为 5GHz，在 5.2V 时，电容可调范围 4.55:1，叉指的运动范围为 $23\mu m$。

　　对于利用 MEMS 技术实现的可变电容，无论是利用体工艺还是表面工艺，都具有类似于质量块和"弹簧"的结构，因此，当器件受外部加速度影响时（如振动），电容的可动极板可能会发生"意外"运动。极板的运动距离和所引起的电容变化，取决于加速度、质量、弹簧常数及加速度的方向。可变电容在加速度下所允许的电容变化是由具体应用的要求决定。另外，需要关心可动叉指电容垂直于运动方向的位移（沿垂直于图 5.4(a)运动方向）。在这种情况下，一侧的电容间隙减少，静电力迅速增加，最终导致可动叉指与固定叉指吸合在一起，造成电气短路。因此，垂直于运动方向的弹簧常数必须足够大，避免可动叉指在垂直于其运动方向的位移。

5.2.3　电感结构

　　低成本分立电感在射频滤波器、VCO 和扼流圈等中具有巨大的应用。其中大多数应用的电感值都在几到几十纳亨的范围内。当分立电感与集成电路一起使用时，会引入寄生电容和寄生电感，降低电感的自谐振频率，影响其应用的最高工作频率。在便携式电子产品的分立电感也消耗了宝贵的电路板空间，例如，在诺基亚6161 手机中，有 24 个分立电感（除了更大的电容和电阻）却只有 15 块集成电路[12]。为了减轻自谐振低的缺点，并减少零件数量，节约印刷电路板的空间，低成本、高性能的片上电感受到广泛关注。

例如，在手机中，片上 1GHz ~ 2GHz 高 Q 值 VCO 所需要的电感参数为：$L = 5nH$、$Q > 30$[4]。电感很容易利用标准 CMOS 或者双极工艺实现，只需在一层金属和另一层金属层（图 5.5）连接形成一个螺旋。但金属的电阻和衬底的涡流会引入较大损耗，在 2GHz 时，其 Q 值小于 10。

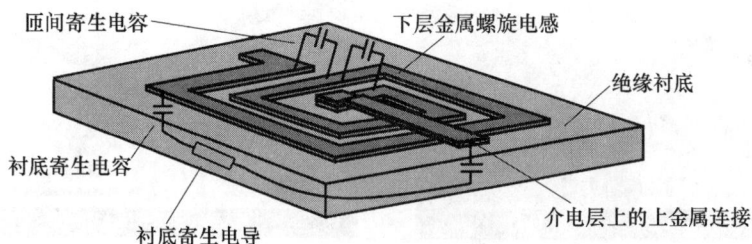

图 5.5　平面螺旋电感示意图及寄生效应示意图

改善品质因数和自谐振频率的方法之一是通过使用绝缘衬底，减少寄生电容和衬底损耗，但无法实现在片上集成。另外一种办法是将电感"悬浮"于衬底或者挖空电感下的衬底，使电感线圈与衬底之间形成空气间隙，减少电感与衬底之间的寄生电容和涡流损耗。例如，一个 24nH 的电感，使用 12.5 匝螺旋线圈实现，外径为 137μm。当直接置备于衬底之上时，其自谐振频率为 1.8GHz；当将其"悬浮"于衬底 250μm 时，其自谐振频率提高至 6.6GHz[11]。

另一个明显改善 Q 值的办法是使用较厚的金属层，尽量减少金属的串联电阻（主要由趋肤深度限制）。而集成电路工艺中的电感受到工艺限制，通常只能使用Al 材料，而研究发现，Cu 和 Au 更适合于电感应用。另外，可以使用高阻材料作为衬底，减少涡流的影响，可以大幅提高电感 Q 值。

利用表面为加工工艺，也可以实现三维螺旋线圈结构的 MEMS 电感，该技术由 PARC 研发中心开发[13]。该技术所实现的三维电感线圈，利用电镀 Cu 作为线圈，使磁通量集中于线圈内部，如图 5.6(a)所示，线圈底部连接到基板。在线圈之下设置较厚的 Cu 层，用于屏蔽射频信号，减少由涡流引起的损耗，降低衬底损耗。例如,线圈 Cu 带宽度为 $200\mu m$、直径为 $535\mu m$、匝数为 3 的三维电感,感值为 4nH,在 1GHz 时,Q 值可达 65,自谐振频率为 4.2GHz。如果利用与 IC 工艺兼容的 Al 层代替厚 Cu 作为屏蔽材料,则会泄露射频信号进入衬底,引起涡流损耗,使 Q 值降低 25% 左右。如果在玻璃衬底上制作三维结构电感,则可以避免使用屏蔽金属,会减少寄生电容的引入,从而提高自谐振频率和等效感值,Q 值基本保持不变。考虑由趋肤效应引入的串联电阻,三维结构电感的 Q 值已经接近了理论最大值。这种三维结构的 MEMS 线圈被证明性能优于用 $25\mu m$ 键合线绕成的电感性能。

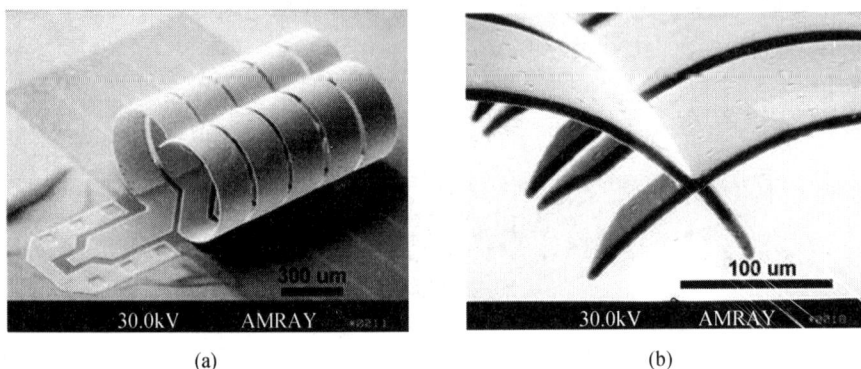

图 5.6   PARC 研发中心利用表面工艺开发三维螺旋电感

PARC 的三维电感线圈全部使用低温工艺制作,可在完成集成电路工艺后实现 MEMS 电感。其工艺首先电镀 $7\mu m$ 铜作为射频地[14]。旋涂 $12\mu m \sim 15\mu m$ 的苯并环丁烯(BCB),增大线圈与衬底之间的距离。在 BCB 上开孔,作为线圈的锚区,并与射频地连接。溅射特有的导电材料作为牺牲层,并溅射 $1.5\mu m$ 厚的 Au/MoCr/Au,如图 5.7 所示。图形化 Au/MoCr/Au 金属层,使其长度为半匝,并在金属层上制作释放孔用于释放。保留金属层上的光刻胶,以实现选择性刻蚀。由于 MoCr 具有较大的压应力,其中的应力梯度导致 Au/MoCr/Au 金属层的自由端向上翘曲。但由于较厚的光刻胶存在,其无法达到最终位置。当加热硅片时,光刻胶软化,使 Au/MoCr/Au 金属层可以进一步向上翘曲。通过精确控制 MoCr 金属层的应力梯度和膜厚,可以使两侧的 Au/MoCr/Au 金属层自由端会合。利用"联锁"结构,使自由端可以"自主"会合,降低工艺难度,如图 5.6(b)所示。之后,利用 Au 作为种子层,电镀 $5\mu m \sim 8\mu m$ 的 Cu,降低电感线圈的串联电阻。电镀的 Cu 也可以填充释放孔和自由端连接处。最后去除光刻胶和其他的牺牲层材料。

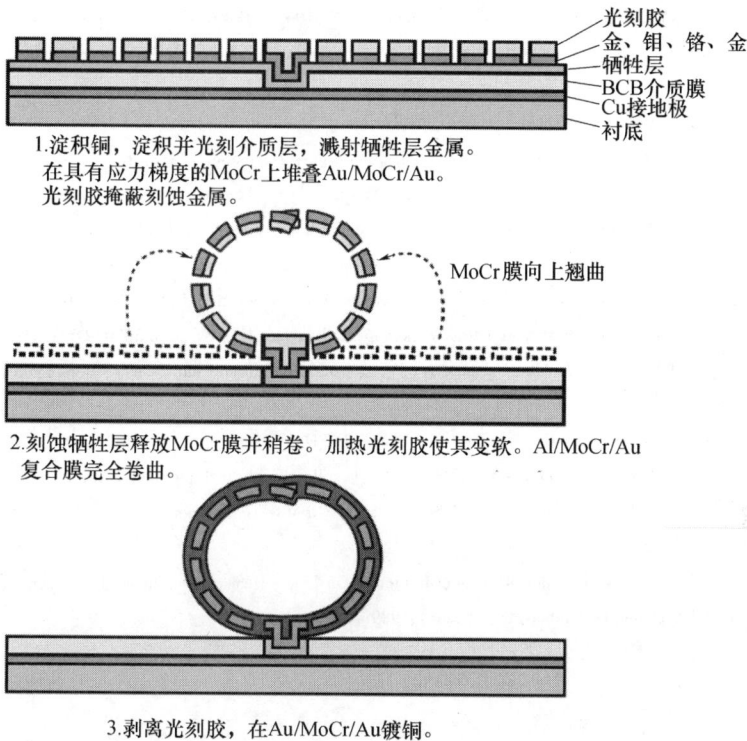

光刻胶
金、钼、铬、金
牺牲层
BCB介质膜
Cu接地极
衬底

1.淀积铜，淀积并光刻介质层，溅射牺牲层金属。
在具有应力梯度的MoCr上堆叠Au/MoCr/Au。
光刻胶掩蔽刻蚀金属。

MoCr膜向上翘曲

2.刻蚀牺牲层释放MoCr膜并稍卷。加热光刻胶使其变软。Al/MoCr/Au
复合膜完全卷曲。

3.剥离光刻胶，在Au/MoCr/Au镀铜。

图 5.7 PARC 研发中心开发的三维螺旋电感工艺示意图

参 考 文 献

[1] Ramo S, Whinnery J R, van Duzer T,et al. Fields and Waves in Communications Electronics[M]. 3rd ed. New York：John Wiley, 1994.

[2] Solymar L, Walsh D. Lectures on the Electrical Properties of Materials[M]. 3rd ed. Oxford, United Kingdom：Oxford Univeristy Press, 1985.

[3] Nguyen C T－C, Katehi L P B,Rebeiz G M. Micromachined Devices for Wireless Communications[J]. Proceedings of the IEEE, 86,(8), August 1998：1756－1786.

[4] Young D J, et al. A Low－Noise RF Voltage－Controlled Oscillator Using On－Chip High－Q Three－Dimensional Inductor and Micromachined Variable Capacitor[C]. Technical Digest of Solid－State Sensor and Actuator Workshop. Hilton Head, NC, June 1998：128－131.

[5] Young D J, Boser B E. A Micromachined Variable Capacitor for Monolithic Low－Noise VCOs[C]. Technical Digest of Solid－State Sensor and Actuator Workshop, Hilton Head, SC, June 1996：86－89.

[6] Dec A, Suyama K. Microwave MEMS－Based Voltage－Controlled Oscillators[J]. IEEE Transactions on Mi-

crowave Theory and Techniques, 48(11), November 2000:1943 - 1949.

[7] U S Patent 6,549,394. Micro machined paralled - plate variable capacitor with plate suspension[P]. April 15, 2003.

[8] Dec A, Suyama K. Micromachined Electro - Mechanically Tunable Capacitors and Their Application to IC's [J]. IEEE Transactions on Microwave Theory and Techniques, December 1998, 46(12) :2587 - 2596.

[9] Yao J J, Park S, DeNatale J. High Tuning - Ratio MEMS - Based Tunable Capacitors for RF Communications Applications[C]. Technical Digest of Solid - State Sensor and Actuator Workshop, Hilton Head, NC, June 1998: 124 - 127.

[10] Yao J J, et al. A Low Power/Low Voltage Electrostatic Actuator for RF MEMS Applications[C]. Technical Digest of Solid - State Sensor and Actuator Workshop, Hilton Head, NC, June 2000:246 - 249.

[11] Yao J J. RF MEMS from a Device Perspective[J]. Journal of Micromechanics and Microengineering, 2000, 10:R9 - R38.

[12] Ulrich R, Schaper L. Putting Passives in Their Place. IEEE Spectrum[J], July 2003,40(7):26 - 30.

[13] Van Schuylenbergh K, et al. Low - Noise Monolithic Oscillator with an Integrated Three - Dimensional Inductor[C]. Technical Digest of International Solid - State Circuits Conference, San Francisco, CA, February 2003:392 - 393.

[14] Chua C L, et al. Out - Of - Plane High - Q Inductors On Low - Resistance Silicon[J]. Journal of Microelectromechanical Systems, December 2003,12(6): 989 - 995.

第6章 RF MEMS 移相器

6.1 概 述

移相器是一种重要的微波控制器件,主要用于相控阵系统中,移相器位于功放或低噪声放大器与天线阵元之间,因此移相器的插损影响整个收发系统效率和信噪比指标。目前常用的电控移相器有大功率铁氧体移相器和中、小功率的微波固体器件移相器。微波固体器件移相器由早期常使用 PIN 管移相器向当前采用 GaAs FET 技术的 MMIC(单片微波集成电路)移相器发展。固态移相器在 20 世纪五六十年代开始研究,已形成了成熟的移相器设计理论和方法,分成四种类型:开关线型移相器、反射型移相器、加载线型移相器和高低通移相器,如图 6.1[1] 所示。

① 开关线型(Switched Line)移相器通过不同电传度传输线(电传度差 Δl)路径的切换,实现移相 $\Delta \Phi = 2\pi \Delta l / \lambda$($\lambda$ 为工作波长)的功能;

② 反射型(Reflection)移相器通过改变电长度差 $\Delta l / 2$ 的输入反射特性,实现移相 $\Delta \Phi = 2\pi \Delta l / \lambda$($\lambda$ 为工作波长)的功能;

③ 加载线型(Loaded Line)移相器通过在一段传输线上加载阻抗特性的变化,实现移相的功能;

④高低通型(High-pass Low-pass)移相器,使用高通网络和低通网络替代开关线型移相器的传输线,高通网络实现相位超前,低通网络实现相位延迟,从而实现移相功能。

随着 RF MEMS 技术的发展,大部分 RF MEMS 开关速率为 $1\mu s \sim 20\mu s$,足以应付多数雷达和通信系统的使用;插损在 40GHz 下不超过 0.5dB,X 波段 4 位数字移相器平均插损在 2dB 之下,与 PIN 二极管移相器相当,但比 GaAs FET 移相器的 4dB ~ 6dB 指标低得多;RF MEMS 移相器几乎可以零直流功耗工作,而 PIN 移相器功耗高达 500mW ~ 1000mW,更难能可贵的是 RF MEMS 移相器成本仅相当于 GaAs 移相器的 1/40。因此 MEMS 移相器的研究吸引了世界上各大研究机构的关注。另外铁电薄膜移相器的低损耗特性和温度特性好的优点,尤其在解决了工艺集成加工难题后,成了人们替代传统固态移相器的选择,国外已开始产品化该类器件。RF MEMS 移相器主要包括了分布式 MEMS 传输线(DMTL)、反射型、开关线

开关线型

$\Delta \phi = 2\pi \Delta l / \lambda$

反射型

$\Delta \phi = 2\pi \Delta l / \lambda$

加载线型

$\Delta \phi = 2\arctan \left[\dfrac{B_n}{1 - \dfrac{1}{2} B_n^2} \right]$

高低通型

$X_n = \tan \dfrac{\Delta \phi}{4}$

$B_n = \sin \Delta \phi / 2$

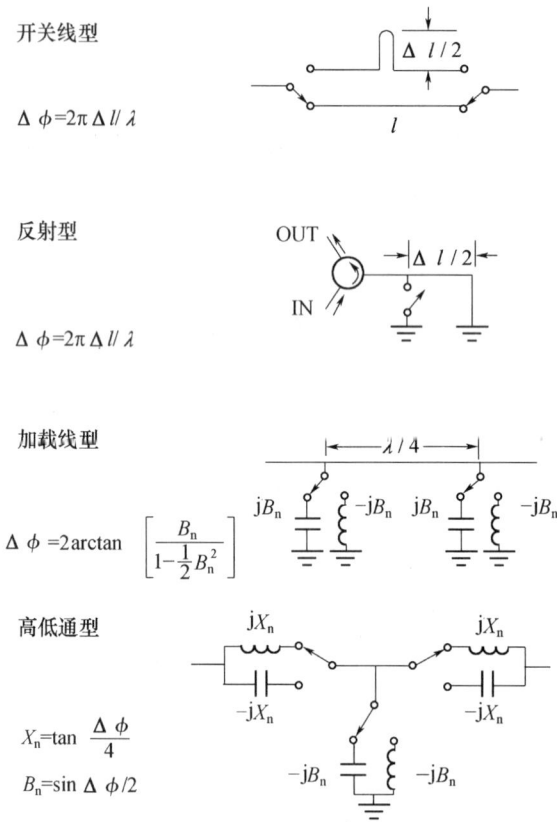

图 6.1 固态移相器原理图

型和开关网络型四种类型[2]。

6.2 DMTL 型移相器

6.2.1 基本原理

DMTL 型 MEMS 移相器就是固态移相器中加载线型移相器的类型,使用 MEMS 膜桥开关(或可变电容的)周期性地分布在 MEMS 传输线上,在 CPW(共平面波导)的中心导体和地之间外加控制电压,使 MEMS 膜桥拉向中心导体,引起了相速度的增加,达到相位改变的目的,因此形成了实时延(TTD)移相器。通过连续改变控制电压,相位连续可调,从而形成模拟分布式移相器。而数字 DMTL 移相器中每一位移相器都有不同数量的开关阵列加载在不同长度的传输线上,加驱动电压时,MEMS 开关阵列膜桥同时下拉至 CPW 导体,从而得到某一精确的相移度数。DMTL 移相器由于结构简单,是目前 RF MEMS 移相器主要采用的形式。

DMTL 可以用各种不同类型的传输线实现,但用共面波导实现起来更容易,如图 6.2 所示,MEMS 膜的宽度为 W,长度为 $l \approx W + 2G$(其中,W 为信号线的宽度,G 为地线底线与信号线之间的距离),厚度为 t。两个膜之间的周期性间距 s 和膜的数目根据设计需要而改变。DMTL 的输入线和输出线的特征阻抗均为 50Ω。

周期性负载传输线通用的集总模型如图 6.2 所示。对于 DMTL,MEMS 膜由 C_b, L_b, R_b 串联模型表示,忽略 L_b 和 R_b 参数,MEMS 膜等效为并联电容 C_b。运用这个模型,串联阻抗表示为 $Z_s = \mathrm{j}\omega s L_t$,并联导纳表示为 $Y_p = \mathrm{j}\omega(sC_t + C_b)$,这里的 L_t, C_t 是特性阻抗为 Z_0 的未加负载传输线的单位长度电感和电容,它们分别为

$$C_t = \sqrt{\frac{\varepsilon_{\mathrm{eff}}}{cZ_0}} \text{ 和 } L_t = C_t Z_0^2 \tag{6.1}$$

式中:$\varepsilon_{\mathrm{eff}}$ 是未加负载传输线的有效介电常数;c 是光速。负载线的特性阻抗为

$$Z = \sqrt{\frac{sL_t}{sC_t + C_b}} \cdot \sqrt{1 - \frac{\omega^2}{4}sL_t(sC_t + C_b)} = \sqrt{\frac{sL_t}{sC_t + C_b}} \cdot \sqrt{1 - \left(\frac{\omega}{\omega_B}\right)^2} \tag{6.2}$$

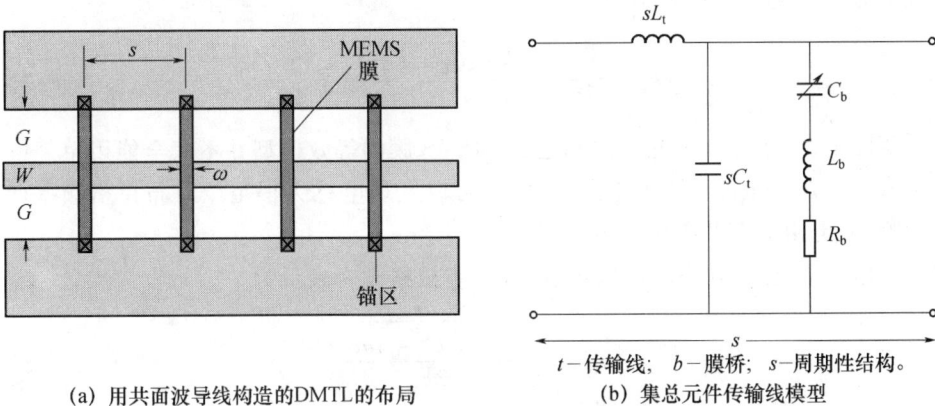

(a) 用共面波导线构造的DMTL的布局　　　　(b) 集总元件传输线模型

图 6.2　周期性负载传输线通用的集总模型

这里的布拉格频率 ω_B 定义为

$$\omega_B = \frac{2}{\sqrt{sL_t(sC_t + C_b)}} \tag{6.3}$$

布拉格频率是传输线的特征阻抗趋于 0 时的频率,它表示没有功率的传递。对于 DMTL 的情况,MEMS 膜的开态 LC 谐振频率是很高的(300GHz ~ 600GHz),则该膜的工作频率通常要受到负载线的布拉格频率的限制。由此可见在小于布拉

格频率的情况下,负载线的特性阻抗为

$$Z = \sqrt{\frac{sL_t}{sC_t + C_b}} \qquad (6.4)$$

注意,对于 $C_b = 0$ 的情况,特征阻抗为 $Z = \sqrt{(sL_t)/(sC_t)} = Z_0$,这里 Z_0 是未加负载传输线的特性阻抗。

假定负载线是无耗传输线并利用图 6.2(b) 的模型,可计算负载线的每一节延时为

$$\tau = \sqrt{sL_t(sC_t + C_b)} \cdot \left(1 + \frac{\omega^2}{6\omega_B^2} + \cdots\right) \qquad (6.5)$$

在小于布拉格频率下,延时为

$$\tau = \sqrt{sL_t(sC_t + C_b)} = \frac{2}{\omega_B} = \frac{s}{v_p} = \frac{s}{c/\sqrt{\varepsilon_{eff}}} \qquad (6.6)$$

式中:v_p 是负载线的相速。从上面的两式可见,改变 MEMS 膜的电容 C_b,负载传输线的相速会改变,从而得到一个相移可变的延时线或实时延移相器。利用上式,负载线的有效介电常数可表示为

$$\sqrt{\varepsilon_{eff}} = \frac{c\sqrt{[sL_t(sC_t + C_b)]}}{s} = \frac{2c}{s\omega_B} \qquad (6.7)$$

实际上,由于存在一些电感和电阻,MEMS 膜的等效模型并不完全能用单个电容来表示。在测量的 DMTL 电路模型中,可以发现电感大得足以对布拉格频率产生影响,而电阻效应几乎可忽略。

当电感 L_b 包含在串联的膜电容中时,布拉格频率表示为

$$\omega_B = \sqrt{\frac{b - \sqrt{b^2 - 4ac}}{2a}} \qquad (6.8)$$

式中

$$a = s^2 L_t C_t L_b C_b \qquad (6.9)$$
$$b = s^2 L_t C_t + sL_t C_b + 4L_b C_b \qquad (6.10)$$
$$c = 4 \qquad (6.11)$$

典型的 MEMS 膜的电感为 5pH ~ 20pH。表 6.1 表示了未加负载时特征阻抗为 100Ω,有效介电常数为 2.5(石英衬底)的传输线,在周期性间距为 600μm(和 200μm),膜的电容为 120fF(和 40fF)的情况下计算得到的对应于几个不同的膜电感值的布拉格频率。这些尺寸适合于 X 波段和 V 波段的移相器。

132

表 6.1 在 $\varepsilon_r = 3.8$ 和 $Z_0 = 100\Omega$ 时计算出的布拉格频率

L_b/pH	f_B(X 波段)	f_B(V 波段)	L_b/pH	f_B(X 波段)	f_B(V 波段)
0	46.0	137.9	20	42.6	111.9
10	44.2	123.3	30	41.1	102.9

6.2.2 模拟 DMTL 移相器

由 Barker 和 Rebeiz 首先提出的 DMTL 移相器实际上是一种模拟设计。这种技术的主要障碍是 MEMS 电容比仅为 1.2～1.3,这导致每厘米的相移很小。然而,由于 MEMS 膜的串联电阻很低,使得它的 Q 值很高,因此导致每厘米的损耗很小。在 40GHz 频率下,当 $C_u = 35fF$ 和 $R_s = 0.3\Omega$ 时,MEMS 膜 Q 值为 380,因此模拟式 DMTL 移相器可以得到一个令人满意的性能,特别是在毫米波频率下(40GHz～110GHz)。模拟式设计的另一个优势是通过调整偏压,相移可以实现从 0°～360° 连续地改变,而这一点对于精确的微波/毫米波移相器可能很重要。由于受电容比的限制,移相器的长度会增加,从而导致价格的提高。

模拟式 DMTL 设计主要不同点是 Z_{lu} 的选择,对于电容比为 1.2～1.3 的情况,负载线阻抗在 2Ω～3Ω 范围内变化,因此不能像设计数字式 DMTL 移相器那样将 Z_{lu}/Z_{ld} 设计成 $60\Omega/43\Omega$。对于每单位电容改变,为了得到一个大的相移,典型的设计为 $Z_{lu} = 48\Omega$。

表 6.2 列出了 Ka/V 波段(40GHz～60GHz)和 W 波段(70GHz～120GHz)移相器的设计参数。在 W 波段设计中,膜为 Up 态的布拉格频率选择为 192GHz。在这两种设计中,石英衬底上的共面波导尺寸 G/W/G 为 $100\mu m/100\mu m/100\mu m$。在 30GHz 频率下 MEMS 膜电阻为 0.15Ω 左右,而在 30GHz 以上时,由于趋肤效应的影响,电阻以 $\sqrt{f}$ 的速率增加。对于 Up 态电容为 21fF 的情形,在 94GHz 下导致 Q 值为 320。

表 6.2 Ka/V 波段和 W 波段模拟式 DMTL 移相器的设计参数

波 段	Ka/V	W	波 段	Ka/V	W
Z_{lu}/Ω	47	48	膜的厚度 $t/\mu m$	2.5	2.5
f_B/GHz	122	186	膜的高度 $h/\mu m$	1.2	1.5
$s/\mu m$	230	110	膜的宽度 $w/\mu m$	35	25
C_{bu}/fF	34.6	21	膜的电感 L/pH	11	50
C_r	1.17	1.17			

图 6.3[3] 表示了在 26V 的偏压下对于有 32 个膜桥的 DMTL 移相器,每分贝损

耗相移测量值、模拟值与频率的关系。在 DC ~ 110GHz 频率范围内,电容比为 1.15 时,测得损耗相移为 70°/dB。由于 MEMS 膜的损耗,在 70GHz ~ 120GHz 频率范围内的每分贝损耗不变。当电容比为 1.3 时,损耗的相移提高到 136°/dB。这相当于在 100GHz 频率下 360° 相移的损耗 − 2.6dB。由测量可见,甚至频率直到 120GHz,慢波负载移相器也没有出现辐射损耗。

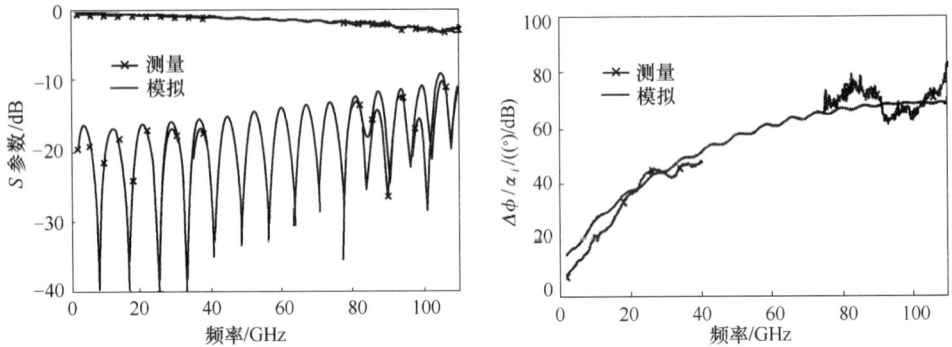

图 6.3   W 波段 DMTL 移相器测量和模拟结果

6.2.3   数字 DMTL 移相器

数字 DMTL 移相器中每一位移相器都有不同数量的开关阵列加载在不同长度的传输线上,加驱动电压时,MEMS 开关阵列膜桥同时下拉至 CPW 导体,从而得到某一精确的相移度数,典型的结构如图 6.4 所示[4],该移相器中,90° 相移位包含了 8 个 RF MEMS 开关,180° 相移位包含了 16 个 RF MEMS 开关,因此一个 4 位数字移相器至少包含 20 多个 RF MEMS 开关。

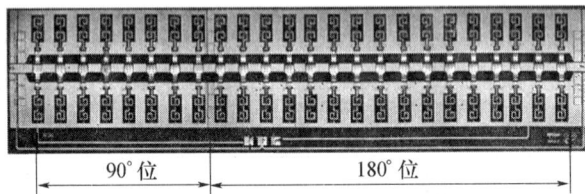

图 6.4   DMTL 移相器的典型结构

密歇根大学 2002 年报道 Ka 波段石英基底的 2 位 DMTL 移相器,工作频率 38GHz,平均损耗 1.5dB, 21 个分布式射频开关尺寸 8.4mm × 2.1mm,2003 年报道了 2 位宽带 W 频段(75GHz ~ 110GHz)移相器,平均插损 2.2dB,24 个射频开关长度为 4.3 mm。为了减小 MEMS 开关数量,DMTL 移相器不断改进结构,主要研究趋势是采用尽量少的 MEMS 开关实现高相移位的电路结构,如 MEMtronics 公司

2009 年报道了一款 4 位 35GHz 的 DMTL 型移相器,如图 6.5[5] 所示,其 90°相移位采用了两个 MEMS 膜桥开关,而 180°相移位只采用了三个 MEMS 膜桥开关,芯片尺寸仅 1.7mm × 5.4mm。这是目前世界上报道的采用 MEMS 开关数量最少的 4 位 DMTL 移相器。

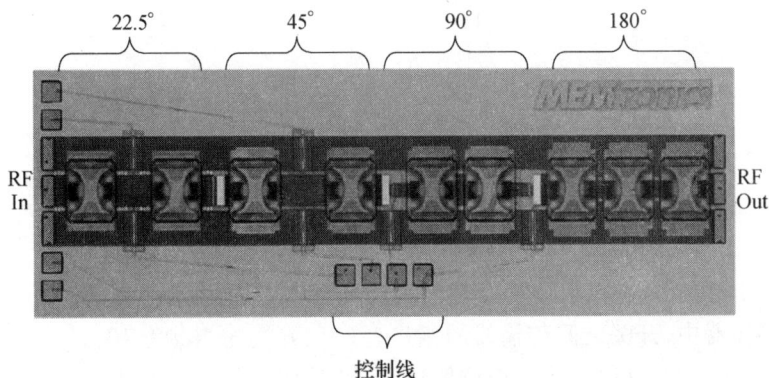

图 6.5　MEMtronics 公司的 4 位 DMTL 型移相器原型样品

6.3　反射型 MEMS 移相器

6.3.1　并联式开关实现的数字移相器

图 6.6 给出一个典型的 4 位反射型移相器原理图,其中 MEMS 开关采用膜桥并联式电容开关。为了不影响移相器工作,并联式开关的 Up 态电容值应该使得反射系数(S11 ≤ −20dB)很低;而 Down 态的电容值必须足够大,使得反射系数很高(但没有高隔离度的要求),在 10GHz 与 30GHz 分别需要 3pF ~ 5pF 和 1pF ~ 2pF 的 down 态电容值,并联式开关需要使用宽带短路线或通孔技术接地。

如果要精确设计多位数字移相器,则必须考虑 MEMS 并联式开关在 Up 态位置的相移,这对于 3 位和 4 位移相器尤其重要,因为在 3 位和 4 位移相器中,MEMS 开关之间的增量延迟比较小(分别为 22.5°和 11.5°)。Up 态电容产生的相移可表示为

$$\phi_{shunt} = -\arctan\left(\frac{\omega C_{Up} Z_0}{2}\right) \approx -\frac{\omega C_{Up} Z_0}{2} \qquad -\frac{\omega C_{Up} Z_0}{2} << 1 \qquad (6.12)$$

10GHz,典型的 Up 态电容值 $C_{Up} = 60fF$,将产生 5°的相移。开关膜的宽度约为 140μm,其在硅/GaAs 衬底上会产生附加 5°的传输线相移,因此 MEMS 开关在 Up

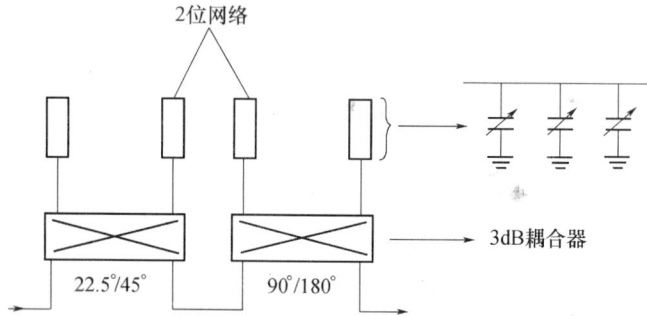

图 6.6　用两个 2 位反射型移相器组合构成的 4 位反射型移相器

态位置所引起的总相移为 10°,这种开关能用于 2 位移相器。在用这种开关实现的 2 位移相器中,开关之间传输线的相移为 35°,开关的相移为 10°。

其次,Down 态反射系数的相位依赖于开关的电容值(因此依赖于开关的隔离度)。一般来说,反射相位可表示为

$$\phi_{shunt} = 180° + \arctan\left(\frac{2}{\omega C_d Z_0}\right) \approx \pi + \frac{2}{\omega C_d Z_0} \quad \omega C_d Z_0 \gg 2 \quad (6.13)$$

如果 Down 态电容值 C_d 为 4pF,则在 10GHz 反射相位为 189°。因为最后一位使用通孔短接于地,所以除最后一位外的每一位都有这样大小的相移。短路电路通常是感性的,在 10GHz 电感量为 50pH ~ 100pH,反射相位 172° ~ 165°。因此,最后一位应该包括传输线的附加 8° ~ 12°相移,以便补偿 MEMS 开关与通孔之间的反射相位差。

同样,MEMS 并联式开关 Up 态相移与参考平面之间的距离成正比,然而,如果开关处在 Down 态,则参考平面间的距离只有一半用于反射相位,这导致硅衬底上的每个开关在 10GHz ~ 30GHz 有 2° ~ 3°的相移偏差。上述表明,为了在硅和 GaAs 衬底上制作精确的 3 位或 4 位移相器,要求其精度达到 ±5°,应该精细地设计和优化移相器。

1999 年美国雷神公司的学者首先报道了一种 X 波段 4 位反射型 MEMS 移相器[6],使用两片硅片装配在可伐载体上,一个硅片实现 0° - 90° - 180° - 270°两位移相器功能,另一个硅片实现 0° - 22.5° - 45° - 67.5°两位移相器功能,共使用 2 个 3dB 朗格耦合器和 12 个 MEMS 膜桥开关,测试结果表明在 8GHz 处,4 位移相器平均插损为 1.4dB,反射损耗优于 11dB,这种低损耗的 MEMS 移相器有助于设计和实现低成本相控阵天线。

6.3.2 串联式开关实现的数字移相器

在串联式开关实现的移相器中,如图 6.7 所示,应该计算由于开关在 Up 态和 Down 态的位置不同而产生的不同延迟。C_{Up}产生的反射相位可表示为

$$\phi_{\text{series}} = \arctan(-2\omega C_{\text{Up}}Z_0) \approx -2\omega C_{\text{Up}}Z_0 \qquad -2\omega C_{\text{Up}}Z_0 \ll 1 \quad (6.14)$$

若 $C_{\text{Up}} = 3\text{fF}$,则在 10GHz 和 30GHz 反射相位分别是 $-1°$ 和 $-3°$,反射系数 Γ 的参考平面在传输线的开路端。

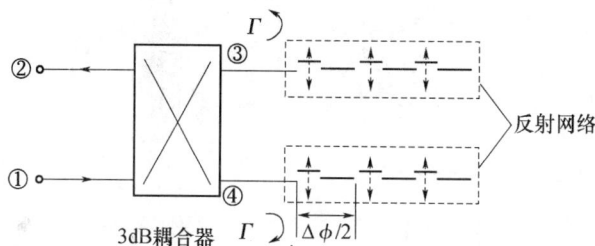

图 6.7 串联式开关实现的 2 位反射型移相器

串联式开关 Down 态的延迟近似等于 MEMS 悬臂梁开路端之间的传输线延迟。在硅/GaAs 衬底上,100 μm 长的开关长度(直至参考平面)在 10GHz 时的延迟为 3°,该开关最适合于 X 波段的 2 位~4 位移相器的设计。反射线型移相器末端的开路可看作一个电容,随频率不同具有 $-5°$~$-15°$ 的反射相位。此外,应该考虑 MEMS 开关与开路之间的相位差,这样,最后位的相移将会减小 3°~7°。

串联式开关实现的移相器不需要任何到地的连接,然而,视接触电阻不同,典型的直接接触式串联开关有 0.1dB~0.2dB 的损耗,因此在 X 波段用电容式开关实现移相器的损耗较低。美国雷神公司联合休斯实验室 2002 年报道了一款用于 X 波段电扫描天线用的 5 位 MEMS 移相器模块[7],使用 2 个朗格耦合器和 12 只休斯实验室研制的悬臂梁 MEMS 开关,5 位移相器工作频段为 6GHz~10GHz,在 9GHz 处平均损耗 1dB,利用 16 个 MEMS 移相器模块构成的天线原型实现了 H 面 45°电扫描的功能。

韩国汉城大学 2002 年报道了 V 频段反射型 2 位和 3 位 MEMS 移相器[8],采用空气缝隙覆盖型共面波导耦合,金属—介质—金属构成的微结构串联型 MEMS 开关控制开路短截线的通断,一个 2 位移相器采用了 6 个 MEMS 开关,实现 0°–45°–90°–135°的相移功能,尺寸 1.5mm×2.1mm,测试结果是在 60GHz 处,2 位移相器平均插损 4.1dB,相移误差 6.3°。串联 2 位移相器和 1 个 180°移相单元,构成 3 位移相器,尺寸 3.2mm×2.1mm,测试结果是在 60GHz 处,3 位移相器平均插损 4.85dB。

137

南京电子器件研究所 2006 年研制了 1 位 Ka 波段 MEMS 反射型,如图 6.8 所示,使用高阻硅衬底,平均插损 1.8dB,在 38GHz 处相移达到 175.9°,控制电压 35V,芯片尺寸为 2.1mm×2.6mm。

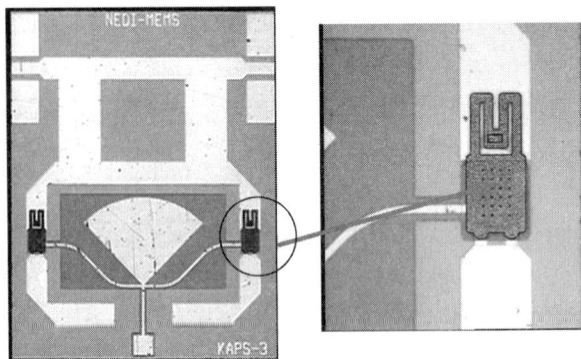

图 6.8　串联式开关实现的 1 位反射型移相器

6.4　开关线型 MEMS 移相器

最容易实现数字式移相器的方法之一是使用开关延迟线技术,如图 6.9 所示,开关线型 MEMS 移相器的原理是在不同电长度的两条传输线间切换信号通路,产生的相移

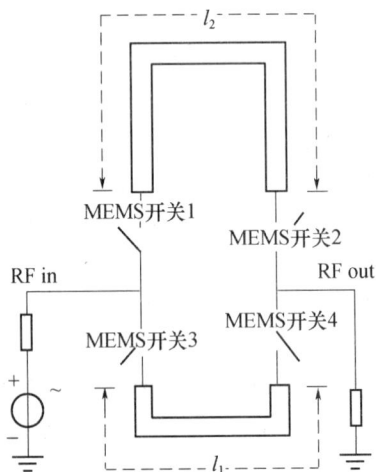

图 6.9　开关线型 MEMS 移相器原理

$$\Delta\phi = \beta(l_2 - l_1) = \frac{2\pi f}{v_p}(l_2 - l_1) \qquad (6.15)$$

式中:v_p 为相速;β 为相移常数。

通过级联不同的相移位,如 22.5°–45°–90°–180°态,可构成 4 位移相器,同具有最小传输线漂移的所有延迟线技术一样,相移随频率线性增加。开关线型移相器能够使用串联或并联单刀双掷开关来制作。由于 MEMS 开关隔离度很高(C_u =2fF~4fF),所以串联开关移相器不会像 PIN 二极管和 FET 开关所实现的移相器一样出现 S_{21} 回波,并且如果开关靠近 T 型头,则移相器将会有很宽的带宽(直流~50GHz)。一般来说,由于延迟位中存在非开关部分,因此使用一小段高阻抗线来补偿短电抗性短截线。另一方面,微带线或 CPW 并联式开关移相器带宽受到单刀双掷 T 型接头带宽的限制,带宽约为 20%。开关线型移相器占用了很大的空间,但是容易设计和制作。尤其是 Ka 波段移相器设计,必须使用电磁模型来优化延迟长度、T 型接头和开关电容以便获得每一位的精确相移。

6.4.1 并联式开关实现的开关线数字移相器

雷神公司 1999 年报道的硅基 Ka 波段移相器[9],如图 6.10 所示,制作在 150μm 厚的高阻硅片上。每一位开关线移相器的相位参考态使用 1 只 MEMS 膜桥开关,延迟态使用 2 只膜桥开关,膜桥开关加电吸合时,电容 C_{Down} =3pF,未加电时 C_{Up} =33fF,开关电容比约 100,满足了 Ka 波段信号通断的要求。膜桥开关到公共端口的距离是四分之一波长。由于采用无通孔工艺,膜桥开关的一端连接一个扇形环短截线,该扇形环实现虚拟微波接地功能。当参考态的膜桥开关吸合时,该膜桥开关处实现微波接地,离膜桥开关四分之一波长的公共端点处相当于微波开路,因此信号通过延时态的膜桥开关传送出去。

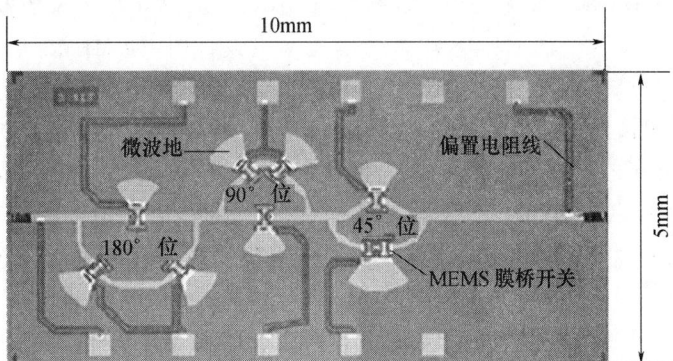

图 6.10 Ka 波段 MEMS 开关线移相器

该移相器采用微带传输线设计,使用 $10k\Omega$ 的薄膜电阻实现微波信号与驱动信号的隔离,3 位数字移相器平均损耗 1.7dB,4 位数字移相器平均损耗 2.25dB,工作频率 (34 ± 2)GHz,基态相移误差 $13°$,控制电压 45V,芯片尺寸 $10mm \times 5mm$,外加封装会引入 0.75dB 的损耗。

2003 年密歇根大学的 Rizk 和 Rebeiz 报道了在石英衬底上采用 CPW 传输线结构和膜桥开关实现了 W 波段 $0/90°$ 和 $0/180°$ 开关线移相器,在 90GHz 处,平均插损只有 1.75dB。

6.4.2 串联式开关实现的数字移相器

洛克威尔(Rockwell)科学中心基于 GaAs 衬底和 SiO_2 介质基复合微结构的 MEMS 继电器设计和工艺技术,于 2001 年报道了 4 位 MEMS 实时延移相器[10],在 10GHz 频点,16 态相移位的插损为 2.2dB ~ 2.6dB,在 8GHz ~ 12GHz 频段,移相器反射损耗优于 14dB,控制电压 98V,芯片尺寸为 $6mm \times 5mm$。得益于该移相器所用的 MEMS 继电器的高性能和移相器宽带匹配设计,该移相器从 DC ~ 40GHz 实现了 TTD(true - time - delay,实时延)网络的功能,在 DC ~ 30GHz 频段内,群时延波动范围为 3ps。2003 年,该研究组又报道了 Ka 波段 GaAs 基 3 位开关线移相器,工作频率 35GHz,平均损耗 2.2dB,均方根相移误差 $2.8°$,芯片尺寸 $3.5mm \times 2.6mm$。通过集总 LC 元件和传输线网络的等效,2003 年密歇根大学(UoM)的 Rebeiz 研究组使用洛克威尔科学中心的 MEMS 继电器工艺,实现了一种芯片尺寸只有 $3.2mm \times 2.15mm$ 的 X 波段 4 位 MEMS 移相器,在 8GHz ~ 12GHz 频段,反射损耗优于 10.5dB,在 9.4GHz,移相器平均损耗 1.47dB,均方根相移误差 $2°$。

南京电子器件研究所 2003 年报道了一种 X 波段 MEMS 开关线移相器[11],如图 6.11 所示,由相移位 $22.5° - 45° - 90° - 180°$ 串接而成,4 位数字移相器需 16 个 RF MEMS 开关,MEMS 开关采用串联容性开关结构设计,获得了低的驱动电压,测量结果为 17V ~ 20V。而 MEMS 开关的偏置网络设计时,使 MEMS 开关和直流偏置电极之间的距离是信号波长的四分之一,直流偏置电极使用了 MIM 接地耦合电容结构,在各相移位的输入输出传输线上同样使用了该结构,共使用了 13 组 MIM 接地电容和四分之一波长线结构,使开关的驱动电压和射频信号相互隔离,实现了射频信号的阻抗匹配,降低移相器的插损。芯片制作使用了南京电子器件研究所开发的低温表面牺牲层标准工艺[12],流程主要包括:用高阻硅(电阻率 $>3000\Omega \cdot cm$)作衬底→热生长 $1\mu m$ 厚的二氧化硅→溅射一层钨形成开关下电极、传输线、电容接地端→PECVD 淀积 Si_3N_4 作为接地电容的介质层和开关结构介质膜→旋涂 PMMA 牺牲层并光刻出图形→PECVD 淀积第二层 Si_3N_4,并光刻形成张应力层→蒸发铝层并光刻出图形形成开关上电极→去除 PMMA 牺牲层释放薄膜。4 位数字移相器单个芯片尺寸为 7.8 mm ×4.8mm。MEMS 开关结构释放完好,如图 6.12 所示。该移相器样品测试结果表明,驱动电压为 17V ~ 20V,在频率为 10.1GHz 时,22.5°相移位相移误差为 ± 0.4°,45°相移位相移误差为 ± 1.1°;在 X 波段,插损小于4dB,驻波比 VSWR < 2.4。

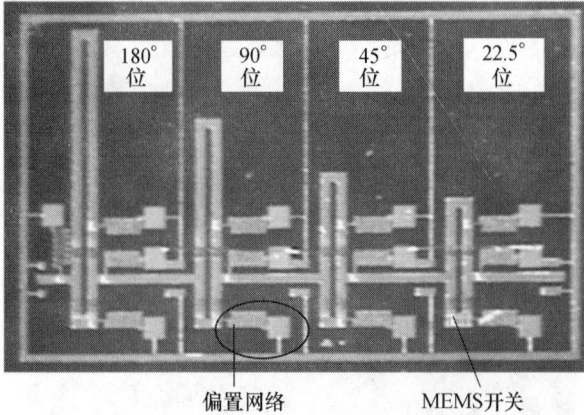

图 6.11　X 波段 4 位 MEMS 开关线移相器

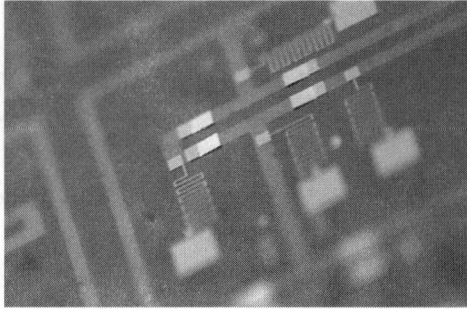

图 6.12　MEMS 移相器用 MEMS 开关微结构释放显微照片

　　2006 年国内(NEDI)报道了 X 波段 5 位开关线移相器,如图 6.13 所示,采用了悬臂梁 MEMS 开关结构,传输线采用紧凑结构设计,采用电感偏置方法,制作在200μm 厚的高阻硅衬底上,样品测试结果表明,平均插损 3.6dB,基态相移误差小于5°,芯片尺寸 7mm ×4mm。

　　2011 年国内 NEDI 又报道了 Ka 波段 MEMS 开关线移相器[13],如图 6.14 所示,集成了 4 个 MEMS 三端口直接接触式毫米波开关单元,使用共面波导(CPW)传输线,利用阶梯阻抗的方式实现传输线拐角和 CPW 空气桥结构的传输线阻抗匹配。该移相器采用 RF MEMS 表面牺牲层工艺制作在 400μm 厚的高阻硅衬底上,芯片面积 1.4 mm ×2.8mm。测试结果表明,该移相器在 34GHz ~ 36GHz 频率范围

141

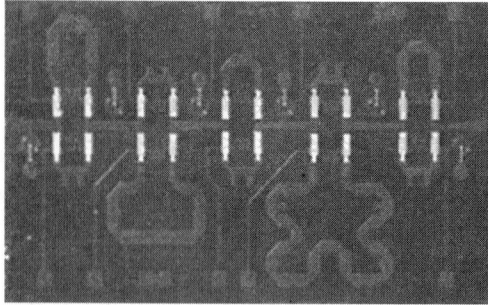

图 6.13　X 波段 5 位 MEMS 移相器芯片显微照片

内,芯片的相移误差 3.2°,驱动电压为 60V,在频率为 35GHz 时,0/Π MEMS 移相器的插入损耗分别为 1.5dB 和 2.0dB,反射损耗为 −19.4dB 和 −17.2dB,实现较好的匹配特性。

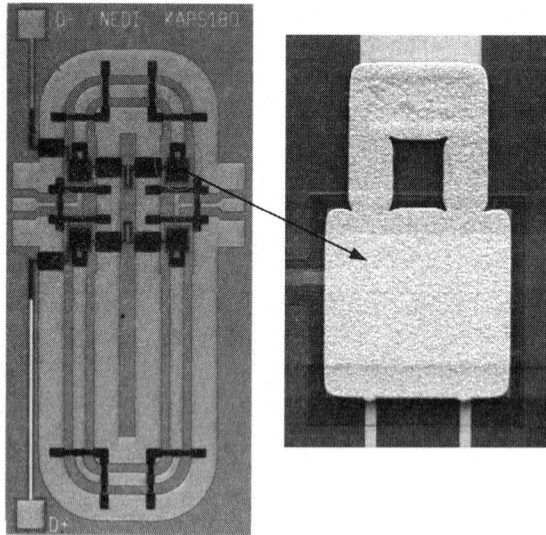

图 6.14　毫米波 MEMS 移相器芯片显微照片

6.4.3　基于 SP4T 开关实现的数字移相器

　　2003 年密歇根大学的 Rebeiz 研究组首先报道了基于 SP4T(单刀四掷)开关的 X 波段 2 位和 4 位 MEMS 移相器的设计[14],如图 6.15 所示采用 SP4T 结构设计,切换 4 条不同路径的传输线,实现一个 90°～180°两位移相器的设计,同上述采用 SP2T 开关的移相器相比,使两位移相器设计的传输通道只包含了 2 只 MEMS 开关,从而可明显降低移相器的损耗。研制的 4 位 X 波段 MEMS 移相器芯片制作在

200μm 厚的 GaAs 衬底上,使用微带传输线,芯片尺寸为 4.9mm × 4.35mm,在 8GHz ~ 12GHz 频段内,反射损耗优于 14dB,在 10GHz 频点,移相器插损为(1.2 ± 0.5)dB,这是目前报道的插损最小的 X 波段 MEMS 移相器。

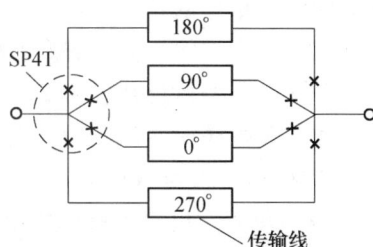

图 6.15　基于 SP4T 开关的开关线移相器原理

2011 年 Barker 研究小组最近报道了一种 60GHz 频段 2 位 MEMS 开关线移相器[15],如图 6.16 所示,同样采用 SP4T 开关切换 4 段传输线实现,使用 CPW 传输线结构。

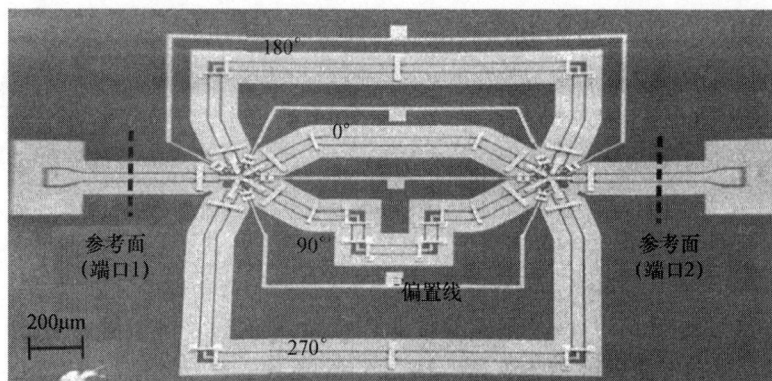

图 6.16　采用 SP4T 开关的毫米波 MEMS 移相器样品

该研究结果把原来 Rebeiz 研究组在 X 波段的紧凑型移相器设计思路提高到了毫米波段,对 MEMS 开关的尺寸和结构优化设计提出了很大的挑战。该移相器制作在 500μm 厚石英衬底上,50Ω 阻抗的 CPW 线的尺寸为 7μm/50μm/7μm,采用悬臂梁直接接触式开关,25μm 宽,75μm 长,2.2μm 厚,采用 CoventorWare 仿真的微结构参数包括:等效弹性系数 71N/m,驱动电压 72V 时接触力 36μN,回复力 42μN。为了满足毫米波传输的匹配特性,SP4T 开关的公共接口区域,每个开关的接触区域仅长 11μm,降低了开关 off 态对通路的影响。不考虑接口效应,该移相器平均损耗 2.5dB。

6.5 开关网络型 MEMS 移相器

开关线型移相器是开关网络移相器的特例,其相位与频率呈线性关系。开关网路型移相器的相移能设计成与频率呈线性关系、随频率恒定或设计成根据应用所要求的任何频率响应。开关网络移相器也常称为高低通移相器,其原理是采用高通网络或低通网络代替上述开关线移相器的不同长度的传输线,高低通网络可以 T 型网络设计,也可以 π 型网络设计,如图 6.17 所示,两种滤波器在设计频率处的输入/输出阻抗都指定为 Z_0,电容和电感也可以使用集总元件、传输线或者两者的组合。

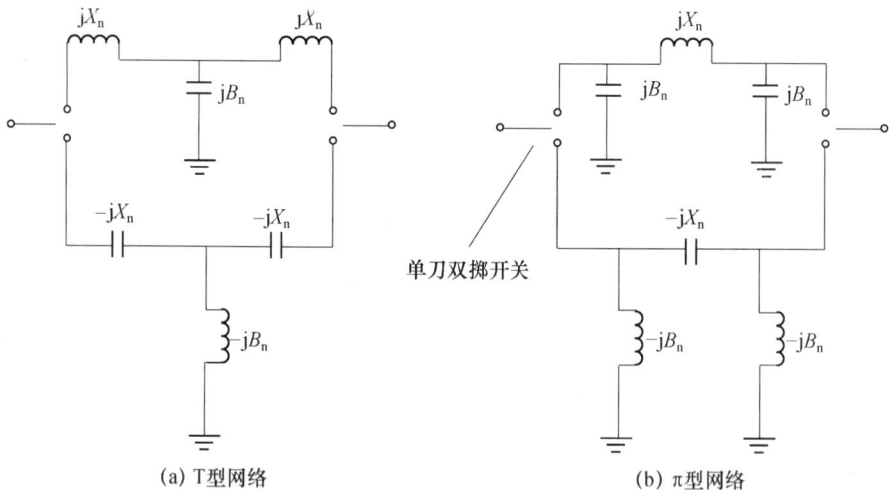

(a) T型网络   (b) π型网络

图 6.17 基于开关滤波器的移相器

由于低通滤波器导致相位延迟,而高通滤波器导致相位超前,则通过两个网络的传输信号会形成相移,表示为

$$\Delta\phi = 2\arctan\left[-\frac{B_n + 2X_n - B_n X_n^2}{2(1 - B_n X_n)} \right] \tag{6.16}$$

对于 T 型网络设计的移相器,则设计式表示为

$$\begin{cases} X_n = \tan\left(\dfrac{\Delta\phi}{4}\right) \\ B_n = \sin\left(\dfrac{\Delta\phi}{2}\right) \end{cases} \tag{6.17}$$

式中:X_n 为感抗;B_n 为容抗。

其中对于低通网络,有 $X_n = \omega L/Z_0$,$B_n = \omega C Z_0$;而对于高通网络,有 $X_n = 1/\omega C Z_0$,$B_n = Z_0/\omega L$。

如由 π 型网络来构造移相器,设计式同 6.17,只需把公式中 X_n 和 B_n 对换。这两种结构都能够产生 180°的最大相移,并且相移随频率变化表现出接近恒定的相位特性。选择 T 型还是 π 型网络主要依赖于采用的工艺技术而定。由于低通/高通移相器所占芯片面积比用开关线技术实现的移相器小得多,所以在 C 波段 ~ Ka 波段,高低通 MMIC 移相器应用非常普遍。

表 6.3 给出了 22.5°、45°、90°和 180°低通/高通延迟网络的理论设计参数,可以看出 180°位(使用 90°延迟网络和 90°超前网络构成)将导致 18.5%的带宽,如果使用两个 45°延迟(或超前)网络级联来实现 90°延迟网络,则能够获得更好的性能。

表 6.3　高低通移相器的归一化阻抗和带宽设计参数[16]

T 型网络	π 型网络	22.5°	45°	90°	180°
X_n	B_n	0.0963	0.199	0.414	1.00
B_n	X_n	0.191	0.383	0.707	1.00
±2°带宽 (π 型网络)		6.60 ~ 15.4 85.5%	7.50 ~ 13.40 56.5%	8.30 ~ 12.10 37.2%	9.11 ~ 10.97 18.5%
−20dB 带宽 (π 型网络)		2.1 ~ 49.1	4.0 ~ 25.0	6.90 ~ 14.50 71.0%	9.16 ~ 10.90 17.3%

为获得更小的芯片尺寸,在相移位 11.25°、25°、45°、90°时可只使用 2 个 MEMS 开关和 π 型高通网络构成移相器,如图 6.18 所示。

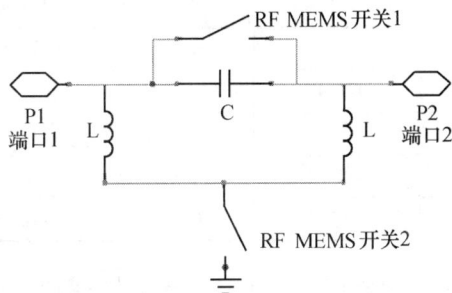

图 6.18　低相移位高通移相器原理

当 RF MEMS 开关 1 关闭,RF MEMS 开关 2 断开,传输信号形成移相器的参考位,RF MEMS 开关 1 断开,RF MEMS 开关 2 关闭时,传输信号移相 $\Delta\phi$。由于只使用 1 个 π 型网络,$\Delta\phi$ 不超过 90°。

$$X_n = \frac{\omega L}{Z_0} = \frac{1}{\tan(\Delta\phi/2)}$$

$$B_n = \omega C_T Z_0 = \frac{1}{\sin(\Delta\phi)} = \frac{X_n^2 + 1}{2X_n} \tag{6.18}$$

而 C_T 为电容 C 与 MEMS – SWITCH1 关态电容的和。

当选用低通型的 π 型网络时,原理如图 6.19 所示。

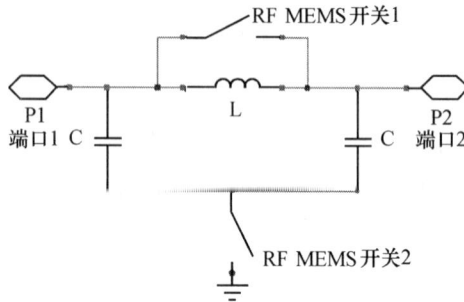

图 6.19 低相移位低通移相器原理

如前所述,此时传输信号移相 $\Delta\phi$ 为负值。则

$$X_n = \frac{\omega L}{Z_0} = -\sin(\Delta\phi) = \frac{2B_n}{B_n^2 + 1}$$

$$B_n = \omega C Z_0 = -\tan(\Delta\phi/2) \tag{6.19}$$

当特性阻抗选用 50Ω,并选用以上拓扑组成 X 波段移相器时,可计算出相应的电感、电容值的理论数据,如表 6.4 所列。

表 6.4 高通(或低通)X 波段移相器电感、电容值($f_0 = 9.75\text{GHz}$)

移相器相移位		11.25°	22.5°	45°	90°
低通网络	L/nH	0.1592	0.3123	0.5771	0.8162
	C/pF	0.0322	0.0649	0.1352	0.3265
高通网络	L/nH	8.2868	4.1032	1.9704	0.8162
	C/pF	1.6734	0.8531	0.4617	0.3265

2004 年南京电子器件研究所报道了一款 X 波段 3 位高低通 MEMS 移相器的样品[17],如图 6.20 所示,制造在 $360\mu\text{m}$ 的高阻硅片上,设计的芯片平均插损为 2dB,外形尺寸仅 $3.25\text{mm} \times 2.4\text{mm}$。

2008 年乔治理工大学报道了封装的 MEMS 移相器[18],通过级联 $180° – 22.5° – 90° – 11.25° – 45°$ 构成了一个 5 位 X 波段 MEMS 移相器,如图 6.21 所示。在高阻

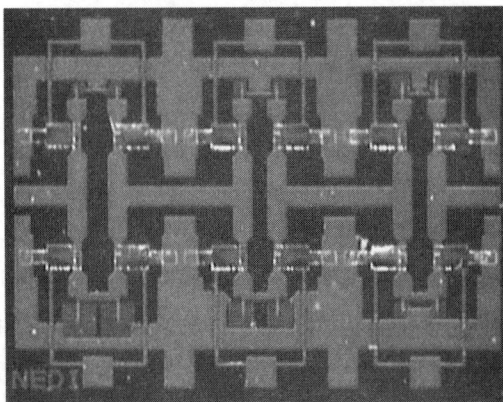

图 6.20 3 位 X 波段 MEMS 高低通移相器样品

硅上金属化形成接地平面和封装键合环的传输通道接口连接线,接着淀积 $10\mu m$ 厚的 SiO_2 介质层,形成移相器衬底,介质层刻蚀形成传输线连接的通孔结构和接地结构。通过表面牺牲层工艺形成电感、电容,MEMS 开关采用 $240\mu m$ 长的铝膜悬臂梁容性开关结构,开关的偏置电路通过电感实现。封帽采用 $300\mu m$ 厚的硅片刻蚀 $150\mu m$ 的腔体,电镀 $2\mu m$ 厚的金形成键合环的宽度为 $200\mu m$。最终通过对准和热压焊工艺实现 MEMS 移相器的密封。

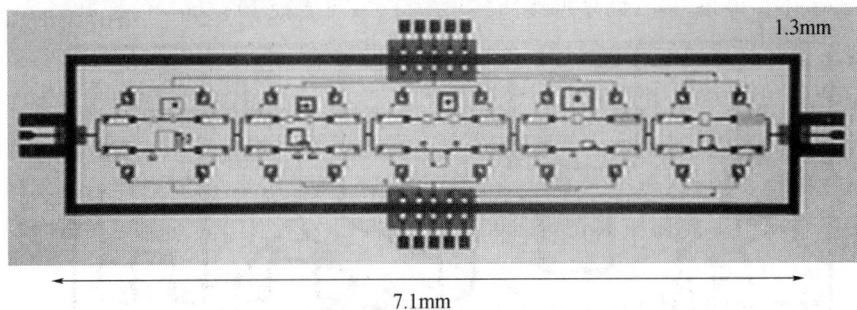

图 6.21 5 位 X 波段 MEMS 高低通移相器显微照片

该移相器芯片键合环尺寸为 $7.1mm \times 1.3mm$,驱动电压 25V,带宽 8GHz ~ 12GHz,平均损耗 4.5dB,均方根相移误差 $10°$。

6.6 MEMS 数字延迟线

延迟线主要用于宽带雷达系统,满足系统波束扫描目标响应和多路径扫描要求,一般延迟线需要倍频程的带宽,开关线实时延网络可以满足要求,是 MEMS 延迟线研究的热点。对于一个特性阻抗为 Z_0 的传输线,可等效为一个包含有串联电感和并联电容的两端口网络,该网络的相位延迟为 θ,群时延表示为[9]

$$\tau = -\frac{\mathrm{d}\theta}{\mathrm{d}\omega} = \frac{\mathrm{d}}{\mathrm{d}\omega}\arctan\left(\frac{\omega CZ_0 + \omega L/Z_0}{2 - \omega^2 LC}\right) \tag{6.20}$$

网络设计时必须合理选择 L、C 参数,在宽带范围内保持匹配,才能实现平坦的群时延特性。

同样是开关线结构,开关线移相器考虑的是一个波长范围内传输线网络,而延迟线一般需要数个波长的传输网络,因此设计的挑战包括最小化数波长传输线谐振效应、全波段全状态的匹配、在芯片尺寸范围内的长传输线布局以及多个长传输线之间的电磁耦合。

2006 年美国圣地亚国家实验室报道了一种 DC~10GHz 的 6 位 MEMS 数字延迟线[19],如图 6.22 所示,制作在 250μm 厚的 3 英寸氧化铝衬底上,最长的传输线达到 4 个波长,芯片面积是 27mm×14mm,采用 SP4T 开关构成 2 位时延网络,通过 3 个 2 位结构串联形成 6 位数字延迟线。为了降低 MEMS 开关开路端的电抗影响传输通道的群时延波动,SP4T 开关采用串并联结构的直接接触式 MEMS 开关实现,因此 6 位数字延迟线共使用 48 只 MEMS 开关。测试结果表明:在 10GHz 频点,64 态数字延迟线插损为 (1.8 ± 0.6)dB,在 6GHz 以下,反射损耗优于 15dB,在 6GHz~10GHz 范围,反射损耗 10dB,最长的延迟线达到 6.5cm 长,可实现 393.75ps 的延迟。

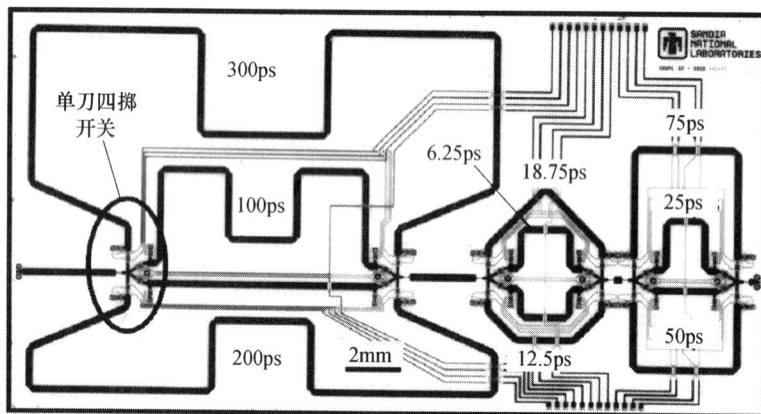

图 6.22　6 位 MEMS 数字延迟线样品照片

6.7　MEMS 移相器集成和系统

研究结果表明,在目前技术条件下,用 RF MEMS 开关替代 GaAs FET 开关组成的 3 位移相器,插损性能比较如表 6.5 所列,可应用于 AESA(有源电扫描阵列)和 PESA(无源 ESA)中。相对传统的 AESA 而言,采用 RF MEMS 技术的 ESA 在重量、成本以及功耗方面都有巨大改善。

表 6.5　移相器性能比较

频率/GHz	RF MEMS 移相器损耗/dB	GaAs FET 移相器损耗/dB
X 波段(10)	0.3/位	1.2/位
Ku 波段(20)	0.45/位	1.6/位
Ka 波段(35)	0.6/位	2.3/位
V 波段(60)	0.8/位	2.8/位
W 波段(94)	0.9/位	3.3/位

在 MEMS 移相器芯片研究的基础上,采用 MEMS 移相器的 ESA 模块集成技术是国外近期的研究热点。2006 年美国密歇根大学报道了世界上首部圆片上 MEMS 无源 ESA[20],如图 6.23 所示,在一个 3 英寸圆片上集成了功分器馈线网络、8 个 DMTL 模拟 TTD 移相器、天线馈电接口、偏置电极。采用类似 MCM-D 工艺,两层衬底层叠在一起,固定在外框架上,形成了低剖面、轻质的圆片级 2D-ESA。其中圆片上每个移相器包含 60 个可变电容,一个阵列包含了 480 个 RF MEMS 可变电容。该 MEMS PESA 阵列阵元间距 4.74mm,工作频率 38GHz,带宽 2GHz,天线 H 面增益 10dBi,辐射效率 25%,电扫描角度 ±12°。这种基于 MEMS 移相器的 PESA 是当前乃至今后的重要研究方向。

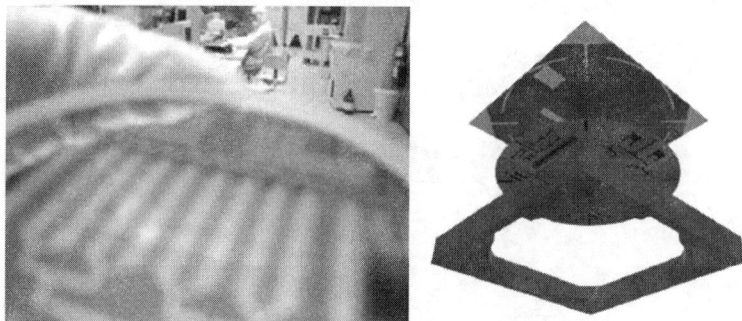

图 6.23　Ka 波段圆片 MEMS PESA

MEMS 移相器和天线阵列采用混合集成的方式也可以灵活实现 MEMS ESA。针对陆军"动中通"卫星通信应用,美陆军研究实验室 2009 年报道了一个 16 阵元的 Ka 频段 MEMS 电扫描演示阵列,该阵列采用共面波导缝隙耦合贴片天线,在介

质基片上集成了功分器与雷神公司的 4 位 MEMS 移相器,该线阵尺寸 100mm ×
100mm。针对卫星通信数据链应用,欧洲 EADS 于 2009 年报道了一种 16 阵元的
Ka 频段 MEMS 电扫描演示阵列,在 LTCC 基板上混合集成了 4 组 3 位 MEMS 移相
器,如图 6.24 所示,工作频率 35GHz,电扫描角度 ±15°,增益 8dB。

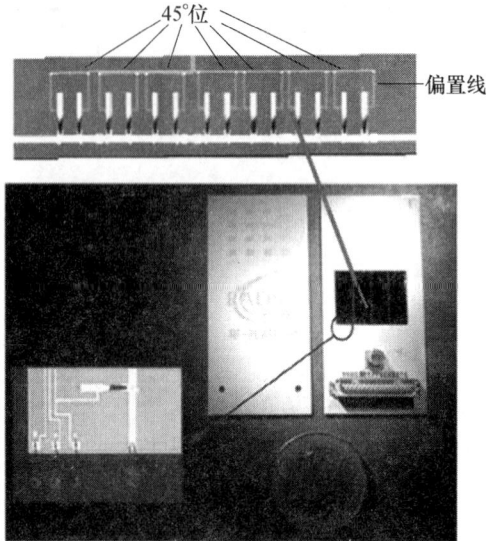

图 6.24　Ka 波段混合集成 MEMS PESA

　　针对大型天基相控阵应用,2008 年加拿大学者设计了瓦片式集成结构[21],每个
8×8 子阵,由天线、移相器与功分器、T/R 组件 3 层瓦片组成,其中,3 位 MEMS 移相
器与功分器通过垂直无孔互联集成在一个双面衬底上,如图 6.25 所示。开关线移相

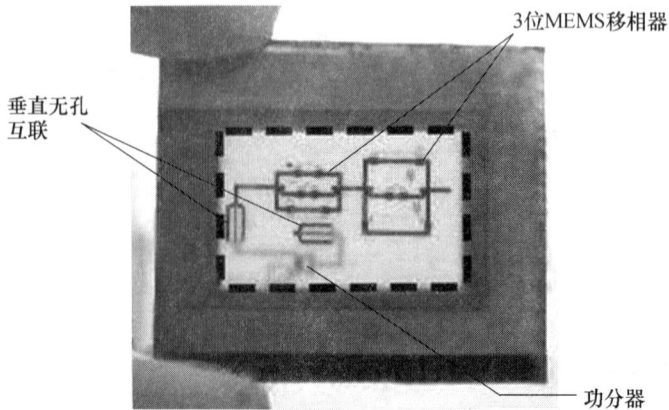

图 6.25　集成 MEMS 移相器的 ESA 模块芯片

器采用 4 个级联的 SP3T 开关,插损 2.5 ±0.2dB,该集成芯片尺寸 22mm ×11mm。

瑞典国防研究机构 FOI 与芬兰的学者 2007 年提出在小型无人机上(仅提供 50W 电源功率)应用低成本的 Ka 波段多功能电扫描共形阵列天线[22],可实现防撞、SAR/GMTI 和数据链功能,如图 6.26 所示。采用无源子阵技术,4 ×4 阵元(图中为子阵列)连接一个 T/R 组件,共 1728 个阵元,使用 108 只功放芯片,假定系统参数为:600MHz 带宽(0.25m 分辨力),10km 探测距离,信噪比 15dB,飞行速度 160km/h。分析结果表明,采用 4 位 Ka 波段 GaAs MMIC 移相器,插损 7dB,那么功放电源功耗需要 290W;而采用 MEMS 移相器,插损为 2dB,则功放电源功耗 20W ~30W。因此低损耗的 MEMS 移相器是小型无人机多功能 ESA 的关键器件,才能满足小型无人机有限电源(50W)供给的实际需要,进而开始开展 4 位毫米波 MEMS 移相器的设计仿真研究。

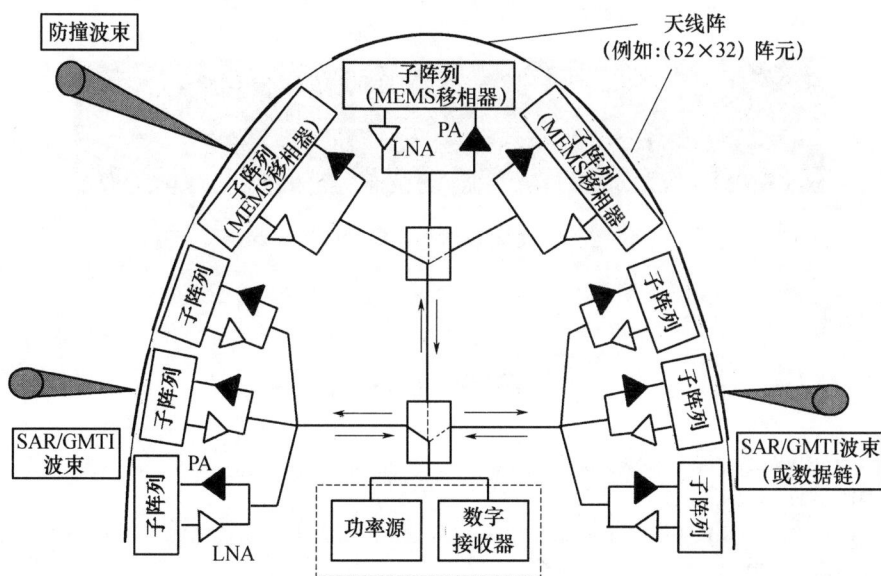

图 6.26 小型无人机中多功能雷达用 MEMS PESA 原理

欧洲 EADS 机构 2008 年报道了一种采用 MEMS 移相器的 Ka 频段自适应波束形成相控阵导引头方案[23],给出了 256 阵列的 ka 波段 MEMS ESA 演示样机方案,使用了 4 位 DMTL 型 MEMS 移相器与天线一体化集成的芯片,三角形栅格布阵。演示验证规模 256 个阵元,目前已经测试了 1 ×8 线阵,如图 6.27 所示,正在继续进行研究。

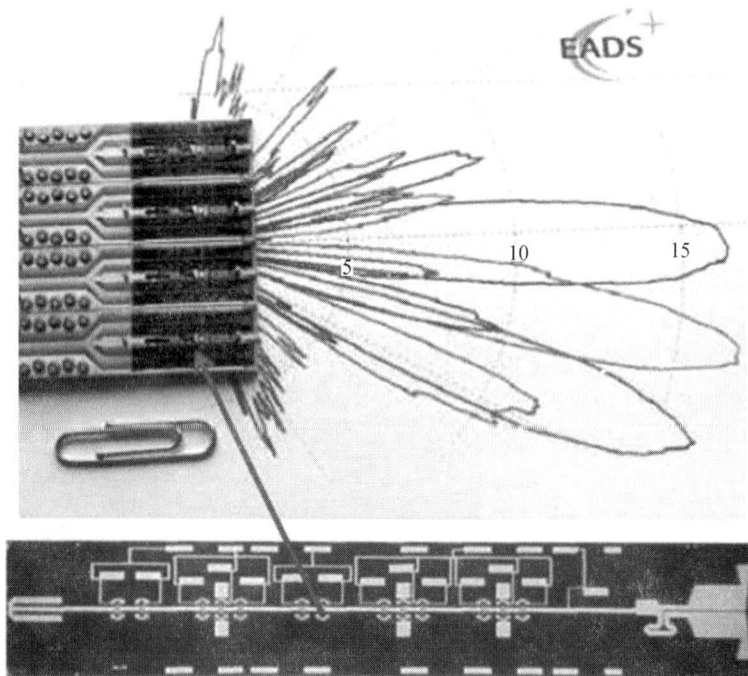

图 6.27　Ka 波段 1×8 MEMS ESA 演示样机

参 考 文 献

[1] Garver R V. Broad – band diode phase shifters[J]. IEEE Trans. On Microwave Theory and Tech. ,1972, (MTT – 20) 5:314 – 323.

[2] Rebeiz G M,Tan G L, Hayden J S. RF MEMS phase shifters: design and applications[J]. IEEE Microwave Magazine. ,2002, 3:72 – 81.

[3] Barker N S, Rebeiz G M. Optimization of distributed MEMS transmission – line phase shifters—U – band and W – band designs [J]. IEEE Trans. on Microwave Theory and Tech. 2000, 48(11):1957 – 1966.

[4] Kim H T,Park J H,Lee S,et al. V – Band 2 – b and 4 – b Low – Loss and Low – Voltage Distributed MEMS Digital Phase Shifter Using Metal – Air – Metal Capacitors[J]. IEEE Trans. on Microwave Theory and Tech, 2002, 50(12):2918 – 2923.

[5] MEMtronics RF MEMS[OL]. http://www. memtronics. com,2012.

[6] Malczewski A, Pillans B, Eshelman S, et al. X – Band RF MEMS phase shifters for phased array applications [J]. IEEE Microwave Wireless Comp. Lett. , 1999,9(12):517 – 519.

[7] Lee J J , Quan C, Allison R, et al. Array antennas using low loss MEMS phase shifter[C]. IEEE Antennas

and Propagation Society International Symposium, 2002,2:14 – 17.

[8] Park J H, Kim H T, Choi W, et al. V – Band reflection – type phase shifters using micromachined CPW coupler and RF switches[J]. Journal of Microelectromechanical systems, 2002,11(6):808 – 814.

[9] Pillans B, Eshelman S, Malczewski A, et al. Ka – band RF MEMS phase shifters[J]. IEEE Microwave and Wireless Comp. Lett. , 1999,9(12): 520 – 522.

[10] Kim M, Hacker J B, Mihailovich R E, et al. A DC – to – 40GHz four – bit RF MEMS true – time delay network[J]. IEEE Microwave and Wireless Comp. Lett. , 2001,11(2):56 – 58.

[11] Zhu J, Zhou B, Lin J, el al. A 4 – bit digital MEMS phase shifter[C]. Proc. SPIE Smart Sensors, Actuators, and MEMS, 2003, 5116:571 – 576.

[12] 朱健,周百令,林金庭,等. 开关线型四位数字 MEMS 移相器[J]. 固体电子学研究与进展,2005,25(3):344 – 348.

[13] 郁元卫,朱健,姜理利,等. Ka 波段 0/Ⅱ MEMS 移相器[J]. 固体电子学研究与进展,2012,32(1):68 – 72.

[14] Tan G L, Mihailovich R E, Hacker J B, et al. Low – loss 2 – and 4 – bit TTD MEMS phase shifters based on SP4T switches[J]. IEEE Trans. on Microwave Theory and Tech. , 2003,51(1):297 – 304.

[15] Gong S, Shen H, Barker N S. A 60 – GHz 2 – bit Switched – line phase shifter using SP4T RF – MEMS switches[J]. IEEE Trans. on Microwave Theory and Tech. ,2011,59(4):894 – 900.

[16] Rebeiz G M.RF MEMS 理论·设计·技术[M].黄庆安,廖小平,译.南京:东南大学出版社,2005:218 – 273.

[17] Zhu J, Zhou B, Lin J, el al. A High – pass Low – pass MEMS phase shifter[C]. Montreux, Switzerland: Symposium on Design, Test, Integration and Package of MEMS/MOEMS, 2004:283 – 286.

[18] Morton M A, Papapolymerou J. A packaged MEMS – based 5 – bit X – band high – pass/low – pass phase shifter[J]. IEEE Trans. on Microwave Theory and Tech. ,2008,56(9):218 – 273.

[19] Nordquist C D ,Dyck C W, Kraus G M, et al. A DC to 10 – GHz 6 – b RF MEMS time delay circuits[J]. IEEE Microwave Wireless Comp. Lett. , 2006,16(5):305 – 307.

[20] Caekenberghe K V, Vähä – Heikkilä T, Rebeiz G M, et al. Ka – Band MEMS TTD Passive electronically scanned array [C]. IEEE Antennas and Propagation Society International Symposium, Jul. 2006: 513 – 516.

[21] Al – Dahleh R, Mansour R R. A Novel Via – less Vertical Integration Method for MEMS Scanned Phased Array Modules[C]. Amsterdam, Netherlands:Proceedings of the 38th European microwave conference, 2008:96 – 99.

[22] Malmqvist R,Samuelsson C, Gustafsson A, et al. On the use of MEMS phase shifters in a low – cost Ka – band multifunctional ESA on a small UAV[C]. Proceedings of Asia – Pacific Microwave Conference, IEEE,2007:1 – 4.

[23] Neumann C ,Schütz S,Wolschendorf F, et al. Ka – band seeker with adaptive beam forming using MEMS phase shifters[C]. Amsterdam, Netherlands:Proceedings of the 5th European radar conference,2008:100 – 103.

第7章 RF MEMS 谐振器

7.1 概 述

谐振器是所有微波系统,例如雷达、通信、导航或电子战系统的基本微波单元。

利用 MEMS 技术制造的微机械谐振器起源于 20 世纪 80 年代末出现的梳妆叉指电容,1992 年出现了基于叉指电容的滤波器。MEMS 谐振器(RF 单元)是将微机械结构激励在固有频率上产生振动,因此 MEMS 谐振器的本质是机械式振荡器,其振动即机械能和电能相互转换的过程。微机械谐振器的 Q 值高,能够提高无线通信系统的性能、降低功耗;同时,微机械谐振器具有与晶体管类似的性质,增加数量不会明显增加系统成本,因此采用微机械谐振器不仅不减少谐振器的数量,反而可通过增加谐振器和滤波器的数量来实现更复杂的功能和更高的性能。

根据谐振频率,MEMS 谐振器可以分为低频谐振器(1kHz ~ 250MHz 的 LF 频段)、中频谐振器(800MHz ~ 1800MHz 的 HF 频段),以及高频谐振器(几 GHz 以上)。根据结构形式,MEMS 谐振器可分为梳妆谐振器、梁式谐振器、圆盘谐振器、体声波谐振器等。一般中低频谐振器采用梳妆和梁结构,中高频谐振器主要是圆盘式和薄膜体声波式,而高频谐振器基本都为微波谐振器,包括共面波导、谐振腔等结构。常见谐振器列于表 7.1。

表 7.1 常见谐振器列表

谐振器	照 片	性 能
双端固支谐振器[1]		Q 值≈8000,在 10MHz(真空) Q 值≈50,在 10MHz(空气) Q 值≈300,在 70MHz(真空) Q 值的下降,限制了应用频率范围 串联电阻:R_x 约 5Ω ~ 5000Ω

（续）

谐振器	照　片	性　能
双端自由谐振梁式谐振器[2]		Q 值 ≈20000，在 10MHz ~ 200MHz（真空） Q 值 ≈2000，在 90MHz（空气） Q 值不随频率显著下降 频率范围：>1GHz 可等比例缩小 可利用高阶模式 串联电阻：R_x 约 5Ω ~ 5000Ω
酒杯式圆盘谐振器[3]		Q 值 ≈15600，在 60MHz（真空） Q 值 ≈8000，在 98MHz（空气） 利用周围节点支撑，避免了支撑损耗，可实现极高 Q 值 频率范围：>1GHz 可等比例缩小 串联电阻：R_x 为 5Ω ~ 5000Ω
圆周模式圆盘谐振器[4,5]		Q 值 ≈11555，在 1.5GHz（真空） Q 值 ≈10100，在 1.5GHz（空气） 频率范围：>1GHz 可等比例缩小 可利用高阶模式 串联电阻：R_x 约 50Ω ~ 50000Ω
空心谐振环式谐振器[6]		Q 值 ≈14600，在 1.2GHz（真空） $\lambda/4$ 支撑减小锚点损耗 频率范围：>1GHz 可等比例缩小 可利用高阶模式 串联电阻：R_x 约 50Ω ~ 50000Ω

MEMS 谐振器的研究取得了很大的进展，但是目前仍有几个重要的问题没有解决。①频率仍旧在吉赫兹左右，还需要进一步提高，并且吉赫兹谐振器的制造中

的系列问题需要解决,以减小制造因素对谐振模式和 Q 值的影响;②谐振器的阻抗过大,远超过分立器件的阻抗,为阻抗匹配带来困难;③高 Q 值谐振器基本都是在真空封装下实现的,这极大地增加了与 IC 集成时的封装成本;④由于支撑点能量损耗等原因,Q 值仍旧在 10000 左右徘徊,需要进一步提高。

7.2　MEMS 谐振器

7.2.1　MEMS 谐振器基础

一个简单的机械谐振器系统原理如图 7.1 所示。由弹性系数为 k 的弹簧,质量为 m 的质量块和质量块所受的阻尼 b 组成。

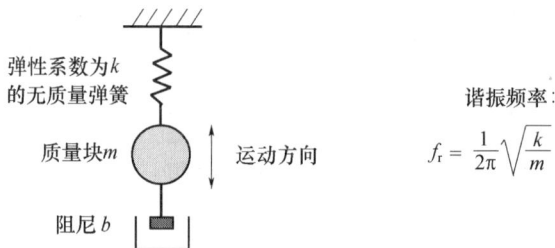

弹性系数为 k 的无质量弹簧

质量块 m　运动方向

阻尼 b

谐振频率:

$$f_r = \frac{1}{2\pi}\sqrt{\frac{k}{m}}$$

图 7.1　简单的机械谐振器系统原理

该系统中,质量块在外力 f_{ext} 的作用下,该系统的动态方程由达朗贝尔公式给出

$$m\frac{d^2x}{dt^2} + b\frac{dx}{dt} + kx = f_{ext} \tag{7.1}$$

式中:x 为质量块的位移。对上式进行拉普拉斯变换,可得到其频率响应

$$\frac{X(j\omega)}{F(j\omega)} = \frac{1}{k}\left(\frac{1}{1 - (\omega/\omega_0)^2 + j\omega/(Q\omega_0)}\right) \tag{7.2}$$

式中:ω_0 为谐振频率,$\omega_0 = \sqrt{k/m}$;Q 为谐振的品质因数,$Q = k/(\omega_0 b)$。当一个频率为 ω_0 的周期性外力作用于质量块时,该系统发生谐振,震动的幅度逐渐增加,直到振幅受到系统损耗的限制无法继续增加。其中,在图 7.1 中,该损耗部分由阻尼 b 表示。当周期性外力的频率低于或者高于谐振频率 ω_0 时,振幅相对较小。在电路系统中,该系统可以类比于串联或者并联的电容、电感和电阻。不管对于电子系统还是机械系统,品质因数 Q 都是定义为每周期中,所存储的能量与消耗的能量之比。当电子或机械系统受到处于谐振频率的激励时,Q 值越高,响应就越大。这

样的电子或者机械系统就有更高的响应峰值及更窄的带宽。因此,通常 Q 值越高,谐振器的频率稳定性越高,并且谐振频率的精度越高,如图 7.2 所示。

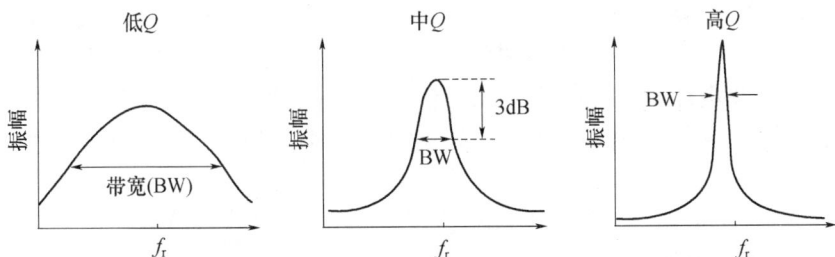

图 7.2 谐振器的频率特性

通常,谐振器频率的稳定性也是谐振器的重要指标之一,通常与温度相关,因此,利用频率温度稳定性(T_f)表示为

$$T_f = \frac{d(\log f_R)}{dT} = \frac{1}{f_R}\frac{df_R}{dT} \qquad (7.3)$$

由于谐振器的谐振频率 f_R 通常与谐振器材料的特性、应力相关,因此,T_f 通常与材料的热膨胀系数、弹性模量、弹性系数及材料密度等参数的温度系数相关。

由于集成电子振荡器无法获得高 Q 值,因此在需要高频率稳定性的射频通信系统中,通常使用石英晶体作为谐振电路的核心元件。石英晶体的 Q 值可以达到 10000 以上,而通常利用电容、电感所组成的 LC 谐振器,由于寄生电阻损耗的影响,Q 值通常远小于 1000。Q 值的大小也会对插入损耗产生影响。例如,一个由具有寄生电阻的电感、电容组成的带通滤波器,输出端串联一个输出电阻。其中心频率为 16MHz,Q 值为 100,带宽为 2.9MHz(相对带宽为 18%),其插入损耗为 0.8dB。即信号通过该滤波器的衰减为 9%。随着谐振器 Q 值的降低,滤波器的插入损耗将进一步增加。对于很多的电子及射频通信系统,通常需要 Q 值大于 1000。利用微电子机械系统技术作制作的谐振器,在宽频率范围内获得高 Q 值,并将其与电子电路集成,将大幅度降低射频系统的体积。

由谐振频率的公式可以看出,随着谐振器体积的减小,其质量将降低,弹性系数提高,使得谐振器的谐振频率提高。这也是使用微纳加工技术制作谐振器的优势之一。

7.2.2 梳状谐振器

梳状谐振器使用如图 7.3 所示的梳妆叉指电容作为谐振器[7]。这种形状的叉指电容与位移为线性关系,可以避免平板电容引起的非线性问题。该结构包括一个利用折叠梁支撑的质量块。利用折叠梁可以有效地释放结构中的应力,并且可以降低该结构的体积,质量块通过锚点连接到地电极上,地电极的电压为 U_D。质量块两端的叉指结构与两侧的固定叉指结构构成驱动与检测结构。当左侧的叉指换能器输入交流电压 u_a 时,叉指之间产生的静电力吸引可动叉指沿图 7.3 中所示的方向运动,将电能耦合到可动叉指;可动叉指的运动通过中间的柔性梁传递给右侧的输出端的可动叉指,再通过右侧的叉指换能器与固定叉指实现电能耦合,输出电流为 i_o。

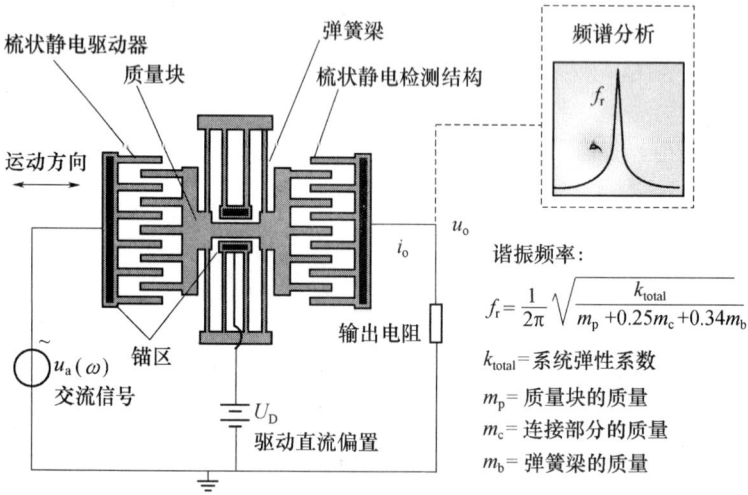

图 7.3 梳状谐振器结构原理

在忽略叉指电容的边缘效应和升举效应时,梳状叉指电容可以表示为

$$C = \frac{\varepsilon_0 t}{g}(L_0 + x) \tag{7.4}$$

式中:L_0 为驱动电压为 0 时,叉指的重叠长度。对于有 N 个叉指间距的叉指电容,单位位移引起的电容变化和静电力分别为

$$\frac{\partial C}{\partial x} = N\frac{\varepsilon_0 t}{g} \tag{7.5}$$

$$f_d = \frac{1}{2}(U_D + u_i)^2 \frac{\partial C}{\partial x} = \frac{1}{2}(U_D + u_i)^2 N\frac{\varepsilon_0 t}{g} \tag{7.6}$$

可见,位移引起的电容变化和静电驱动力都与位移 x 无关。理想情况下叉指电容不会引起非线性。谐振器的谐振频率与直流偏置电压 U_D 无关。

当幅度为 u_a,角频率为 ω 的周期信号施加在驱动端时,即

$$u_i = u_a \cos(\omega t) \tag{7.7}$$

由式(7.6)、式(7.7)可知,质量块所受到的作用力为

$$f_d = \frac{1}{2} [U_D + u_a \cos(\omega t)]^2 \frac{\partial C}{\partial x} = \frac{1}{2} [U_D^2 + 2U_D u_a \cos(\omega t) + v_a^2 \cos^2(\omega t)] \frac{\partial C}{\partial x} \tag{7.8}$$

在线性谐振系统中,通常使 U_D 远大于 u_a,上式中最后一项可以忽略,因此,f_d 是一个频率为 ω 的周期性力。

谐振器右侧的检测结构(固定叉指部分)外接一电阻器,如图 7.3 所示。其输出电流为

$$i_o = \frac{d(CU_D)}{dt} = U_D \frac{dC}{dt} = U_D \frac{dC}{dx} \frac{dx}{dt} = U_D \frac{dC}{dx} \cdot \omega \cdot x_{max} \cdot \sin(\omega t) \tag{7.9}$$

式中:x_{max} 为谐振器质量块的最大位移。因为当发生谐振时,谐振器具有最大的振幅,因此,在谐振频率 $\omega_r (= 2\pi f_r)$ 时,输出电流 i_o 具有最大值。

由于梳状谐振器只在非常窄的频率范围内发生响应,因此,可以在射频系统中作为参考频率源应用[8]。并且,可以作为超外差收发系统中的混频器使用。当利用频率为 ω_d 的信号驱动谐振器左侧的叉指电极(固定部分),在质量块的地电极电压 U_D 上叠加频率为 ω_c 的载波信号时,质量块所受到的静电力将具有频率为 $(\omega_d + \omega_c)$、$(\omega_d - \omega_c)$ 的频率分量和频率为 $2\omega_d$、$2\omega_c$ 的二次谐波。并且只有在谐振器谐振频率附近的频率分量,才能通过谐振器,到达输出端。

双端固支梁的弹性系数 k 可以表示为

$$k_{beam} = E \cdot t \cdot \left(\frac{w}{L}\right)^3 \tag{7.10}$$

式中:E 为弹性模量;t 为梁的厚度;w 为梁的宽度;L 为梁的长度。对于图 7.3 中所示的梳状结构谐振器,其 $k_{total} = 2k_{beam}$。由于折叠梁在质量块运动的过程中,运动的幅度较小,因此,其质量对谐振器的有效质量影响较小。文献[9]中利用表面多晶硅工艺制作梳状谐振器,折叠梁的宽度和厚度同为 $2\mu m$,长度为 $185\mu m$,则 $k_{total} = 0.65 N/m$,有效质量为 $5.7 \times 10^{-11} kg$,其谐振频率为 $17kHz$。文献[10]中,保持折叠梁的宽度和厚度,改变其长度为 $33\mu m$,其谐振频率为 $300kHz$。其 Q 值在真空下大于 50000,但由于空气的阻尼效应,在空气中其 Q 值仅为 $50^{[11]}$。因此,在谐振器的商业化应用中,必须重点解决器件的真空封装问题。

为了获得更高的谐振频率,必须增加折叠梁的弹性系数,并且降低质量块的质量。折叠梁的弹性系数可以通过增加宽度减少长度来提高,但质量块的质量,却由于质量块刚度及叉指结构的限制,无法进一步降低。文献[12]中,利用电子束光

刻,使用长度为 $10\mu m$、宽度为 $0.2\mu m$ 的单晶硅作为折叠梁,所获得的谐振频率为 14MHz。另外,保持谐振器的尺寸,使用具有更大的弹性模量与密度比 E/ρ 材料,也可以获得更高的谐振频率。与硅材料相比,碳化硅和多晶金刚石具有较高的 E/ρ,其中多晶金刚石材料已是目前高频谐振器的研究热点之一。

7.2.3 梁式谐振器

梁式谐振器通常采用双端固支梁的形式,因此,其有效质量与梳状谐振器有大幅度的降低,其谐振频率也获得了进一步提高。另外,梁式结构谐振器还具有体积小、易集成等优点。

最简单的梁式谐振器由双端固支梁和驱动电极组成(图 7.4),在谐振梁与驱动电极之间施加直流偏置电压 U_D,使谐振梁向下发生弯曲;当 U_D 移除后,谐振梁将向上运动,回复到初始位置。驱动电极与谐振梁之间的交流信号 u_a,使谐振梁向上下发生往复运动。与梳状谐振器相同,当所施加的直流偏置电压 U_D 远大于交流信号 u_a 时,谐振梁所受的周期性静电力与交流信号 u_a 的频率相同,即谐振梁的振动频率与交流信号 u_a 的频率相同。当交流电压的频率与谐振梁的谐振频率相同时,谐振梁发生谐振,这时具有最大的振动幅度。文献[13]中,利用多晶硅制作谐振梁,其长度为 $41\mu m$、宽度为 $8\mu m$、厚度为 $1.9\mu m$,谐振梁与驱动电极的间隙为 130nm,所施加的直流偏置电压为 $U_D = 10V$,交流信号 $u_a = 3mV$。测试结果表明,其谐振频率为 8.5MHz,9Pa 气压下,Q 值为 8000,谐振梁的最大振幅为 4.9nm。在大气压下,由于空气的阻尼效应,其 Q 值小于 1000。为了保持谐振器的高 Q 值,通常需要使用片上真空腔体,以保持谐振器所处的真空环境。

$$f_r = 1.03\sqrt{\frac{E}{\rho}}\frac{t}{L^2}$$

E = 弹性模量
ρ = 密度
t = 梁的厚度
L = 梁的长度

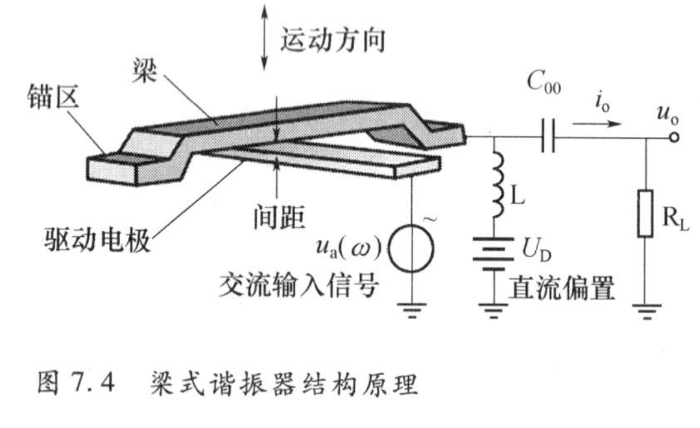

图 7.4　梁式谐振器结构原理

直流偏置电压 U_D 使谐振梁在静电力的作用下发生向下的弯曲。这个静电力降低了谐振梁与驱动电极之间的间距,并且抵消了一部分回复力,因此,降低了谐振梁的等效弹性系数。其谐振频率也随之降低,降低的系数为

$$\sqrt{1 - \frac{CU_{\rm D}^2}{k^2 g^2}} \tag{7.11}$$

式中:C 为初始的电容值;k 为弹性系数;g 为施加直流驱动电压 $U_{\rm D}$ 时谐振梁与驱动电极之间的间隙。因此,在保证 $U_{\rm D}$ 远大于 $u_{\rm a}$ 时,可以利用 $U_{\rm D}$ 来对梁式谐振器的谐振频率进行调制。

作为单梁谐振器,图 7.4 所示的谐振器为单端口器件,只有一对外接引线。由于谐振梁发生周期性的振动,因此,该端口表现为一个随着时间变化的电容 $C(\omega)$。文献[14]中,使用简单的无源电路来检测这个谐振器。该电路包括一个并联的过流电感 L 和一个串联的隔直电容 C_{00}。当直流偏置电压 $U_{\rm D}$ 较大时,其输出电流 $i_{\rm o}$ ($= U_{\rm D} {\rm d}C/{\rm d}t$) 的频率与 $u_{\rm a}$ 相同。在较高频率时,电感 L 表现为开路、电容 C 为短路,因此 $i_{\rm o}$ 流过负载电阻 $R_{\rm L}$。在实际应用中,负载电阻 $R_{\rm L}$ 为谐振器下一级的输入阻抗。谐振器的下一级通常为跨导放大器,将输入电流转化为输出电压。

频率基准源的一个重要指标是温度稳定性。而对于大部分材料的弹性模量随着温度的升高而降低,因此降低了谐振梁的等效弹性系数,进而降低了谐振器的谐振频率。对于双端固支的多晶硅谐振器而言,其谐振频率下降率为 $-17 \times 10^{-6}/{\rm K}$,而通常 AT 切向的晶体谐振器为 $-1 \times 10^{-6}/{\rm K}$ 左右。为了解决这个问题,Discera 公司使用了可变电刚度补偿的方法。

如图 7.5(a) 所示,在谐振梁的上方制作一个上电极,并且施加直流偏置电压 $U_{\rm C}$ 时,由于静电力的作用,将产生一个附加的静电弹性系数,使谐振器的等效弹性系数降低(弹簧软化效应)。上电极使用热膨胀系数大于多晶硅的金属作为支柱。但温度升高时,上电极与谐振梁之间的间距增加,这将减小由于"弹簧软化效应"所引起的谐振梁弹性系数的降低,而同时,随着温度的升高,谐振梁的机械弹性系数也降低,因此,减小了温度对谐振梁的谐振频率的影响(降低至 $0.6 \times 10^{-6}/{\rm K}$[15])。

出于工艺兼容性的考虑,整个上电极使用金属材料制作,其横向热膨胀系数也大于衬底材料(Si)。由于上电极为双端固支,因此,必须避免由于温度升高而引起的翘曲问题。为了避免这个问题,Discera 公司在上电极两侧做了两个开口来释放由于温度升高所产生的压应力,通过改进,当温度升高 100℃ 时,翘曲由 6nm 降低至 1nm。通过适当的偏置,频率的温度稳定性可以降低至 $-0.24 \times 10^{-6}/{\rm K}$,与晶体谐振器的最佳水平相当[15]。其谐振梁的长度为 40μm,宽度为 8μm,厚度为 2μm,谐振梁与驱动电极的间隙为 50nm,与上电极的间隙为 250nm。驱动电极和上电极的直流偏置电压 $U_{\rm D}$、$U_{\rm C}$ 为 8V,谐振频率为 9.9MHz,Q 值为 4100。对于 Discera 公司的产品主要针对手机移动通信中的频率基准源应用,对于 CDMA 手机,其谐振频率为 19.2MHz 和 76.8MHz,对于 GSM 手机其谐振频率为 26MHz。其工艺使用

(a)

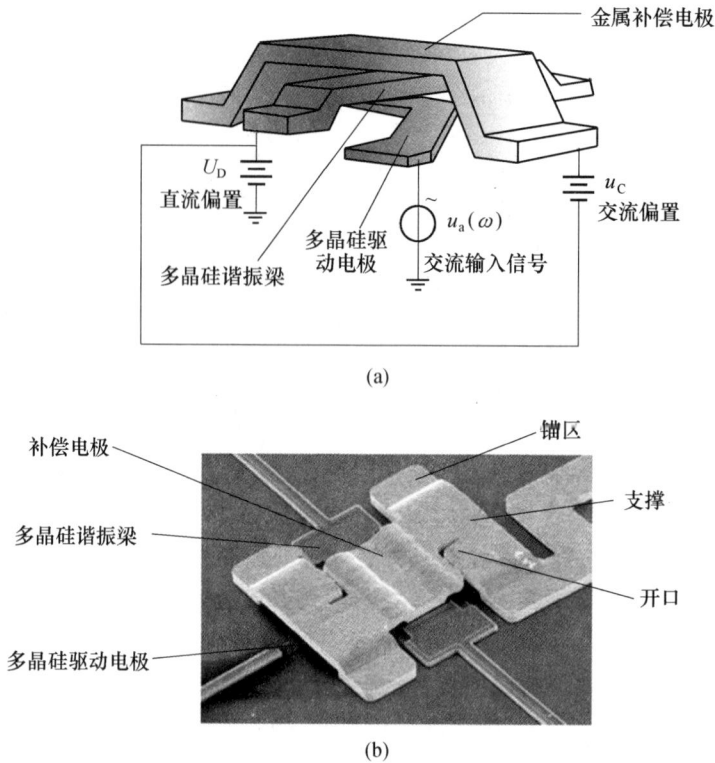

(b)

图 7.5　Discera 公司的梁式谐振器

标准的表面牺牲层工艺,利用多晶硅制作谐振梁,利用 SiO_2 作为牺牲层,并使用电镀 Au 作为上电极材料。

下面介绍带通滤波器。

前面所描述的谐振器有一个很窄的带通特性,它们可以作为一个振荡器电路设置频率,而作为带通滤波器是不适合的。带通滤波器的通带频率范围内,射频信号可以通过,而阻带内无法通过。但是,通过两个或多个微谐振器,无论是梳状还是梁式谐振器,都可以通过将谐振部分连接到一起,形成带通滤波器[16](图 7.6)。

图 7.6 中的谐振器,可以想象为两个物理上独立的,但具有相同质量和弹簧组成的简单的谐振器。谐振器的谐振频率由可以自由振荡的质量和弹簧弹性系数决定。在两个质量块之间添加柔性弹簧(图 7.7),可以限制这两个系统的振荡。这两个质量块,可以同相或者反相运动,因此,系统中为两模谐振。当两个质量块同相运动时,其系统的谐振频率与单个的质量块的谐振频率相同,两质量块之间的弹簧并不发生压缩或者拉伸;当反相运动时,两个质量块的相对位置发生变化,使

162

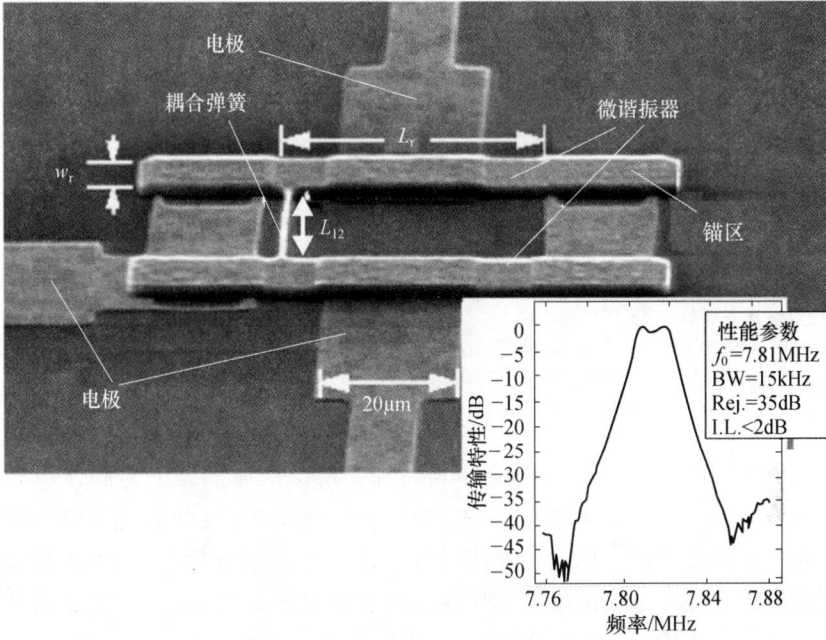

图 7.6 微谐振器组合成带通滤波器

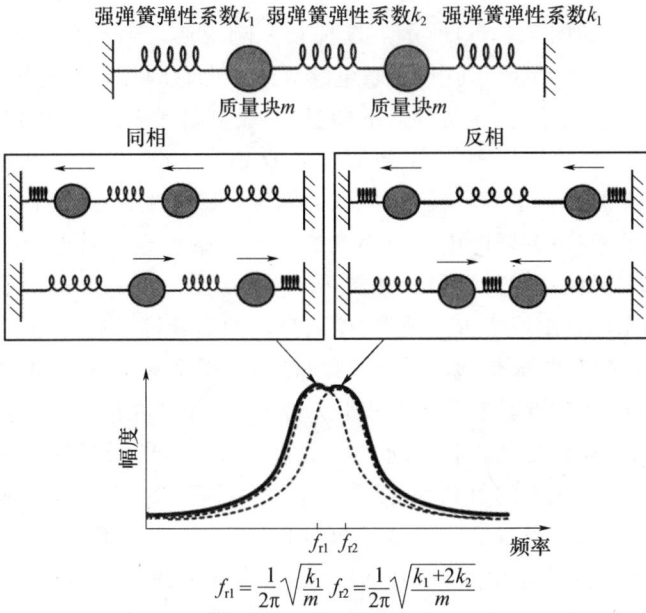

图 7.7 耦合谐振滤波器

得其间的弹簧发生拉伸或者压缩,将发生质量块之间的最大相对位移,使质量块之间的弹簧产生回复力,而根据牛顿第二定律,产生了一个更高的振荡频率。

耦合谐振滤波器为双端口器件,具有两个引脚的输入和两个引脚输出。一个交流电压输入作为驱动,输出采用与单一谐振器相同的方法,使用直流偏置。由于电容变化,电流输出为 $U_D dC/dt$,通过跨导放大器,产生输出电压。从一个电子工程师角度看,微机械谐振器的耦合行为可以看作为一个滤波器。一个弹簧质量系统等效为双电感器和电容器(LC 网络)网络:电感等效为系统中的动能,而电容则等效为弹簧中所存储的势能。一个串联的微机械谐振器可以等效为一个 LC 梯形网络,通过适当的设计,可以获得 Butterworth 和 Chebyshev 响应。

7.2.4 薄膜体声波谐振器

除了使用机械谐振方式,利用压电材料和 MEMS 技术制作的薄膜体声波谐振器(FBAR)也可以获得较高 Q 值。FBAR 使用如图 7.8(a)所示的金属—压电材料—金属的三明治结构。压电材料使用具有较高 d_{33} 的材料制作,并且保持两金属电极之间的低损耗。当交流信号施加在压电材料两侧的电极上时,在压电材料中产生声波并以声速传播。当该器件的上、下电极处于空气或者真空中时,由于声波传导材料的不连续,将在界面发生反射,使声波在压电材料中沿着厚度方向来回传播。当声波的波长等于两倍压电材料的厚度时,将产生驻波(机械谐振),在电学上表现为低阻抗,如图 7.8(b)所示。这种频率响应通常使用串联的 LCR 网络进行等效,如图 7.8(c)所示。其中,串联电感等效压电材料振动的动能,串联电容等效由于压电材料被压缩、拉伸所存储的能量,串联电阻代表能量的损耗。对于较好的设计及工艺条件,串联电阻较小,可以使其 Q 值在 1000 以上。另外在上下电极之间也具有较大的平板电容。其中,串联的电容电感发生谐振,使该器件在谐振频率处具有较低的阻抗;并联的电容与串联的电容电感也会在另外的频率点处发生谐振,使该频率处具有较高的阻抗,如图 7.8(b)所示。

利用 FBAR 可以组成窄带滤波器,使通带内的信号可以通过,而带外的杂波得以抑制。利用 FBAR 组成带通滤波器,可以使用如图 7.8(d)所示的 T 型网络[17]。其中,串联的 FBAR 需要具有相同的串联谐振频率,使其在谐振频率具有较低的阻抗,相应频率的射频信号低损耗地通过。由于并联电容所引起的并联谐振具有较高的阻抗,因此较高频率的射频信号无法通过。并联 FBAR 被设计成具有较低的串联谐振频率,使不想通过的频率信号短路到地,并不影响需要通过的射频信号。图 7.8(e)中是目前商业化的 FBAR 滤波器的传输曲线[18]。Agilent 公司于 2001 年为手机生产 FBAR 滤波器。由于手机向小型化发展的趋势,使得基于 MEMS 技术的 FBAR 滤波器具有广阔的市场需求。其中,需求最多的是利用一对 FBAR 滤

图 (a) 金属 / 压电材料 / 金属，空气/空气，符号

图 (b) 阻抗绝对值 / 频率：串联谐振低阻抗，并联谐振高阻抗

图 (c) 串联电感 电容 电阻，并联电容

图 (d) 串联FBAR在通带中心具有低阻抗，使所需信号通过。在通带上边缘具有高阻抗，阻止不需要的频率。 输入 输出 并联FBAR在通带下边缘具有低阻抗，对于不需要的频率，起到短路地的作用

图 (e) 单个FBAR的阻抗绝对值 / 频率：并联FBAR将通带以下频率信号接地，大幅度过滤掉通带频率，串联FBAR将所需频率输出，大幅度过滤掉高频率；梯形滤波器的衰减：0dB，带外高衰减，通带，通带内衰减小

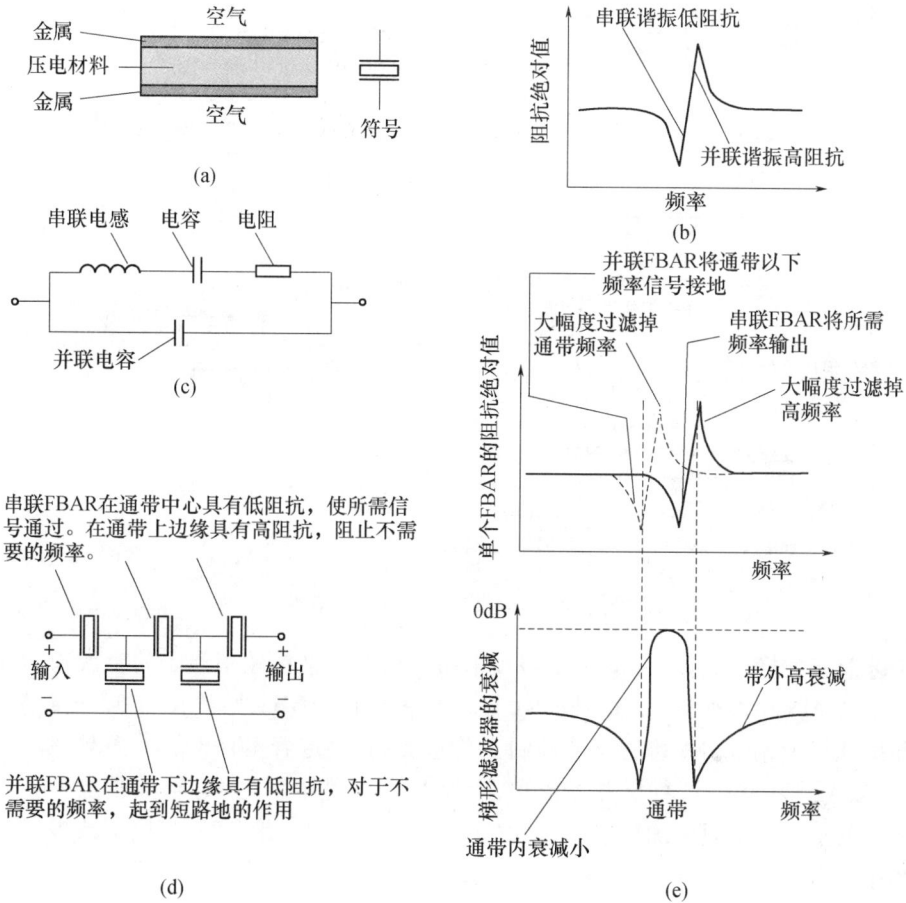

图 7.8 薄膜体声波谐振器

波器代替手机天线的双工器,其中一个带通滤波器使功放的输出传输到天线(对于 PCS 来说,为 1.85GHz～1.91GHz);另一个滤波器具有不同的通带频率,使天线收到的射频信号通过,传输到 LNA 的输入端(对于 PCS 来说,为 1.93GHz～1.95GHz)。

Agilent 公司生产的 FBAR 滤波器的工艺如图 7.9 所示,该工艺开始于高阻硅片。利用高阻衬底主要是为了降低在衬底中所引起的涡流损耗。在硅片上刻蚀几微米深的腔体。利用热氧化的方法形成电绝缘的 SiO_2。利用 LPCVD 淀积一层硼硅玻璃 PSG,将衬底上的腔体填满。利用化学机械抛光(CMP)的方法,将 PSG 磨平。这样,可以获得非常平坦的 PSG 薄膜。溅射 $0.1\mu m$ 厚的钼(Mo)并且图形化作为下电极。使用 Mo 作为下电极,主要是因为其具有较低的电阻率、低机械损耗

165

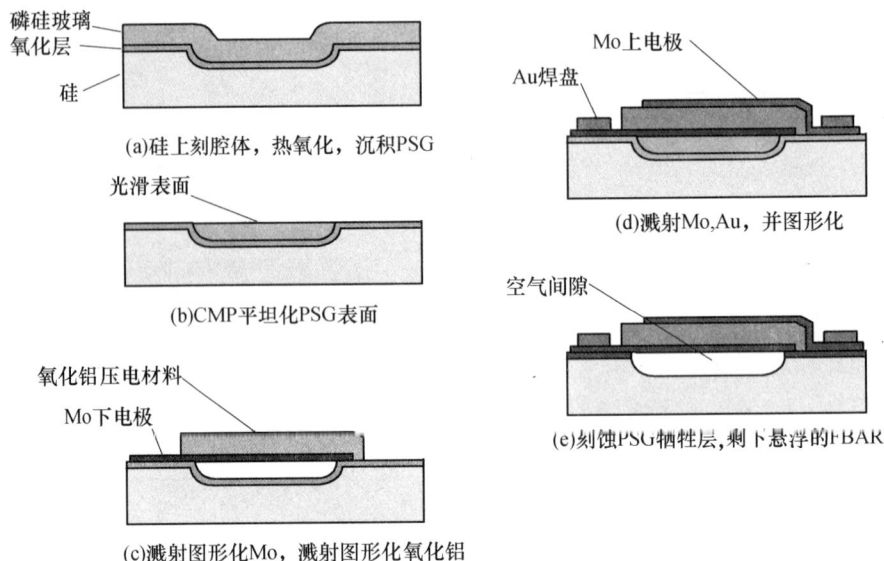

磷硅玻璃
氧化层
硅

(a)硅上刻腔体，热氧化，沉积PSG

光滑表面

(b)CMP平坦化PSG表面

氧化铝压电材料
Mo下电极

(c)溅射图形化Mo，溅射图形化氧化铝

Au焊盘
Mo上电极

(d)溅射Mo,Au，并图形化

空气间隙

(e)刻蚀PSG牺牲层，剩下悬浮的FBAR

图 7.9　Agilent 公司的 FBAR 滤波器工艺

和工艺兼容性好。氮化铝(AlN)的厚度取决于材料中谐振频率声子的半波长。如果声子在 AlN 中的速度为 11.4km/s,谐振频率为 1.88GHz,则波长为 6.1μm,AlN 的厚度选择为 3μm。AlN 的厚度控制至关重要,其决定着 FBAR 的谐振频率。接下来,依次溅射 Mo 层、Al 层并图形化,形成 Pad,通过图形化 Mo 形成顶电极。一个额外的小面积金属增加或减少,可改变谐振器顶部的质量负载,以降低或提高谐振频率[19]。

7.3　基片集成波导型谐振器

在多层的微波集成电路中,利用周期性的金属通孔构成、被称为基片集成波导(Substrate Integrated Waveguides,SIW)的类波导结构继承了传统的波导器件高品质因数和大功率容量等优良特性,并且具有易于加工、造价低和容易集成的优点。如图 7.10 所示,基片集成波导是用成排的金属通孔在双面覆盖金属层的低损耗介质基片(如 Low - Temperature Co - fired Ceramics,LTCC 等介质基片)上形成的,所以基片集成波导器件的一个重要性质是具有与传统矩形波导相近的特性,诸如品质因数高、易于设计等,同时也具有体积小、重量轻、容易加工、造价低和易于集成等传统矩形波导所没有的优点。如果应用 SIW 实现滤波器和双工器等高 Q 值的无源器件,则可以把整个微波毫米波系统制作在一个封装内(System On Package,

SOP),使微波毫米波系统小型化,同时降低了成本;所以 SIW 技术有光明的应用前景。在短短的几年时间里,众多的学者和科技工作人员致力于 SIW 技术的研究和应用工作,取得了可观的成果。

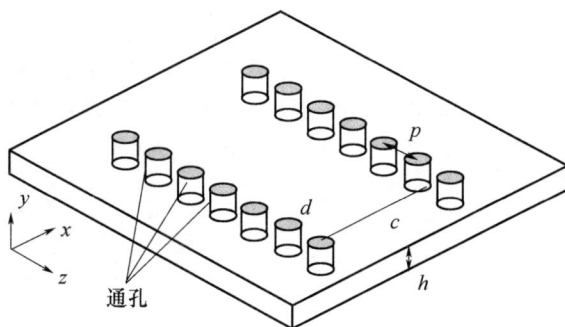

图 7.10　基片集成波导结构示意图

SIW(基片集成波导)技术可以将非平面波导元件和平面传输线电路集成在同一衬底上[20-23],更易同有源电路集成,腔体式谐振器是 SIW 代表性的元件之一[24-26],SIW 谐振器具有 Q 值高、体积小等优点。由 SIW 谐振器构成的 MEMS 微波滤波器在高频端表现出了良好的性能,不仅插损小,而且易于集成,体积小、重量轻。

7.3.1　SIW MEMS 谐振器

谐振器是滤波器的基本元件也是核心元件,要设计出性能良好的滤波器,就需要对谐振器作充分而详细的研究。本节将对 SIW MEMS 滤波器中关键元件 SIW 谐振器的设计方法进行探讨。

设计 SIW 谐振器为矩形波导谐振腔时,首先需要分析矩形波导谐振腔的谐振频率参数。设波导口的长宽为 a、b,腔体长度为 d(图 7.11),则波导谐振腔的谐振波数[27]

$$k_{mnp} = \left[\left(\frac{m\pi}{a} \right)^2 + \left(\frac{n\pi}{b} \right)^2 + \left(\frac{p\pi}{d} \right)^2 \right]^{1/2} \qquad (7.12)$$

谐振频率

$$f_{mnp} = \frac{k_{mnp} v_p}{2\pi} \qquad (7.13)$$

式中:mnp 为 TEM 模的模数;v_p 为相速。对于矩形腔,其谐振频率对于 TE 模和 TM 模是一样的,工作于主模 TE101 时,谐振频率

167

$$f_{101} = \frac{c \sqrt{\left(\frac{1}{a}\right)^2 + \left(\frac{1}{d}\right)^2}}{2\sqrt{\varepsilon_r}} \qquad (7.14)$$

式中：c 为光速；ε_r 为介质的相对介电常数。

采用 SIW 技术,形成硅单片 MEMS 微波谐振器,利用通孔阵列形成硅介质填充的波导谐振腔结构(图 7.12),调整通孔尺寸和通孔间距形成 NRD(Non – Radiative Dielectric)波导结构。图 7.11 中 a 和 d 为形成的 MEMS 微波谐振器有效宽度 W_{eff} 和长度 L_{eff}。

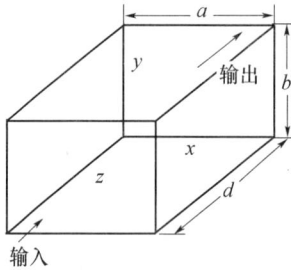

图 7.11 矩形波导谐振腔

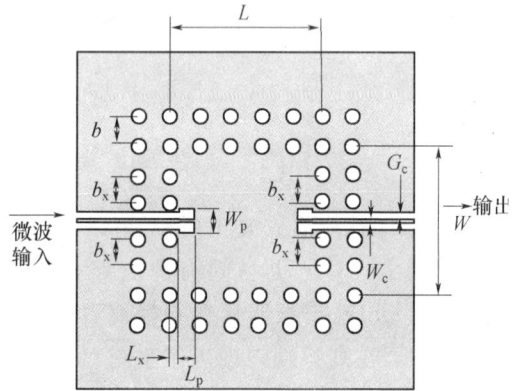

图 7.12 SIW 谐振腔

Cassivi 近似公式表示为:谐振频率

$$F_{R(TE_{m0q})} = \frac{c_0}{2\sqrt{\varepsilon_r}} \sqrt{\left(\frac{m}{W_{eff}}\right)^2 + \left(\frac{q}{L_{eff}}\right)^2} \qquad (7.15)$$

其中 $L_{eff} = L - \dfrac{D^2}{0.95 \cdot b}$，$W_{eff} = W - \dfrac{D^2}{0.95 \cdot b}$

式中：D 为通孔直径;这里 b 为通孔间距,$b < \lambda_0 \cdot \sqrt{\varepsilon_r}/2$,并且 $b < 4D$;下角 TE_{m0q} 表示波导谐振模式。另外还需考虑谐振器与传输线的耦合结构设计,包括 3 种结构:电流耦合、电压耦合、槽(缝隙)耦合。对于单片集成的 MEMS 微波谐振器,常使用前两种,目前只有定性分析,无计算公式。

Q 值计算公式如下(从测量的 S 参数中解析出,弱耦合谐振器结构)[28]:

有载品质因数

$$Q_L = \frac{f_0}{\Delta f_{3dB}} \qquad (7.16)$$

外部品质因数

168

$$Q_e = 10^{-[S_{21}(dB)/20]} \cdot Q_L \qquad (7.17)$$

无载品质因数

$$Q_U = \left(\frac{1}{Q_L} - \frac{1}{Q_e} \right)^{-1} \qquad (7.18)$$

7.3.2 SIW MEMS 谐振器的制作工艺

首先在高阻硅衬底材料上热氧化一层 SiO_2 膜,光刻出通孔窗口,蒸发金属 Al,
刻出通孔窗口,使用 ICP 深硅刻蚀工艺,
控制工艺参数,使孔径、孔深、垂度、孔边
缘粗糙度工艺一致性好、重复性好;再去
除 Al 掩蔽层,溅射、电镀一层 Au 作为微
波信号传输线;接着磨片减薄衬底,直到
露出通孔;最后进行背溅、电镀,使背面金
属通过通孔与衬底正面金属相连。图
7.13 为南京电子器件研究所研制的谐振
器样品图。样品尺寸为芯片尺寸:4.7mm×
4.6mm。

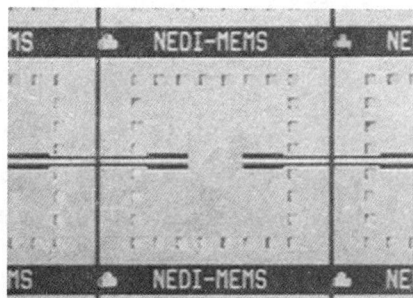

图 7.13 南京电子器件研究所
谐振器样品图

在 Cascade 探针台上,使用 Agilent 8510C 网络分析仪,对三个谐振器样品(样
品编号为 R2E,R2D,R5G)进行在片微波性能测试,结果如图 7.14 所示。MEMS
微波谐振器的谐振频率为 21GHz,有载品质因数 >59,无载品质因数 >180。

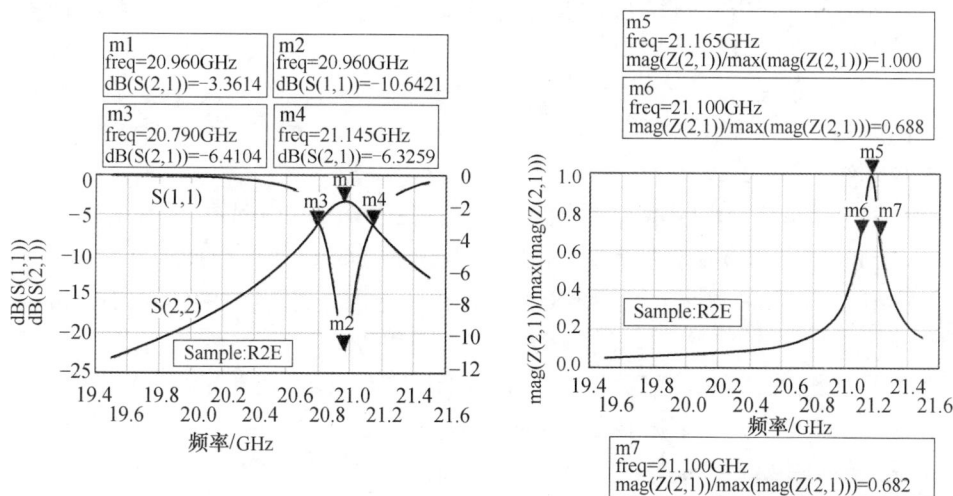

图 7.14 南京电子器件研究所硅单片 MEMS 谐振器测试结果

7.4 MEMS 压控振荡器

如今,传统石英或压电陶瓷材料的时钟产品受制于物理特性,其可靠性、精度和高性能之间的平衡很难保持,传统材料具有易碎性,在厚度小于 0.8mm 时的抗冲击、震动能力都大受影响,使得传统材料的薄型化产品面临着高成本及低成品率的问题;而 MEMS 谐振器内建谐振器,无需外挂晶振,有助于减少体积和成本。

目前,制造 MEMS 振荡器的主要厂商有美国 SiTime、Discera 和日本 Epson Toyocom(爱普生东洋)等。SiTime 和 Discera 制造以硅为材料的 MEMS 振荡器,Epson Toyocom 的 MEMS 振荡器则采用被该公司称为 QMEMS 的新型材料。MEMS 振荡器在代替石英振荡器和 PLL 电路的 SoC 领域最有可能实现高增长,MEMS 振荡器正以 120% 的年增长率挤压石英振荡器市场。除上述三家公司外,美国 Silicon Clocks、荷兰 NX PSemiconductors、意法合资 STMicroelectronics、芬兰 VTT Processes(研究中心)、芬兰 VTI Technologies、日本 Seiko Epson(精工爱普生)等也已研发 MEMS 振荡器。

以 SiTime 公司为例,它是一家全硅 MEMS 时钟产品供应商,其 MEMS 技术源自 Bosch,通过改进并结合高性能的仿真技术,以标准的 CMOS 制程完成产品的设计和制造,SiTime 可编程压控振荡器(VCMO)由高性能、高可靠性的 MEMS 谐振器和先进的模拟电路组成。

SiTime MEMS 压控振荡器的核心是 MEMS 谐振器。SiTime 公司通过它的 MEMS First™(图 7.15)以及 EPi‐Seal™ 两项专利工艺技术,实现了 MEMS 谐振器与 CMOS 电路的结合。由于采用标准的 CMOS 生产工艺和 IC 封装技术,它能在确保准确度和可靠性的基础下,在一片 8 英寸晶圆上一次生产 5 万个晶体振荡器,从而大幅降低了成本。

SiTime 的全硅 MEMS 谐振器制作工艺 MEMS First™ 步骤如下:①依照谐振器设计,以 Bosch 或深反应离子蚀刻(DRIE)工艺对厚 SOI 圆片进行刻蚀。②对刻蚀出的凹槽充 SiO_2,形成平坦的表面,并预留出谐振器与电极间的连接孔。③在 SiO_2 层上生长多晶硅,并预留出之后去除谐振器周边层所需的通孔。通孔位于谐振器位置上方,在去 SiO_2 层后,谐振器才可自由振动。④由通孔充入氢氟酸,去除 SiO_2 层。该步骤决定了谐振器真空腔的大小,形成了悬空的谐振器横梁。⑤谐振器密封工艺——EPi‐Seal™:用热氢气、氯气清洁谐振器和真空腔,同时以多晶硅封填步骤③中制作的通孔,形成较厚的密封层,以保证腔体的真空洁净。该步骤对于确保谐振器的频率稳定性极其重要。⑥根据步骤①中预留的连接孔,挖槽、填

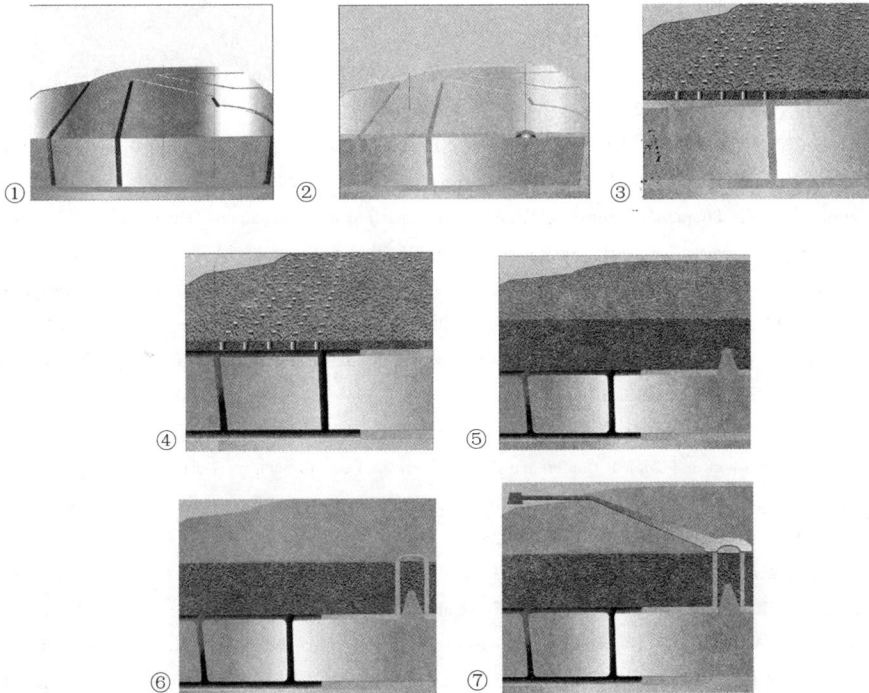

图 7.15 MEMS First^{TM}工艺流程组图

充、实现谐振器与电极的连接。⑦采用 Al 实现谐振器与 CMOS 电路的互连,并用 SiO_2 和氮化物膜覆盖。

参 考 文 献

[1] Bannon F D, Clark J R, Nguyen C T – C. High frequency micromechanical filters[J]. IEEE J. Solid – State Circ. , Apr. 2000, 35(4):512 – 526.

[2] Wang K, Wong A – C, Nguyen C T – C. VHF free – free beam high – Q micromechanical resonators[J]. IEEE/ASME J. Microelectromech. Syst Sep. ,2000,9(3): 347 – 360.

[3] Abdelmoneum M A, Demirci M U,Nguyen C T – C. Stemless wine – glass – mode disk micromechanical resonators[C]. Kyoto, Japan;in Proc. 16th IEEE Int. MEMS Conf. , Jan. 19 – 23, 2003;698 – 701.

[4] Wang J, Ren Z, Nguyen C T – C. 1.156 – GHZ self – aligned vibrating micromechanical disk resonator[J]. IEEE Trans. Ultrason. Ferroelect. Freq. Contr. ,Dec.2004, 51(12);1607 – 1628.

[5] Wang J, Butler J E, Feygelson T,et al. 1.51 – GHz polydiamond micromechanical disk resonator with impedance – mismatched isolating support[C]. in Proc. IEEE Int. MEMS Conf. , Maastricht, The Netherlands, Jan. 25 – 29, 2004; 641 – 644.

［6］Li S - S, Lin Y - W, Xie Y, et al. Micromechanical hollow - disk ring resonators［C］. Maastricht, The Netherlands: in Proc. 17th IEEE Int. MEMS Conf. , Jan. 25 - 29, 2004:821 - 824.

［7］Tang W C, Nguyen T - C H,Howe R T. Laterally Driven Polysilicon Resonant Microdevices［J］. Sensors and Actuators,1989, 20: 25 -32.

［8］Nguyen C T - C,Howe R T. CMOS Micromechanical Resonator Oscillator［C］. Technical Digest of International Electron Devices Meeting, Washington, D. C: December 1993:199 - 202.

［9］Nguyen C T - C. Frequency - Selective MEMS for Miniaturized Communications Devices［C］. Proceedings of 1998 IEEE Aerospace Conference, Snowmass, CO,March 1998:445 - 460.

［10］Wang K,Nguyen C T - C. High - Order Micromechanical Electronic Filters［C］. Nagoya, Japan: Technical Digest of IEEE 1997 International Micro Electro Mechanical System Workshop,January 26 - 30, 1997:25 - 30.

［11］Nguyen C T - C, Howe R T. Quality Factor Control for Micromechanical Resonantors［C］. San Francisco, CA:Technical Digest of International Electron Devices Meeting, December 1992:505 - 508.

［12］MoMillan J A, et al. High Frequency Single Crystal Silicon Resonant Devices［C］. Proceedings of the 38th Annual Symposium and Topical Conference of the American Vacuum Society, 1991.

［13］Bannon F D, Clark J R,Nguyen C T - C. High - Q HF Microelectromechanical Filters［J］. IEEE Journal of Solid - State Circuits, 2000,35(4):512 - 526.

［14］Wang K, Wong A C, Nguyen C T - C. VHF Free - Free Beam High - Q Micromechanical Resonators［J］. Journal of Microelectromechanical Systems, September 2000, 9(3):347 - 360.

［15］Hsu W - T,Nguyen C T - C. Stiffness - Compensated Temperature - Insensitive Micromechanical Resonators ［C］. Las Vegas, NV:Technical Digest of 15th IEEE Conference on Micro Electro Mechanical Systems, January 2002:731 - 734.

［16］Nguyen C T - C . Frequency - Selective MEMS for Miniaturized Communications Devices［C］. Snowmass, CO: Proc. 1998 IEEE Aerospace Conference, March 21 - 28, 1998:445 - 460.

［17］Larson J D, et al. A BAW Antenna for the 1900 MHz PCS Band［C］. Proc. 1999 Ultrasonics Symposium: 887 - 890.

［18］Agilent ACPF - 7001 High Rejection Tx Filter for US PCS Band Data Sheet［C］. Palo Alto, CA: Agilent Technologies, Inc. , March 30, 2003.

［19］Ruby R C, et al. Thin Film Bulk Wave Acoustic Resonators (FBAR) for Wireless Applications［C］. Proc. 2001 IEEE Ultrasonics Symposium: 813 - 821.

［20］Das B N,Prasad K V, Rao K V S. Excitation of waveguide by stripline and microstip - line - fed slots［J］. IEEE Transactions on Microwave Theory and Techniques, 1986,34(3): 321 - 327.

［21］Deslandes D, Wu K. Integrated microstrip and rectangular waveguide in planar form［J］. IEEE microwave and guided wave letters, 2001,11(2):68 - 70.

［22］Zhang Y L,Hong W,Xu F,et al. Analysis of guided - wave problems in substrate integrated waveguides - numerical simulations and experimental results［C］. IEEE MTT - S Digest, 2003: 2049 - 2052.

［23］Tager A,Bray J, Roy L. High - Q LTCC resonator for millimeter wave applications［C］. IEEE MTT - S Digest, 2003:2257 - 2260.

［24］Strohm K M,Schmückle F J,Schauwecker B, et al. Silicon micromachined RF MEMS resonators［C］. IEEE MTT - S Digest, 2002:1209 - 1212.

［25］Strohm K M,Schmückle F J,Yaglioglu O, et al. 3D silicon micromachined RF resonators［C］. IEEE MTT -

172

S Digest, 2003:1801 - 1804.

[26] Micro - machined resonating oscillators[OL]. www. sophiawireless. com, 2003.

[27] Bahl I J,Bhartia P. 微波固态电路设计[M]。机械电子工业部第十四研究所译,南京:机械电子工业部第十四研究所,1991:211 -260.

[28] Papapolymerou J,Cheng J,East J, et al. A micromachined high - Q X - band resonator[J]. IEEE microwave and guided wave letters, 1997, 7(6):168 - 170.

第8章 RF MEMS 滤波器

射频滤波器是射频、微波、毫米波电路中最常用的无源器件,按功能分类有:低通滤波器、高通滤波器、带通滤波器、带阻滤波器;按结构分类有:LC 滤波器、腔体滤波器、介质滤波器、波导滤波器、管状滤波器、螺旋滤波器等,以滤波器为基础,可以组成双工器、多工器、选频组件,在雷达、通信领域有着广泛的应用。利用 RF MEMS 技术实现的 RF MEMS 滤波器[1]在小型化、集成化和低成本方面已体现出明显的优势,无论是固定频点的 MEMS 滤波器,还是可调滤波器方面,已掀起了研究和产业化的高潮。

8.1 概　　述

微波带通滤波器作为一种重要的微波元器件在近几年来也得到了大力的发展。尤其是在接收机前端,带通滤波器性能的优劣直接影响到整个接收机性能的好坏。国外从 20 世纪五六十年代开始进行微波滤波器的研究,形成了较完善的理论、分析、综合的方法。常规的滤波器类型有腔体式滤波器、波导滤波器、陶瓷滤波器和分立元件(LC)滤波器。图 8.1 为美国 Lorch Microwave 公司的滤波器产品结构[2],性能比较如表 8.1 所列。

表 8.1　微波滤波器性能比较

类　型	频 率 范 围	带宽系数	滤波器阶数 n	工 作 温 度
腔体式滤波器	30MHz ~ 40GHz	0.5% ~ 66%	2 ~ 17	− 55℃ ~ + 85℃
波导式滤波器	2GHz ~ 40GHz	0.5% ~ 5%	2 ~ 13	− 55℃ ~ + 85℃
陶瓷滤波器	0.4GHz ~ 3GHz	0.5% ~ 5%	2 ~ 6	− 20℃ ~ + 70℃
分立元件滤波器	5MHz ~ 10GHz	0.5% ~ 100%	2 ~ 10	− 55℃ ~ + 85℃

大规模集成电路解决了有源器件的小型化,但传统的微波滤波器等无源元件因其体积没有得到改善而成为系统集成瓶颈问题。随着现代材料科学与电子信息科学技术的交叉渗透和全面发展,全固态化的各类片式高频、微波滤波器和中频滤波器,向着高性能、低成本、小型化、高频化等各方面飞速发展。新技术主要体现在以下几个方面。

（a）腔体式滤波器 　　　　　　　　　（b）波导式滤波器

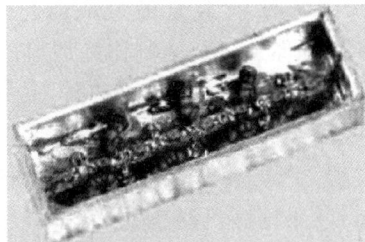

（c）陶瓷滤波器 　　　　　　　　　（d）分立元件滤波器

图 8.1　滤波器结构图

8.1.1　HTS 滤波器

　　1987 年首次发现转换温度超过液氮温度的高温超导体（HTS），成为 20 世纪基础研究的一个极为重要的成果。近 10 年来，一批性能卓越的高温超导微波无源器件相继诞生。高温超导材料具有接近于无耗的特性（一般工作温度 77K），利用它可以构成高质量的微波谐振器、滤波器和多工器等。利用 HTS 薄膜可构成微带、带状线、E 面波导滤波器等。这些滤波器具有极高的无载 Q 值、理想的微波特性、很低的插入损耗和带内衰减，并且有非常陡的平移特性，而且滤波器的尺寸可以做得很小，易于与其他微波集成电路元件集成，具有诱人的发展前景。

8.1.2　LTCC 滤波器

　　低温共烧陶瓷（LTCC）是现代微电子封装中重要的研究分支，作为一种电路基板，可以将无源元件，如电感、电容、电阻、传输线以及滤波器等完全掩埋在介质中，以多层电路结构的形式实现。LTCC 滤波器通过滤波器元件的垂直摆放，减小了芯片面积，由于不使用分离元件，降低了装配时间，也降低了成本。如日本的村田（Murata）、京瓷（Kyocera）、美国的AVX、台湾地区的华新科技（Walson）等生产的 LTCC 射频滤波器。图 8.2 为美国 Mini – Circuits 公司生产的 5 级低

图 8.2　LTCC 滤波器
结构图

通滤波器,尺寸 3.2mm × 1.6mm × 0.94mm,通带截止频率最高为 6.7GHz。

8.1.3　RF MEMS 滤波器

众所周知,空腔谐振器的 Q 值同它的体积成正比,利用 MEMS 工艺的高精度在微波毫米波电路中实现高精度腔,实现的器件性能可与波导相媲美。如美国密歇根大学(UoM)1997 年研制的 X 波段硅基 MEMS 谐振腔[3],尺寸是 16mm × 32mm × 0.465mm,无载 Q 值 506,而同样尺寸的金属波导的 Q 值是 526,两者相差无几。利用硅体加工技术制作微加工传输线,采用高阻硅作衬底,用体硅工艺制成悬空的膜片,在膜片上制作微带线,传输的信号接近纯 TEM 模,介电损耗接近 0,UoM 从 1995 年开始研究该技术,先后研究了 20GHz、37GHz、60GHz 和 94GHz 的带状线滤波器[4-6],实现了较好的性能。而为了降低尺寸,利用硅片衬底材料的高介电常数特性,采用微机械工艺,在硅片上实现微波毫米波滤波器。基片集成波导(SIW)是在基片上通过通孔阵列形成波导结构,将非平面波导元件和平面传输线电路集成在同一衬底上,从而达到高 Q 值、插损低、小体积的目的,利用硅微机械加工的微细加工手段,实现硅基基片集成波导型 MEMS 滤波器,在毫米波段具有明显的性能优势。

在低频应用时,腔体谐振器、传输线谐振器的尺寸过大,不适合小型化使用,在 0.4GHz ~ 6GHz 量级应用时,声表面波(SAW)、陶瓷滤波器和体声波(BAW)器件[7,8]具有优势,薄膜体声波(FBAR)元件工艺上包含平行板电极和压电材料,不需 SAW 的叉指换能器结构,不需亚微米量级的线条精度。而陶瓷滤波器的尺寸和厚度限制了目前小型化无线终端应用。研究成果表明,FBAR 器件在 3GHz 频率范围内,Q 值 > 2000,满足了无线通信的集成化、微型化的需求。目前美国 Avago 公司和欧洲 Infineon 公司的 BAW 滤波器和双工器已批量生产,主要应用于 GSM、CDMA、PCS 系统中。

在中频应用时,微机械谐振器却颇具吸引力,这是因为它具有谐振频率同硬度质量比的平方根成正比的特性所致。机械式滤波器具有 Q 值高、稳定性好等特点,已经被广泛用做各种信号处理过程。

利用 MEMS 方法制作微型化的滤波器和谐振器是最早的 RF - MEMS 器件之一。到目前为止,已经研究出多种微型机械式滤波器。根据谐振器的结构特点,可分为静电梳状结构滤波器、固定梁滤波器、自由梁滤波器、体声波滤波器等。梳状结构滤波器通常由两个以上的微机械谐振器串联组成。其频率范围在低频(LF)与甚高频(VHF)之间。

多波段通信业的迅速发展,促进了多波段可调滤波器的发展,由 MEMS 开关、变容器、电感组成可调谐滤波器,具有高 Q 值、低功耗、可调频率和带宽,利于和其他有源、无源器件集成等优点。目前已报道了 VHF – UHF 频段、2GHz ~ 18GHz 频段以及毫米波应用的 MEMS 可调滤波器,对以后的智能前端、软件无线电的实现提供了集成化的可调谐的选频器件。

8.2 微机械传输线

微波电子学领域,传输线是一种用途广泛的元件。传输线不仅可以独立构成电路,而且又是滤波器等许多电路和系统的关键元件,已经对各种微机械传输线的应用电路开展了研究,产生了一系列令人振奋的结果。

传输线利用两个相位相反的电流相互抑制而传播无辐射 EM 波,平行的信号和地支持反相电流,使除两导体之间以外的其他空间场相互抵消。由于衬底损耗及其寄生阻抗,即使在微带线、带状线、耦合带状线、共面波导等传输线中,传输效率仍旧是非常重要的问题,如寄生连接电容会引起不匹配和波的泄漏,而衬底的介电损耗会降低传输线的功率传输能力。

平面传输线的损耗包括导体损耗、介质损耗、辐射损耗。导体损耗是由于信号经过导体时,导体材料的非理想性引起的,尤其在微波和毫米波频段,电流密度主要集中在导体表面,随着深度的增加而指数减小,即趋肤效应。趋肤效应使电流产生焦耳热并消耗功率,形成欧姆损耗。对于有耗导体,信号的衰减与趋肤深度成反比。介质损耗和频率无关,是由场在部分或者全部衬底内分布引起的,这是因为极化电荷及其翻转速度落后于电场变化而导致介质会吸收部分传输功率。传输线工作在开放或者半开放的情况下会产生辐射损耗,包括整个线长上的分布辐射损耗和局部不连续引起的辐射损耗,前者可以通过工作在主模来抑制,而后者却随着不连续处的寄生效应而增加。

在第 4 章 MEMS 开关主要是表面工艺,传输线采用的是传统的微带线和共面波导(CPW),而本章侧重的是利用 MEMS 体工艺的各类微机械传输线。

8.2.1 薄膜支撑型微机械传输线

微带线是衬底两面位置相互对应的两个金属导体构成的结构(图 8.3(a))。在单片集成电路中使用的微带线都采用无穷大的地(和衬底同样大)以减少欧姆损耗。根据微带线理论,这种微带线的电特性是由其几何尺寸、导体和衬底的介电特性决定的。这种微带线的缺点是,共用地的微带线之间的隔离度较差,往往需要加大间距以减小耦合;另外这种微带线也使垂直的集成比较困难。由此产生了有限地微带结构,如图 8.3(b)。为了保持微带线的特性,地的宽度要在传输线两端各宽出两个衬底厚度,但有时也得把地设计得比较细以获得高的阻抗。与普通微带线相比,有限地微带线的导体损耗比较大,这是因为传输线的表面电阻增加的缘故,尤其对于比较薄的衬底,采用比较窄的中心导体会引起欧姆损耗增加。

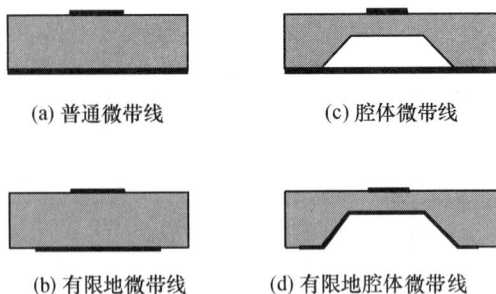

(a) 普通微带线   (c) 腔体微带线

(b) 有限地微带线   (d) 有限地腔体微带线

图 8.3 各种微带线结构

微带线的导体损耗与线宽成反比,当导体宽度比趋肤深度大很多倍时,导体损耗很小。而当导体宽度减小到几个微米时,导体损耗已经非常大,在衬底厚度很小时,导体损耗是传输损耗的主要部分。微带线的介质和辐射损耗可以通过增加衬底厚度来减小,但是衬底却增加了连接和过渡处的寄生电容和辐射电阻,从而导致导体有可能在这些地方产生辐射。为了减小辐射,可以通过局部减小衬底厚度增加导体电容实现,如图 8.3(c)和(d)所示。导体下面的衬底通过 KOH 或 DRIE 刻蚀减薄,从而减小有效介电常数并提高 TEM 模传输特性。

8.2.2 微屏蔽微机械传输线

共面波导(CPW)是地和传输线在同一平面内的平面型波导,它和共面带状线是互补结构,有限地共面波导(FGC)是地只有有限宽度的共面波导,如图 8.4 所示,FGC 的特征阻抗由几何尺寸(地宽度 W_g、缝隙宽度 W、导体宽度 S)和有效介电

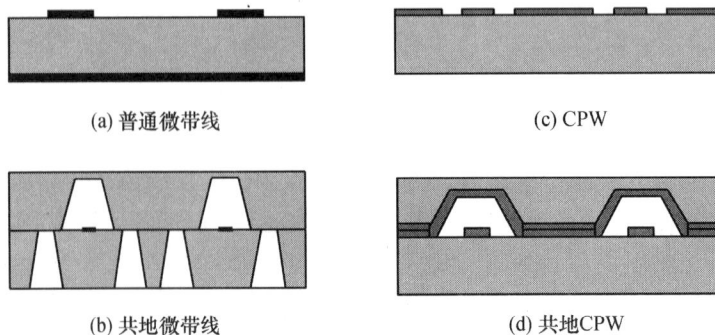

(a) 普通微带线   (c) CPW

(b) 共地微带线   (d) 共地CPW

图 8.4 CPW 与微带线结构比较

178

常数决定,静态分析与保角映射表明特性阻抗是深度比 $S/(S+2W)$ 的函数。FGC 的优点是能够抑制寄生平行板模式,因此共地时不需要过孔,并且传输特性受衬底厚度和背面镀金属与否的影响不大。

由于 FGC 只有导体损耗,因此只有特征阻抗 Z_c 会影响损耗因子。增大 Z_c 使导体电流分布减弱,导体损耗减小。通过改变深宽比 $S/(S+2W)$ 或去除缝隙下面的介电材料可以增加 Z_c 而减小导体损耗。增大 Z_c 要求大的传输线几何尺寸,使截止频率降低。为了避免传输线有效带宽的下降,可以通过微加工技术去除缝隙下面的介电材料,从而减小传输线电容、增加特性阻抗、降低欧姆损耗。

微加工去除介电材料的方法是各向同性或各向异性刻蚀。各向异性刻蚀产生梯形或矩形槽,而各向同性刻蚀产生近似圆形槽。当槽的宽度 G 达到或者超过缝隙宽度 W 时,传输线特性发生明显的变化。由于刻蚀使空气区域增加,因此有效介电常数下降。在各向同性刻蚀中,随着横向刻蚀比例的增加,传输线的损耗单调减小,并且小于同样深宽比的 FGC。微加工有限地共面波导(MFGC)的损耗接近屏蔽微带线的损耗,仅次于金属波导。

8.2.3 悬浮型微机械传输线

同传输线有关的大多数性能参数(如频率分散、插入损耗等)都与其衬底或介质的性质有着十分密切的关系,为了减小介电常数和寄生电容、增加传输线阻抗,在 Ka、V 和 W 波段出现了薄膜微带线。1991 年 UoM 的学者首次研制出了薄膜支撑的微屏蔽传输线,如图 8.5(a)所示,类似于空气介质的共面传输线,该传输线以薄膜支撑,介质为空气,湿法腐蚀造成了屏蔽腔的横截面为梯形,这种形式的传输线消除了表面波损耗、介质损耗,以及由于介质与空气不连续性引起的色散效应,这样的结构引起了人们广泛的研究兴趣。1996 年 UoM 的研究小组研制了另一种

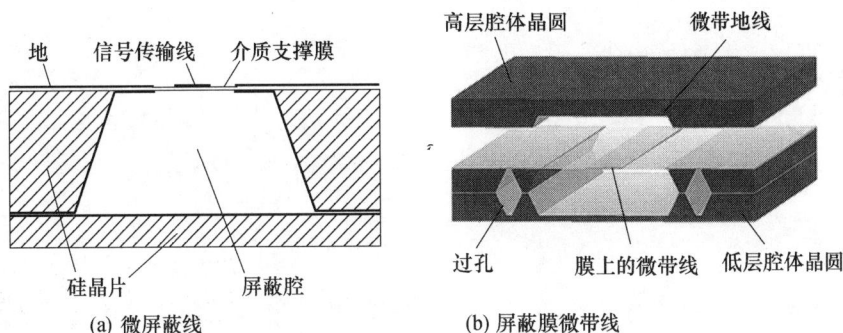

(a) 微屏蔽线

(b) 屏蔽膜微带线

图 8.5 悬浮型微机械传输线

形式的硅基微机械传输线,即屏蔽膜微带线,如图8.5(b)所示,这一传输线同样为薄膜所支撑,微带线下方为空气介质,所不同的是传输线上方加了金属盖,类似于带状线,但带线不在两地板的中间[1,9]。该传输线同样具有很低的插入损耗及很弱的色散效应。

薄膜微带线去掉了传输线下面的衬底,损耗仅剩导体损耗,并且由于传输线较大的阻抗而使得损耗比其他微带线小,如图8.5(a)所示。下层衬底腔体的最宽处为

$$W_{\mathrm{T}} = 5h_{\mathrm{m}} + 2h_{\mathrm{s}}\tan\alpha \qquad (8.1)$$

式中:h_{m}是微带线与上衬底地之间的距离;h_{s}是下衬底的厚度;α是腔体的倾角。薄膜微带线在94GHz时的损耗为0.5dB/cm,大约是同频率金属波导的2倍。

另外一种结构采用共面CPW结构,克服薄膜微带线缺乏固有的接地面的缺点,同时工艺上不采用复杂的背面工艺技术而是通过正面钝化层的腐蚀窗口在传输线下生成凹槽来制得。

8.2.4 同轴线型微机械传输线

美国DARPA机构2006年支持开展研究三维微电磁射频系统(3 - D MERFS)[10],采用MEMS同轴线结构像PCB技术一样来实现高性能的毫米波系统传输结构,在天线的馈线系统中有着极大的应用,其原理如图8.6(a)所示,采用多层金属化以及高深宽比牺牲层工艺,实现一种中心铜导体外包围金属屏蔽结构中间通过空气介质的同轴型微机械传输线结构,目前能实现10层层叠,每层50μm ~ 100μm,图8.6(b)给出了 Rohm & Haas 公司采用 PolyStrat™ 工艺实现的3 - D MERFS结构样品,同轴线型微机械传输线插损0.2dB/cm,间距为350μm的传输线间隔离度为-64dB。最近还报道了采用该工艺的36GHz天线系统的样品。

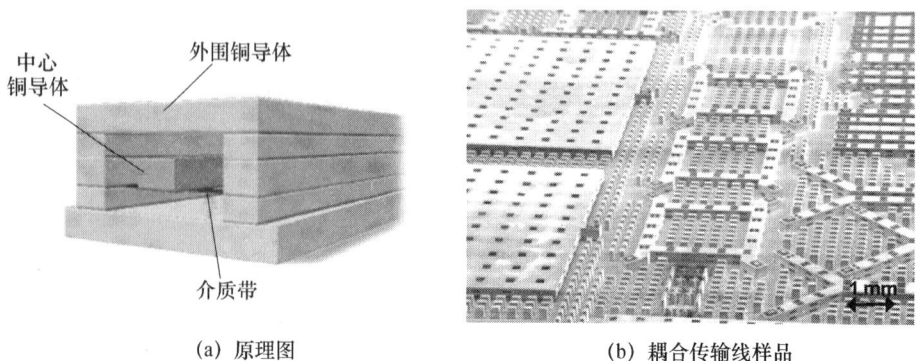

中心铜导体 外围铜导体 介质带

(a) 原理图　　　　　　　(b) 耦合传输线样品

图 8.6　同轴线型微机械传输线

8.2.5　波导型微机械传输线

微机械波导采用微机械加工技术和晶片键合技术制造,可以把尺寸做得很小,而且加工精度很高。这是常规机械加工技术无法实现的。在 K 波段以上的微波与毫米波频段,已有报道利用硅微加工方法在 500μm 厚硅片上研制成功地用于 X 频段的高 Q 值微谐振腔,以及其他的用于微波线路的平面波导和耦合微带线滤波器,其操作频率在 2GHz 和 110GHz 之间。当前在 THz 研究领域,利用微机械工艺加工的波导结构和天线结构也是研究热点之一。

8.3　微机械滤波器

8.3.1　微机械谐振滤波器

机械式滤波器具有 Q 值高、稳定性好等特点,已经被广泛用做各种信号处理过程。其频率范围在低频(LF)与甚高频(VHF)之间。运用与平面 IC 工艺兼容的微加工方法目前已经实现了在多种结构材料上制作挠性结构微机械谐振器。如 2000 年美国 UoM 的 Nguyen 研究小组报道了一种滤波器[11],见图 8.7,中心频率 $f_0 = 7.81\text{MHz}$,带宽 15kHz,带外抑制 35dB,插损 2dB。

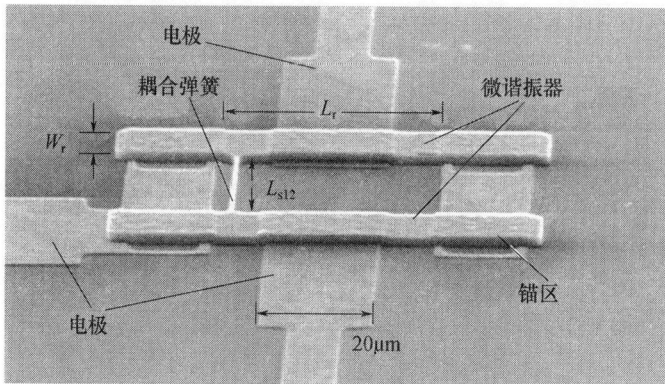

图 8.7　RF 微机械共振式谐振器和滤波器

早期的双谐振器型滤波器的典型结构由用一个挠性模式耦合梁联系在一起的两个全同固定梁机械谐振器组成,信号的输入和输出通过两个梳状的多晶硅电容能量转换器完成。机械式滤波器的工作频率由谐振器频率和耦合结构的性质(刚度 k)及其几何尺寸(质量 m)确定。由于体积较大,最初梳状滤波器工作频率在 16600kHz,如何提高器件工作频率是一个重要课题。提高主要有两种方式:其一是缩小器件尺寸以减小 m。Cleland 和 Roukes 研究了一种尺寸接近纳米规模 $(7.7\mu m \times 0.8\mu m \times 0.33\mu m)$ 的谐振梁，其中心频率为 70.72MHz。可见其发展空间受到限制，其二是通过提高弹性耦合系统的刚度。利用所谓的双端固定的弹性梁和机械耦合结构，已经获得 34.5MHz 的谐振器。由于双端固定消耗较多的能量，为提高 Q 值，可采用双端自由的弹性梁结构。根据 UoM 最近发表的结果，在特征尺寸为 $11.3\mu m$ 时，这种结构滤波器的频率可达 90MHz。在上述弹性波滤波器的基础上，密歇根大学研制了另一种新型的碟片结构谐振器，其频率可达 156MHz，Q 值超过 9400，是迄今为止频率最高的微机械谐振器。该谐振器碟片结构的直径为 $34\mu m$，仍有进一步发展的空间。由于这类微机械滤波器面临要求高偏置电压和真空封装等问题，离实用化尚有一定距离。

这类低频段（0.01MHz～400MHz）的 RF 微机械谐振滤波器，高 Q 值（约 10000），需要高真空封装。目前代表性的研究单位有美国 Discera 公司、SiTime 等公司进行产品的开发。

8.3.2　BAW 滤波器

FBAR 器件在 3GHz 频率范围内，Q 值 >2000，满足了目前无线通信的集成化、微型化的需求。目前美国 Avago 公司的 FBAR 和欧洲 Infineon 公司的 BAW 滤波器和双工器已批量生产（图 8.8），主要应用于 GSM、CDMA、PCS 系统中。产品覆盖频段 1GHz～10GHz，带宽几十 MHz，Q 值约 1000。

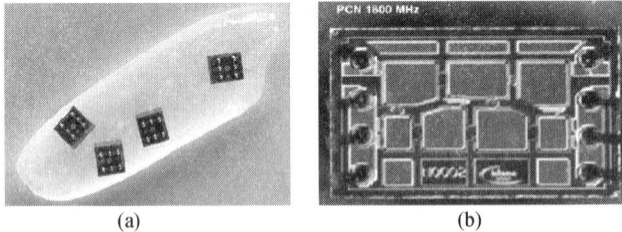

(a)　　　　　　　　　　　(b)

图 8.8　用于通信系统的 FBAR(a)和 BAW(b)滤波器芯片

8.3.3　薄膜腔体型微机械滤波器

在微波/毫米波波段，集总参数的 LC 以及机械式谐振器/滤波器不再适用，此时应采用微型波导、传输线和谐振腔结构。其频段覆盖 9GHz～120GHz，特征为介质薄膜和腔体结构，无可动部分。例 1997 年美国 UoM 报道的高 Q 值 X 波段谐振器[3]，腔体尺寸 16mm×32mm×0.465mm，无载品质因数 $Q_U = 506$，接近同样尺寸的金属矩形波导的品质因数（$Q_U = 526$）。1996 年美国 UoM 报道了一种 W 波段微机械腔体式耦合线滤波器[5]，如图 8.9 所示。1998 年美国 UoM 报道了使用三层硅片键合形成的薄膜腔体式毫米波微机械滤波器[6]，中心频率 37GHz，插损 2.3dB，相对带宽 3.5%。由于腔体中填充的是空气，因而芯片面积较大。另外增加微机械腔体的厚度，不改变谐振频率，但可以提高 Q 值。

到目前为止，已有多种 RF – MEMS 滤波器报道，2002 年法国 MEMSCAP 公司、2003 年美国 Sophia 公司开始有产品报道，如美国 Sophia Wireless 公司采用四层硅片键合形成的微机械腔体，如图 8.10 所示，芯片总厚度 3.2mm，无载 Q 值超过 700，其主要技术指标如下。

中心频率 f_0：14.3GHz

平均插损：≤3dB

带宽：≤5%

带外抑制 (dB)/频点：≥50/f_0 ±1GHz

尺寸：$(30 \times 11.5 \times 3.2)$mm^3

工作温度：$-40℃ \sim +85℃$

目前已应用于窄带滤波器和微机械谐振腔振荡器模块电路中，并已商品化。

图 8.9　UoM 研制的 W 波段微机械
腔体式耦合线滤波器

图 8.10　3D Micro – 14/5 MEMS
腔体式滤波器

8.3.4　硅基微小型 MEMS 滤波器

微波滤波器广泛运用于卫星、通信以及航空、航天等系统的电路中，用来选择并传输通带信号，滤除阻带信号。然而，一般的滤波器由于自身的局限性难以适应现代通信系统小型化、集成化和轻量化的要求。硅基微小型 MEMS 滤波器[12]的出现为解决这些问题提供了可能的方法。滤波器采用高阻硅作衬底，利用 MEMS 加工中的深硅垂直刻蚀技术[13]制作出微波接地通孔，使滤波器结构紧凑，尺寸大为减小。而且，由于微机械通孔的运用，使得接地端不再受空间限制，设计更为灵活。在微波滤波器拓扑电路中，交指型、梳状线滤波器由于结构紧凑，而得到了广泛应用。

微机械通孔在微波电路中等效为微电感接地，设计中要求其等效电感越小越好。通孔的形状(正方形、八角形、圆形)、输入线宽度、通孔直径(外通孔直径与内通孔直径)、硅基厚度都会对通孔的微波接地性能产生影响。

图 8.11 为设计的 3 种微机械通孔结构,其参考输入线宽度为 W_f,长度为 400μm,通孔的内径为 D_h,外径为 D_p。高阻硅($\rho = 5000\Omega \cdot cm$)衬底厚200μm,使用 ADS 微波分析软件进行仿真,计算出各尺寸下的等效电感。发现三种结构结果相近,选择结构 b,改变通孔的内外径,分析结果如表 8.2 所列。可以看出,电感值随通孔的外内径的比值 D_p/D_h 的增大而增大。综合考虑,当通孔尺寸较小时(外径 150μm ~ 250μm 时),选择 D_p/D_h 在 1.2 ~ 1.3 之间,通孔接地性能好(在 13GHz 时阻抗 < j4Ω)。当通孔尺寸较大时,外通孔直径较内通孔直径大 50μm ~ 100μm 之间比较好,此时 $D_p/D_h < 1.2$(在 13GHz 时接地阻抗约 j4Ω)。

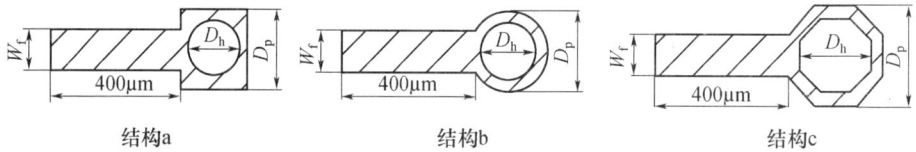

结构a   结构b   结构c

图 8.11 硅基通孔的 3 种结构设计

表 8.2 改变 D_h 和 D_p 时的通孔等效电感($f_0 = 13GHz$)

结构	$D_h/\mu m$	$D_p/\mu m$	D_p/D_h	L_c/pH
b	130	170	1.308	62.3
b	130	200	1.538	72.4
b	150	200	1.333	65.3
b	200	250	1.250	54.8

基于以上分析,滤波器用微机械通孔设计的内径为 200μm,外径为 250μm。

基于交指型微波滤波器结构,设计滤波器中心频率为 13GHz,3dB 相对带宽 > 15%。耦合结构采用四分之一波长短路线交指耦合式;0.2dB 波纹系数切比雪夫响应;节数为 8。根据归一化低通原型值计算出耦合矩阵为

$$
M = \begin{bmatrix}
0 & 0.144 & 0 & 0 & 0 & 0 & 0 & 0 \\
0.144 & 0 & 0.112 & 0 & 0 & 0 & 0 & 0 \\
0 & 0.112 & 0 & 0.107 & 0 & 0 & 0 & 0 \\
0 & 0 & 0.107 & 0 & 0.106 & 0 & 0 & 0 \\
0 & 0 & 0 & 0.106 & 0 & 0.107 & 0 & 0 \\
0 & 0 & 0 & 0 & 0.107 & 0 & 0.112 & 0 \\
0 & 0 & 0 & 0 & 0 & 0.112 & 0 & 0.144 \\
0 & 0 & 0 & 0 & 0 & 0 & 0.144 & 0
\end{bmatrix}
$$

$$(8.2)$$

得到滤波器中间各节的结构参数。

考虑到滤波器结构紧凑性要求,采用抽头式输入输出方式,如图 8.12 所示。

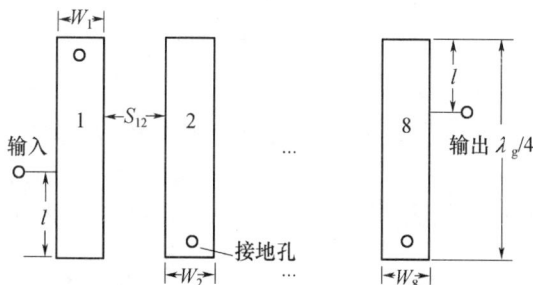

图 8.12　滤波器结构示意图

抽头输入点可按如下公式进行计算:$\dfrac{Q_e}{Z_0/Z_{01}} = \dfrac{\pi}{4\sin^2(\pi l/2L)}$,$Q_e = f_0/\Delta f_{\pm 90°}$。

式中:Z_0 为输入输出线的特性阻抗;Z_{01} 为谐振器特性阻抗;Q_e 为外部品质因数;$\Delta f_{\pm 90°}$ 为中心频率点 S_{11} 相位从 $-90°$ 变为 $+90°$ 时的带宽。通过微波分析软件进行仿真优化,得到结果为:谐振器长度 $L = 1730\mu m$,$l/L = 950\mu m/1730\mu m = 0.55$。经过仿真,得到滤波器性能结果:中心频率点为 12.95GHz,3dB 带宽为 20%,插入损耗 2.1dB。11GHz 和 15GHz 处带外抑制大于 25.5dB。芯片版图尺寸为 10mm×5mm。以上结果表明:采用高阻硅作衬底,微机械通孔作微波接地可以有效地减小滤波器芯片尺寸,但该滤波器选择性能不符合设计要求,需进行改进设计。

滤波器节数越多,带外抑制性能越好(理论上矩形系数为 1 的滤波器需要无穷多个原型组件,即无穷大节数),但是实际的滤波器组件都是有耗的,节数的增加必然增大插入损耗,还会占用更大的芯片面积。所以,考虑使用有限频率传输零点技术来改善本例中滤波器的选择性。交叉耦合可以引入传输零点,但其结构复杂,尺寸较大。基于此,本文在交指型结构中实现了另一种传输零点技术,结构简单、调谐方便。

考虑一段二分之一波长终端短路线,其输入阻抗为

$$Z_{in} = Z_0\tanh(\alpha l/\mathrm{j}\beta l) = Z_0\frac{\tanh\alpha l + \mathrm{j}\tan\beta l}{1 + \mathrm{j}\tan\beta l\tanh\alpha l} \approx Z_0\alpha l + \mathrm{j}Z_0\tan\beta l = R + \mathrm{j}X(f)$$

$$(8.3)$$

式中:α 为衰减常数;β 为相位常数。

而串联谐振电路输入阻抗为

$$Z_{in} = R' + j\left(fL - \frac{1}{fC}\right) = R' + jX'(f) \qquad (8.4)$$

在谐振频率 f_0 附近，$X(f)$ 与 $X'(f)$ 近似等效，而 $jX(f_0)=0$，即电路在 f_0 频率处呈短路状态。因此，当该串联电路并联到二端口网络中时可以将信号短路至地，从而形成传输零点。将其应用到交指带通滤波器中，需要考虑第一节的正常耦合，并联短路线的接入点，以及保持通带响应不受影响；此外，实际尺寸须能实现且仍能保持交指微带线结构紧凑这一优势。经过仔细分析设计，滤波器拓扑结构如图 8.13 所示，电路仍为抽头输入输出结构，第一节与第二节之间仍能保持良好的耦合。

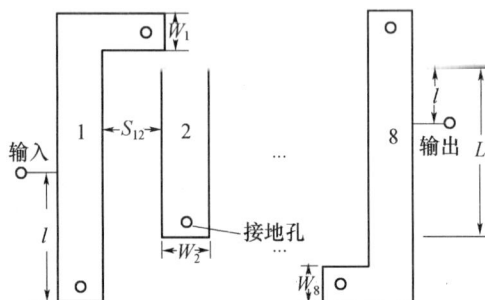

图 8.13　优化设计后的滤波器结构示意图

抽头输入点与两端接地端分别形成并联短路线。抽头输入点与两端接地端之间的长度决定着传输零点的位置。通过下式进行计算

$$f = \frac{c}{2l\sqrt{\varepsilon_{re}}} \qquad (8.5)$$

式中：c 为光速；l 为抽头输入点到其中一端短路段的长度，设计上下边带传输零点分别位于 10GHz 和 11GHz 以及 15GHz 和 16GHz 之间。通过优化得到：$l = 3960\mu m$。

图 8.14 所示为仿真结果，并将其与无传输零点的设计结果进行比较。中心频率为 12.95GHz，插入损耗为 2.0dB，相对带宽为 20%，11GHz 和 15GHz 处带外抑制大于 36.0dB。带外抑制提高了近 10dB。

此外，为进一步提高带外抑制，将传输零点技术进行拓展，在所需频率点安置多个传输零点，图 8.15 所示为多个传输零点的实际设计效果。很明显，传输零点的增加进一步提高了滤波器的带外抑制性能。

采用 RF MEMS 体硅微通孔加工工艺：首先在高阻硅衬底材料上热氧化一层 SiO$_2$ 膜，光刻出通孔窗口，蒸发金属 Al，刻出通孔窗口，使用 ICP 深硅刻蚀工艺，控

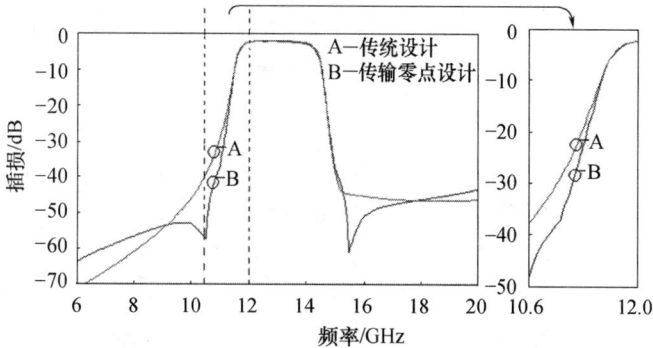

图 8.14 优化设计前后 MEMS 滤波器设计性能比较

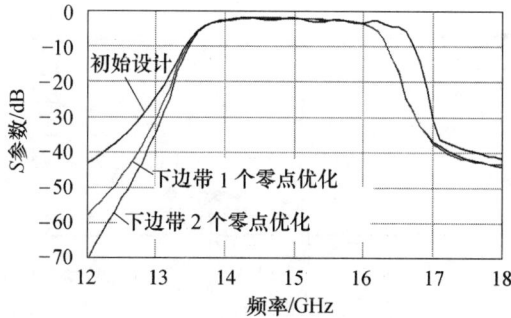

图 8.15 传输零点扩展设计结果

制工艺参数,使孔径、孔深、垂度、孔边缘粗糙度都达到一定要求。然后去除 Al 掩蔽层,溅射、电镀一层 Au 作为微波信号传输线,接着磨片减薄衬底,肉眼可看到通孔。最后进行背溅、电镀,使背面金属通过通孔与衬底正面金属形成三维互连,完成 MEMS 滤波器的工艺制作。图 8.16 所示为芯片实物图。

通孔接地是滤波器微型化的关键。通孔的形状、深度、通孔的尺寸及焊盘尺寸影响着等效电感的值,也就影响着四分之一波长谐振器的等效长度,从而影响滤波器的中心频率、带宽等关键参数。因此要求加工的通孔与设计误差小。硅通孔采用 ICP 工艺对硅进行不完全各向异性刻蚀,以形成垂直的侧壁,保证滤波器性能与设计相符。图 8.17 所示为实测性能,采用微波在片测试技术,主要仪器是 Agilent 8510C 矢量网络测试仪以及 CASCADE 微波探针台,测试结果与设计结果总体吻合很好,在 16GHz 外实测带外抑制要好于仿真结果,主要是设计时屏蔽盖高度设置与实际不一致,此外还跟具体测试有关,此误差不影响设计要求;驻波稍有不一致,主要是由工艺误差引起的,但电压驻波比仍在 1.5 以下。滤波器实测插损为

图 8.16   RF MEMS 滤波器实物图(硬币右边)

2.0dB,带外抑制为 36.1dB(11GHz 时),37.2dB(13GHz 时)。3dB 相对带宽为 20.0%。

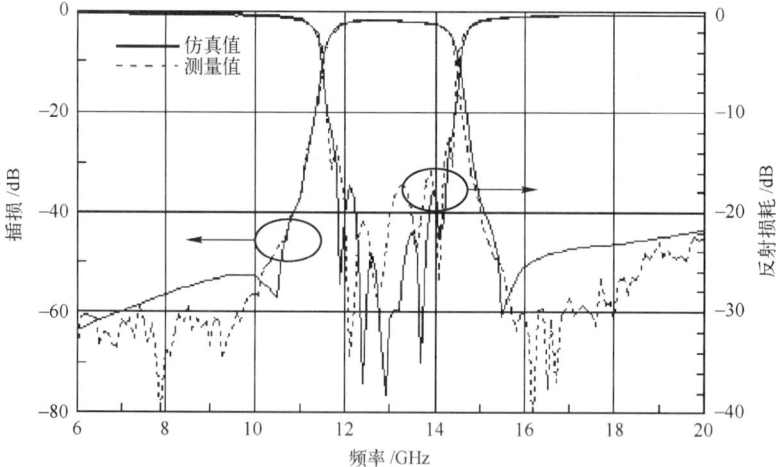

图 8.17   MEMS 滤波器实测性能与设计性能比较

硅基微小型 MEMS 滤波器具有体积小,性能好,可批量生产,易于集成等特点。该滤波器将非交叉耦合式传输零点技术引入交指型滤波器拓扑结构中,使得在保证滤波器结构紧凑的情况下,极大地提高了带外抑制性能。NEDI 研制的微小型硅基滤波器目前已实现了 L 波段 ~ Ka 波段的产品应用。

比利时 IMEC 研究中心利用 RF MEMS 技术将 RF - SIP(集成无源器件)技术推广于高阻硅衬底,利用硅衬底具有高的热导率、易集成通孔和硅片易减薄的优点,实现 3D 集成的 SIP 射频模块。图 8.18 示出基于硅衬底的 RF - IPD 技术[14]。其中使用平坦化技术用于传输线媒介 BCB 材料的平坦化,3D 堆叠技术主要使用微带线结构互联。

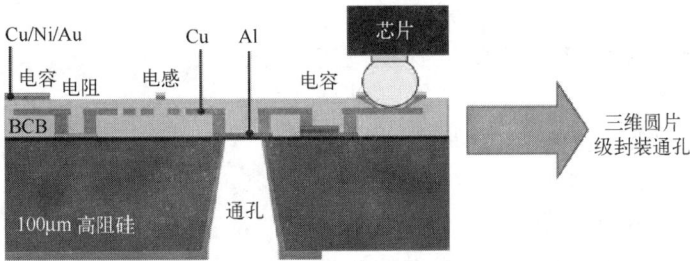

图 8.18　基于高阻硅衬底的 RF - IPD 技术

2007 年,IMEC 研究中心报道了硅基微小型滤波器,图 8.19[14] 给出了 31GHz 的耦合线结构的带通滤波器,其相对带宽为 5.1%,插入损耗为 2.7dB,尺寸为 (3.1 × 1.2)mm²。该技术已推广应用到 60GHz、77GHz 和 94GHz 的频段应用中。

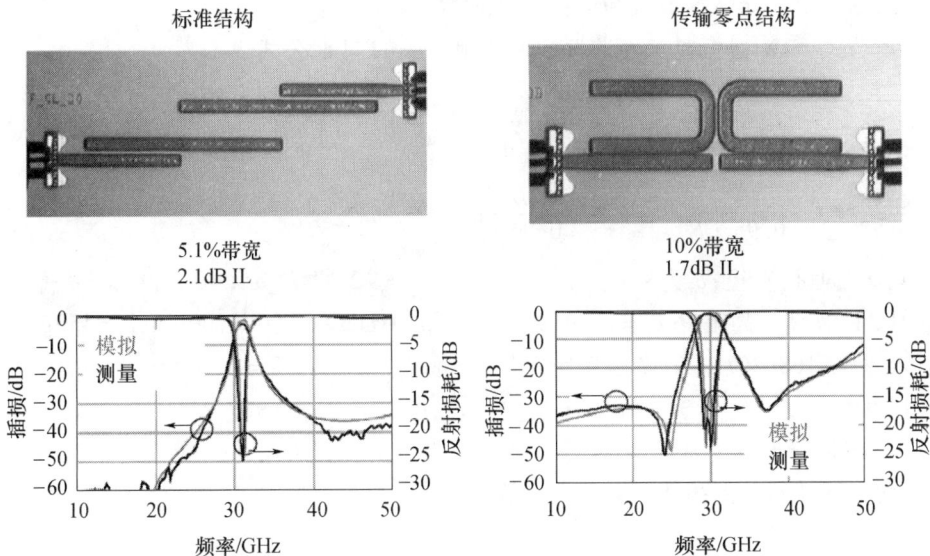

图 8.19　基于 RF - IPD 技术的微小型硅基滤波器样品和性能

8.3.5　基片集成波导型 MEMS 滤波器

基片集成波导(Substrate Integrated Waveguide,SIW)结构是在低损耗的基片上利用金属孔构成的波导结构,具有高品质因数、大功率特性和易于集成的优点,是最近微波电路研究的热点技术。但是由于 SIW 器件在制成后很难进行结构调整,加工误差会造成滤波器设计参数的变化,因此微波高频段和毫米波段的 SIW 滤波器的实现一直是难点。微米纳米加工技术,是在传统的 IC 加工技术基础上,

形成了一系列 MEMS(微机电系统)特有工艺
技术,如:低温健合、MEMS DRIE(深反应离
子刻蚀)、圆片级封装、三维集成工艺,工艺精
度达到 μm 量级。由 SIW 谐振器构成的
MEMS 微波滤波器在高频端表现出了良好的
性能,不仅插损小,而且体积小、重量轻。如
图 8.20 所示的硅单片 MEMS 微波谐振器
(腔),利用通孔阵列形成硅介质填充的波导谐
振腔结构,调整通孔尺寸和通孔间距形成 NRD
(Non - Raditive Dielectric)波导结构。波导长
宽为 W 和 L,如图 8.20 所示。

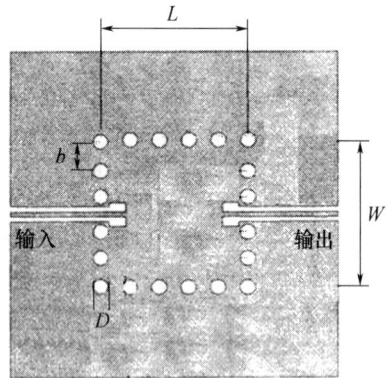

图 8.20　SIW 谐振腔

根据矩形波导谐振波数和谐振频率的数
学求解公式,SIW 谐振腔工作谐振频率使用 Cassivi 近似公式表示为

$$F_{R(TEM0q)} = \frac{c_0}{2\sqrt{\varepsilon_r}} \sqrt{\left(\frac{m}{W_{eff}}\right)^2 + \left(\frac{q}{L_{eff}}\right)^2} \tag{8.6}$$

式中:$L_{eff} = L - \frac{D^2}{0.95 \cdot b}$,$W_{eff} = W - \frac{D^2}{0.95 \cdot b}$

式中:D 为通孔直径;b 为通孔间距,$b < \lambda_0 \cdot \sqrt{\varepsilon_r}/2$,并且 $b < 4D$。设 $a = d$,$f_0 =$
20GHz(K 波段),高阻硅 $\varepsilon_r = 11.9$,则 $a = d = 3.07$mm。设 $D = 200\mu m$,$b = 450\mu m$,
则 $L = W = 3168.267\mu m$。考虑到版图设计,取 $L = W = b \times 8 = 3150\mu m$,此时,$f_{101} =$
20.120GHz,$f_{102} = f_{201} = 31.812$GHz,$f_{202} = 2f_{101}$,$f_{103} = f_{301} = 44.989$GHz。

以 SIW 谐振器为基础,SIW 滤波器一般采用实验方法设计,过程如下。

定义滤波器外部品质因数理论计算公式

$$Q_e = \frac{f_0}{\Delta f} g_0 g_1 \tag{8.7}$$

式中:f_0 是滤波器中心频率;Δf 是滤波器带宽;g_i 是低通原型值(可查)。根据滤波
器性能要求可知计算 Q_e 的各参数,从而得到所需的理论 Q_e 值,接下来再通过实验
来得到实际 Q_e 值,实际 Q_e 值与输入耦合节、第一谐振节以及它们之间的耦合有
关。调整耦合槽线、输入节结构的尺寸,得到不同的 Q_e 值,当其与理论计算值符合
时即达到要求。

通过实验得到 Q_e 值得方法如下。

从滤波器 S_{11} 参数,可得出在中心频率点附近产生 180°相移时的带宽,定义为
Δf_{01},再根据公式计算得到

$$Q_e = \frac{\Delta f_{01}}{f_0} \qquad (8.8)$$

接下来需要设计中间各谐振节的尺寸,它与中间耦合系数密切相关。中间节耦合系数理论计算公式为

$$K_{ij} = \frac{\Delta f}{f_0} \frac{1}{\sqrt{g_i g_j}} \qquad (8.9)$$

而实际中间节的耦合系数可通过奇偶模激励的方式得到

$$K_{ij} = \frac{f_{even}^2 - f_{odd}^2}{f_{even}^2 + f_{odd}^2} \qquad (8.10)$$

式中:f_{odd} 和 f_{even} 分别为奇模和偶模激励下可测得的中间耦合谐振节的谐振频率。通过改变各耦合节的尺寸得到不同的耦合系数。当其与理论计算值相符合时即达到设计要求。实际设计采用计算机进行模拟,利用微波仿真软件进行电磁场仿真。

按照上述方法,我们设计了一种 5 阶 SIW 滤波器[15],按照 0.2dB 波纹契比雪夫型低通原形参数,滤波器的设计结果如表 8.3 所列。

表 8.3　SIW 滤波器理论设计结果

滤波器端点	0	1	2	3	4	5	6
低通原形值	1	1.3394	1.337	2.116	1.337	1.3394	1
阻抗变换器阻抗/$K_{i,i+1}$	0.406	0.165	0.130	0.130	0.165	0.406	
各并联电抗 $J_{i,i+1}$	0.487	0.170	0.132	0.132	0.170	0.487	
谐振器电长度 X_i/rad		2.59	2.85	2.88	2.85	2.59	
谐振器物理长度 L_i/mm		1.746	1.919	1.942	1.919	1.746	

在厚度为 400μm,介电常数为 11.9 的高阻硅衬底上完成了滤波器场仿真,第 1 节、5 节腔的尺寸为 2.11mm × 2.46mm;第 2 节、4 节腔的尺寸为 2.07mm × 2.46mm;第 3 节腔的尺寸为 2.09mm × 2.46mm。与理论计算结果相比,中间各节的尺寸误差比较小,但输入输出端口的两节尺寸与理论计算值相差较大。分析原因,由于外部品质因素的要求,输入输出端的耦合孔图形必须具有一定的大小,而耦合窗口造成了本节谐振器频率的漂移,所以必须调整设计,进行优化,使得中心频率与外部品质因素都达到要求。制作的滤波器如图 8.21 所示,输入输出接口采用 SIW - CPW(共面波导)转换形式,芯片尺寸为 $(10.3 \times 2.6 \times 0.4)$ mm^3。图 8.22 给出了该滤波器的测试曲线,中心频率 30.3GHz,带宽 5%,插入损耗小于 1dB,Q 值超过 200。由于 SIW 滤波器性能好且电磁场大部分集中基片内部,因此 SIW 滤波器可选择性地取代微波毫米波电路系统中的传统微带线式或腔体式滤波器,尤其在毫米波段其尺寸优势更明显。

图 8.21　Ka 波段 SIW 微机械滤波器芯片(硬币右边)照片

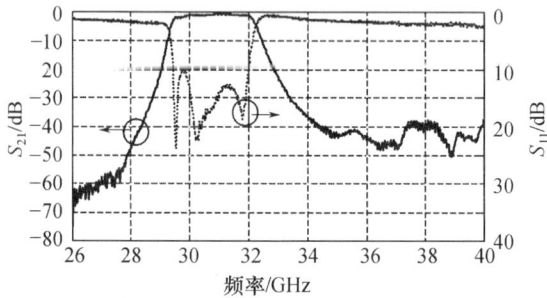

图 8.22　滤波器传输特性

8.3.6　硅腔 MEMS 滤波器

　　另一种使用 MEMS 技术的情况是,在信号线的下方制作带屏蔽的空腔,形成微波导,插入损耗为 0.04dB/λ,略大于传统波导损耗(0.024dB/λ),但体积、重量和成本减少了许多,图 8.23 为 UoM 设计制作的 4 级微机械波导滤波器[16],中心频率 27.6GHz,带宽 1.9%,插损 2dB,尺寸 19.5mm×15.4mm×1.8mm。也有采用三 D 加工技术在硅基片上刻蚀孔、腔结构,制作成开路、短路的谐振器,谐振频率可达 22GHz 和 32GHz[17],实现了带通滤波器的功能(图 8.24)。

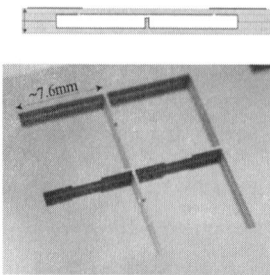

图 8.23　微机械波导 MEMS 滤波器

图 8.24　3D 微加工 MEMS 滤波器

国内通过硅片键合、通孔工艺等 MEMS 技术应用,实现了一种硅腔滤波器,如图 8.25 所示,体积为传统腔体滤波器的几十分之一。

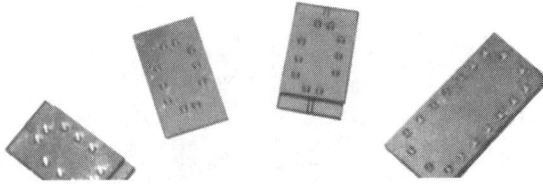

图 8.25 硅腔 MEMS 滤波器

8.4 可调滤波器

多波段通信业的迅速发展,促进了多波段可调滤波器的发展,由 MEMS 开关、变容器、电感组成可调谐滤波器[18,19],具有高 Q 值、低功耗、可调频率和带宽,利于和其他有源、无源器件集成等优点。

8.4.1 HF – UHF MEMS 可调谐滤波器

由 MEMS 开关、变容器、电感组成可调谐滤波器,具有高 Q 值、低功耗、可调频率和带宽,利于和其他有源、无源器件集成等优点。图 8.26[20] 为 Raytheon 开发的885MHz ~ 986MHz 频带,5 级可调谐滤波器,包含了 18 个 MEMS 容性膜桥开关,用于切换加载在传输上在不同值的 MIM 电容。中心频率调谐范围:885MHz ~ 986MHz,带宽 168MHz ~ 174MHz,插损 6.6dB ~ 7.3dB,面积 $(14 \times 3.5) mm^2$。

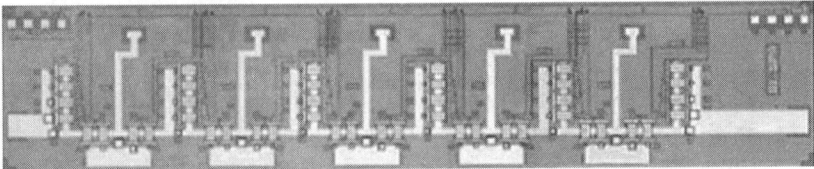

图 8.26 Raytheon 公司 885MHz ~ 986MHz5 级可调谐滤波器

8.4.2 2GHz ~ 18GHz MEMS 可调谐滤波器

2005 年 UoM 报道了一种 6.5GHz ~ 10GHz 的 2 级调谐滤波器[21],传输线串联臂上使用 3 位 MEMS 容性膜桥开关,并连臂上使用 4 位 MEMS 容性膜桥开关,中心频率从 6GHz 变化到 10GHz,带宽 5% ,插损 5dB ~ 6dB,芯片面积 $(5 \times 4) mm^2$。

国内从 2005 年开始可调谐滤波器的跟踪研究,南京电子器件研究所使用

MEMS 电容加载耦合传输结构实现可调滤波器谐振器,采用电感 T 型网络实现阻抗倒置器功能,设计了一款 2 节 4 位 MEMS 可调滤波器,使用低温表面牺牲层工艺,进行了工艺流片,芯片尺寸 7.6mm×2.4mm,样品如图 8.27 所示。

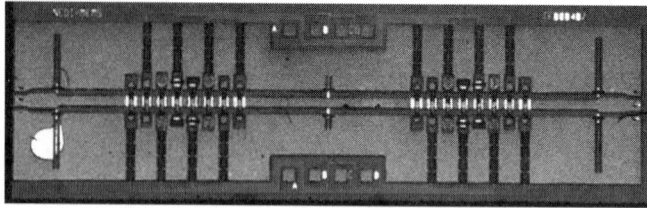

图 8.27　可调滤波器

为了更好地工艺兼容,南京电子器件研究所采用平行耦合微带线滤波器电路,结合悬臂梁结构 MEMS 开关,设计了一款 Ku 波段 2 段频率连续可调的 MEMS 可调滤波器,样品照片如图 8.28 所示,1 个控制电极同时控制 12 个 MEMS 开关的动作,芯片尺寸:15.1mm×3mm。滤波器的在片测试结果如图 8.29 所示。从测试结果可以看出:控制电极加 0V,滤波器插入损耗 −3.6dB(在 15.05GHz 时),3dB 带宽 1.5GHz;控制电极加 70V,开关的悬臂梁向下吸合,滤波器插入损耗 −4.6dB(在 13.05GHz 时),3dB 带宽 1.4GHz。因此该可调滤波器可实现中心频率 13.05GHz ~ 15.05GHz 可调,可调率达 14.2%,3 dB 带宽系数为(10.2±0.5)%,而带外抑制达到 35dB 以上。

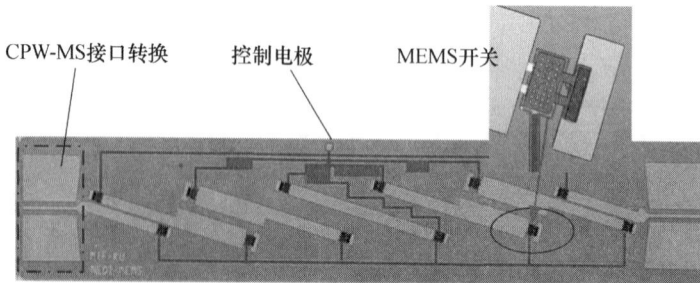

图 8.28　Ku 波段 MEMS 可调滤波器样品

8.4.3　毫米波 MEMS 可调滤波器

分布式 MEMS 传输线(DTML)利用连续可变 MEMS 电容器周期加载的共面波导结构,可获得微机械可调滤波器。可将它看作是一电容间隙耦合传输线滤波器,每段传输线长度约为频带中心波长的一半,耦合电容根据滤波器的带宽加以选择。

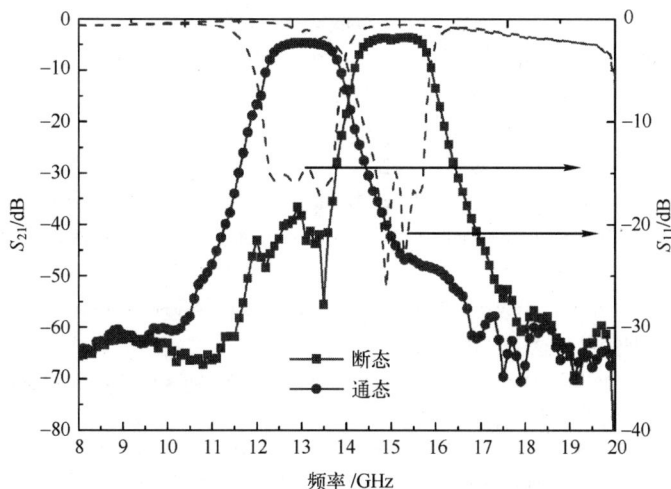

图 8.29　Ku 波段 MEMS 可调滤波器测试结果

图 8.30 是法国 IRCOM 设计的带通可调滤波器[22]，中心频率从 37.8GHz 变化到 40.4GHz，带宽从 1.6GHz 变化到 1GHz。

图 8.30　37.8GHz~40.4GHz 2 极可调滤波器

参 考 文 献

[1] Vijay K, Varadan K, Vinoy J, et al. RF MEMS and their application.[M]. England：Wiley, 2003. 2 - 3.

[2] Microwave and Wireless Filter Products[OL]. http：//www.lorch.com.

[3] Papapolymerou J, Cheng J C, East J, et al. A micromachined high - Q X - band resonator[J]. IEEE Microwave and Guided Wave Lett. 1997,7（6）:168 - 170.

[4] Chi C Y, Rebeiz G M. Planar Microwave and Millimeter - Wave Lumped Elements and Coupled - Line Filters Using Micro - Machining Techniques[J]. IEEE Trans. on Microwave Theory and Tech. , 1995, 43(4): 730 - 738.

[5] Robertson S V, Katehi L P B, Rebeiz G M. Micromachined W - Band Filters[J]. IEEE Trans. on Microwave Theory and Tech. , 1996, 44 (4): 598 - 606.

[6] Blondy P, Brown A R, Cros D, et al. Low Loss Micromachined Filters for Millimeter - Wave Communication Systems[J].IEEE Trans. Microw. Theory Tech. , 1998, 46(12):2283 - 2288.

[7] Lakin K M, Belsick J R,McDonald J P, et al. Bulk Acoustic Wave Resonators And Filters For Application

Above 2GHz[C]. IEEE MTT – S, 2002:1487 – 1490.

[8] Ruby R C, Bradley P, Oshmyansky Chien Y A, et al. Thin Film Bulk Acoustic Resonators (FBAR) For Wireless Applications[C]. IEEE Ultrasonic Symposium, 2001: 813 – 821.

[9] Dib N I , Harokopus W P, Katehi L PB ,et al. Study of a novel planar transmission line[C]. in 1991 IEEE MTT – S Dig:623 – 626.

[10] Evans J D. 3 – D Micro Electro Magnetic Radio Frequency Systems (3 – D MERFS) and other DARPA RF MEMS Programs[C]. IEEE Compound Semiconductor Integrated Circuit Symposium (CSIC), Nov. 2006: 211 – 214.

[11] Bannon F D III, Clark J R, Nguyen C T – C. High – Q HF microelectromechanical filters[J]. IEEE J. Solid – State Circuits 2000,35(4):512 – 526.

[12] Zhu J, Yu Y W, Yan B N, et al. Micromachined silicon via – holes and interdigital bandpass filters [J]. Microsystem Technologies,2006,12(10 – 11): 913 – 917.

[13] Bhardwaj I K, Ashraf H. Advanced Silicon Etching Using High Density Plasmas[C]. Proc. SPIE micromachining and microfabrication process technology. 1995,2639: 224 – 233.

[14] Posada G,Carchon G,Soussan Pham P N, et al. Microstrip thin – film MCM – D technology on high – resistivity silicon with integrated through – substrate vias[C]. in Eur. Microw. Conf. , Munich, Germany, Oct. 8 – 12, 2007: 1133 – 1136.

[15] Yu Y, Zhong Y, Zhu J. Monolithic silicon micromachined Ka – band filters[C]. Proceedings of 2008 international conference on microwave and millimeter wave technology (ICMMT 2008), Nanjing,China:21 – 24 April,3:1397 – 1400.

[16] Harle L, Katehi L P B. A Silicon Micromachined Four – Pole Linear Phase Filter[J]. IEEE Trans. on Microwave Theory and Tech. , 2004, 52 (6): 1598 – 1607.

[17] Strohm K M, Schmückle F J, Yaglioglu O, et al. 3D Silicon Micromachined RF Resonators[C].2003 IEEE MTT – S Digest, 3:1801 – 1804.

[18] Entesari K, Rebeiz G M. A 12 – 18GHz three – pole RF MEMS tunable filter[J]. IEEE Trans. Microwave Theory Tech. , 2005, 53 (8): 2566 – 2571.

[19] Rebeiz G M , Entesari K, Reines I C ,et al. Tuning in to RF MEMS[J]. IEEE Microwave Mag. , 2009, 10 (6): 55 – 72.

[20] Brank J, Yao J, Eberly M, et al. RF MEMS – Based Tunable Filters[J]. Int. J. RF Microwave Comput. Aided Eng. 2001,11:276 – 284.

[21] Entesari K, Rebeiz G M. A differential 4 – bit 6. 5 – 10GHz RF MEMS tunable filter[J]. IEEE Trans. Microwave Theory Tech. 2005, 53(3): 1103 – 1110.

[22] Mercier D, Blondy P, Guillon C P. Distributed MEMS Tunable Filters[C]. Proceedings of the 31st European Microwave Conference, Sept. 2001,24 – 26.

第9章 RF MEMS 天线

天线在无线收发系统中,能有效、定向地发射或接收无线电波并由馈线同收发系统联系起来,起着能量转换作用,其性能的优劣对整个系统的性能有着重要的影响。随着通信系统的工作频率不断向更高频段发展,传统天线面临诸多挑战。首先是天线的尺寸,系统工作频率的提高使天线尺寸不断缩小,天线制造工艺面临诸多瓶颈。同时传统的鞭状和拉杆天线等难以进一步缩小体积,且无法与集成电路元件进行集成,不利于系统的小型化和集成化。MEMS 天线的出现解决了这一问题,本章将围绕 MEMS 天线,详细介绍 MEMS 天线的设计、制造、测试等一系列问题。

9.1 RF MEMS 天线概述

9.1.1 MEMS 天线种类

MEMS 天线种类较多,常见的有微带天线、缝隙天线、背腔印制天线、印刷偶极子天线等,各种天线的特征见表9.1。从表中可看出,微带型 MEMS 天线性能较优,也是最常用的天线结构之一。

表 9.1 几种 MEMS 天线的特征比较[1,2]

特性	微带天线	缝隙天线	背腔印制天线	印制偶极子天线
剖面	薄	不很薄	厚	薄
制作	很容易	容易	较难	容易
极化	线极化和圆极化	线极化	线极化和圆极化	线极化
双频	可以	不可能	不可能	不可能
形状灵活性	任意形状	矩形	形状较多	短形和三角形
附加辐射	存在	存在	不存在	存在
带宽	1%～5%	1%～2%	0～10%	0～10%

9.1.2 MEMS 天线的结构

MEMS 天线具有微带贴片、缝隙、印制背腔等多种形式,其中 MEMS 贴片天线的带宽、极化、辐射等电磁特性在控制方面较为灵活,电气性能较好,加工制造也比较容易,因此 MEMS 天线普遍采用 MEMS 贴片结构。

MEMS 贴片天线的基本结构如图 9.1 所示,它是在导体接地板上铺一层基底介质(介质通常为石英、陶瓷、半导体材料、Teflon 等),在介质上敷一层金属膜,刻蚀出天线贴片和微带线的图案,微带贴片的形状可以为矩形、圆形、三角形、环形、梯形等,也可根据极化、赋形等要求,做成不规则的几何图案。

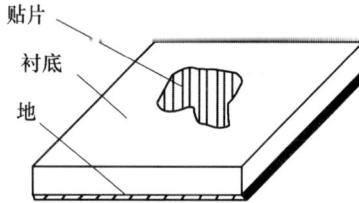

图 9.1 MEMS 天线的基本结构

9.1.3 MEMS 天线的性能

MEMS 天线主要有以下优点:

(1) 刚度、强度高,不易折断;

(2) 置于设备内部,易于设备共形,几乎不会增加设备尺寸;

(3) 有利于保护人脑免遭较强电磁波的辐射,同时也避免了人体对天线辐射电磁场的影响;

(4) 多层基片介质间通过键合连接在一起,接地板、贴片通过 CVD 等方法沉积金属,各部件间结合紧密,性能更可靠;

(5) 若采用硅为介质衬底,可以将天线与电路部分集成在一起,减少了分离元件,大大缩小了系统的尺寸;

(6) 无需外加阻抗匹配网络,采用 MEMS 和集成电路相结合的工艺可以大批量精确生产,单件成本低[3]。

与普通天线相比,它也存在一些缺点:带宽窄[4];由于存在一定程度的损耗,因而增益较低,大多数贴片天线只向半空间辐射,最大增益实际上受到一定限制(约为 20dB);馈线与辐射元之间的隔离度差;存在表面波,功率容量较低等。对于贴片天线的这些缺陷,可根据具体的应用场合,采取有效的措施加以改善,使得天线的特性参数满足要求。

9.2 MEMS 天线的理论与设计

9.2.1 MEMS 天线馈电方式

MEMS 天线的馈电技术归纳在图 9.2 中。它们可以分成 3 组:直接耦合、电磁耦合、口径耦合。直接耦合法最古老也最常用,但只通过一个自由度来调节阻抗。微带馈电线激励贴片边缘以及铜轴探针是直接馈电的例子。矩形贴片的馈电沿着贴片中心的 **E** 面。这样可以避免激发与所需模式正交的第二个谐振模而导致过度的交叉极化。

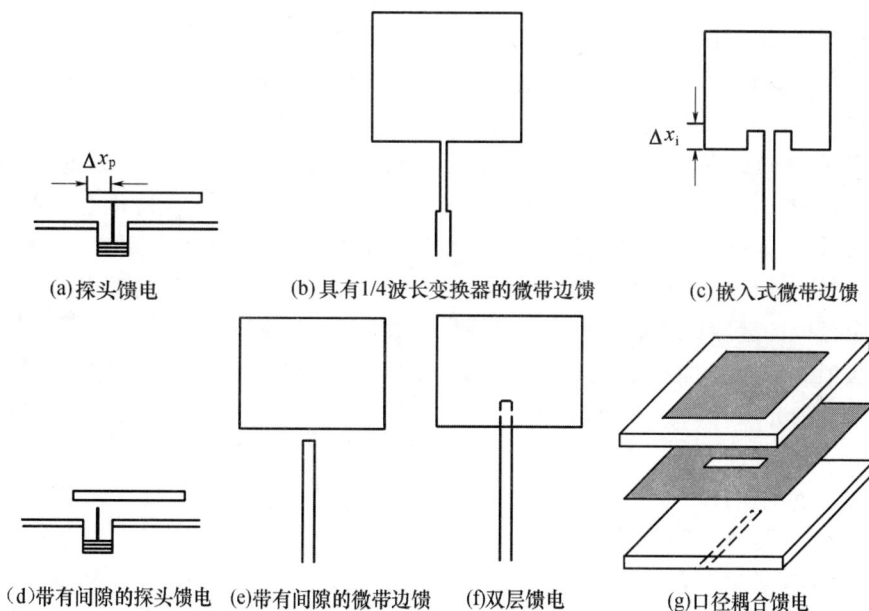

(a)探头馈电　　(b)具有1/4波长变换器的微带边馈　　(c)嵌入式微带边馈

(d)带有间隙的探头馈电　(e)带有间隙的微带边馈　(f)双层馈电　　(g)口径耦合馈电

图 9.2　微带贴片天线的馈电技术

图 9.2(a)所示的直接同轴线探头馈电安装简便,只需把接头的中心导体从地面延伸到贴片。通过将探头馈源安装在适当的位置可以调节阻抗。当图 9.2(a)中探头到边界的距离 Δx_p 增加时,天线输入阻抗随因子 $\cos^2(\pi\Delta x_p/L)$ 降低[5]。如果 $t \geqslant 0.1\lambda$,探头馈电的一个缺点是引入了感抗,它妨碍了贴片的谐振。而且,探头可能是交叉极化的一个来源。

图 9.2 的微带馈源是平面的,允许将贴片印刷在单个金属层上。这种馈电方

法特别适合于天线阵,它的馈电网络可以和阵元一起印刷。通过改变贴片的宽度控制阻抗有时不方便,这时,可以通过微带传输线的四分之一波长匹配段,变换成边缘馈电贴片的阻抗,如图9.2(b)所示。即天线的输入阻抗 Z_A 可以用一段四分之一波长(传输线中的波长)的传输线与传输线的特性阻抗 Z_0(通常是50Ω)相匹配。该匹配段的特性阻抗由下式给出[6]

$$Z_0' = \sqrt{Z_A Z_0} \quad \text{四分之一波长变换器} \tag{9.1}$$

式中:Z_A 为贴片的辐射电阻,谐振半波贴片的辐射电阻为

$$Z_{A,\frac{\lambda}{2}} = 90(\varepsilon_r^2/(\varepsilon_r - 1))(L/W)^2 \tag{9.2}$$

一般而言,微带线的特性阻抗随微带宽度的增加而降低,非常类似于损耗电阻反比于导线的直径。即微带愈宽,特性阻抗愈低。

另一类微带馈源是图9.2(c)所示的嵌入式馈源,它的优点是具有平面性,而且容易刻蚀,还可以通过改变嵌入的几何尺寸调节输入阻抗[7]。但是,对高介电常数的衬底,输入阻抗变化大就要求嵌入深度深,这会影响交叉极化和辐射方向图的形状。

图9.2(a)到图9.3(c)的直接馈电方式具有窄的频带,所以只能通过增加衬底厚度来增加带宽。但上述方法的缺点是增加表面波的功率。电磁耦合馈源(也称为接近式、非接触式或缝隙馈源)不接触贴片,并具有至少两个设计参数。它们还具有对刻蚀误差不敏感的优点。图9.2(a)到图9.2(c)中的每个直接馈源,都有一个相应的缝隙馈源如图9.2(d)到图9.2(f)与之对应。图9.2(d)的具有缝隙的探头馈源,具有同轴馈电的优点。而且,缝隙电容部分地抵消了探头的电感,允许有较厚的介质衬底。图9.2(e)中具有缝隙的微带馈源是完全平面的,并且容易刻蚀。不过,在高介电常数衬底设计中,缝隙距离可能变得很小。图9.2(f)的双层馈源是近期的技术,其顶层是贴片,第二层是微带馈电网络,对微带天线阵特别有用。图9.2(g)是口径耦合馈源[8,9]。这种类型的馈源上层可以是低介电常数衬底,以利于促进辐射,下层包含馈源可以是高介电常数衬底,以利于将场束缚在馈线内。可以分别对微带天线的馈电性能和辐射性能进行优化,从而增加带宽。另一个优点是中央接地平面可将馈电系统与贴片隔离。这种结构能够减小甚至消除馈源的寄生辐射对天线方向图和极化纯度的影响,且没有焊点,提高了微带天线的可靠性,对于解决多层阵间连接问题,是一种有效的解决方法,能够获得宽频带的驻波比特性。但由于两层衬底需要精确对准[10],所以对两层衬底的制作精度要求较高。

9.2.2 MEMS 天线辐射原理

MEMS 贴片天线是一种新型天线,具有多种多样的形式。从本质上看,它仍是

一种微带天线,因此对 MEMS 贴片天线的分析,应以微带天线为基础。图 9.3 为
$\lambda/2$ 矩形贴片微带天线,该天线实质上就是贴片两端宽度为 Δl 的缝隙构成的二元
天线阵[11,12](图 9.4)。由图 9.5 可知,在贴片顶部电力线方向并不是垂直向下,而
是向外发散的,由于这种边缘效应,该处电磁波向外辐射,可将该处等效为 Δl 宽的
缝隙。如图 9.6 所示,缝隙的宽度通常与衬底厚度一样[13],即 $s \approx t$。贴片辐射是
xz 平面内的线极化,即平行于缝隙中的电场。

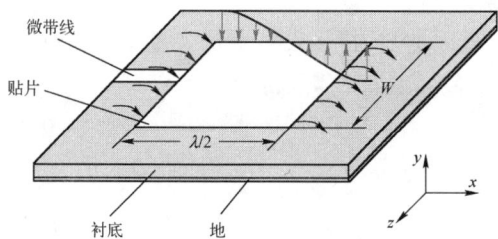

图 9.3 矩形贴片微带天线

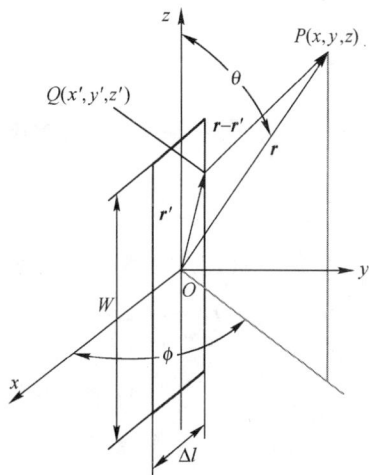

图 9.4 贴片辐射边缝

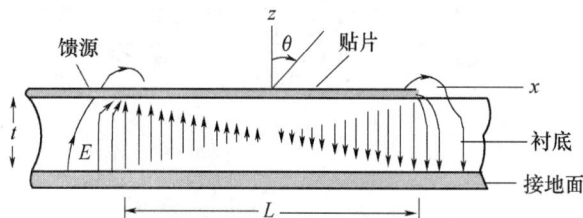

图 9.5 显示边缘电场产生辐射的顶视图

矩形贴片天线的方向图比较宽,其最大值方向垂直于天线平面。如图 9.3、图 9.4
所示,令缝隙电场为 E_0,根据等效原理,等效磁流密度为

$$\boldsymbol{M} = -\hat{\boldsymbol{n}} \times \hat{\boldsymbol{x}} E_0 = -\hat{\boldsymbol{z}} E_0 \tag{9.3}$$

考虑到接地板的影响,则有

$$\boldsymbol{M} = -\hat{\boldsymbol{z}} 2 E_0 \tag{9.4}$$

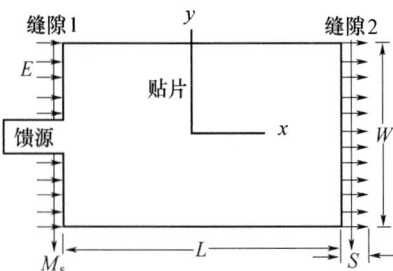

图9.6 显示电场的侧视图

根据单缝辐射特性[14]，可求出电矢位为

$$F = -\hat{z}\frac{1}{4\pi r}\iint_s 2F_{t_0}e^{-jk_0\hat{r}\cdot r'}dS \qquad (9.5)$$

式中：积分面积 S 为缝隙所具有的面积；上面加"^"符号表示单位矢量。

$$\begin{cases} \hat{r} = \hat{x}\sin\theta\cos\phi + \hat{y}\sin\theta\sin\phi + \hat{z}\cos\theta \\ r' = \hat{x}x' + \hat{z}z' \\ \hat{r}\cdot r' = x'\sin\theta\cos\theta + z'\cos\theta \end{cases} \qquad (9.6)$$

将式(9.6)代入式(9.5)得

$$\begin{aligned} F &= -\frac{E_0 e^{-jk_0 r}}{2\pi r}\int_{-W/2}^{W/2}\int_{-\Delta l/2}^{\Delta l/2}e^{jk_0(x'\sin\theta\cos\phi + z'\cos\theta)}dy'dz' \\ &= -\frac{E_0 e^{-jk_0 r}}{2\pi r}W\Delta l\frac{\sin\left(\dfrac{k\Delta l}{2}\sin\theta\cos\phi\right)}{\dfrac{k\Delta l}{2}\sin\theta\cos\phi}\frac{\sin\left(\dfrac{kW}{2}\cos\theta\right)}{\dfrac{kW}{2}\cos\theta} \end{aligned} \qquad (9.7)$$

由于 $k\Delta l \ll 1$，因此有

$$F = -\frac{E_0 e^{-jk_0 r}}{2\pi r}W\Delta l\frac{\sin\left(\dfrac{kW}{2}\cos\theta\right)}{\dfrac{kW}{2}\cos\theta} \qquad (9.8)$$

辐射到空中的电场分量为 $E = -\nabla\times F$，远场只取 r^{-1} 项[15]得

$$E = \hat{\phi}\frac{1}{r}\left[\frac{\partial}{\partial r}(rF_\theta) - \frac{\partial F_r}{\partial\theta}\right] \qquad (9.9)$$

式中

$$\begin{cases} F_r = F\cos\theta \\ F_\theta = -F\sin\theta \end{cases} \qquad (9.10)$$

将式(9.10)代入式(9.8)得

$$E_\phi = -jkF\sin\theta = -j\frac{E_0\Delta l}{\pi} \cdot \frac{e^{-jk_0r}}{r} \cdot \frac{\sin\left(\dfrac{\pi W}{\lambda}\cos\theta\right)}{\cos\phi}\sin\theta \qquad (9.11)$$

矩形贴片具有两条辐射缝隙,根据二元阵原理,可得到 $W \times L$ 的矩形 MEMS 贴片天线的方向系数为(未归一化)

$$F(\theta,\phi) = \frac{\sin\left(\dfrac{\pi W}{\lambda}\cos\theta\right)}{\cos\theta}\sin\theta\cos\left(\dfrac{\pi L}{\lambda}\sin\theta\cos\phi\right) \qquad (9.12)$$

9.2.3 MEMS 天线设计方法

当 MEMS 天线工作在基频(TM_{01} 模)时总会出现高次模,并且还会伴有表面波[11],这会使天线的性能降低。因此,在设计和制作天线时需要采取一定的措施来抑制高次模和表面波,改善天线性能。

9.2.3.1 介质衬底的选择

介质衬底的选择是 MEMS 天线设计中首要的第一步,它直接影响着天线的尺寸、性能和应用领域。衬底选择的依据主要取决于应用。例如,共形天线需选择韧性的衬底;在较低频应用中为了保持天线的小尺寸需要使用高介电常数的衬底材料;对某些只要求频带而不讲究效率的应用可采用 $\tan\delta$ 较大的衬底,等等。同时衬底材料与 MEMS 天线的性能密切相关。从效率、带宽等方面来看,MEMS 天线应当选用介电常数较低的衬底,但另一方面,为了减小尺寸,则需选用介电常数较高的材料,这两方面是矛盾的,需要根据具体应用场合加以权衡。

一般而言,介质衬底的选择和估算应该包括以下内容:

(1)介电常数 ε_r 和正切损耗 $\tan\delta$,它们在所考虑的工作频段和使用温度范围内是否满足需要;

(2)均匀性,即衬底材料在衬底各点的 ε_r、$\tan\delta$ 及其他性能的一致性;

(3)各向同性性能,即在各种取向电磁场作用下 ε_r、$\tan\delta$ 等的一致性;

(4)热系数和温度范围,包括介质材料和金属材料热系数的一致性;

(5)衬底厚度的一致性及各项尺寸在加工过程中的稳定性;

(6)温度、湿度的影响及老化性能。

在物理特性方面还应考虑:

(1)对在加工和使用过程中可能遇到的化学物品的抗腐蚀能力;

(2)抗拉强度、结构强度及比重;

(3)材料的韧性、可切削性及抗振、抗冲击能力;

（4）应力消除及应力消除后特性；

（5）可黏性、黏接强度及在电镀时的衬底特性等。

目前常用的衬底材料主要包括硅、砷化稼、聚四氟乙烯（TEFLON）、石英、低温共烧陶瓷（LTCC）、微波陶瓷、苯乙烯聚合物等。对于日常通信设备使用的天线而言，TEFLON、陶瓷等材料可以满足要求。在微波频段，为了系统进一步集成，需将天线辐射单元与电路制作在同一衬底上，因此，大多数 MEMS 天线制作在高阻硅、砷化稼等高介电常数衬底上。

9.2.3.2　腔体刻蚀与综合等效介电常数

衬底材料的介电常数 ε、正切损耗是影响天线效率和带宽的重要因素。对低介电常数的衬底材料而言，可直接用来制作 MEMS 天线。但考虑到与 IC 电路进一步集成，有相当一部分的 MEMS 天线需制作在 Si 或 GaAs 材料上。而 Si、GaAs 等材料介电常数高，正切损耗较大，若直接将天线制作在这类衬底上，将使天线在工作频段存在明显的表面波激励，导致天线辐射效率、带宽和辐射方向图恶化。因此，要在这些高介电常数衬底上制作天线，需要采用一些优化措施，使衬底的等效相对介电常数降低，以改善并提高天线的性能。

为了减小高介电常数衬底上表面波引起的功率损耗对天线性能的影响，可减小衬底厚度，一般衬底厚度可设为 $\lambda_d/10$，其中 λ_d 为衬底中的波长，但这会使天线的带宽及辐射效率下降，且在高频段衬底厚度很薄，不易加工，因此这种方法实际上不常采用。通常可采用微机械刻蚀方法，在天线所在高阻硅衬底上刻蚀腔体，降低了贴片下方的综合等效介电常数。研究表明[16]：刻蚀的高介电常数衬底与未刻蚀高介电常数衬底相比，天线带宽增加了64%，效率增加了28%；刻蚀的高介电常数衬底与刻蚀后综合等效介电常数与其相当的低介电常数衬底相比，其天线性能类似；刻蚀深度影响天线带宽。

图 9.7 所示的 MEMS 贴片天线，虚线代表刻蚀腔体。研究表明[16]：天线辐射

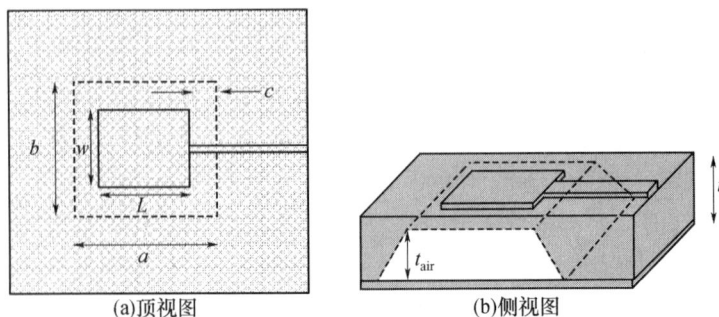

(a)顶视图　　　　(b)侧视图

图 9.7　MEMS 贴片天线

边与微机械刻蚀腔边沿间距 c 影响天线效率,一般 c 至少为 $2t$(t 为衬底厚度)。当介质衬底厚度相同,且刻蚀深度比均为 $1:1$ 时,$c = 2t$ 与 $c = 0$ 相比,效率增加 10%;当刻蚀深度比为 $1:1$,$c = 0$ 时,高介电常数衬底上的天线辐射效率与未刻蚀的高介电常数衬底上的天线相当。这主要是由于边缘场通常从天线辐射边往外延伸 $t \sim 2t$ 的距离至衬底。

应用基于串联电容的准静态模型确定混合区域的贴片电容[17],估算衬底刻蚀后的综合等效介电常数

$$C = \frac{\varepsilon_0 \varepsilon_{\text{rsynth}} (L + 2\Delta l) W}{h} \qquad (9.13)$$

$$\varepsilon_{\text{rsynth}} \approx \varepsilon_{\text{cavity}} = \frac{\varepsilon_{\text{air}} \varepsilon_{\text{si}}}{\varepsilon_{\text{air}} + (\varepsilon_{\text{si}} - \varepsilon_{\text{air}}) x_{\text{air}}}$$

式中:$\varepsilon_{\text{cavity}}$ 为腔相对介电常数;ε_{air} 为空气介电常数;ε_{si} 为硅介电常数。

式(9.14)中假设刻蚀腔尺寸足够大,可容纳贴片的边缘场[18],即图 9.7 中 $c \geqslant 2t$,x_{air} 为刻蚀腔体深度与衬底总厚度之比。

9.2.3.3 衬底厚度

衬底的厚度与贴片天线的频带密切相关。衬底厚度 t 增大,使传输线特性阻抗增大从而使频带变宽。当 $t < \lambda/16$ 时,VSWR $\leqslant 2$ 的频带宽度经验公式为[19]

$$\text{频带} = 5.04 f^2 t (\text{MHz}) \qquad (9.14)$$

式中:t 以毫米为单位;f 以 GHz 为单位。同时 t 的增加也使辐射效率下降。

由于贴片天线位于介质衬底上,衬底受激励可能引导表面波。表面波沿衬底传播,而在衬底的外法线方向上场量按指数规律衰减,波的能量集中于空气—介质分界面附近。表面波影响天线辐射特性[20],改变远场辐射方向图,尤其是天线的交叉极化和旁瓣相应特性。衬底的电厚度(厚度与波长之比)越大,表面波的激励现象就越明显。表面波的相速与介电常数(ε_{r})和衬底厚度(t)关系很密切,当沿微带贴片传播的准 TEM 波相速接近表面波相速时,就出现了波间的强耦合。这类表面波耦合的最低频率决定了天线工作频率的上限。

表面波有 TE 型和 TM 型。这些表面波的解已由 Collin[21] 给出。最低次 TM_0 模的截止频率没有下限,高次模($\text{TM}n$ 和 $\text{TE}n$)的截止频率为

$$f_{\text{c}} = \frac{nc}{4t \sqrt{\varepsilon_{\text{r}} - 1}} \qquad (9.15)$$

式中:c 是真空中的光速;$n = 1, 3, 5, \cdots$($\text{TE}n$ 模),或 $n = 2, 4, 6, \cdots$($\text{TM}n$ 模)。

由于 TM_0 模的截止频率没有下限,所以在开路微带天线上,总能激励到相当程度。研究表明:制作在介质衬底(介电常数为 ε_{r})上的微带天线,TM_0 模式成为

主要泄漏波时的截止频率为

$$f_c = \frac{75}{t\sqrt{\varepsilon_r - 1}} \tag{9.16}$$

式中:t 是以毫米为单位的衬底厚度;f_c 是以 GHz 为单位的截止频率。

综上所述,衬底厚度的选择需综合考虑天线带宽和表面波的影响。研究表明:要使天线辐射效率较高,衬底厚度 t 应为 $0.005\lambda_0 \sim 0.1\lambda_0$。

9.2.3.4 贴片宽度 W

W 的尺寸影响着 MEMS 贴片天线的方向性函数、辐射电阻及输入阻抗,从而也就影响着频带宽度和辐射效率。

利用腔膜法的工程公式可以设计天线单元的尺寸[22],对于介质衬底厚度为 t,天线工作频率为 f_0,辐射效率较高的矩形贴片天线,其贴片宽度为

$$W = \frac{c}{2f_0\sqrt{\dfrac{(\varepsilon_{rsynth} + 1)}{2}}} \tag{9.17}$$

式中:c 为光速;ε_{rsynth} 为式(9.14)求得的综合等效介电常数或者是未刻蚀衬底的介电常数。当然,也可以选择其他宽度。但是,当选用小于式(9.17)的宽度时,贴片天线的效率较低;而选用大于式(9.17)的宽度时,贴片天线的效率虽高,但这时将产生高次模,从而引起场的畸变[23,24]。

9.2.3.5 有效介电常数 ε_{reff} 及等效伸长 ΔL

当矩形贴片天线的衬底厚度和贴片宽度确定后,有效介电常数 ε_{reff} 及等效伸长 ΔL 即可确定

$$\varepsilon_{reff} = \frac{\varepsilon_{rsynth} + 1}{2} + \frac{\varepsilon_{rsynth} - 1}{2}\left[1 + 12\frac{h}{W}\right]^{-\frac{1}{2}} \tag{9.18}$$

$$\Delta L = 0.412h\frac{(\varepsilon_{reff} + 0.3)\left(\dfrac{W}{h} + 0.264\right)}{(\varepsilon_{reff} - 0.258)\left(\dfrac{W}{h} + 0.8\right)} \tag{9.19}$$

9.2.3.6 贴片长度 L

矩形贴片天线的长度理论上取 $\lambda_g/2$,λ_g 为介质内波长。$\lambda_g = \lambda_0/\sqrt{\varepsilon_{reff}}$,$\lambda_0$ 为自由空间波长。但实际上由于边缘场的影响在设计 L 的尺寸时应从 $\lambda_g/2$ 中减去 $2\Delta L$,即

$$L = 0.5\lambda_g - 2\Delta L \tag{9.20}$$

或

$$L = \frac{c}{2f_0\sqrt{\varepsilon_{reff}}} - 2\Delta L \tag{9.21}$$

9.3　RF MEMS 天线的制作

9.3.1　RF MEMS 天线制作的主要工艺

MEMS 天线的制造主要包括硅片刻蚀,金属贴片的制作以及硅片的键合等。这里研究的 MEMS 天线的衬底材料主要是硅(<100>硅),利用硅刻蚀技术在硅片中刻蚀出空腔,利用硅—空气混合结构有效降低衬底等效介电常数。

9.3.1.1　硅片刻蚀

硅片刻蚀是 MEMS 天线制作中的关键,刻蚀形成的空腔尺寸、深度等直接影响了衬底等效介电常数,从而影响天线工作频率等。硅片刻蚀的途径主要有湿法刻蚀和干法刻蚀。湿法腐蚀主要包括各向同性腐蚀和各向异性腐蚀。各向同性腐蚀在各个方向上的腐蚀速率几乎相同,而各向异性腐蚀在特定的溶液和材料中沿不同晶向腐蚀速率不同,呈现出沿晶向的选择性。例如用 NaOH 溶液对 Si 进行腐蚀时,腐蚀速率沿<100>晶面最快,<110>晶面次之,<111>相对而言最慢,因此对<100>的硅片表面,其深度方向的刻蚀呈现各向异性。

如图 9.8 所示,由于硅<100>与<111>的晶向角为 54.7°,所以宽度为 W_1 的腐蚀图形,腐蚀深度为 h 时,可近似求得到下面宽度 W_2

$$W_2 = W_1 - 2h\cot54.7° \tag{9.22}$$

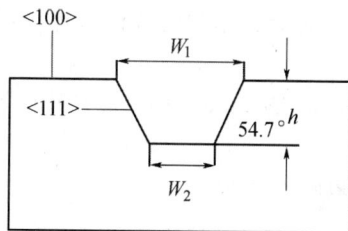

图 9.8　硅湿法腐蚀

如果是各向同性腐蚀,则其 W_2 近似为

$$W_2 = W_1 - 2h\cot45° \tag{9.23}$$

在进行 MEMS 天线设计时,应充分考虑这些因素对腐蚀腔体尺寸的影响,降低工艺误差对设计的影响。遗憾的是,至今仍没有一个"权威的理论"能直接预测湿法腐蚀行为。因此湿法腐蚀工艺只能依靠操作者的经验,误差较大。

干法刻蚀主要利用等离子进行硅片刻蚀。ICP(Inductively Coupled Plasma,感应耦合等离子体)深硅刻蚀技术是一种重要的体硅加工工艺,是一种高密度等离子体的刻蚀,具有控制精度高、大面积刻蚀均匀性好的优点。ICP 采用 Bosch 工艺专利技术,工艺气体为 SF_6 和 C_4F_8,SF_6 为刻蚀气体,C_4F_8 为钝化保护气体。对硅的刻蚀,利用高频辉光放电产生的高活性 F 自由基和 Si 发生反应,来达到刻蚀 Si 的目的。活性 F 原子在没有等离子辅助时也与 Si 发生反应,因此对硅的刻蚀主要是离子增强的化学刻蚀。SF_6 作刻蚀 Si 的气体,相对常用的 CF_4,SF_6 含有更多的 F 自由基,所以刻蚀速率较快。ICP 刻蚀过程经过刻蚀—保护—刻蚀—保护的不断循环过程,刻蚀的深度不断加深,最终形成高深宽比结构。干法刻蚀的缺点是刻蚀速率相对较慢,典型值约为每分钟刻蚀 $2\mu m \sim 3\mu m$,因此进行深腔体刻蚀时需要很长时间。

9.3.1.2 金属贴片的制作

金属贴片的制作主要包含以下工艺步骤。

1)清洗

清洗硅片表面,去除各种无机杂质及光刻胶等有机沾污,避免电性能受到影响,提高器件可靠性、稳定性和成品率。首先检查硅片表面质量(表面应平整,无机械损伤),再用丙酮棉与无水乙醇棉擦拭硅片表面,用丙酮、乙醇超声清洗各一次,再用去离子水冲洗,最后在红外灯下用干燥纯净氮气吹干。

2)热氧化

热氧化生长 SiO_2,目的是提高金属与衬底的黏附性。

3)溅射

在硅片正面溅射 Ti/Au,为后续金属贴片电镀提供种子层。

4)光刻形成贴片图形

在硅衬底表面涂敷光刻胶、曝光、显影,形成贴片图形。

5)电镀金

因为溅射形成的金属膜厚度很薄,为了保证电路的损耗尽可能小,至少应使膜厚为金属材料趋肤深度的 3 倍~5 倍,故采用电镀的方法加厚。对于金,在 S 波段趋肤深度约为 $1.5\mu m$。

6)去胶及清洗

电镀完成后,将硅衬底表面的光刻胶用丙酮去胶,然后清洗硅片表面。

7)反溅 Au,腐蚀 Ti

将衬底上非贴片部分溅射的 Au 利用反溅去除,并利用 HF 腐蚀 Ti。

通过上述工艺步骤,形成衬底上的金属贴片。

9.3.1.3 键合

在很多情况下,单层硅片厚度无法满足要求或者结构需要,例如在层叠式天线或者口径耦合式天线,需要将多层衬底层叠起来,因此还须进行硅片间或硅片与玻璃间的键合。键合是指不利用任何黏合剂,只通过化学键和物理作用将材料紧密地结合起来,在微机械加工中有着重要地位。既可以对微结构进行支撑和保护,又可以实现机械结构之间或机械结构与电路之间的电学互连。键合的主要方法有静电键合和热键合两种。硅—玻璃之间一般采用静电键合,又称阳极键合。在 300℃ ~ 400℃ 的温度下,通过 200V 以上电压使玻璃中的 Na^+ 离子向负极移动,使与玻璃临近的硅片表面形成空间电荷区,通过静电力使玻璃和硅片紧密接触,形成 Si—O—Si 化学键,实现键合。硅片与硅片之间的键合则不需要外加电压,而是通过直接键合实现,这种键合方式是将硅片表面经过一定的化学处理,使表面形成 OH—键,然后将两个硅片紧密贴合在一起,经高温退火后实现键合。

9.3.2 典型的 MEMS 天线制作工艺流程

以背腔式 MEMS 天线的制作工艺为例,其工艺流程如图9.9 所示。

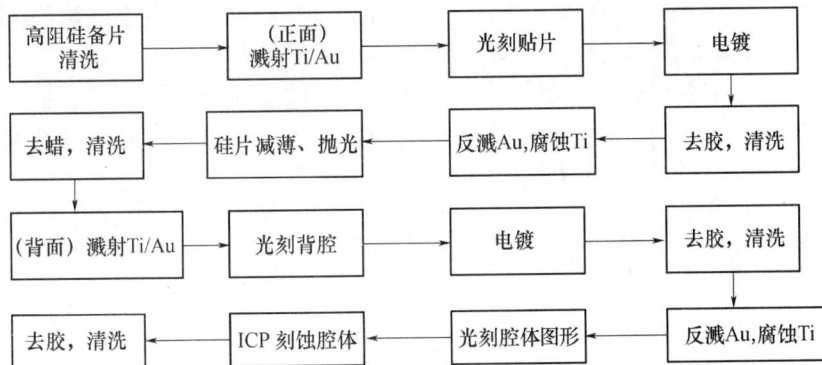

图 9.9　背腔式 MEMS 天线的工艺流程

详见第 3 章 MEMS 工艺。

9.4　RF MEMS 天线测试

天线性能测试主要包括电路性能和辐射性能的测试。电路特性主要包括输入阻抗、效率、带宽、匹配程度等,辐射特性主要包括方向图、增益、极化等。

9.4.1 MEMS 天线电路性能的测试

天线至少应该有两个端口,一个是馈电端口,另一个是辐射面与空间的接口,因此它至少是两端口网络。辐射面与空间的接口是一种等效的概念,不能用具体的方法得到衡量。当测量输入端口的 S 参数时,要求天线辐射面要保证良好匹配(即无反射)。故要求天线必须指向自由空间或无反射墙,最理想的情况是在微波暗室中进行测量。而实际上,测量天线电路特性时,只要天线辐射基本不受阻碍,周围无金属材料影响,或使用适当吸波材料覆盖周围金属材料表面,辐射波空间接口反射的影响并不严重。因而考察天线性能时,一般不考虑辐射面和空间接口的失配问题,S 参数简化为 S_{11},即馈电端口的反射系数。

进行天线端口的输入阻抗测量时,先对网络分析仪进行校准,然后接上被测天线,让天线指向无反射的空间。从矢量网络分析仪上可以得出天线的输入端反射系数(S11)。如果存在有反射的障碍物时,会影响测量值。

9.4.2 MEMS 天线辐射性能的测试

天线辐射性能的测试主要介绍方向图测试和增益测试。

方向图测定,需要两个天线:源天线固定不动,待测天线安装在特制的有角标指示的转台上,转台由计算机通过步进电机控制。旋转置于转台上的待测天线而检测接收功率随角度的变化。

增益是表征一部天线性能重要的指标。天线增益的测量可采用增益转换测量法。这种方法是用一已知增益天线作为增益来确定待测天线的绝对增益。通过测量相对增益,再与标准天线的已知增益作比较,就可得出被测天线的绝对增益值。

图 9.10 是转换增益测量法的系统框图。

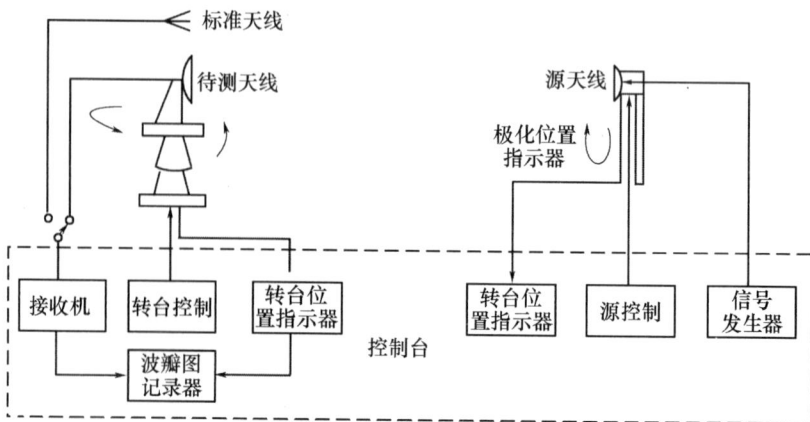

图 9.10　转换增益测量法(待测天线作接收天线)系统框图

210

测试过程要求分两组测量。一组是用待测天线作为接收天线,记录进入匹配负载的接收功率 P_T;另一组是用标准增益天线取代待测天线,记录此时进入匹配负载的接收功率 P_S。两次测量过程中,天线的几何位置关系应该保持不变,且进入作为发射天线的源天线的功率应保持不变。

已知标准增益天线的增益为 G_S,则被测天线的增益为

$$G_T = \frac{P_T}{P_S} \cdot G_S \tag{9.24}$$

表示成对数形式为

$$(G_T)_{dB} = (G_S)_{dB} + 10\lg\left(\frac{P_T}{P_S}\right) \tag{9.25}$$

9.5 新型 MEMS 天线

9.5.1 新型 MEMS 天线

为了与其它有源器件进一步集成,MEMS 天线通常选用硅或 GaAs 材料制作,这些半导体材料相对介电常数较大,使天线在工作波段存在明显的表面波激励,导致天线辐射效率、带宽和辐射方向图恶化。因此,要在这些高介电常数衬底上制作天线,需要采用一些优化措施,使衬底的等效相对介电常数降低,以改善并提高天线的性能。通过多年的探索和研究,现已研制出了多种优化的 MEMS 天线原理样品。下面作简要介绍:

9.5.1.1 背腔式贴片天线

半导体衬底上制作的天线虽可与其它集成电路元件进一步集成,但由于衬底介电常数较大,因而表面波激励产生的影响严重。可通过 MEMS 技术部分或全部刻蚀天线贴片下方的衬底,减小相对有效介电常数,形成硅与空气组成的混合衬底 MEMS 天线(图 9.7),从而增加天线带宽和效率。该 MEMS 天线的特点是带宽和效率分别比常规天线提高 64% 和 28%,方向图也得到一定程度的改善[25]。

在此天线结构的基础上,由于低阻硅材料用于微波电路中导致高损耗,故可将天线制作在高阻硅衬底上以改善天线性能。一些研究人员又提出在刻蚀形成的腔体内填充低介电常数材料[26,27],例如 SiO_2 或聚酰亚胺。同时在低介电常数材料和衬底材料之间沉积一层金属,以消除衬底下表面剩余能量激励的衬底模式对天线辐射的干扰。如图 9.11 所示,通过这种方法可以增加天线带宽。但由于腔体深度大,需生长较厚的 SiO_2 或聚酰亚胺,增加了工艺实现难度。

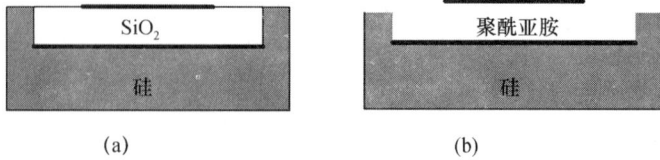

图 9.11 填充低介电常数材料的贴片天线

9.5.1.2 光子带隙贴片天线

光子晶体天线是一种全新概念的平面天线,电磁(光子)晶体所具有的独特性质改善了以高介电常数材料为衬底的贴片天线多方面的性能,包括增加带宽、提高增益、增强辐射、减小后向辐射以及消弱阵列元件之间的互耦等;这使得将贴片集成在高介电常数衬底的集成电路上成为可能,也为进 步提高微波集成电路的集成度开辟了途径。随着无线通信技术的发展,光子晶体天线这种既易于集成,又有良好辐射性能的新型平面天线,必将在移动通信、卫星通信、航空航天等众多另用领域发挥作用。

根据电磁(光子)晶体的特性,PBG(Photonic Band Gap)可以作为高性能的反射镜,其反射频率落在光子带隙中的电磁波。目前 PBG 的实现可通过对介质进行化学腐蚀、激光打孔、离子束刻蚀等方法实现。目前的研究主要集中在一维和二维结构的 PBG 上。一维结构主要用于带阻滤波器的设计,二维结构主要用于抑制微带天线的表面波,改善匹配,提高天线辐射性能等方面。目前国际上报道的电磁(光子)晶体天线主要有以下几种:

1) 衬底钻孔型光子晶体贴片天线

这种光子晶体天线是出于减小 Si、GaAs 等半导体材料的有效相对介电常数的目的,通过微机械加工技术在天线除贴片下方以外的衬底内钻一些周期性的孔而构成,孔的直径大约为介质中波长 λ_g 的 1/10,如图 9.12 所示。

该天线对表面波的抑制非常明显,增加了天线的带宽和辐射效率。在 $f =$ 12.8GHz ~ 13.0GHz 频段,天线的辐射效率(测量值)从 48% ±3% 上升到 73% ± 3%[28,29],天线增益比普通微带贴片天线提高了将近 10dB,同时天线后向辐射电磁波明显削弱,前后辐射电平比提高了 12dB。如果用常规方法在硅衬底上制作贴片天线,在这一频段的相对带宽不会超过 1%,而采用光子带隙结构,相对带宽可增加至 3% ~ 6%,并且改善了天线的辐射方向图。

2) 地面腐蚀型光子晶体贴片天线

这种类型的天线是在天线的反射地面上腐蚀出一些周期性的孔结构,利用光子晶体结构覆盖天线工作频率范围的禁带,抑制由贴片所激励的表面波,改善天线的性能。其结构如图所示。这种 PBG 结构对抑制天线的寄生辐射很有效,但同时

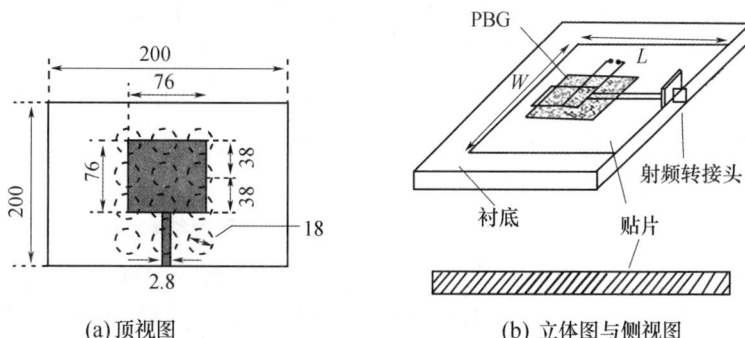

(a)顶视图　　　　　　　　(b) 立体图与侧视图

图 9.12　衬底钻孔型光子晶体贴片天线

天线变为双向辐射,这是由于地面腐蚀的小孔产生电磁波辐射的缘故。另外,天线方向图也得到改善,旁瓣电平削弱了约 15dB。

3）阻抗表面型光子晶体贴片天线

如图 9.13 所示,这种光子晶体天线,矩形栅格的金属贴片周期性排列并围绕在贴片天线周围,每一金属贴片上都有一金属孔与地面相连。这种结构的光子晶体贴片天线只需要一层介质,并且可以与普通的平面制造技术相兼容。在性能上可以增加天线带宽,降低后瓣辐射功率以及对波束形状进行控制等。

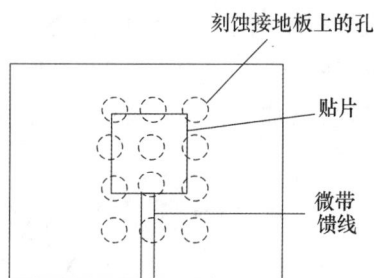

图 9.13　光子晶体贴片天线

9.5.1.3　层叠式贴片天线[30]

层叠式贴片天线是在高阻硅衬底上沉积、刻蚀出微带线和贴片,然后在另一片低阻硅衬底上刻蚀出空腔,空腔结构与贴片相似,但尺寸稍大,最后将两层硅片对准并键合起来,如图 9.14 所示。贴片天线的介电常数显著降低,可使天线带宽和

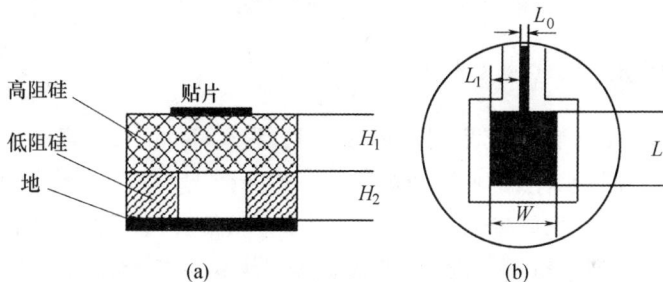

(a)　　　　　　　　(b)

图 9.14　层叠式硅微机械贴片天线示意图

213

辐射效率明显增加。天线的 $-10\mathrm{dB}$ 阻抗带宽为 12.5% ,它远远高于传统的具有相同衬底厚度贴片天线的带宽(2% 和 4.4%)。这种新颖的微带天线工作在较高的频段($10\mathrm{GHz}\sim 20\mathrm{GHz}$),是一种高频的宽带微带天线,可望工作在更高的频段,如亚毫米波段,应用于雷达和短程无线通信系统。

9.5.1.4 悬浮的 MEMS 贴片天线[31-34]

悬浮的 MEMS 贴片天线如图 9.15 所示,它由 CPW 馈线(CPW feed line),一个馈电柱(feeding post),2 个支撑柱(supporting post)和一个辐射贴片(radiation patch)组成。这种天线采用 MEMS 表面工艺制作而成,它的优点是:①CPW 馈线可位于高介电常数衬底上,而辐射贴片位于空气上,与口径耦合贴片天线类似,可同时对贴片和馈线网络进行优化。②由于贴片位于空气层上方由金属柱支撑,因而无介质损耗,提高了天线性能,同时该天线只需要一层衬底,无需像口径耦合天线那样将上下两层衬底精确对准,也无需进行衬底刻蚀。③类似于铜轴探针馈电方法,可通过改变馈电柱位置选择合适的天线输入阻抗,因而天线可直接与各种输入阻抗匹配,不需要 $\lambda_{g}/4$ 阻抗变换器。当形成贴片天线阵列时,可采用简单馈线网络,易于设计。它的缺点是表面工艺难度高,不易制作。由于支撑柱和馈电柱厚度较厚,增加了光刻工艺难度,在光刻时涂胶不易均匀,胶厚不易曝光,去胶困难等。

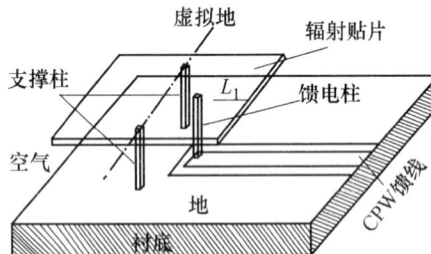

图 9.15 悬浮的 MEMS 贴片天线

9.5.2 MEMS 可重构天线

RF MEMS 开关损耗很低,且可以通过 $10\mathrm{k}\Omega \sim 120\mathrm{k}\Omega$ 的电阻线来控制,是制作可重构天线的理想元件。RF MEMS 开关偏置网络不但能广泛应用于大型的天线阵列中,而且不会干扰或劣化天线的辐射方向图,偏置网络也不会消耗任何功率,这对大型天线阵列很重要。因此,可重构天线大多采用 MEMS 开关,其按功能一般可分为以下几类:第一类是频率可重构天线,即方向图形状不变,而频率可以改变的天线,能宽频带或多频带工作,图 9.16 为南京电子器件研究所研制的 MEMS 开关实现频率可重构;第二类是方向图可重构天线,即频率不变,方向图形状可以改变的天线,图 9.17 为利用南京电子器件研究所研制的 MEMS 开关实现方向可重构;第三类是频率和方向图可重构天线,即能够同时改变频率和方向图的可重构天线;另外还有其他诸如可以改变极化方向的极化可重构天线。

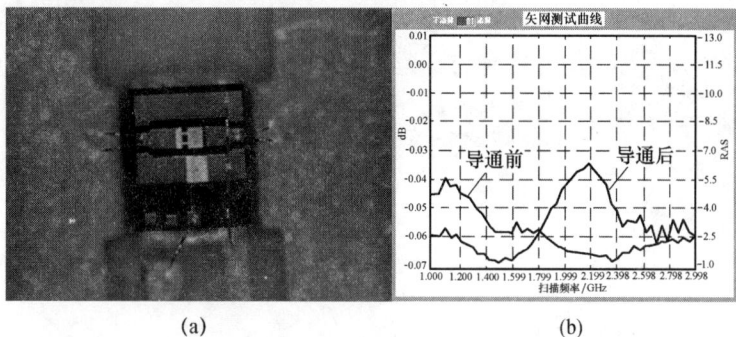

(a)   (b)

图 9.16   基于 MEMS 开关的频率可重构天线样品(a)和测试结果(b)

一些研究者利用 MEMS 致动器改变微带贴片天线的电抗值,从而改变天线工作频率,实现 MEMS 频率可重构天线。在微带贴片天线上带有两个独立的 MEMS 致动器,每个致动器带有可动的金属桥,金属桥跨在金属短截线上方,两端由金属化通道支撑,金属化通道与贴片天线之间有电联系。与金属短截线连在一起的长为 L、宽为 W 的金属带,用作平行电容器。当未加偏置电压时,致动器处于断开状态,贴片天线工作在其额定频率;当加上偏置电压时,由于静电力的作用,上跨金属桥被拉下,金属带的电容与贴片天线的输入阻抗并联,这一并联电容就可以将贴片天线的工作频率调整到一个较低的频率。该天线工作的两个频率为 25GHz 和 24.6GHz,虽只有 400MHz 的频带宽度,但它实际采用了 MEMS 致动器来重构天线,天线的尺寸没有增加,致动器的控制线也很简单。

也可以通过在辐射边缘放置 MEMS 串联开关来简单地实现微带天线重构。串联开关将传输线的额外部分连接到微带天线,从而降低了谐振频率。Simons 等人用这种设计方法在硅衬底上研制了一个微带天线,测量出的调谐带宽为 1%,反射系数在 24GHz 时低于 -10dB。由于地平面的影响和微带天线的窄带特性,这种方法适用于调谐带宽在 ±15% 以内。若需要实现宽调谐微带天线阵列,则必须使用多频率地平面。而且,需要使用可重构的微带网络方法从而不产生栅格旁瓣。这种设计的难点是输入反馈网络设计。

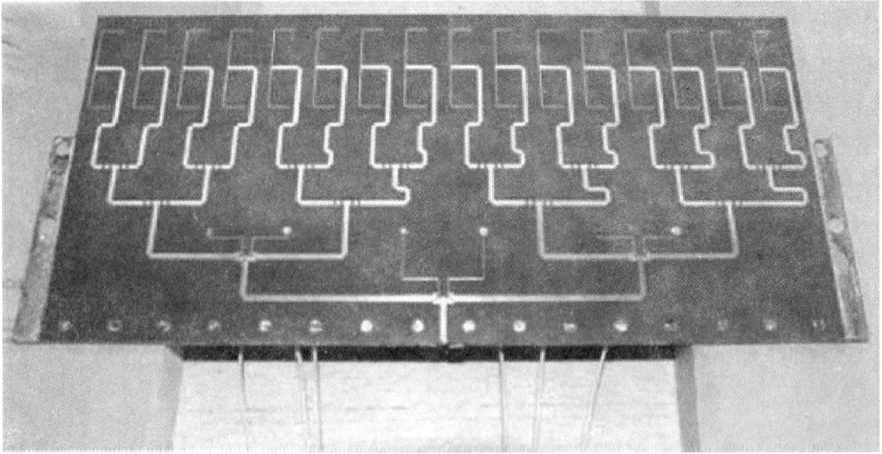

（a）

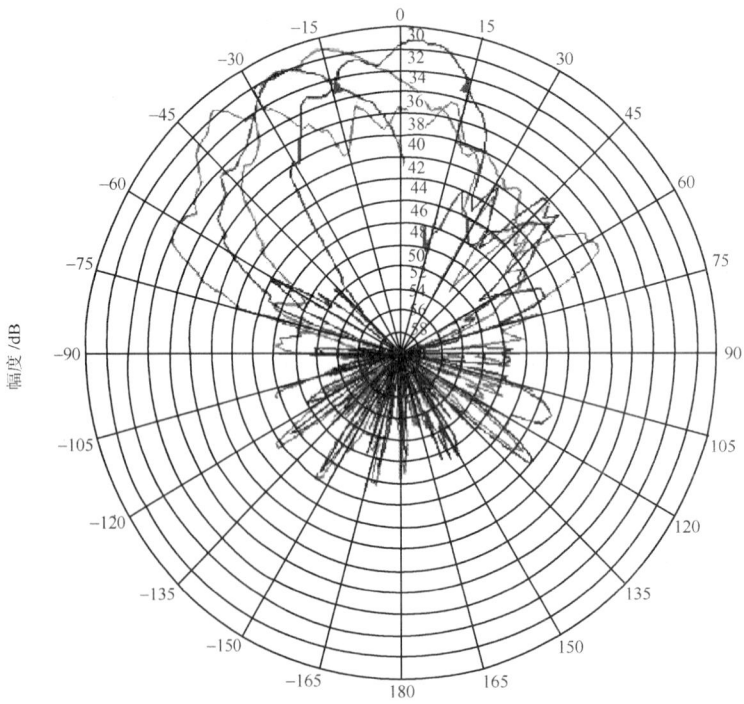

（b）

图 9.17 基于 MEMS 开关的方向可重构天线样品（a）和测试结果（b）

9.5.3 MEMS 可动天线

引导天线束的一种方法是机械地改变平面天线的方向。由于天线结构尺寸为 $\lambda/2$ 的数量级,因此这种技术只适用于毫米波频段,且与 MEMS 移相器相比速度很慢。Chiao 等人制作了一种可重构 V 形天线,该天线适用两个独立的推/拉静电微驱动器,天线臂由制作在硅衬底上的固定旋转铰链固定。用多晶硅技术制造天线和微驱动器,将一层金蒸发在天线和馈入用的传输线上,并刻蚀掉 V 形天线下方的硅衬底,以增加其辐射效率。用 17.5GHz 微机械 V 形天线可以得到 $-30°$ 和 $-48°$ 的波束扫描。

Baek 等人制作了一种 60GHz 的 2×2 微带天线阵列,能够进行 2 维机械束扫描。该天线采用了玻璃和硅晶片,微带天线采用了 $40\mu m$ 厚的聚合体(BCB)层集成在硅晶片的顶层,在硅衬底的背面电镀一层镍来制作磁驱动器。BCB 膜的尺寸为 9mm × 14mm 左右,释放时不会有任何变形。铰链制造在 BCB 层上以形成大的旋转角,其长度和宽度分别为 1mm 和 0.3mm。天线阵列可以成功地旋转离开板面 30°。

参 考 文 献

[1] Pozar D M. Microstrip antennas[J]. Proc. IEEE,1992, 80:79 - 91.

[2] Bahl I J. Bhartia P. Microstrip antennas[M]. London:Artech House, 1980: 50 - 150.

[3] Carver K P,Mink J W. Microstrip Antenna Technology[J]. IEEE Trans. Antennas & Propagation,1981(29): 2 - 24.

[4] 张钧,刘克诚,张贤铎,等.微带天线理论与工程[M].北京:国防工业出版社,1988.

[5] Jackson D R,Alexopoulos N G. Simple Approximate Formulas for Input Resistance, Bandwidth, and Efficiency of a Resonant Rectangular Patch[J]. IEEE Trans. Antennas & Propagation, 1991.3(3): 407 - 410.

[6] (美) Reinhold Ludwig, Pavel Bretchko.射频电路设计—理论与设计[M].王子宇,张肇仪,徐承和等译. 北京:电子工业出版社,2002.5

[7] Carver K R. Mink J W. Microstrip Antenna Technology[J]. IEEE Trans. Antennas & Propagation, 1981.1 (29):2 - 24.

[8] Gildas P Gauthier, Jean - Pierre Raskin, Linda P B. Katechi, et al. A 94 - GHz Aperture - Coupled Micromachined Microstrip Antenna[J]. IEEE Trans. Antennas & Propagation, 1999,12(47): 1761 - 1765.

[9] Thomas J Ellis, Jean - Pierre Raskin, Gabriel M Rebeiz,et al. A Wideband CPW - fed Microstrip Antenna at Millimeter - Wave Frequencies[J].IEEE1999:1220 - 1222.

[10] Jeong - Geun Kim, Hyung Suk lee, Ho - Seon Lee. 60 - GHz CPW - Fed Post - supported Patch Antenna Using Micromachining Technology[J]. IEEE Microwave and wireless components letters,2005, 10 (15):635 - 637.

[11] (美)鲍尔 I J,布哈蒂亚 P. 微带天线[M].梁联倬,等译.北京:电子工业出版社,1985:22 - 23.

[12] (美) John D Kraus, Ronald J. Marhefka. 张文勋,译,天线(上)[M].北京:电子工业出版社,2004.4.

[13] (美) Warren L Stutzman, Gary Thiele. 天线理论与设计[M].朱守正,安同一译.北京:人民邮电出版社, 2006.10.

[14] 康行健.天线原理与设计[M].北京:国防工业出版社,1986:1-48.

[15] Franco Di Paolo. Networks and Devices Using Planar Transmission Lines[M]. CRC Press, 2000.

[16] Ioannis Papapolymerou, Rhonda Franklin Drayton, Linda P B Katehi. Micromachined patch antennas[J]. IEEE Transactions on Antennas and Propagation, 1998,46(2):275-283.

[17] Gildas P Gauthier, Alan Courtay, Gabriel M Rebeiz. Microstrip Antennas on Synthesized Low Dielectric-Constant Substrates[J]. IEEE Transactions on Antennas and Propagation, 1997,45(8):1310-1314.

[18] Erik jefors. Micromachined Antennas for Integration with Silicon Based Active Devices[J].2004:44-45.

[19] Kuhlman E A. Microstrip Antenna Study for Pioneer Staurn/ Uranus atmosphere Entry Probe[J]. N74-29574, Rept. No. NASA-CR 137513 Contract: NAS2-7328.

[20] JAMES J R, HENDERSON A. High-frequency behaviour of microstrip open circuit terminations[J], IEEE Microwaves, Optics, and Acoustics,1979,3(5):205-218.

[21] Collin R E. Field Theory of Guided Waves[M]. McGraw-Hill Book Co.,N.Y:1960:470-474.

[22] 钟顺时.微带天线理论与应用[M].西安:西安电子科技大学出版社,1991.

[23] Bahl I J., Bhartia P. Microstrip Antennas[M]. Artech House,1980:46.

[24] Schroder K G. Miniature Slotted-Cylinder Antennas. Microwaves[J]. Dec,1964.3:28-37.

[25] Ioannis Papapolymerou, Rhonda Franklin Drayton, Linda P B Katehi. Micromachined patch antennas[J]. IEEE Transactions on Antennas and Propagation, 1998,46(2):275~283.

[26] Tsai Eve Y, Andrew M Bacon, Manos Tentzeris, et al. Design and Development of Novel Micromachined Patch Antennas for Wireless Applications[J]. IEEE Transaction on Antenna and Propagation, 1999, 47(2):200-204.

[27] Wu Pan, Wu Shou-zhang, Chen Yan. Micromachined Patch Antennas on Synthesized Substrates[C]. 2004 4th International Conference on Microwave and Millimeter Wave Technology Proceedings:58-61.

[28] Gildas P Gauthier, Alan Courtay, Gabriel M Rebeiz. Microstrip Antennas on Synthesized Low Dielectric-Constant Substrates[J]. IEEE Transactions on Antennas and Propagation, 1997,45(8):1310-1314.

[29] Alan Courtay, Gildas P Gauthier, Gabriel M Rebeiz. Microstrip Antennas on Localized Micromachined Dielectric Substrates[J]. IEEE 1996:1246-1249.

[30] 巫正中.RF-MEMS 天线理论、建模仿真及特性研究[D].重庆:重庆大学,2002.

[31] Jeong-Geun Kim, Hyung Suk lee, Ho-Seon Lee. 60-GHz CPW-Fed Post-supported Patch Antenna Using Micromachining Technology[J]. IEEE Microwave and wireless components letters, 2005, 15(10): 635-637.

[32] Cho Y H, Ha M L, Choi W, et al. Floating-patch MEMS antennas on HRS substrate for millimeter-wave applications[J]. Electronics Letters, 2005,41(1):128-132.

[33] Ha Man-Lyun, Cho Yong-Heui, Pyo Cheol-Sig, et al. Q-band Micro-patch Antennas implemented on a High Resistivity Silicon substrate using the surface Micromachining Technology[C]. IEEE MTT-S Digest, 2004:1189-1192.

[34] Pan Bo, Yoon Y, Papapolymerou J, et al. A High Performance Surface-Micromachined Elevated Patch Antenna[J]. 2002:1136-1140.

第 10 章 RF MEMS 封装与可靠性技术

10.1 MEMS 封装简介

MEMS 封装大致可包括圆片级封装(Wafer - Level Packaging, WLP)(或称零级封装)、器件级封装(或称一级封装)、板级封装(或称二级封装)、系统级封装(System in Packaging, SiP)等多个层面。其中零级的圆片级封装技术可以实现在圆片级工艺阶段对芯片实现直接封装,先封装后划片分割,这对于含有可动微结构的 MEMS 器件来说,可以有效避免周围环境的灰尘、水汽对裸芯片微结构的影响,简化后续的测试、封装等后道工艺,甚至可以直接连接到基板上使用,大大降低制造的复杂性与成本;器件级封装,则是采用与微电子封装类似的方法直接将芯片独立封装或将零级封装后的芯片安装到管壳中进行二次封装,起到密闭封装的作用;板级封装,就是将管壳器件连接到基板上;系统级封装指利用封装技术来实现系统三维集成的方法,通常是利用各种工艺技术,将同种或不同种类的芯片采用纵向堆叠的方式混载在同一封装体内,同时实现各芯片之间的互连。特别是系统级三维堆叠封装技术,可以把不同功能的芯片或结构,通过键合工艺(WLP)和过孔互连(TSV)等三维集成技术,使其在 Z 轴方向上形成立体集成和信号互连,实现整个系统的功能。

作为最重要的 MEMS 分支,RF MEMS 器件的研制获得长足发展,而相应封装技术也将在新型封装技术的带动下,获得质与量的飞跃发展。

10.2 RF MEMS 封装特点

RF MEMS 封装不仅具有 MEMS 或者微系统封装共有的问题,还具有自身的特殊性和复杂性。除需要考虑可动结构对所处环境中的压力、振动、传输、密封、密封氛围外,还需考虑阻抗匹配、静摩擦和信号衰减、电磁场传播等许多问题。

RF MEMS 具有射频的复杂性,在相互连接中,要求传输线阻抗匹配,并抑制电磁场的辐射,这使得物理封装结构和插入的组件以及芯片之间的相互作用变得非常复杂,高频信号在传输于波导、自由空间,或与外界信号交换时存在着电磁泄露或电磁干扰等。

　　RF MEMS 器件与其他系统和封装的互联匹配具有相当的挑战性,对封装的挑战性远远超过普通微机电系统封装的复杂性和难度。

　　总结 RF MEMS 封装的基本要求如表 10.1 所列。

表 10.1　RF MEMS 封装基本要求

插入损耗	低于 0.1dB	密封性	密封或近似密封
回波损耗	低于 −10dB	机械性能	引入应力小,焊接区域的剪切力 >6MPa
焊接工艺	低温,放气少	环境	常压,氮气或其他惰性气体

　　因此,RF MEMS 封装作为内部器件与外部电路或者系统的接口,是为内部器件提供保护和互连,它一方面保证其中的微机械结构的机械动作特性,另一方面保证与外界的直流、高频信号的正常交换。

　　(1)对内部器件管芯的保护。RF MEMS 封装的保护作用主要体现在:一方面必须保护其中敏感的微膜桥、微梁等可动结构不受外界各种侵蚀性因素及环境条件的干扰与破坏(如振动、过热、灰尘、潮湿、电磁干扰、受污染的或者腐蚀性的大气等),如果不加保护,会造成芯片引线受损与各种可动结构的黏附,最终危及器件的可靠性;另一方面,RF MEMS 封装的内部气体必须保证微机械结构运动的动态特性,而且封装材料本身不会引入对管芯有害的成分。在要求严格的应用中,RF MEMS 往往需要采用密封性封装(或者直接采用真空封装)方法以及气体释放量很小的封装材料来保证内部器件的正常工作。

　　(2)接口作用。封装应该能够起到传递直流与高频信号的作用。封装内外的高频信号的互连可以通过横向金属传输线、共轴电缆和纵向的过孔来实现。

　　(3)机械支撑。封装所用的机械支撑和灌封材料的物理特性应该与管芯的衬底部分尽可能接近,以防止温度出现较大波动时,相互连接的两种材料之间出现较大的热应力,而导致材料连接的开缝和剥落。

　　(4)导热作用。当器件需要处理大功率射频信号时,器件的温升不可忽略,此时应该密切注意器件的热管理问题,封装也应该采用导热性好的材料。

　　(5)RF MEMS 器件需要在常压的氮气或惰性气体中进行封装。原因是常压下的气体阻尼效应会降低可动结构的机械振动 Q 值,而封装体内外压强的平衡会有效减少外界的湿气通过封装体的漏洞进入封装体内,从而提高器件的可靠性。

10.3　RF MEMS 封装设计

　　RF MEMS 封装工艺条件特别是加工时的高温工艺会对 RF MEMS 器件的性能

和可靠性产生显著影响。封装不仅要提供高频信号的连接与防电磁干扰,还要解决暴露在恶劣环境下,封装材料的环境兼容性和成本等问题。

微机电系统封装可以分三个等级:芯片级、器件级和系统级。系统的整体性能取决于封装的优劣,在这种情况下,分析工程应用是非常重要的,可按以下步骤进行:

(1)集成到封装的元件层面;

(2)设计一个集成顺序来满足所有参数的要求;

(3)分析和设计,考虑所需精度;

(4)分析封装过程对元件性能的影响;

(5)分析哪些检测是需要的;

(6)分析封装过程中的稳定性和可靠性因素;

(7)估计封装系统的性能,将它们与重要元件相比较。

RF MEMS 的封装设计取决于应用需求、系统本身的构架以及优化过程。目前,RF MEMS 可以采用的封装材料有陶瓷、焊料、玻璃、金属、聚合物等。RF MEMS 封装方法大致可以分为圆片级、单片全集成级、MCM 级、模块级、SiP 级等多个层面。对于 RF MEMS 封装设计可从改善 RF MEMS 封装的高频性能,提高封装的密封性以及实现低损耗封装几个方面加以考虑。

10.3.1　器件结构设计中对封装的考虑

在 RF MEMS 器件结构设计过程中,应柔合渗入封装结构的考虑,因此可优先考虑器件结构的优化,以降低封装引入的损耗。如传输线中常用的集成微带线和共面线,线间距太近而相互干扰(串扰),这种串扰是由衬底或寄生电容引起的,可能严重降低系统性能,传统平面线技术会因为衬底波模式的激发而导致高损耗。RF 设计中接地通路非常关键,微带线中的通孔会引入寄生电感效应,采用共面传输线,可以使用共面传输线中信号线附近的接地通路。在高密度互连电路中,采用片上封装也是保证系统性能、减小串扰的重要方法,对于多层结构,片与片之间的互连以及微带线和共面线不同的连接方式成为重点,而微带线的片上封装要比共面线困难,这是由于要考虑微带线的非共面结构与传输线间的可用距离。对于微带线,两个传输线间的距离由衬底厚度决定,而共面线之间的距离则是根据损耗或阻抗匹配来确定。因此,为了保证封装不对性能产生影响,减小传输线导体间的距离和提高场的抑制非常重要。

插损的主要原因是辐射损耗,是由垂直连接互连的馈线的共面线较宽的部分引起的。为了解决辐射问题,信号馈线到垂直互连的过渡部分可以做修改,使地的末端连接起来,通过短路来消除在导线末端激励寄生波不需要的水平极化模式。

现有的 MEMS 微纳制造技术为低损耗封装的实现提供了很多加工手段,如 RF MEMS 滤波器,为降低衬底损耗,可将传输线构成的平面微带滤波器制作在 $1\mu m \sim 1.5\mu m$ 的悬空介质薄膜上;键合技术可将滤波器封闭在由硅基形成的微腔中,以进一步减小辐射干扰和辐射损耗,提高 Q 值。这样,利用体微加工技术和键合技术制造,将支承薄膜下的硅刻蚀去掉,并将上部的地电极和下部的屏蔽电极密封,减小辐射损耗,使得带屏蔽的薄膜微带滤波器的 Q 值与传统相比有了大幅度提高。对于 Q 值要求更高(>500)的场合,可以使用 MEMS 微波谐振腔或介质谐振器,即利用硅基通孔阵列起到屏蔽腔的作用。与传统的微波谐振腔或介质谐振器相比,MEMS 微加工技术实现了体积更小的谐振器,并且能够与电路集成,MEMS 器件的优势充分体现出来。

抑制辐射是提高高频信号传输效率最重要的手段,金属波导的导体屏蔽可以有效地抑制传输波,强迫只有金属结构固有谐振频率(截止频率)以上的信号传输。为了实现低频、无色散、微型的金属结构,基于场抑制而非屏蔽的波导,即传输线,在很宽的频率范围得到了广泛的应用。传输线利用两个相位相反的电流相互抑制而传输无辐射 EM 波,平行的信号和地支持反相电流,使除两导体之间以外的其他空间场相互抵消。由于衬底损耗及其寄生阻抗,即使在微带线、带状线、耦合带状线、共面波导传输中,传输效率仍是非常重要的问题,如寄生连接电容会引起不匹配和波的泄露,而衬底的介电损耗会降低传输线的功率传输能力[1]。

10.3.2 封装结构设计

一般的封装结构如图 10.1 所示[2]。近几年,倒装芯片技术安装已经成为最成功的封装技术之一。通过使用焊料球形阵列提供电接触,倒装技术能够将 RF 系统的寄生电感效应降到最低,并且能够很好地将 RF 信号发送至下一级集成电路。从图 10.1 中可看出,1 级与衬底材料之间的连接就是采用倒装技术。

0 级封装层应用于低频应用中,一般用焊球高度来形成芯片所需的空间。但这样的结构应用于较高频率时,顶盖就会对器件的性能有比较大的影响。为此,需要将顶盖刻蚀形成微腔体来减小这种影响。研究 MEMS CPW(共面波导)封装顶盖微腔体深度的影响(CPW)宽度 $=50\mu m$,间隙 $=27\mu m$,没有失谐时特性阻抗为 49Ω , $\varepsilon_{eff}=4.85$),结果如表 10.2 所列。

表 10.2 封装顶盖微腔体深度对 CPW 的性能影响

凹槽深度	Z_c 变化	$\sqrt{\varepsilon_{eff}}$ 变化	凹槽深度	Z_c 变化	$\sqrt{\varepsilon_{eff}}$ 变化
$5\mu m$	-13.2%	13.8%	$40\mu m$	-1.9%	1.4%
$30\mu m$	-2.8%	2.2%	$60\mu m$	-1.2%	0.7%

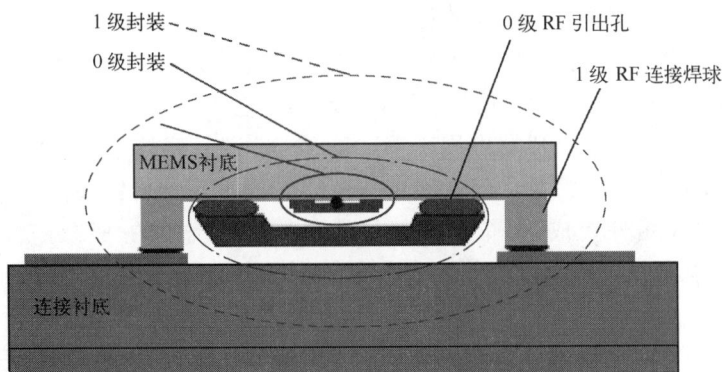

图 10.1　封装结构示意图

从表 10.2 可以看出,微腔体的深度一般要做到 $30\mu m$ – $40\mu m$ 时,才能使 MEMS 电路的失谐减小到可以接受的程度。

由于 0 级封装会形成一定的高度,所以在 1 级时焊球必须有相当的厚度,这给工艺带来复杂性,引起的寄生效应也比较大。而且,高密度封装希望有较薄的厚度,所以必须尽量减薄顶盖。薄的顶盖在切割的时候容易引起变形,有工艺使用载片,用一蜡层将顶盖晶片黏于载片上,按照封装顶盖制作过程切割后,将蜡层融化掉(150℃),再将载片机械移除,步骤如图 10.2 所示[3]。

在毫米波时,由于 1 级封装焊球引起寄生电容的影响太大,所以希望把焊球做得越小越好,这时就必须在连接芯片上开孔,使焊球做得尽可能小,以减小寄生电容,结构如图 10.3 所示[4]。

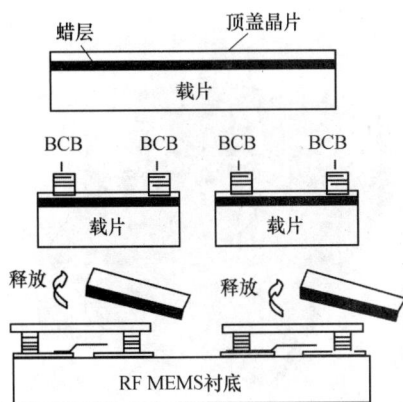

图 10.2　制作薄封装顶盖步骤

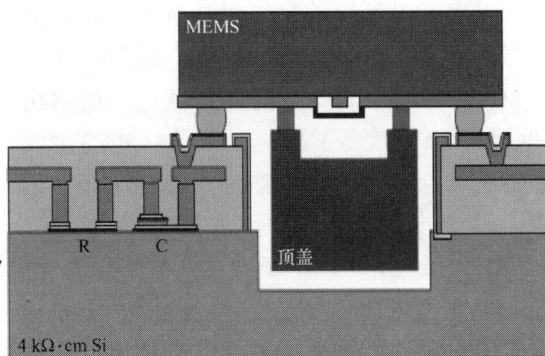

图 10.3　连接芯片开孔示意图

近几年,德国 IZM 研究所和柏林工业大学推出模块化封装技术,其设计思想是利用现有成熟的封装技术,对不同产品进行装配,通过组合和改变组件接口,可以不用发展一种新的产品标准就可以设计和制造各种满足不同用户要求的系统。基于这种思想,他们开发出用于 MEMS 的 Match – X 技术,即基于 BGA(球栅阵列)技术的高柔韧性组件设计和用于 MEMS 的产品结构模块化,MEMS 由不同的 Match – X 组件组成,每个组件都只实现整个系统中的一部分功能。它们可以在不同系统配置中实现同样的功能,基本材料是低温共烧陶瓷(LTCC)和 FR – 4[5]。

MEMS 封装技术的关键是解决设计思想,Match – X 技术提供了很好的启示,模块化、系统化、组合化是未来 MEMS 封装技术发展的必然趋势,可全面推动 MEMS 封装产品迅速进入市场,降低成本。

10.3.3　封装仿真技术

和处理其他的静电、热量、机械特性一样,通过计算机仿真能够高效处理 RF 器件的电磁特性。通过对 RF 器件封装特性的研究,可以预测和判断损耗来源,包括传导、辐射和反射。通过仿真改变封装的结构来分析对器件特性的影响,最后通过试验得到封装器件的实际特性来验证计算仿真结果,通过模拟分析封帽结构对器件性能造成的影响,可以建立封装模型库,这不仅能增加成品封装的应用,还能有效减低多种应用中器件再封装的成本。

目前,已经有许多商业化射频仿真软件,包括 2.5 维和三维的 EDA 仿真软件,例如 sonnet、Ansoft HFSS、Agilent ADS;基于矩量法仿真的 EDA 软件主要包括 ADS (Advanced Design System)、Sonnet 等,使用 CFD – Maxwell 仿真可以帮助分析不同封装的概念[6,7]。

以南京电子器件研究所针对不带通孔的封帽封装建立的 CPW 模型为例,如图 10.4 所示,利用 Ansoft HFSS 研究封帽微腔体的结构(尺寸、腔体深度等)对传输线(如 CPW)微波性能可能产生的影响,图中信号线黄线区(见彩图)为阻抗调配区。

封帽结构采用 400μm 厚的高阻硅基,内腔大小为 320μm × 630μm,通过改变 CPW 传输线的调配尺寸和腔体深度进行封装结构的优化。图 10.5 所示腔深 40μm 的仿真结果表明,调配线两边各往里收缩 10μm ~ 20μm,信

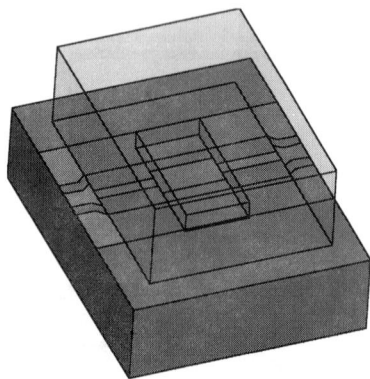

图 10.4　HFSS 中带有封帽结构的 CPW 模型

号线宽由 100μm 优化到 80μm～60μm 为最佳匹配状态,传输线损耗为 0.1dB (20GHz 时),反射损耗优于 -28dB;图 10.6 所示为腔深 100μm 的仿真结果,调配线两边各缩 50μm。比较腔深 40μm 和 100μm 的结果,发现 S 参数性能基本相当,调配的传输线线宽在 50μm～60μm 之间有一些差别,该区域的传输线可以实现良好匹配的圆片级封装传输线结构。

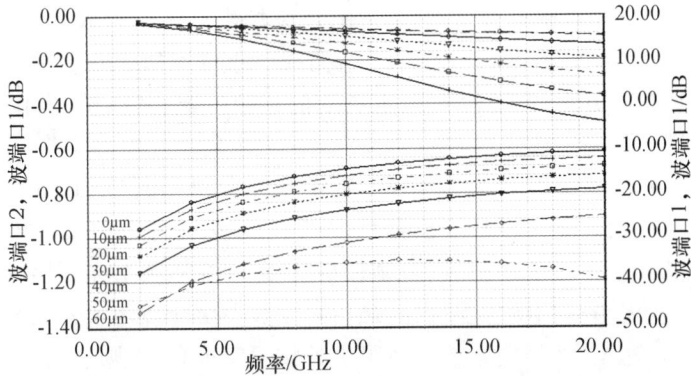

图 10.5 腔深 40μm 时随调配线尺寸变化的 MEMS 开关 S 参数仿真结果

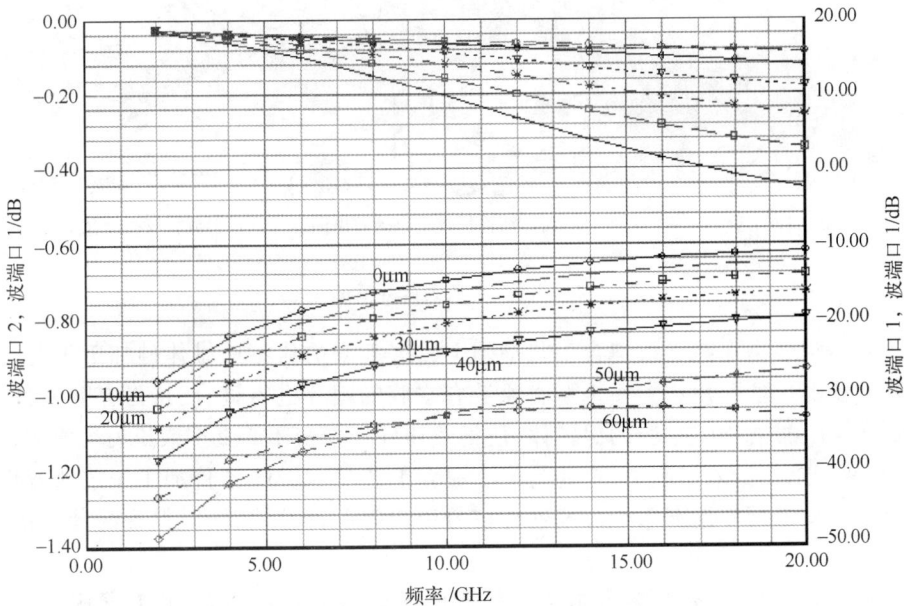

图 10.6 腔深 100μm 时随调配线尺寸变化的 MEMS 开关 S 参数仿真结果

10.4   RF MEMS 圆片级封装技术

目前,成本效率高的封装研究焦点聚集在圆片级封装。圆片级封装以尺寸小、成本低、高灵活性以及可满足电信号通路、器件保护等基本要求而成为 MEMS 封装的重要发展趋势之一。它是在圆片级阶段完成封装,为 RF MEMS 制作的前、后道工序提供了一个技术桥梁,整合资源。圆片级封装与常规的球栅阵列(BGA)封装或薄型小尺寸封装(TSOP)封装相比,还拥有更小的引脚,更低的寄生电容(在高频中非常重要),更高的 I/O 密度,更灵活的组装方式,其测试、操作、组装都更加简单、方便[8]。

圆片级封装主要有两种实现方式,薄膜封装和封帽封装(micro - cap package)。其中,薄膜封装是典型的表面牺牲层工艺,即在器件结构没释放的前提下,涂敷牺牲层,再生长一层介质薄膜,包裹住牺牲层,在介质膜上光刻形成释放孔,利用等离子去胶机将里面的牺牲层去掉,最后再生长一层介质薄膜完成密闭封装,如图 10.7 所示。该方法对结构释放与薄膜生长技术要求高,否则一点点牺牲层残留都会影响里面的 MEMS 器件可动结构,造成器件失效,工艺难度和要求均较高。

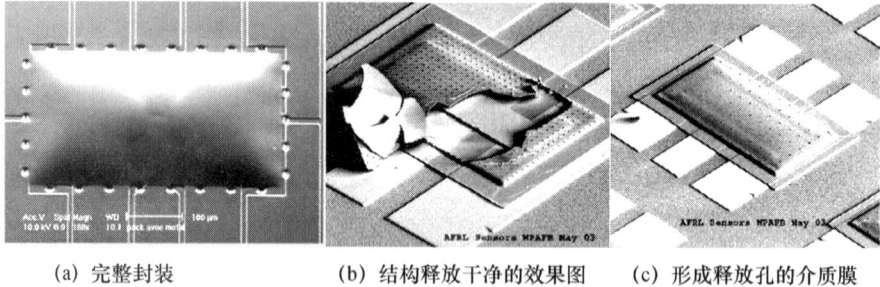

(a) 完整封装　　　　(b) 结构释放干净的效果图　　　(c) 形成释放孔的介质膜

图 10.7　薄膜封装示意图

封帽封装是在圆片级键合工艺基础上发展起来的典型三维体硅加工工艺,它将带有微器件的圆片和另一个经腐蚀带有空腔的圆片进行键合,从而在微器件上方产生一个带有密闭空腔的保护体,使得微器件处于密闭的真空或压力环境中,如图 10.8 所示。微帽封装中,主要是解决键合工艺与 MEMS 器件加工工艺兼容性,微腔体结构对器件性能影响以及器件信号引出等关键技术,同时保证封装后的气密性。

这两种方式中,封帽封装成为目前 MEMS 封装的主流方式,相对薄膜封装来说简单,易实现,成本低廉。可将封帽结构与器件圆片直接键合,或选择过渡层键合材料键合,键合材料及其键合方式多种多样,可以实现气密封装,能够应对不同

硅帽结构

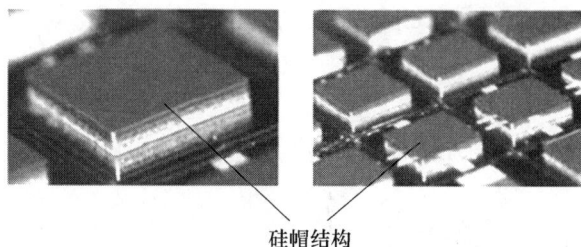

图 10.8　带有封帽结构的圆片级封装图

器件的使用环境。这方面,国外过渡层材料的圆片级键合技术发展很快,如 RF MEMS 开关、MEMS 滤波器、FBAR(声表面波滤波器)、MEMS 谐振器、MEMS 时钟等圆片级封装产品已实现实用化和产业化。

　　圆片级封装需要在产品设计阶段予以考虑。封帽结构可以通过以体硅刻蚀工艺在硅片或者玻璃圆片上加工空腔来获得。在硅片上,通过体硅各向异性湿法刻蚀和 ICP(电感耦合等离子体)深硅刻蚀等方法,来获得硅帽结构,前者得到的硅帽一般为倒金字塔形,这是因为硅的 <100> 和 <110> 晶面的腐蚀速率最快,而 <111> 晶面的腐蚀速率最慢,典型的掩膜层包括如氧化硅或者 LPCVD 氮化硅或者两种薄膜的复合结构;后者则可以将不同晶向的硅片刻蚀成侧壁陡直的微腔结构。

　　预先设计出封装方法,并把它融入器件制造工艺流程,可以降低成本并获得优化的封装结构。图 10.9 是圆片级封装的示意图。由于 RF MEMS 器件的硅片衬底表面有可动部件,让器件衬底圆片与一片制作有大量封帽结构的硅片或者玻璃片黏接到一起,将大大改善器件的性能,扩展其应用范围。这些封帽结构通过刻蚀或者腐蚀制成,与器件位置一一对应。由于黏合可以采用阳极键合熔融玻璃等方法制成,封帽结构可以为 RF MEMS 器件提供真空或者惰性气体气氛,避免结构的污染。由于射频 MEMS 器件对传输线路的材料和几何形状要求很高,而传输线路穿过大面积的键合区域将会大大影响射频 MEMS 器件的性能,为了避免密封盖键合区域与传输线交叉,可以在基底上构造具有穿孔的封装体,使射频信号可以通过基底或密封盖进行传播。此外,圆片级封装还可以在芯片的最终划片、分片中起到保

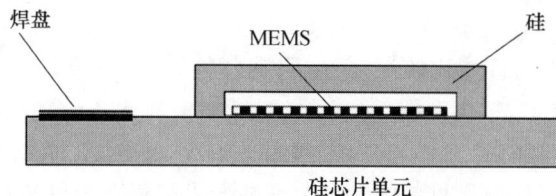

焊盘　　　　　　　　　　　MEMS　　　　　　　　硅

硅芯片单元

图 10.9　RF MEMS 的圆片级封装

护作用,使它免受切割时的高速水流带来的损伤和粉尘沾污。

圆片级封装技术的另一个用途是实现圆片集成,或者是多个器件圆片叠加。圆片集成要求进行多层互连以及无源器件集成,可以将芯片堆叠在一起以进行三维集成,但这需要可穿透晶片的传输,圆片间的键合技术以及圆片间传输线的过渡结构。

10.4.1 RF MEMS 封装材料

选取 RF MEMS 封装材料的一个准则是能够实现高频信号的低损耗传输。由于射频电磁场在传输线路中进行传播,它们会与组成传输线路的导体和过渡层封装材料发生相互作用,因此存在导体损耗与封装损耗,而在封装过程中并不期望这些损耗存在,这可以通过选择合适的材料来使封装引入的损耗降到最小。目前,典型的过渡层键合封装材料,包括有高分子有机聚合物材料如 BCB 胶(BenzoCycloButene,即苯丙环丁烯)、LCP(Liquid Crystal Polymer,即液晶聚合物)等,以及玻璃焊料 Glass Frit、金属 Au、Cu、Al 等以及 AuSn、CuSn 等合金焊料等多种不同性质的材料。可根据不同 MEMS 器件的使用环境、密封程度进行选择。

在 RF MEMS 封装技术中,封装气密性是一个非常重要的问题。因为 RF MEMS 器件通常含有如悬臂梁、膜桥、弹性梁等微小可动结构,往往这些微结构可运动的范围只有几个微米,工作环境中的粉尘、水汽、颗粒等极易引发可动机械结构的失效,因此 RF MEMS 器件对工作的氛围要求较高,对封装材料及其封装气密性都有更高的要求。

在所有的封装材料中,金属封装具有最佳密封效果,并具有一定强度的机械柔韧度。此外,金属外壳具有优异的散热特性、电磁屏蔽特性。在 RF 系统封装中,金属封装也首先用在 MMIC 和混合电路中。例如,CuW(10/90),Ag(Ni-Fe),CuMo(15/85)和 CuW(15/85),可伐等合金,是比硅还要好的热导体。这些金属,与电镀的铜、金或者银等传输线结构相结合,就可以组成良好的 RF MEMS 封装。在设计金属封装时,需要考虑到金属外壳对内部信号传输线和微机械结构的影响,例如,此时 CPW 往往成为带屏蔽的共面波导,其波速等传输特性与典型的 CPW 将有很大不同。

陶瓷、金属的密封性能比较好,但是跟聚合物比起来,价格较贵。传统的金属封装材料包括 Al、Cu、Mo、W、钢、可伐合金以及 Cu/W 和 Cu/Mo 等,它们各自有热失配、重量、价格、导热性、加工工艺难易、退火温度、平面度、重结晶后的脆性等方面的优缺点,难以应付现代封装的发展。现在开发了很多金属基复合材料,以金属(如 Mg、Al、Cu、Ti)或金属间化合物为基体,以颗粒、晶须、短纤维或连续纤维为增强体的一种复合材料。它可以改变增强体的种类、体积分数、排列方法或改变基体合金,改变材料的热物理性能,满足热耗散要求,而且制造灵活、价格低、很有发展前途[9]。

常见的有机物黏接剂大致有环氧树脂、BCB 聚合物、LCP、SU - 8 胶等。其中,环氧黏接工艺的温度一般为 60℃ ~ 120℃,是成本较低、工艺可靠性较好的黏接和密封工艺,但缺点是无法保证气密性,因此对于可靠性要求较高的 RF MEMS 开关来说并不完全适用。BCB 制备温度较低(< 250℃),高电阻($10^{19}\Omega \cdot cm$),低介电常数(2.65),力学性能好,10min、250℃焊接的 BCB 可称为近气密封装。最近国际上,LCP 研究也比较多,它具有很多优点:近似密封,热膨胀系数(CTE)低,与金属和半导体匹配,不自燃,可复用,易成形,高频特性好。由于它的介电常数比较低(跟空气相近),所以引起的阻抗不匹配较小,它还具有多个熔点。LCP 封装的尺寸设计也比较任意,对器件没什么影响。

Glass frit、金属合金等通常作为硅片与硅片之间键合的介质。这是由于直接硅—硅键合条件苛刻,带图形、带结构、表面形貌复杂的硅片直接键合时,工艺复杂度高,工艺设备要求高,工艺成本高昂。而玻璃浆料键合、合金共晶键合工艺相对简单,对设备、环境要求相对降低。在共晶键合工艺中,金硅合金的熔点为 363℃,比硅片的低很多,而且与硅片的黏附性好,重要的是能够达到良好的气密性。从对器件的影响看,还具有优异的散热特性和电磁屏蔽特性,已得到广泛的重视与应用。但合金材料会对内部信号的传输线和微机械结构产生影响,容易引发寄生效应,因此封装设计时要考虑结构优化和信号隔离,将信号损耗降到最低。

10.4.2　中间过渡层键合封装

在 RF MEMS 封装工艺中,根据对使用环境的要求,有时需将器件本身的工艺、使用的封装材料与封装的可靠性——一对应起来,由图可看出,不同的封装材料对应着气密性有着极大的不同,由此涉及到对不同的 RF MEMS 器件结构,对应采用不同的封装方法。封装材料与气密性的对应关系如图 10.10[10] 所示。

10.4.2.1　基于非金属的热压缩键合

1) BCB 黏接键合

本文以刻蚀型 BCB 胶(3000 系列)作为圆片级封装的键合材料研究。BCB 是一种高分子有机聚合物,介电常数低、具有出色的热学、化学和力学稳定性,用于圆片级键合,优点如下:高度的平整化能力;固化温度较低(< 250℃),固化过程中不需催化剂,没有副产品,固化过程中收缩率可以忽略;良好的黏结性能;BCB 还可以进行光刻显影或干法刻蚀,进行选择性黏贴;固化的 BCB 对可见光透明,能抵抗多种酸、碱和溶剂的侵蚀;吸水率很低;封装过程中不影响器件与外界电路的引线,对传输线封装"包裹"效果好。更重要的是,其介电常数比较低,对 RF MEMS 器件

229

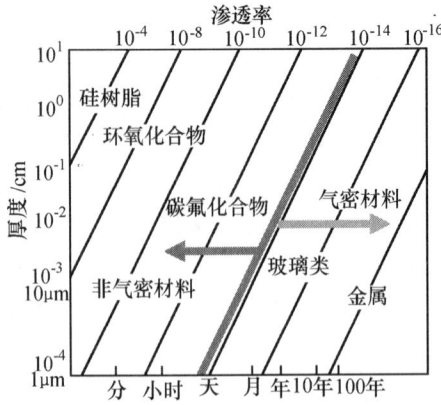

图 10.10 封装材料对应的气密性示意图(略图)

信号传输所引入的封装损耗小,因此具有很好的射频特性;同时 BCB 在软固化过程中在一定温度下已经把添加剂挥发掉,在硬固化键合后,不会再向封装腔体里挥发出不必要的气体,因此 BCB 是一种非常适合于 RF MEMS 封装的理想材料。表10.3 ~ 表 10.4 所示为 3000 系列 BCB 胶的基本特性。

表 10.3 3000 系列 BCB 胶基本特性

属 性	测量值	属 性	测量值
介电常数	2.65 ~ 2.50/1GHz ~ 20GHz	剪切强度	(87 ± 7) MPa
介质损耗角	0.0008 ~ 0.002/1GHz ~ 20GHz	拉伸模量	(2.9 ± 0.2) GPa
击穿电压	5.3×10^{6} V/cm	延长	$(8 \pm 2.5)\%$
漏电流	6.8×10^{-10} A/cm^2(在 1.0MV/cm^2 时)	泊松比	0.34
体电阻	$1 \times 10^{19} \Omega \cdot$ cm	残余应力	(28 ± 2) MPa
热传导系数	0.29W/m · K(在 24℃时)	玻璃转换温度 T_g	>350℃
热膨胀系数(CTE)	42×10^{-6} /℃(室温)	湿气吸收率	<0.2%

表 10.4 BCB 胶的黏度与涂胶厚度范围

3000 系列 属性	3022 - 35	3022 - 46	3022 - 57	3022 - 63
Solvent 溶剂	三甲基苯	三甲基苯	三甲基苯	三甲基苯
Viscosity(厘斯托克斯,25℃)黏性	14	52	259	870
Thickness Range①/μm,厚度范围	1.0 ~ 2.4	2.4 ~ 5.8	5.7 ~ 15.6	9.5 ~ 26.0

BCB 作为有机黏接层,与大多数衬底材料如硅、玻璃、陶瓷、石英等的黏附性

均较好。主要工艺过程:制备封帽结构时,先圆片涂敷 BCB 胶,利用光刻显影或干法刻蚀工艺,将微腔体制备出来,而 BCB 保留在键合环上,再与器件芯片进行键合。封帽结构制备流程如图 10.11 所示,BCB 的干法刻蚀效果如图 10.12 所示。划片后芯片安装使用倒置定位和焊接法,密封剂用来分别覆盖每个独立的开关。器件的密封性非常好,其剪切强度超过了 10MPa,未发现大的泄漏(泄漏速度 > 10^{-4} mbar·l/s)(1bar = 0.1MPa)。但真正意义上的完全密封不可能通过使用 BCB 这类聚合物来实现。一系列测试结果表明用 BCB 作为密封材料,当密封环的宽度为 100μm 时,腔体的泄漏速度为 10^{-7} mbar·l/s ~ 10^{-8} mbar·l/s。

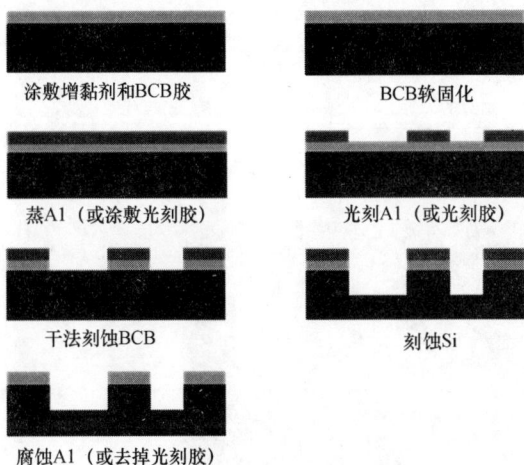

涂敷增黏剂和BCB胶

BCB软固化

蒸A1 (或涂敷光刻胶)

光刻A1 (或光刻胶)

干法刻蚀BCB

刻蚀Si

腐蚀A1 (或去掉光刻胶)

图 10.11　封帽结构的 BCB 流程示意图

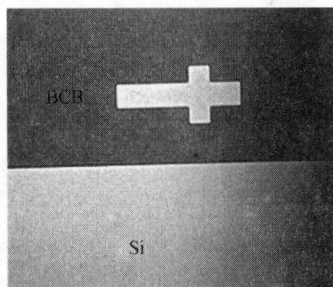

图 10.12　刻蚀型 BCB 的干法刻蚀效果

　　由此看出,BCB 黏接键合是准气密性封装,对需要真空封装的 MEMS 器件来说,可能需要进行二次封装来实现实用化,但对于 BCB 这种低成本的封装方法来说,今后仍有巨大的应用价值。图 10.13 为采用 BCB 作密封剂的零级封装的电容式 RF MEMS 开关[11]。密封盖使用的是低损耗的硼硅玻璃(AF45)。

　　BCB 涂敷可采用传统的旋涂方式在圆片上实现,也可以根据圆片上图形的深度选择用喷胶方式进行喷涂。BCB 胶因其固有的黏稠度,不会像玻璃焊料或合金焊料那样在键合过程中容易出现空洞等现象,当键合的温度或压力不合适时,会导致 BCB 胶出现皱缩,形成树枝状图案,影响键合强度,如图 10.14(a)所示。图 10.14(b)为 BCB 键合的良好状态。图 10.15 为在两个硅片之间进行 BCB 胶键合时其键合界面处信号传输线引出的 SEM(原子力显微镜)图片。

　　2)玻璃浆料(Glass frit)键合

　　玻璃浆料键合广泛应用于世界各地的 MEMS 产品制造,使用范围包括三轴加速度计、陀螺仪等,这些已用在汽车、游戏和手机等技术中。玻璃浆料键合还成功用

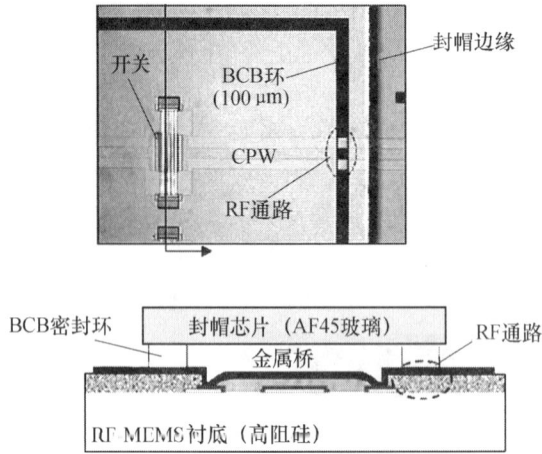

图 10.13　采用 BCB 方式的零级封装 RF MEMS 开关

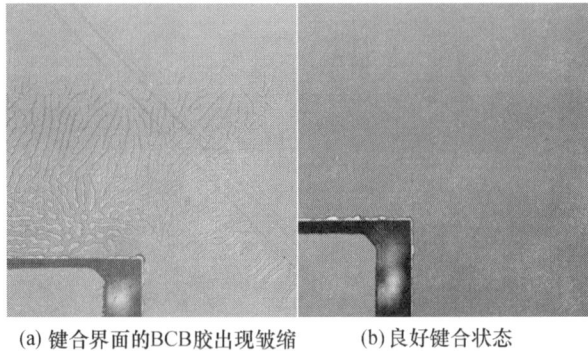

(a) 键合界面的BCB胶出现皱缩　(b) 良好键合状态

图 10.14　BCB 胶与玻璃圆片的键合效果图

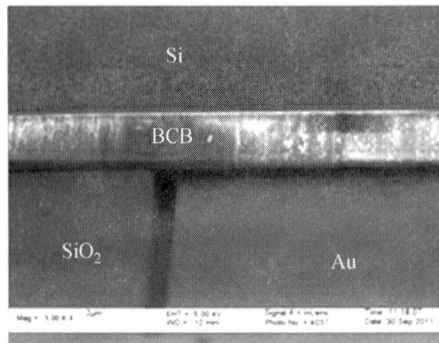

图 10.15　BCB 作为键合过渡材料的 SEM 图

于微机械传感器,如压力传感器腔的密封、光学窗口的固定以及热执行器件的封帽。通过玻璃浆料键合可以引入金属引线,有黏性的玻璃覆盖住金属线台阶并且将它们密封起来,这样在密封的空腔里的可动结构可以很容易地实现接触,这对高质量或高频信号传输很重要。

玻璃浆料键合是采用低熔点玻璃作为中间键合层,采用热压缩的方法。在加热过程中淀积在封帽圆片上的玻璃材料被软化,在冷却过程中就形成密封性较强的玻璃键合。在键合温度下,玻璃软化很充分,从而可以流动并覆盖表面的台阶和粗糙不平的地方,这样,玻璃浆料就可作为键合时两个圆片表面之间的密封中间层,这也是获得高工艺稳定性的一个重要原因。

以美国 FERRO 公司生产的型号 11-036 型玻璃浆料为例,它是一种非晶体的厚膜玻璃材质,可用于低热膨胀系数的材料如硅基、金属 Al 等圆片级封装使用。其材料特性如表 10.5 所列。

表 10.5   11-036 型玻璃浆料材料特性

典 型 属 性		典 型 属 性	
黏度	300~600	玻璃化周期	
推荐丝网印刷网格	200~250	键合温度/℃	400~425
印刷厚度/μm	22~28	键合时间/min	1~5
烧结厚度/μm	11~14	总成型时间/min	30
最大颗粒度/μm	<15	封装周期	
固态物质/%	76±1	键合温度/℃	420~450
烘干温度℃	100~120	键合时间/min	5~10
烘干时间/min	7~10	总成型时间/min	30

玻璃浆料键合主要通过以下三个步骤来实现:通过丝网印刷淀积玻璃浆料、对浆料进行温度调节、进行实际键合。丝网印刷能够提供原位淀积以及形成玻璃浆料结构,如图 10.16 所示,在对玻璃浆料进行温度调节的过程中,浆

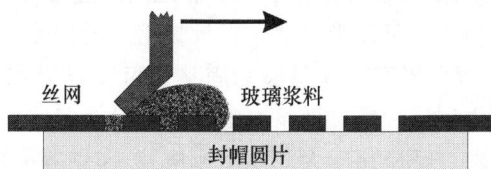

图 10.16   玻璃浆料丝网印刷示意图

233

料被加热到一个中间温度去除有机挥发黏结剂,在接下来的预熔阶段,浆料完全熔化,形成没有任何气体含量的玻璃,在这个步骤中熔进了无机填充物从而确定键合玻璃的特性。圆片对准键合采用键合设备来完成,在圆片对上施加压力,加热到工艺所要求的温度并且在压力下冷却,从而形成稳定的玻璃键合,如图 10.17 所示。

(a)器件层和封帽层圆片级对准

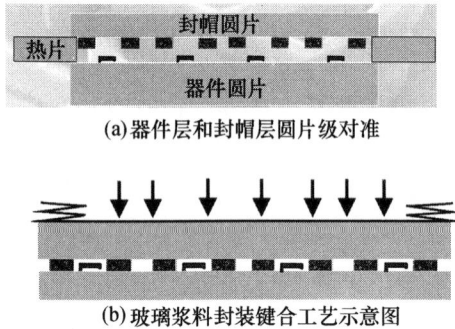

(b)玻璃浆料封装键合工艺示意图

图 10.17　玻璃浆料圆片对准键合

玻璃浆料键合主要包括以下几个优点:

① 具有相对普适性。在微系统技术中应用比较普遍的表面材料几乎都可以通过玻璃浆料进行键合(硅、二氧化硅、氮化硅、铝或玻璃(如硼硅酸玻璃)),疏水性表面和亲水性表面都可以进行键合。

② 低成本封装。玻璃浆料键合不像其他键合技术要受到光刻和材料淀积厚度的限制,它是采用丝网印刷制备图形,不仅降低成本,并且作为一种厚膜技术还能对厚于 $1\mu m$ 的孔洞也能进行处理。

③ 高的键合成品率。键合成品率较高,用玻璃浆料键合对 CMOS 信号处理电路集成的传感器进行封装,在所测试的圆片中没有发现电学参数的改变,并且通过可靠性测试发现没有由于键合所引起的故障。

④ 高气密性。实验表明玻璃浆料键合能达到大约 1 – 5mbar 的真空度,确保封装的微机械部件具有正确的机能和足够的可靠性。

⑤ 快速无损键合。玻璃浆料键合是一个热压缩的过程,键合过程中并不需要施加电压。键合参数的优化可以带来适合大批量生产的快速工艺。

⑥ 高键合强度。键合界面必须足够坚固从而可以承受像划片和封装之类的后续工艺步骤。牵引力测试表明玻璃浆料键合界面足够坚固可满足这些要求。

传统丝网印刷技术广泛应用于大规模集成电路、印刷等平面应用领域,受其对准精度局限,无法满足微电子的微米级精度。为充分利用丝网印刷术优势,提高玻璃浆料涂敷精度,南京电子器件研究所经过实践摸索,利用现有的 SUSS MA6 接触式光刻机的工作原理及其软硬件结构,设计和研制特殊夹具和辅助垫片(图10.18),与光刻机结构兼容,通过其高精度对准系统实现丝网图形与 MEMS 结构对准,再直接将玻璃浆料印刷在丝网上,这样在光刻机上实现玻璃浆料图形与 MEMS 微细结构对准。该方法不仅将丝网印刷对准精度由通常厚膜技术的 $10\mu m \sim 15\mu m$ 提高到微电子技术的 $\pm 3\mu m$,而且通过更换丝网能满足不同图形 MEMS 器件结构的印刷需要,符合玻璃浆料封装制备要求,而且还可以实现多层堆叠晶圆片的涂覆与对准,显著拓宽适用领域。该方法操作简单,易推广,已获得国家发明专利(ZL200910264459.1)。

图 10.18　与接触式光刻机兼容的高精度丝网印刷实物图

在 RF MEMS 开关封帽圆片上刻蚀出微腔体,然后在键合面上印刷玻璃浆料,如图 10.19 所示,根据图形大小调整丝网目数,实现微小结构的印刷与对准。

(a)　　　　　　　　　　(b)

图 10.19　圆片及其中单个立体结构上的玻璃浆料丝网印刷效果图

除了上述玻璃浆料键合工艺的优点,其较高的键合温度则为其应用带来了几分顾虑。其键合温度通常高于 350℃,因此给 RF MEMS 芯片上的复合金属传输线带来挑战。金属传输线通常含有 Ti、Au、Pt 等,当温度 >350℃ 时,Au 与 Si 极易发生合金共熔,或金熔化蠕动,导致图形及其电信号性能被破坏,因此需要在金/硅之间进行金属阻挡层设置,如采用介质膜或难熔金属等,这需要在设计时给与充分考虑。

　　键合封装过程中信号传输线的引入引出非常重要,金属传输线通常采用表面牺牲层工艺制备,其高度为几十纳米到几微米之间,因此作为在键合界面处的金属传输线,过渡层键合材料在传输线处就会出现"爬坡"现象,导致对传输线的"包裹"效应无法满足封装要求。为使键合界面平坦化,可采用体硅工艺进行埋层引线技术,即在晶圆衬底上先刻蚀出凹槽结构,再将金属传输线埋入到凹槽内,从而提高过渡层材料对传输线的"包裹"效果。如图 10.20 所示,Au 传输线经电镀后仍略高出晶圆表面约 6μm,但从所拍摄的 SEM 图中看出,玻璃浆料(键合环)在途经 Au 传输线时依然有着良好的包裹和密封效果。图 10.21 为键合界面处,在两层晶圆衬底之间的玻璃浆料高温熔化冷却后的凝固效果,图 10.22(a)是键合良好的效果示意图,图 10.22(b)是键合较差的效果示意图。

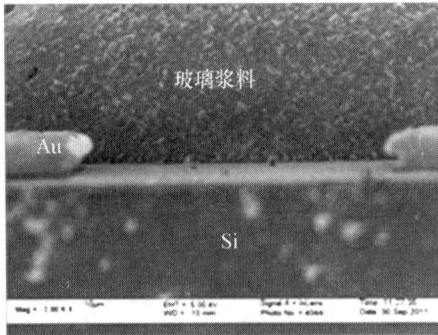

图 10.20　玻璃浆料"包裹"
Au 传输线 SEM 照片

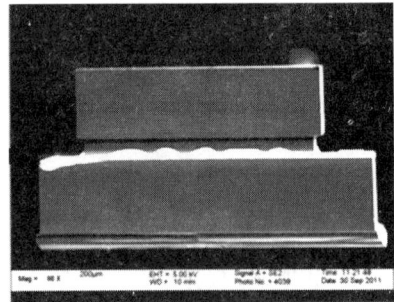

图 10.21　玻璃浆料高温熔化
冷却后的凝固效果

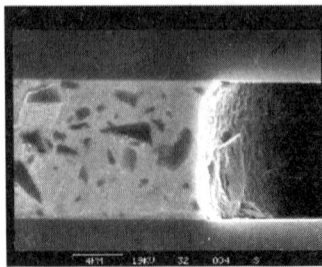

(a)键合良好,玻璃浆料向内凹　　　　(b)键合较差,玻璃浆料向外凸

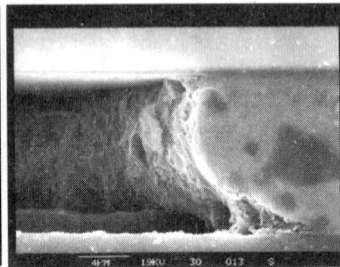

图 10.22　键合界面处玻璃浆料的 SEM 图

　　玻璃浆料应用于 MEMS 微细结构进行丝网印刷时,还会有一些缺点和面临的挑战,主要是以下几个方面[11]。

① 不洁工艺。丝网印刷会给圆片带来许多微粒,属于不洁工艺,存在玻璃浆料流进应该被保护的结构当中的风险,如果这些结构是可动微机械结构,它们会被阻塞,劣质的丝网印刷质量或键合当中玻璃流量的不可控制性都会导致阻塞。对丝网印刷和键合工艺进行优化都可以避免这一问题,在典型应用中,可通过在封帽圆片上做诸如台阶之类的停止结构作为玻璃浆料流动的挡板。

② 对准精度。键合温度下,玻璃非常软,使得圆片之间的摩擦力非常小,非常容易移动。到目前为止,在热压缩键合的生产中只用到丝网印刷的方法,200μm 宽的丝网在键合后被挤压到大约 300μm 宽,因此可以允许 20μm 或更多的对准误差。但在不远的将来,模具尺寸的减小会要求更精确的对准。

③ 气密封装。由于玻璃的黏度在软化点附近会有几个数量级的变化,因此,在整个圆片上施加重复性好并且均匀的温度就非常重要,否则玻璃在某些区域会流得很多而另外一些区域还没有键合上。

④ 成品率。要控制键合界面的厚度,就必须精确控制印刷、加热以及挤压步骤。对于一个好的键合来说均匀的压力非常必要,小的圆片厚度变化(2μm ~ 4μm)和非常平整的加热器表面也是必须的。

⑤ 产量。当要求高的对准精度时,圆片必须置于低温中(典型值为 50℃ ~ 200℃),因此需要一个非常快的加热和冷却系统。

10.4.2.2　基于金属的共晶键合技术

传统管壳封装技术中,金属材料具有最优良的水分子渗透阻绝能力,因此传统金属封装具有相当良好的可靠度。在分立式芯片元器件的封装中,金属封装仍然占有相当大的市场,常见的金属封装通常用镀镍或金的金属基座来固定 IC 芯片,不过芯片是单个地进行封装,效率较低,封装成本较高。而在 MEMS 加工技术中,利用金属材料作为中间过渡层键合的圆片级封装技术——金属键合技术,具有传统封装所无法比拟的优势。它利用 MEMS 制造工艺将金属薄膜制备到芯片级圆片上,在圆片级阶段直接进行薄膜封装或封帽封装,实现零级封装,甚至直接利用倒装焊技术与电路基板进行二级封装。其优势主要体现在以下几个方面:

① 大多数封装用的金属合金可通过溅射、电镀等工艺直接制备到晶圆衬底上;

② 基于高性能键合设备,圆片级封装的圆片尺寸可以增大至 8 英寸 ~ 12 英寸(1 英寸 = 2.54cm),从而大幅降低封装成本,提高封装效率;

③ 金属圆片级封装的器件尺寸更小;

④ 金属键合技术,可以达到更高的密封水平,泄漏率可达 10^{-16} ml/s,10μm 宽度金属封装环可保持气密封装 100 年,0.1μm 宽金属封装环也能保持气密性数年;

⑤ 过渡键合层金属具有良好的热传导性、力学性能以及电屏蔽性能,可用于

RF MEMS 器件封装。

由于金属封装牢固、气密性持久,属于高可靠度封装类型,已越来越多地被研究与采用,成为目前 MEMS 封装领域的一种重要发展趋势,如图 10.23[9] 所示。

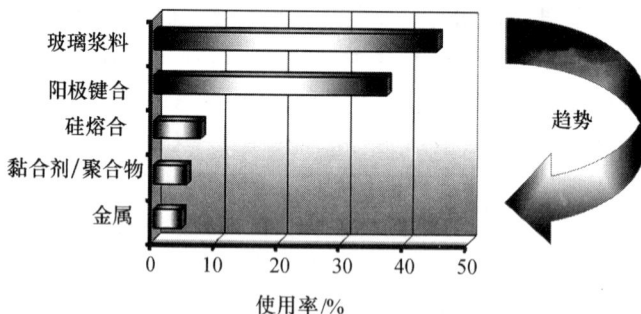

图 10.23　热压缩键合技术的发展趋势

金属共晶键合是 MEMS 加工制造技术中比较常用的方法,属于热压键合方式。衬底材料可以是 Si、GaAs、InP 等晶圆片,当两个键合表面(例如硅晶片)与金等共晶合金成分材料的组合结构被加热到共晶温度以上时,会发生共晶键合。所谓共晶体,就是两种(或多种)金属不以原子的形式相互固溶,而是以晶粒形式互相结合构成的机械混合物状态,共晶体一般有一个共晶点,该点具有最低熔点并且三相共存,就是说共晶点的温度比两种金属的熔点都低。在共晶温度时能形成共晶的两种金属相互接触,经过互扩散后便可在其间形成具有共晶成分的液相共晶,随着时间延长,液相层不断增厚,冷却后液相层又不断交替析出两种金属,每种金属再以自己的原始固相为基础而长大、结晶析出,这样两种金属之间的共晶就将两种金属紧密地结合在一起。由于温度分布不均匀和杂质的影响,共晶键合的作业温度略比共晶点高。为了形成可靠的键合,防止键合面的污染和氧化,共晶键合一般在真空或惰性气体环境中进行。共晶系统可以基于以下方面优化:浸润性、熔点、力学性能、热膨胀系数(CTE)、疲劳寿命、热阻和腐蚀电阻。金是硅基片键合中常用的共晶合金成分材料,一种共晶合金即由 97% 的金(Au)和 2.83% 的硅(Si)形成,其共晶温度为 363℃;另一种常用的共晶合金由 80% 的 Au 和 20% 的 Sn 形成,Au - Sn 合金焊料具有高的延展性、好的热导性和浸润性,被广泛应用于倒装焊,在 280℃ 时是很适合 MEMS 封装的。图 10.24 为 Au - Sn 焊料共晶

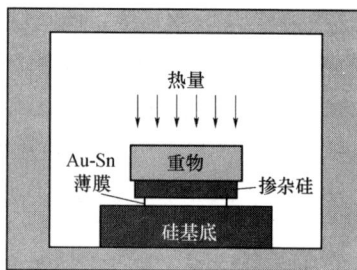

图 10.24　Au - Sn 焊料共晶键合腔示意图

238

键合腔示意图。

如今,根据器件封装的要求,已开发出多种金属键合材料,可以是纯金属,也可以是合金材料,如 Au – Au、Cu – Cu、Au – Sn、Cu – Sn、Ag – Sn[14]、Al – Ge、Au – Ge 和三层共晶金属 Au – SiGe 等合金材料,以及将共晶合金原子扩散到待键合材料的过程,如 Au – Si、Al – Si、Au – In 等。合金材料及其共晶温度如表10.6所列。

表 10.6　合金材料及共晶温度

金属种类	Al – Ge	Au – Ge	Au – In	Au – Si	Au – Sn	Cu – Sn	Al – Si	Ag – Sn
金属成分（质量百分比）	51/49	72/28	99/1	3/97	80/20	99/1	88.7/11.3	95/5
共晶温度/℃	419	361	156	363	280	231	557	221

下面以 Au – Si、Au – Sn 键合为例,说明共晶键合机理。

1）Au – Si 共晶键合

Au – Si 共晶键合由于液相黏接性好,键合强度高,对界面的粗糙度不很敏感,与 Al 互连线兼容性好,且由于需要键合的硅芯片本身含有 Au 的电极或电路,因此在 MEMS 和 IC 键合中获得广泛应用。

一般 Au – Si 键合过程主要是采用溅射、蒸发、电镀等工艺在晶圆衬底上溅射金属 Ti 或 Cr、Au 等,其中 Ti 或 Cr 的作用是作为金与 SiO_2 的黏接层和金/硅之间的扩散阻挡层。然后将用 HF 清洗的硅帽圆片置于镀金的硅衬底上,施加一定压力,将温度升高到高于金硅共晶点(363℃)的某一温度,金、硅相互扩散,在界面形成共晶化合物,当温度继续升高超过共晶点时,形成更多的共晶合金,直到硅或金消耗完为止,冷却后形成共晶键合层,共晶相中含有97%以上的金[12]。

实际中,可靠和均匀的金硅键合温度一般会高于共晶温度(400℃以上),并且在金层中有硅化物($TiSi_2$ 或 $CrSi_2$)形成,表明 Ti(Cr)参与了键合反应,很明显,键合过程中,形成共晶相之前发生了 Ti 或 Cr 的硅化反应,此时硅扩散进 Ti 或 Cr 导致了氧化层的破裂(由于热失配),由于 Ti 或 Cr 可与硅反应,形成 $TiSi_2$ 或 $CrSi_2$,局部的 SiO_2 破裂熔解使金硅直接接触,在界面形成共晶相,也就是说硅化反应激发了共晶反应。

研究还发现,金硅键合升温时,大量的硅小岛结构从连续的多晶金膜中突显出来,当低于共晶温度时,金扩散进硅层,而高于共晶温度时,硅扩散进金层并形成硅化物(Au_3Si),故必须快速升温以免过多的金扩散进硅层造成污染,影响微电路的电性能。

试验显示,金硅键合质量与金膜厚度、键合时间、温度都有关系,厚金膜(240nm)的键合质量好于薄金膜(100nm)。其中,C. Iliescu 等得出了键合层厚度与键合时间与温度的经验公式为

$$h = c(T - T_c)t^{1/2} \tag{10.1}$$

式中:h 为键合层厚度;T 为键合温度(K);T_c 为共晶温度(K);t 为键合时间;c 为常数,对金硅键合为 $0.065\mu m/(h^{1/2}K)$[13]。

键合质量评价包括抗拉强度、抗剪强度、可靠性测试等。最高抗拉强度可达到 245MPa。金硅键合面的断裂失效主要发生在金膜与键合帽层间,由于硅表面氧化物和杂质使共晶液润湿性差,故界面上有大量不同尺寸和形状的微孔。为加速键合过程,缩短扩散时间,防止硅芯片的氧化,常直接采用 $20\mu m \sim 40\mu m$ 厚的含共晶成分的金硅焊料片以实现金硅键合。当升温时焊料片首先熔化,在界面处形成一个润湿层,由于液相的出现,比纯固相扩散要快得多。

2)Au-Sn 共晶键合

Au-Sn 共晶键合由于熔点较低(Au/20Sn 共晶温度为 280℃),键合强度较高,在微电子封装中应用较多。键合封装时,为防止发生 Au/Si 共融,键合金属与衬底材料间需要适当增加金属阻挡层,如图 10.25 所示[15],并且在溅射复合金属过程中,由于 Sn 在室温下会发生自然氧化,影响键合效果,因此溅射完 Sn 之后,上面再溅射一层 Au,与另一片溅射有 Au 的衬底材料键合在一起。

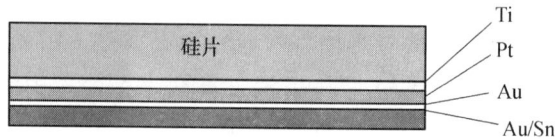

图 10.25　硅片金锡薄膜蒸发示意图

键合过程中,当温度高于 232℃(Sn 的熔点)时,Sn 层开始熔化,在金锡界面形成液相,由于金和锡的反应扩散,在界面快速形成金锡的共晶相。温度降低时,凝固形成稳定的金锡共晶体。为实现金锡键合,通常采用特制夹具以保证键合过程中封帽层和衬底处于受压状态,为保证键合硅片均匀受压,防止局部受力过高引起的硅片碎裂,一般在封帽上面垫上一片石墨圆片,以保证键合片和压板的软接触。

C.C.Lee 等采用在 Sn 层上再电镀一层金膜,形成 Si/Ti/Au/Sn/Au 的多层衬底结构,可有效防止 Sn 层的氧化。当封帽层和衬底对准施压后,升温到 310℃~320℃时,Sn 层首先熔化,将衬底上的金膜熔解形成固熔体,随着金不断熔解,最终形成 AuSn 共晶体。这种方式由于不要求采用焊料片,且外层的金膜防止了 Sn 的氧化,膜层厚度也得到很好的控制,键合质量得到很大提高。试验表明 4mm × 4mm 键合硅片经受了 40 个循环的热冲击(-196℃~160℃)后无明显失效迹象。扫描声学显微镜(SAM)、扫描电镜(SEM)和能量衍射 X 射线(EDX)测试也表明了这一点。

金锡键合失效的主要原因在于键合界面的微孔隙。微孔的存在不但降低器件的可靠性,而且提高芯片工艺温度,会降低键合强度。微孔产生的主要原因在于界面处的 O、C、Si 等杂质,这些杂质存在于焊料液中形成一层固体薄膜,阻碍了焊料液与帽层和衬底的良好接触。另外,硅片的本征氧化物在一定程度上影响了键合效果。一般采用助焊剂和擦拭作用来消除氧化影响,但有时擦拭作用并不能奏效,反而容易在键合层形成气孔和不均匀现象,且助焊剂也容易导致二次污染。

R. W. Chuang 等提出一种无助焊剂的金锡键合技术,采用静压力代替擦拭作用以压碎氧化物,在充填 N_2 和 H_2 的管式炉中成功实现 4mm × 4mm 封帽层与 6mm × 6mm 衬底间的键合。为降低成本,通过改变膜层结构和键合工艺,进行大气中的金锡键合,其关键是 Sn 氧化前完成键合过程(在金锡蒸发镀膜过程中,由于金锡的相互扩散,硅片表面呈灰白色,表明已形成一层均匀的金锡合金,在空气中不氧化,如图 10.26 所示)。而 Au/Sn 熔化不均匀的情况,如图 10.27 所示,这将会影响键合强度。

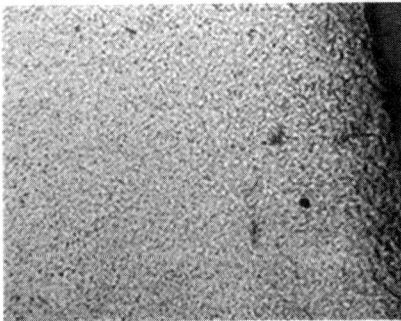

图 10.26   Au/20Sn 共晶示意图

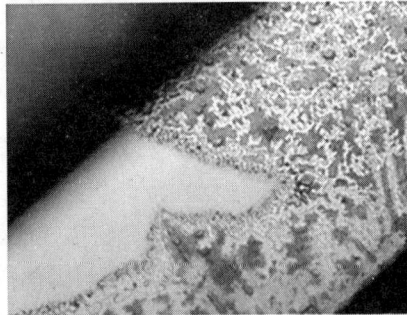

图 10.27   Au/10Sn 共晶示意图

10.4.3   圆片级封装信号引出

圆片级封装过程中,从封装体内引出信号的同时又保持封装体内的气氛,并与外界隔离,是一个很重要的问题,不仅会影响到单个芯片的射频性能,还会影响封装形式。目前低损耗、高可靠的射频信号引出大致有两种方法,一是直接穿过键合界面引出信号传输线,键合材料选用可在圆片上涂覆材料,且对传输线具有良好的"包裹"效应,如 BCB 胶、玻璃浆料等,如图 10.28 所示;另一种采用 TSV(Through – Silicon Via)技术,即通过衬底上的微小通孔结构及其金属化将内部信号引出到表面,通孔采用金属密封,从而保证 RF MEMS 器件内部的氛围与气密性,如图 10.29 所示。

传统的封装互连通常使用"键合引线"互连的方法,但这种封装方式并不适合

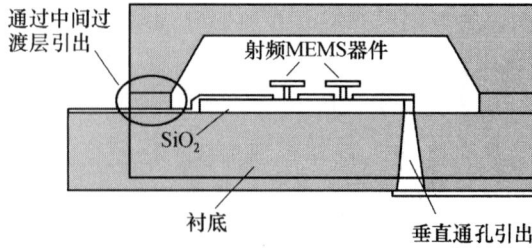

图 10.28　射频 MEMS 器件的两种信号引出方式示意图

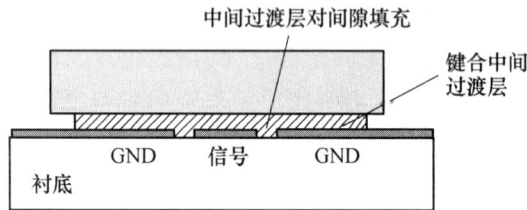

图 10.29　中间键合层材料对传输线的"包裹"效果示意图

RF MEMS 器件的圆片级封装,首先,"键合引线"的寄生电感较大,在一定的频率范围会严重影响 RF MEMS 器件的射频特性,其次,"键合引线"占用较多空间,会大大增加圆片级封装的面积及工作量。

目前,RF MEMS 器件封装通常使用通过中间层引线和垂直通孔引出的方法实现,如图 10.30 所示。通过中间层引线的方法,具有工艺简单的优点,而使用垂直通孔引出的方法,具有封装面积小、集成度高等优点。

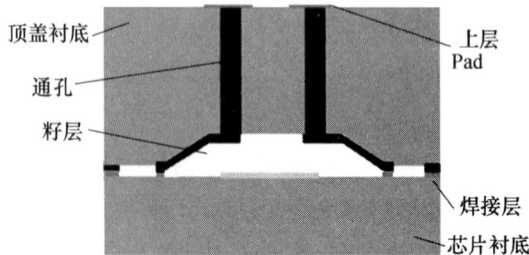

图 10.30　圆片通孔实现电连接封装

通过中间层引线互连的方法,需要所使用的中间过渡层材料在键合温度下,具有较好的流动性,如 BCB、Glass Frit 等材料,这样才能对信号线有较好的"包裹",实现如图 10.29 所示的形式。

利用如图 10.30 所示的垂直通孔互连的 RF MEMS 封装方法,具有高封装密度优势,可以实现表面贴装(SMT)的封装形式,适合于 SIP/SOP 等封装应用,缺点是增加工艺的复杂度和成本。这种互连形式主要基于通孔刻蚀及通孔金属化等工艺。

通孔互连的典型工艺流程如图 10.31 所示:

图(a)~(b):-(D)RIE 干法刻蚀制备通孔;

图(c)-淀积电介质绝缘层,如氧化物或氮化物钝化层;

图(d)~(f)-Si 通孔的金属化,通常用 Cu 电镀来填孔,电镀完之后紧接着是 CMP 抛光步骤来去除电镀多余的 Cu;

圆片减薄,使 Cu 封孔露出来为止。

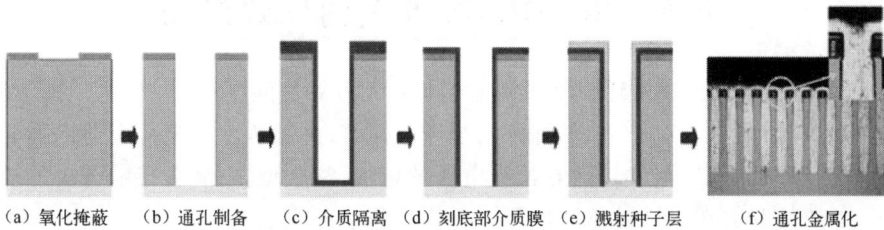

(a) 氧化掩蔽　(b) 通孔制备　(c) 介质隔离　(d) 刻底部介质膜　(e) 溅射种子层　　(f) 通孔金属化

图 10.31　通孔互连的典型工艺流程

在 3D-WLP 中,加工好的圆片一层一层地堆叠在一起,不同圆片之间的互连可通过薄膜工艺或通孔来实现,如图 10.32、图 10.33 所示[16]。3D-WLP 可提供的外围互连密度为 10/mm~25/mm。

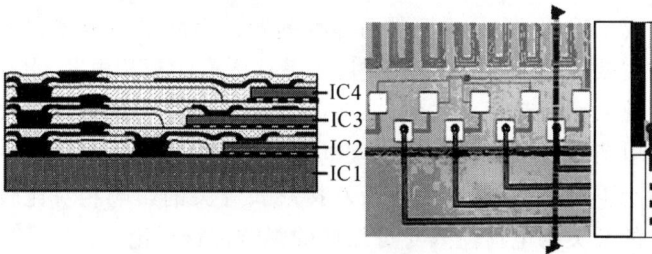

图 10.32　3D-WLP 互连结构图

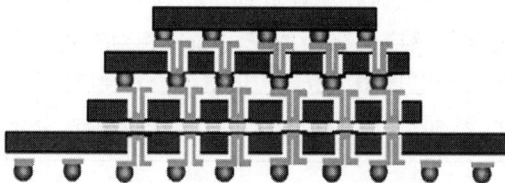

图 10.33　利用 Cu 电镀实现的 3D-WLP 互连示意图

243

在后 IC 大规模集成电路上电互连实现 15 μm 厚埋层芯片堆叠:观念和实现由于通孔也可以从背面进行加工,根据应用的需求圆片减薄也可作为第一步。

10.5　RF MEMS 可靠性

RF MEMS 器件的可靠性在器件长期使用的过程中极为重要。而 RF MEMS 开关的可靠性具有典型意义,本节主要对静电执行的 RF MEMS 开关的可靠性进行阐述,也就是研究欧姆接触式和电容式的 RF MEMS 开关的可靠性。

10.6　RF MEMS 开关的失效机理

静电执行方式的 RF MEMS 开关主要有两大可靠性问题:

(1)电荷注入。对于电容式开关,当开关闭合时,极板上的电荷会注入到介质中,每次开关都会发生,并且随着执行电压的增加,注入增多,就会影响开关的阈值电压,以致使开关在设计的驱动电压下不再工作引起失效。

(2)接触电阻。对于直接接触式开关,开关的接合处会产生接触电阻,同时接触电阻与温度和接触力等因素有关,接触电阻的变化直接影响开关的性能[17]。极端情况下,接触电阻产生的热损耗可能会使开关触点发生熔合,使开关失效。

10.6.1　MEMS 开关电介质的电荷注入机理

对电容式 MEMS 开关,最主要的可靠性问题是金属梁与覆盖在下极板上介质层之间产生的失效,其失效原因是介质层电荷注入产生累积电荷,电荷累积会导致驱动电压的漂移从而引起开关失效。MEMS 开关电介质中的电荷注入的来源包括电介质的极化电荷和电介质的电极注入电荷两部分。接触式开关的电介质层的主要作用是隔离上下极板,因此电荷注入对接触式开关的影响相对比较小。本节主要针对电容式的开关的电荷注入对可靠性的影响进行讨论。

宏观上的电介质的分子是电中性的,但是在外加电场存在时会对每一个带电粒子施加作用力,并使正负电荷在相反方向上产生一个小位移。极化强度 P 就定义为单位体积内所包含的感应偶极矩的矢量和。相对介电常数是用来反应材料极化能力的量。介质在交变电场中,由于电介质的介电弛豫现象会有一部分极化机构跟不上电场的变化,从而导致了极化强度 P 的减小,成为介质在交变电场中的损耗。

在理想的完整晶体中经常出现的极化微观机构为:由电子云分布的畸变引起的电子级极化机构,其极化率为 10^{-40} F·cm² 量级,且与温度无关;由离子的位移引起的原子级极化机构,其极化率为 $10^{-40}\mathrm{F\cdot cm^2}$ 量级,与温度无关;由固有电偶极子转向引起的分子级极化机构,其极化率是与温度相关的,温度越高极化率越低。

在非晶固体和不完整的晶体中,还出现其他更为复杂的微观极化机构。缺陷晶格束缚杂质离子形成空间电荷,由于库仑作用空间电荷将吸引另一个异号电荷,并束缚在其附近。与空间电荷相束缚的异号离子的各种可能位置使得正负空间电荷形成一个有几个可能取向的空间电荷偶极子。电矩在外电场中的方向改变实际上是空间电荷由一个填隙位跳到另一个填隙位,在跳跃过程中要克服一定的势垒。正负离子既可以由填隙方式产生,也可以由取代方式产生。在完整性较差的晶体中,跳跃极化的贡献是显著的。而陶瓷等多晶体中,晶粒边界缺陷很多,容易束缚大量空间电荷偶极子,对电极化现象会作出响应。

图 10.34 给出了一个典型的固体电介质的介电谱示意图[18]。从图中可以看到空间电荷的弛豫范围分布在 $0 \sim 10^5\mathrm{Hz}$ 范围,即空间电荷偶极子的弛豫时间为大于 $10\mu\mathrm{s}$;分子偶极子弛豫时间为 $10^{-10}\mathrm{s} \sim 10^{-5}\mathrm{s}$;更微观的极化机构,其极化行为表现为共振的形式,原子级极化机构的共振响应频段为 $10^{10}\mathrm{Hz} \sim 10^{14}\mathrm{Hz}$;电子级极化机构的共振响应频段为 $10^{14}\mathrm{Hz}$ 以上。

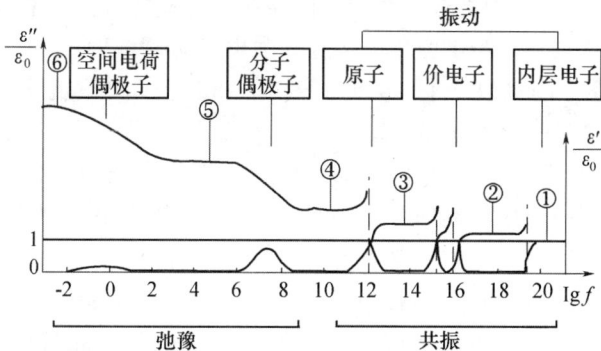

图 10.34 典型的固体电介质的介电谱示意图

由于 MEMS 开关的响应时间相对较长,执行电压的频率一般不超过 10kHz,由以上分析可以知道,在小于 10kHz 频段只有空间电荷偶极子的弛豫会对 MEMS 开关的执行电压产生影响。即撤去电场后,电介质中来不及回到原来状态的剩余空间电荷偶极子,会对开关的执行电压产生影响;而极化响应时间更短的分子偶极子,原子级和电子级极化机构,在电场撤去后,迅速回到原始状态,从而不会对开关的执行电压产生影响。

MEMS 开关中常用的电介质薄膜,如 $\mathrm{Si_3N_4}$ 和 $\mathrm{SiO_2}$,经常采用 PECVD 淀积的

方法制备。PECVD 工艺的优点是低温及低应力,低温是为了和 MEMS 开关的表面工艺相兼容,但是低温(<300℃)生长的电介质薄膜属于非晶态电介质,其结构疏松,因此含有大量的随机的晶格缺陷(>10^19cm^-3)和由杂质引入的虚键(如 Si—H 键[19])等陷阱,导致了 PECVD 生长的电介质中的空间电荷偶极子密度也相应变得很大,正是这些大量存在的弛豫时间长短不一(从几微秒到几小时不等)的空间电荷偶极子,对 MEMS 开关的可靠性会产生重要影响。

电介质空间电荷的另一个来源是电极注入的电荷。强电场下的电荷转移机制主要有:场助电子热发射、场致发射、电子隧道发射、Poole - Frenkel 效应、昂萨格效应和电子雪崩效应。前面三种是电极效应,后面三种是体效应。

强电场下绝缘体中的载流子可以来自金属电极。在高温下金属中的自由电子可以离开电极形成热电子发射,由 Richardson 方程描述;极强的电场也可以将电子从金属中拉出来形成场致发射,由 Fowler - Nordheim 方程描述;而在中等温度和中等电场下,可以出现场助发射,由 Schottky 方程描述;实验表明,即使达不到场致发射的电场值,并且温度也很低,电子发射也相当强,按照量子力学原理,即使电极中电子的动能比位垒低,它也能以一定概率穿透位垒而离开金属,这就是电子隧道发射。在非晶固体中的物理或者化学缺陷破坏了理想完整晶体的长程有序,因此在禁带内就会出现按照某种方式分布的陷阱能级。这些能级显著地影响了载流子的产生、消失和运输过程。当电介质内部存在强电场时,可以使俘获了载流子的可电离陷阱的库仑势垒的高度降低,从而容易释放出更多的载流子参与导电,称为 Poole - Frenkel 效应或体 Schottky 效应;另一方面当电子—空穴对或电子与类施主陷阱靠近至某一距离时,外电场的增加可以减小其复合概率,称为昂萨格效应,在相同电场下,昂萨格效应的作用要比 Poole - Frenkel 效应小一到两个数量级;此外在更强的电场下,因电子的碰撞电离会产生电子雪崩效应。

MEMS 开关中的 Si_3N_4 薄膜在 $10^5 V/cm \sim 10^6 V/cm$ 电场强度和室温(300K)条件下,其导电类型可分为低场和高场两种情况。在 $10^5 V/cm$ 量级的低场时 Si_3N_4 薄膜的导电机制表现为由热激发产生的载流子的跳跃式电导。其电流密度的表达式为

$$J_{HOP} = C_{HOP} \cdot E \cdot \exp\left(\frac{-q\phi_A}{kT}\right) \tag{10.2}$$

式中:C_{HOP}是与材料有关的常数;$q\Phi_A$ 为电子热激活能。从公式可以看出,该电流密度表现出欧姆 $I - U$ 特性,并与温度呈指数变化;而在 $10^6 V/cm$ 量级的高场时 Si_3N_4 薄膜的导电机制为 Poole - Frenkel 发射机构所控制的体限制型[20]。即在外加电场作用下,介质膜中陷阱库仑势降低,陷阱中被俘获的载流子场增强并热激发到介质层导带。所造成的电流密度可表示为

246

$$J_{PF} = C_{PF} \cdot E \cdot \exp\left(\frac{-q(\phi_B - \sqrt{qE/\pi\varepsilon_0\varepsilon_r})}{kT}\right) \tag{10.3}$$

式中：Φ_B 为陷阱深度（或势垒高度）；C_{PF} 是和陷阱俘获中心密度相关的常数（也有文献称其为介质电导率）。

实验发现，以 PECVD 淀积的 Si_3N_4 薄膜为介质层的 MEMS 开关，其执行电压的变化速率 $d(\Delta U)/d(t_{down})$（即注入电荷的速率）与电介质中场强之间的关系服从 Poole – Frenkel 分布[21]。

MEMS 开关中另一种常见的电介质薄膜是 PECVD 或溅射生长的 SiO_2 薄膜。由于 SiO_2 薄膜的导电机制比较特殊，因此首先考察缺陷较少（$10^{14}cm^{-3}$）的热生长 SiO_2 薄膜的导电机制，在此基础上再研究缺陷较多的 PECVD 或溅射生长的 SiO_2 薄膜。热生长的 SiO_2 膜具有较宽禁带宽度（9.1eV），并且与金属电极的接触势垒较高，因此在中等电场（$10^6V/cm$）和室温（300K）条件下是 Fowler – Nordheim 隧穿型电导，是一种典型的电极限制型电导：与电极材料功函数密切相关而和膜厚关系不大。Fowler – Nordheim 隧穿过程为，外加电压使氧化层上电势差增加，负电极势垒变成锐三角形，当注入电极费密能级位置上的势垒厚度变小到大约 50Å 时，相当数量的电子借助量子效应隧穿到导带，进入导带的电子有很高的迁移率（$20cm^2V^{-1}s^{-1} \sim 40cm^2V^{-1}s^{-1}$[22]）迅速地运动到阳极。描述隧穿电流的表达式为

$$J_{FN} = C_{FN} \cdot E^2 \cdot \exp\left(-\frac{\beta}{E}\right) \tag{10.4}$$

$$C_{FN} = \frac{q^3 m_0}{8hm_{0X}\phi_b} \quad (mA/V^2) \tag{10.5}$$

$$\beta = \frac{8\pi(2m_{0X})^{1/2}}{3qh}\phi_b^{3/2} \quad (V/cm) \tag{10.6}$$

式中：q 为电子电量；m_0，m_{0x} 分别为电子在自由空间和氧化层的有效质量；h 为普朗克常数；Φ_b 为势垒高度。

图 10.35 是分别加 Mg、Al、低阻（$1\Omega \cdot cm \sim 10\Omega \cdot cm$）Si 和 Au 电极时的热生长 SiO_2（1000Å）电介质薄膜中电流密度与电场强度之间的关系曲线。从图中可以看出，当电极分别为 Mg、Al、低阻 Si 和 Au 时，Fowler – Nordheim 隧穿电流的阈值场强依次增大，而 Mg、Al、低阻 Si 和 Au 与 SiO_2 之间的接触势垒高度分别为 2.4eV、3.2eV、3.25eV 和 4.2eV，因此可以推断，SiO_2 薄膜的隧穿电流的阈值场强与电极到 SiO_2 的接触势垒高度密切相关：势垒高度越高，阈值场强越大。其中 Al 电极阈值场强为 $6 \times 10^6 V/cm$。与 Poole – Frenkel 电导相比 Fowler – Nordheim 隧穿电导阈值电场较大，但是一旦达到阈值电场，后者的电流密度的增长速度远大于前者。

由于生长温度低,PECVD 或溅射生长的 SiO_2 薄膜中的陷阱密度要比热生长的 SiO_2 多很多。由于大量陷阱的存在,使得 PECVD 或溅射生长的 SiO_2 薄膜的电导过程发生了改变,可以描述为一种叫两步隧穿的电导过程:首先在负偏压下,金属电极上的电子直接隧穿进入介质层中的陷阱,然后在较高电场下,被俘获的电子由体 Schottky 效应发射到导带上,最后进入阳极成为传导电流。这些陷阱的作用是大大降低了隧穿电流的阈值电压,并且陷阱密度越大,陷阱能级越浅,隧穿越容易发生。

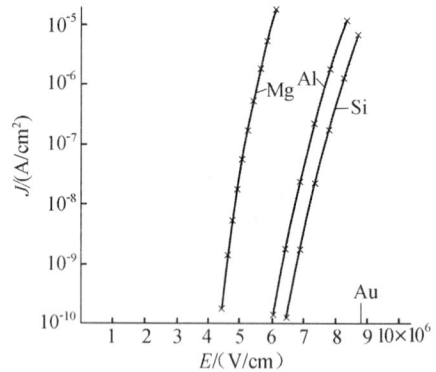

图 10.35 加 Mg、Al、低阻($1\Omega \cdot cm \sim 10\Omega \cdot cm$)
Si 和 Au 电极时的热生长 SiO_2 电流密度与
电场强度之间的关系曲线

驱动电压为 10V ~ 100V 时,介质中的电场在 MV/cm 量级,电荷就有可能注入到介质,这样在宏观上表现为驱动电压的升高[22]。

在这种情况下,介质层内发生漏电流和介质层极化现象不可避免。介质层内的电荷陷阱俘获漏电流产生的电荷,当俘获电荷产生的电压漂移大于 pull - out 电压时,开关将发生粘连失效,或漂移电压与 Pull - in 电压的和大于驱动电压时,开关将发生屏蔽失效。当累积电荷超过某一极限时开关的介质层击穿失效。

图 10.36 描述了开关循环过程的电荷注入的动态过程[23]。

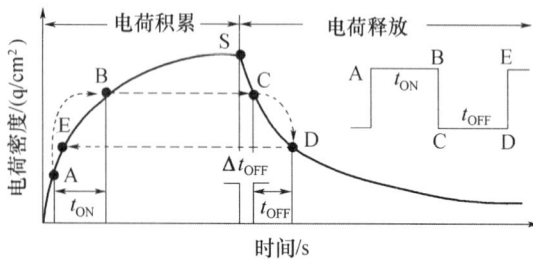

图 10.36 电荷注入动态平衡示意图

开关工作了一定时间,电荷积累到一定程度后达到图上的 A 点,再过一段时间,电荷累积到了 B 点,当开关关闭后,电荷就对应到了电荷释放曲线的 C 点,开关然后电荷释放到 D 点,完成一个循环。而下一个循环的起点就映射到了 E 点,也就是说下一个循环的开始比前一个循环电荷从 A 点增加到了 E 点。

经过一段时间循环的开关,随着电荷注入的积累,驱动电压升高最终导致开关失效,为此,下一节对解决方法稍作介绍。

10.6.2 介质层电荷注入的解决方法

在设计和制造 MEMS 开关时,为提高开关可靠性可采取以下措施:使用陷阱密度低的介质材料作为 RF MEMS 电容式开关的介质层可以减少介质层的电荷注入,尽量提高接触面的光滑度;在介质层表面沉积或生长一层薄的导电层(称电荷耗散层),提高介质层表面电导率,减小该耗散层既能有效耗散极化电荷,又不至于造成短路;在沉积介质层后,增加一道掺杂工艺,掺入导电性较好的金属氧化物;在介质层表面注入金属离子,例如金或锑;使用特殊的电压控制方式,如图 10.37 双极型的驱动控制电压[24]。

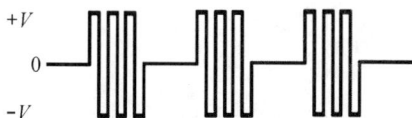

图 10.37 双极型的驱动控制电压

当电压在 $+V$ 和 $-V$ 之间切换时,机械力将通过零点,但是由于机械式开关的响应时间相对较长,一般在微米量级,而电极之间的转换如果能在几十个纳米内完成,MEMS 梁就不会对力的变化做出响应。方波周期比介质层电荷注入时间短得多,电荷将不会注入介质层,这样开关的可靠性就会大大提高。

10.6.3 MEMS 开关直接接触失效机理及解决途径

接触式开关的失效表现形式就是接触电阻增大引起插入损耗增大,失效机理主要是金属接触区由于金属间接触部位反复撞击引起的损伤、材料变化、接触面积减小,从而引起接触电阻的增大;同时接触区的黏附、接触金属间的材料转移、接触区周围介质薄膜的形成也是失效的原因。

接触的两面是同一种金属材料,接触电阻为

$$R_C = \frac{\rho}{\pi r} \tag{10.7}$$

接触电阻的大小主要与材料特性、接触面积有关。直接接触式 MEMS 开关的结构材料一般是金属或合金,材料的选择依赖于材料硬度、电阻率、金属熔点、工艺难度、化学活泼性。硬度大的金属可以减少变形和黏附,但是容易氧化,从而引起大的接触电阻,硬度大时,一定接触力下的接触面积小。金属的加工方式不同,表现出的电阻性质也不一致,如溅射形成的金属薄膜的体电阻是电镀金薄膜的两倍。

金属材料的氧化会迅速导致接触电阻的上升。

接触面积是开关触点的关键,接触面积的大小一定程度上决定着接触电阻的大小和触点温度的高低。而在微观尺寸下,实际的接触面积主要由外加的作用力和接触材料的硬度决定,同时还受到表层材料电阻率的影响。塑性变形时,接触力为 F,材料硬度为 H,接触面积 A 为

$$A = \pi r^2 = \frac{F}{Hn} \tag{10.8}$$

式中:n 为表面系数,与材料表面的污染程度有关。图 10.38 是金属接触开关的电阻与接触力之间的关系[25],F_t 为初始接触所需的力;F_s 为接触电阻稳定时的力;R_s 为稳定时的电阻。可以发现初始接触时的电阻与稳定时的电阻差了十倍多。

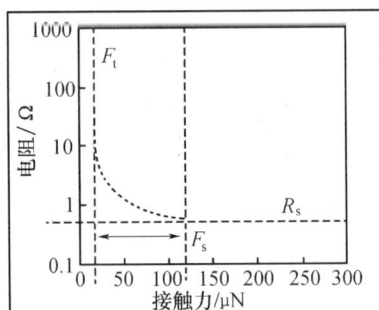

图 10.38　金属接触式开关的接触力与电阻

当两个洁净的金表面接触时,触点面积只是整个表面接触面积的小部分。金属材料经过一定的工艺程序后会由于有机物的污染引起电阻的增大,环境中也会对器件产生污染,在洁净的氮气中保存可以降低环境对它的污染,在封装前对圆片进行等离子处理可以消除一些影响。为了得到低的接触电阻和长的接触寿命,必须有洁净的接触表面和氛围[26]。

接触式 MEMS 开关的另一种失效形式就是结构发生黏附,失效的表现形式就是信号短路。黏附力主要有毛细力、范德华力和静电力。当执行电压移去之后,梁必须要克服这些力使得金属分开,黏附力受接触方式的影响很大:当两表面相互接触时,高于接触区正常面的微凸点将首先发生相互作用。最初的接触本质上是弹性接触,它遵循一般的机电理论[27]。当接触区的温度上升后(金属软化),表面微凸开始逐步变形,接触开始遵循"弱"塑性行为方式,这种行为方式一般根据经验模型来进行描述。当温度与电流密度持续上升时,接触材料开始液化并发生不可逆的形变,可以成为强塑性行为,有很大的破坏性。因此在开关通过的大电流导致金的自融,纯金对于开关寿命要求比较高的情况下并不是一个好

的选择。

当开关工作了一定次数后接触电阻会突然上升(图 10.39),当电阻大于 10Ω 时,开关的插入损耗将比较大[28]。

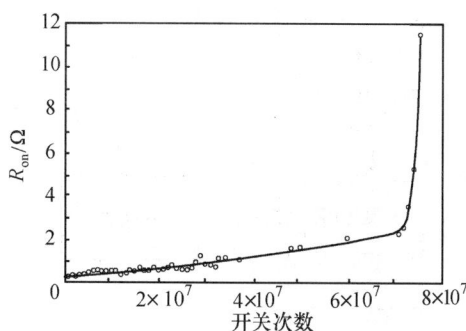

图 10.39 开关次数与接触电阻

软金属与硬材料的性能相当时,硬材料具有更高的黏附力,这是由于它需要提供更大的作用力以实现塑性形变和更低的接触电阻。合理的机械设计可以实现大的接触力和回复力,有效避免黏附和污染引起的失效,使得可靠性得到一定的保证,提高接触力和回复力可以降低对污染及黏附的敏感程度。需要注意的是,接触材料的选择、开关结构的设计都必须与工艺兼容,与开关的应用领域相适应。

10.7 冷开关与热开关特性分析

RF MEMS 开关的上下极板之间加上直流偏置电压来控制开关的通断,通常这种方式称为"冷"执行(cold switching),也就是冷开关;而当直流偏置电压控制开关执行的同时有射频信号通过,即开关的行为是射频信号和直流偏置电压共同执行的结果时,通常称这种方式为"热"执行(hot switching)方式,也就是热开关。热开关在开关控制信号的通断过程中有额外的射频功率信号或直流电流信号作用于开关[29],因此在可靠性方面与冷开关相比有较大的区别。

对开关的可靠性测试也分为冷开关测试和热开关测试,冷开关时没有射频信号或电流信号通过开关,因此对于欧姆接触式,冷开关的寿命主要决定于结构的疲劳失效、黏附失效及接触电阻的增大引起插入损耗的激增。

冷开关测试方法一般是将开关密封置于流动的氮气或者干燥空气的环境中,防止空气中的湿气引起黏附失效。MEMS 冷热开关测试系统包括探针台、微波信号源、微波信号检波器、可同步的脉冲信号源 2 台、微波开关和驱动电路、DC 电源、

MEMS 开关驱动电路、双踪示波器。冷开关测试过程中,每间隔一段时间,采用矢量网络分析仪监测一下开关的射频性能,以确定开关还是否完好。测试方式如图10.40 所示。

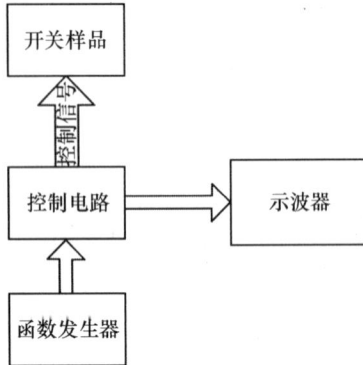

图 10.40　冷开关测试示意图

热开关测试时,开关过程中有额外的射频功率信号或直流电流信号,保持射频信号,外加一定频率的控制信号来控制开关的通断。测试方式如图10.41 所示。

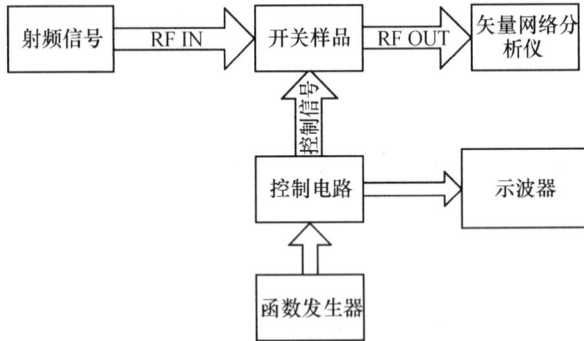

图 10.41　热开关测试方法

热开关执行时,当开关的接触面积小,接触电阻很大,电流通过时在热开关中将在接触区引起较大的热损耗,时间很短,在接触区将产生较大的温升。在 30mA ~ 100mA 的热开关电流下,MEMS 直接接触式开关的可靠性急剧下降,电弧、材料转移、接触区的电流密度限制及局部高温点等都会对失效产生影响。

热开关中还有一个重要的问题是阴极和阳极之间的电弧[22],当接触金属开始分离时,由于它们彼此接近,表面突起的部分会引起直接场发射,电子由阴极流向阳极。由于高电场的作用,突起的局部出现微小的高温点,从而形成离子流,这种

252

放电机制被称作"金属蒸气弧"。金属蒸气弧的材料转移总是从阳极指向阴极,因此在同一方向的直流电流下进行热开关测试会使得开关磨损得更快[30]。

10.8　RF MEMS 开关的功率处理能力

开关的功率处理能力定义为开关在不影响性能时所能承受的最大输入功率,换句话说就是超过某一功率后,开关性能将会明显下降,发生失效。

开关的功率处理能力主要受到两个因素的限制,第一个因素是因传输线上电流密度不同引起的过热导致的开关烧毁,第二个因素是高 RF 功率工作下的 MEMS 开关在金属膜片上造成温度不均匀,产生的应力影响了金属膜片的机械性能,加大 MEMS 开关的驱动电压,从而加速了介质充电,导致 MEMS 开关永久失效。大多数 MEMS 开关因其金属膜片上的温度而引起的应力对金属膜片的驱动电压及机械系统的时间常数都有很大的影响,由此产生的热效应直接导致开关失效。

为了提高 MEMS 开关的功率处理能力,可以通过分流功率使得通过开关的绝对值减少,从而可以提高开关系统的功率处理能力[31]。

在研究功率处理能力时,根据 RF MEMS 开关的接触方式也将开关分为两类来分析:接触式开关和电容式开关。

10.8.1　DC 接触式开关的功率处理能力

直接接触式开关相对于电容式开关,由于接触区域较小,从而引起执行相关的失效不明显;同时也是因为接触面积较小,电路相关的失效比较明显,表现为电流密度上升,产生热效应以及其他接触问题,从而直接接触式开关的功率处理能力的研究就转化为开关的热失效和接触问题的研究。开关功率处理能力的电路相关失效研究可以归结到热失效的研究,已有很多文献进行开关的热失效的研究[31,32],并提出了相应的提高功率处理能力的方法:主要是增加开关的梁的厚度和宽度,此外选用新的材料也是解决方案之一。

当 DC 接触式开关处于 down 态时,开关中的有效电流为 I_1,当射频功率为 1W 时,有效电流为 140mA。由前面式 10.8 可得:对应于 0.1mN～1mN 的接触力,金触头的触点半径为 0.12μm～0.4μm。当接触电阻为 0.25Ω 时,接触区的功耗为入射波功率的 0.5%。当入射波功率为 1W 时,它的大小为 5mW。因此,需要了解接触区的局部加热特性并确定触点温度。

收缩热导表征的是触点由接触区耗散热量的能力,表达式为[22]

$$G_t = \frac{1}{R_{cd1}(1 + F(r/b))} \tag{10.9}$$

式中：$R_{cd1} = (4kr)^{-1}$；$F(r/b) = 1 - 1.4098(r/b) + 0.3441(r/b)^3$；$k$ 为材料热导率；r 为接触斑点半径；b 为当电流为 10mA、接触力为 $100\mu N \sim 500\mu N$ 时，阴极的接触半径，它由 SEM 确定。对应于半径为 $0.12\mu m$ 的金触点（金的热导率为 312W/m K），收缩热导为 0.1mW/K。由于在实际的开关中，接触区域更小，因此收缩热导要小得多。接触区的温度上升值为

$$\Delta T = \frac{P}{G_t} = \frac{|I_1|^2 R}{G_t} = \frac{|I_1|^2}{G_t} \frac{\tau \rho}{\pi r} \qquad (10.10)$$

式中：P 为接触区损失的功耗；R 为接触电阻；ρ 为接触金属的电阻率；r 为触点半径；τ 为温度因子。

可以看到上式中存在正反馈机制，当接触区的功耗为 5mW，$G_t = 0.1mW/°K$ 时，最初的温度上升值为 50℃。这使得接触电阻及接触区功耗上升。同时，触点温度上升 20℃ ~30℃ 就足以使接触区软化，接触材料的硬度下降。这将反过来引起接触面积上升，接触电阻下降，由此引起负反馈并使得接触区的功耗下降。这一过程导致了稳态的热软化行为并产生稳定的触点温度。几十 mA 的电流经过触点引起的温度上升一般为 10℃ ~30℃，而 200mA ~500mA 的电流引起的温度上升会有数百度。对于硬金属，由于其触点半径更小，接触电阻更大，上升的温度要大得多。在高电流下会出现阴极与阳极间的材料转移现象，在冷开关测试中也是如此。

热传导与温度上升现象可以用来解释金属接触式开关在高电流水平下的失效问题。然而在 30mA ~100mA 的电流水平下，低接触力 MEMS 开关（甚至某些高接触力的开关）的工作次数迅速下降。而金触点的温度上升只有 10℃ ~30℃。一种可能的解释是接触区的电流密度极高，当电流为 40mA、触点半径为 $0.12\mu m$ 时，电流密度约为 $100MA/cm^2$。另一种可能的解释是实际的接触区尺寸远小于 $0.12\mu m$，这将使得局部温度远远高于 30℃[33]。

南京电子器件研究所通过微组装工艺，将自行研发的 RF MEMS 开关组装在测试架上，搭建了一个功率容量测试系统，如图 10.42 所示。

分别把开关接到耐功率测试系统中，射频信号频率为 10GHz，射频功率从 100mW 开始逐渐增加，通过开关的动作，测试射频输出功率的大小，判别 MEMS 开关工作是否正常，开关的动作先测试冷开关动作，即射频信号先关断，然后加上开关驱动电压，开关吸合后，再打开射频功率信号，测试射频输出功率，然后关闭射频功率，最后关闭开关驱动电压，使 MEMS 开关断开。测试完冷开关后，再进行热开关测试，即射频信号一直加载到 MEMS 开关射频输入端，通过 MEMS 开关驱动电压的通断，监测射频信号输出功率，以此判别 MEMS 开关的好坏。信号功率从小逐步增加，在每一步加功率信号后，先冷开关测试，再热开关测试，直到开关失效。试验结果表明，悬臂梁式 MEMS 开关冷开关工作能耐 2W 的输入功率信号，热开关工

组装的 MEMS 开关样品

图 10.42　MEMS 开关耐功率测试系统

作能耐 1.8W 的输入功率信号。失效的 MEMS 开关呈一直导通状态,表明功率信号在触点区域产生的电场强度和热量使 MEMS 开关触点粘连在一起,或者说微热熔焊是 MEMS 开关耐功率失效的主要原因。因此在 MEMS 开关功率设计时,触点区的材料、接触面积、触点数量,以及是否圆片级封装等因素都是考虑的重点。

10.8.2　电容式开关的功率处理能力

电容式开关的接触(开关梁和电介质的接触)面积较大,容易发生驱动相关的失效:开关的自驱动和自锁;电路相关的失效也会发生:趋肤效应导致电流密度上升,从而导致热效应和电迁移效应。因此电容式开关的功率处理能力的限制因素主要是自执行、自锁以及热效应。热效应主要是由于趋肤效应导致的开关梁上的电流密度局部上升产生热斑,从而发生电迁移和其他热效应。针对这些效应,目前较好的解决方案是增加开关梁的尺寸,减小电流密度,从而减小热效应,进而增加功率处理能力。电容式开关的接触面积比较大,比接触式开关的功率处理能力要更大[34]。

降低开关下拉式的碰撞能量有利于延长开关的寿命。对于电容式开关可以延缓金属硬化、防止金属过早疲劳。对于直接接触式金属开关,可减少金属硬化和金属晶格错位。

图 10.43 所示为开关梁尺寸的变化和功率处理能力的关系[31,32],从图中可以看出,增大共面波导尺寸以及开关梁的长度、厚度可以增强开关的功率处理能力。由于随着频率的增加,趋肤效应更加明显,从而热效应加剧,所以随着频率的增加,功率处理能力下降。由于电流集中在开关梁的边缘,从而开关梁的宽度($W >$ 40μm)对功率处理能力的影响不明显,改变梁的宽度不影响电流密度分布,从而不会改善功率处理能力,所以开关有热效应引起的功率处理能力问题可以通过增加 CPW 的尺寸和开关梁的长度及厚度缓解。

(a)开关梁厚度与功率处理能力的关系曲线

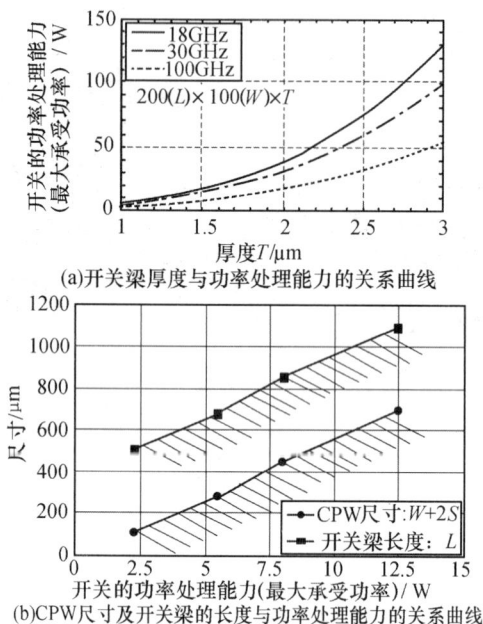

(b)CPW尺寸及开关梁的长度与功率处理能力的关系曲线

图 10.43　开关尺寸与功率处理能力的关系

电容式开关的自执行和自锁效应属于执行相关失效范畴,自执行表现为射频的输入功率驱动开关梁发生弯曲,当功率增大时,弯曲变大,最终发生吸合。自锁表现为当低频执行电压为零时开关无法释放。

自执行和自锁效应的失效源于射频输入功率在开关上耦合出电压,该电压作为驱动电压驱动开关发生自执行和自锁。图 10.44 所示为并联电容式开关的等效电路双端口网络示意,开关处于 Up 态时,等效电路如图 10.44(a)所示,开关两端的电压 U_S 与输入电压 U_I 之间的关系为

$$|S_{21}|^2 = \left|\frac{U_\mathrm{S}}{U_\mathrm{I}}\right|^2 = \frac{1}{1 + \left(\dfrac{\omega C_\mathrm{U} Z_0}{2}\right)^2} \tag{10.11}$$

射频输入功率与输入电压之间的关系为

$$P = \frac{1}{2}\frac{U_\mathrm{I}^2}{Z_0} \tag{10.12}$$

可得

$$|U_\mathrm{S}| = \sqrt{\frac{8PZ_0}{4 + (\omega C_\mathrm{U} Z_0)^2}} \tag{10.13}$$

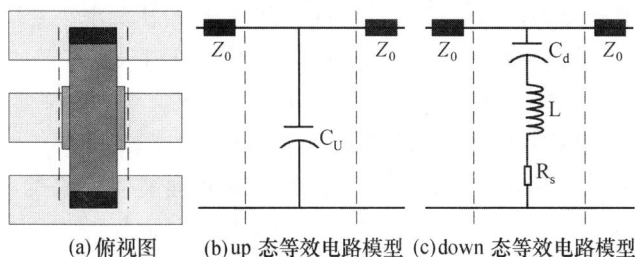

(a)俯视图　　(b)up 态等效电路模型　(c)down 态等效电路模型

图 10.44　并联式双端固支梁 MEMS 开关及等效电路模型

假设射频输入信号为正弦信号,则输入功率为 P 时的开关上耦合出的电压信号 U_S 为

$$U_S = |U_S|\sin(\omega t + \phi) = \sqrt{\frac{8PZ_0}{4 + (\omega C_U Z_0)^2}}\sin(\omega t + \phi) \qquad (10.14)$$

就是该电压信号驱动开关梁发生弯曲,进而发生自执行失效的。

开关处于 Down 态时,等效电路如图 10.44(c)所示,令

$$Z_3 = R_S + j\omega L \qquad (10.15)$$

从而开关电容两端的电压 U_C 为

$$U_C = \frac{1}{1 + j\omega Z_3 C_d}S_{21}U_I \qquad (10.16)$$

$$S_{21} = \frac{1 + j\omega C_d Z_3}{1 + j\omega C_d\left(Z_3 + \dfrac{Z_0}{2}\right)} \qquad (10.17)$$

可得

$$U_C = \sqrt{\frac{8PZ_0}{4 + [\omega C_d(2Z_3 + Z_0)]^2}}\sin(\omega t + \phi) \qquad (10.18)$$

使该电压信号在开关电容两端形成稳定的吸合力阻止开关梁的释放,轻则增加释放时间,重则使开关发生自锁。

自执行和自锁与射频信号在开关两端的电压有关,而热效应主要是与电流密度有关。当发生自执行和自锁失效后,可以通过减小射频功率来"释放"该失效,而热失效在发生电迁移和镕接后将变成永久失效。鉴于此,电容式开关比直接接触式开关寿命要长。

高功率工作下的 RF MEMS 开关因其金属膜片上的温度而引起的应力对金属膜片的机械开启、开启电压及机械系统的时间常数都有很大的影响。由此产生的热效应直接导致开关失效[35]。

可以通过改进结构的方式抵消自执行和自锁效应,比如引入三层板结构,加入一个新的极板,使得开关桥上下都产生电容,从而可以引入新的静电力执行器,该执行器用来平衡射频输入功率产生的准静电力。分流功率的做法使得开关系统随着功率的增加而成倍增加,从而增加芯片面积、增加功耗、降低射频性能;采用三层板结构会增加工艺复杂度,但是可以解决由功率处理能力带来的自执行和自锁效应。

参 考 文 献

[1] Rebeiz Gabriel M. RF MEMS theory, design, and technology[M]. New Jersey: John wiley & sons Ltd,2002.

[2] Van Spengen W M,Czarnecki P,Poets R,et al. The influence of the package environment on the functioning and reliability of RF MEMS switches[C]. IEEE International Reliability Physics Symposium, 2005.

[3] Tummala R R,et al. Microelectronics Packaging Handbook 2nd ed[M]. New York: Chapman&Hall, 1998.

[4] Makoto Motoyoshi. Through - silicon via[J]. Proceedings of the IEEE, 97(1) 2009.

[5] Lau John H, Lee Cheng Kuo, Premachandran C S ,et al. Advanced MEMS Packaging[J]. The McGraw - Hill Cornpanies,2010:261 - 285.

[6] Jourdain A , Rottenberg X , Carchon G , et al . Optimization of 0 - level packaging for RF MEMS device[J]. 12th International Conference on TRANSDUCERS Solid - State Sensors Actuators and Microsystems,2003.

[7] Iannacci J, et al. Electromagnetic optimization of an RF - MEMS wafer - level package[J]. Sensors and Actuators, 2007.

[8] 王玉传.MEMS 圆电极芯片尺寸封装研究[M],中国科学院研究生院硕士学位论文,2006:1.

[9] Margomenos A , Katehi L P B,Fabrication and Accelerated Hermeticity Testing of an On - Wafer Package for RF MEMS[C]. IEEE Microwave Theory and Techniques Society,2004.

[10] Farrens Shari. Metal based wafer level packaging[J]. SUSS MicroTec,2008.

[11] Fujii M, Kimura I, Satoh T,et al. RF MEMS switch with wafer level package utilizing frit glass bonding[C]. Milan, Italy:in Proc. 32nd European Microwave Conf. , 2002, 1: 279 - 281.

[12] Iliescu C, Miao J. Thick and thin diaphragms fabrication using gold - silicon eutectic[J]. IEEE,2002:189 - 192.

[13] 陈明祥,易新建,刘胜,等.基于共晶的 MEMS 芯片键合技术及其应用[J]. Semiconductor optoelectronics, 25(6):484 - 488.

[14] 李小刚,蔡坚,Sohn YoonChul,等.一种基于 Ag - Sn 等温凝固的圆片键合技术[J].电子工业专用设备, (152):33 - 38.

[15] Kim Woonbae, Wang Qian, Jung Kyudong, et al. Application of Au - Sn eutectic bonding in hermetic RF MEMS wafer level packaging[C]. 9th Int'l Symposium on Advanced Packaging Meterials, IEEE, 2004: 215 - 219.

[16] Niklaus F, Stemme G, Lu J G,et al. Adhesive wafer bonding[J]. Journal of applied physics 99,031101 (2006).

［17］Maciel J, Majumder S, Morrison R, et al. Lifetime characteristics of ohmic MEMS switches［J］. Proc. Int. Soc. Optical Engineering, 2004,5443:9 – 14.

［18］刘延柱,陈文良,陈立群. 振动力学［M］. 北京:高等教育出版社, 2005: 33 – 49.

［19］Yuan X, Hwang J C M, Forehand D, et al. Modeling and characterization of dielectriccharging effects in RF MEMS capacitive switches［C］. IEEE MTT – S Int. Microwave Symp. Dig, June 2005:753 – 756.

［20］Goldsmith C L, Ehmke J, Malczewski A, et al. Lifetime characterization of capacitive RF MEMS switches ［C］. IEEE MTT – S Int. Microwave Symp. Dig. ,June 2001: 1227 – 230.

［21］Sze S M. Physics of Semiconductor Devices［M］. New York: John Wiley & Sons, 1981.

［22］Rebeiz Gabriel M. RF MEMS 理论、设计、技术［M］. 黄庆安等译. 南京:东南大学出版社, 2005: 102 – 130.

［23］James C M Hwang. Reliability of Electrostatically Actuated RF MEMS Switches［C］. RF IT 2007 – IEEE International Workshop on Radio – Frequency Integration Technology, 2007: 168 – 171.

［24］Ingrid De Wolf. The reliability of RF – MEMS: failure modes, test procedures and instrumentation［C］. Reliability, Testing, and Characterization of MEMS/MOEMS III. Proceedings of SPIE, 5343:1 – 8.

［25］Jeffrey DeNatale, Robert Mihailovich, James Waldrop. Techniques for Reliability Analysis of MEMS RF Switch［C］. 40th Annual International Reliability Physics Symposium, 2002: 116 – 117.

［26］Ma Q, Tran Q, Chou T A. ,et al. Metal contact reliability of RF MEMS switches［C］. Proc. Int. Soc. Optical Engineering, 2007, 6463:646305.

［27］Holm R. Electric Contacts［M］. Berlin, Germany:Springer – Verlac, 1968.

［28］Mihailovich R E, DeNatale J. Personal communications［J］. Agoura Hills, CA. Rockwell Scientific, 2001.

［29］Wang X, Katehi L P B, Peroulis D. AC actuation of fixed – fixed beam MEMS switches［C］. Topical Meeting on Silicon Monolithic Integrated Circuits in RF Systems, IEEE, 2006: 24 – 27.

［30］Kruglick E J J. Microrelay Design, Performance and Systems［D］. Berkeley: Ph. D. thesis, University of California, 1999.

［31］Grenier K, Dubuc D, Ducarouge B, et al. High power handling RF MEMS design and technology［C］. 18th IEEE International Conference on Micro Electro Mechanical Systems, 2005:155 – 158.

［32］Hong J S , Tan S G, Cui Z , et al. Development of High Power RF MEMS Switches［C］. 4th International Conference on Microwave and Millimeter Wave Technology Proceedings , 2004.

［33］Hyman D, Mehregany M. Contact physics of gold microcontacts for MEMS switches［J］. IEEE Trans. Comp. Packaging Tech. ,September 1999, 22(3):357 – 364.

［34］Pillans B, Kleber J, Goldsmith G,et al. RF Power handling of capacitive RF MEMS devices［C］. IEEE MTT – S Int. Microwave Symp. Dig, June 2002:329 – 332.

［35］Chow L, Wang Zhongde, Jensen B D, et al. Skin effect aggregated heating in RF MEMS suspended structures ［C］. Microwave Symposium Digest, IEEE, 2005: 2143 – 2146.

第 11 章 应用与展望

11.1 RF MEMS 技术的应用

多年来 RF MEMS 器件的可靠性、封装和成本控制一直是制约 RF MEMS 技术应用的瓶颈，经过科学家和企业家的共同努力，RF MEMS 技术取得了突飞猛进的进步，其中 RF MEMS 开关(电容)、FBAR 和 MEMS 滤波器、MEMS 振荡器已逐渐形成市场。

11.1.1 RF MEMS 开关

虽然 RF MEMS 开关在 2003 年当 Magfusion 和 Teravicta 首次发布样品时曾有着巨大的市场应用前景，但由于这两家小的初创公司的制造能力无法满足突然间来自全球各地的样品需求，多家潜在的用户因未能拿到样品而丧失积极性，RF MEMS 开关陷入"低谷"。随着 RF MEMS 技术的日益成熟，半导体自动测试设备成为 RF MEMS 开关的第一个商业化应用。因为 MEMS 开关的性能符合要求而且可直接替代传统的继电器，所以其在自动测试设备(ATE)设备中的采用过程简单快速。其中最具代表性的就是日本的 Advantest 公司。该公司是一家专门从事自动测试设备研制与生产的公司，于 2001 年在 IEEE MEMS 会议上发表了该公司所研发的热驱动 MEMS 开关，如图 11.1 所示，利用 Al 和 SiO_2 双层材料作为热驱动材料，使用三层阳极键合的方法实现 RF MEMS 开关的圆片级封装。2005 年该开关已经应用于该公司所生产的最新的 LSI 测试设备中，也是 RF MEMS 开关最早的一个商业化应用的产品。目前，该公司已经成立了专门研制 RF MEMS 开关及其他一些元件的 Advantest component 公司。多数 ATE 制造商如 Agilent、Advantest、Teradyne、Credence 和 Verigy 目前正评估或已经实施利用 MEMS 取代传统继电器的方案。网络分析仪、频谱分析仪和示波器等射频设备制造商，如 Agilent、Rohde & Schwarz 以及 Tektronix 等，也正在评估 MEMS 开关并且希望能尽早应用到生产的设备中[1]。

在众多 RF MEMS 开关产品中，最引人注目的为 RadantMEMS 公司所推出的系列 MEMS 开关产品，其涵盖 DC～12GHz、DC～40GHz 等频段，并包括单刀单掷、单

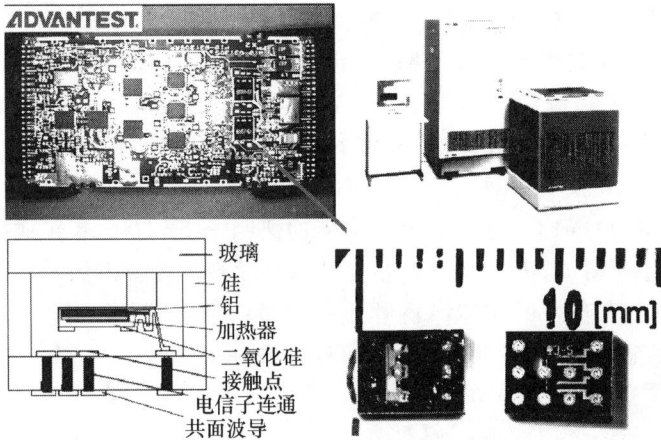

图 11.1　Advantest 公司 MEMS 开关成功用于 ATE 设备中

刀多掷等开关产品。RadantMEMS 公司针对美国政府国防需求生产的 MEMS 开关,寿命达到了 2×10^{11} 次以上,是目前可靠性最高的 RF MEMS 开关。

2000 年于美国成立的 XCOM Wireless 公司[1],也针对雷达射频前端等军事应用及高端民用产品开发射频 MEMS 开关。由 Innovative Micro Technology 公司为其产品进行代工,并由 MPT 公司为其开发封装技术。其封装后的开关照片如图 11.2 所示,封装后的插入损耗在 DC ~ 17GHz 的频率范围内小于 0.7dB。图 11.2 为该公司利用其所研制 RF MEMS 开关,及为美国军方 CECOM 项目研制的可重构滤波器。该公司并于 2008 年报道了其开发的超宽带串联接触式 RF MEMS 开关样品,所获得的开关在 100GHz 时,隔离度为 13dB,插入损耗为 0.5dB。

(a)开关芯片　　　　　　(b)可重构滤波器

图 11.2　XCOM Wireless 公司的 RF MEMS 开关和可重构滤波器

美国的 RFMD 公司,也于 2007 年推出了针对 3G 多模手机的 RF MEMS 发送/接收及模式切换应用的 RF MEMS 开关产品。RFMD 的 RF MEMS 开关为高功率欧姆接触式 MEMS 开关,它们是在 RF CMOS SOI 圆片上利用 Post CMOS 工艺制备,并且密封在圆片级封装(WLP)电介质腔体中。使 RF MEMS 开关运行所需的所有电路均被集成到了 CMOS 电路中,包括驱动生压及控制电路。RFMD 的 RF MEMS 开关完全支持蜂窝 RF 功率模块要求,包括低插损及高隔离(典型 0.2dB/35dB(1.9GHz))以及高谐波抑制(典型 >90dBc),同时还符合严格的可靠性及设计与生产成本要求。

另外,日本的 OMRON 公司也经过多年的研制[2],于 2008 年正式推出了其 RF MEMS 开关产品(图 11.3)。该产品主要针对自动测试设备市场研发,利用该公司自有的 5 英寸和 8 英寸的 MEMS 圆片生产线进行加工。其工艺主要基于玻璃—硅—玻璃三层键合工艺,利用硅膜作为可动结构。

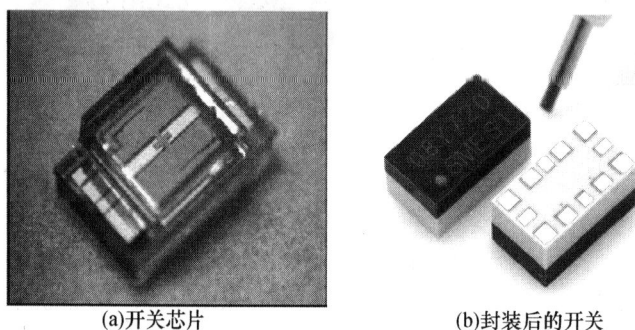

(a)开关芯片   (b)封装后的开关

图 11.3　日本 OMRON 公司的 RF MEMS 开关产品

德国的 Epcos 公司[3],收购了 NXP 的 RF MEMS 技术,利用 NXP 的 PASSI 工艺面向手机应用的阻抗匹配网络研发其 RF MEMS 产品,如图 11.4 所示。

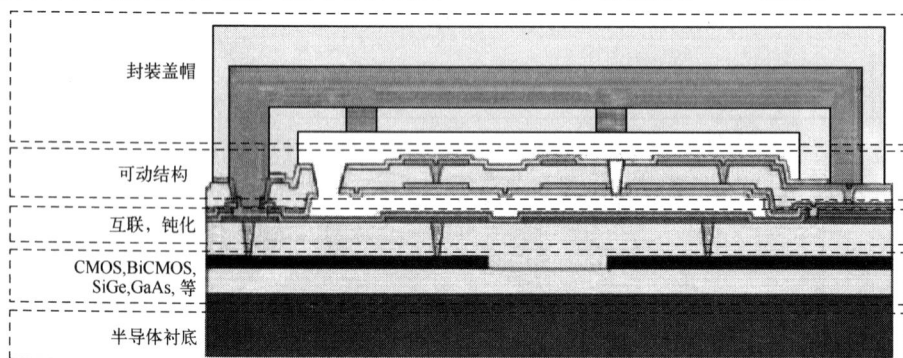

封装盖帽
可动结构
互联、钝化
CMOS,BiCMOS,
SiGe,GaAs, 等
半导体衬底

图 11.4　NXP 的 PASSI 工艺

在欧洲,EADS, BAE Systems 以及 Thales 等系统商也开始开发自己的 MEMS 开关。在亚洲,主要有 Mitsubishi 进行航天领域的开发工作。国防领域之外,NASA 和 EADS 支持应用在卫星通信吊舱方面的研究。EADS 与 Thales 目前合作开发基于 MEMS 的反映阵列天线,用于民航客机的互联网接入。

2012 年 1 月 10 日,作为无线电行业中高性能动态可调射频半导体产品的领军公司——Wispry 公司宣布[4],其开发的由低损耗电感网络和数字可调、低损耗 MEMS 电容组成的 WS2012 可调阻抗匹配电路已实现量产,并成功应用于超薄智能手机,Wispry 公司的独特的器件拥有小的外形尺寸、可延伸用于带宽的天线调谐器,并且可补偿由于手指和手臂放置(甚至在用户用手触摸天线时)而引起的干扰,而被当今主流制造商选用。在 Wispry 公司技术的协助下,移动手机 OEM 可使用小尺寸天线,以满足超薄智能手机客户的需求。天线调谐器的使用也可以降低给射频信号所需的必须能量,以延长手机充电后的使用时间。

像 Wispry 公司的 RF – MEMS 器件可以为手机提供一系列的好处,包括减少信号中断和掉线、更快的信号转换速率、提升设计和电源效率。凭借三星设计的成功,Wispry 引领着 RF MEMS 手机市场。然而,现在其他公司都瞄准这个市场,其中包括,TDK – EPC, Sony, Omron, RFMD,刚组建的 Cavendish – Kinetics 和 DelfMEMS 公司。

2011 年 4 月 DelfMEMS 成功向日本移动运营商 NTT DOCOMO 公司提供 RF 欧姆 MEMS 开关用于手机中射频前端模块或 FEMs[5]。

IHS 已经证实三星在新的手机中使用 RF – MEMS 器件,意味着第一个已知的在大批量产品中,这将为其他手机采用 RF – MEMS 器件铺平道路,将导致该类器件的销售量从 2011 年的 720000 美元增至 2015 年的 1 亿 5 千万美元,意味着 RF – MEMS 市场至 2015 年将以 200% 的速率增长。如图 11.5 所示。

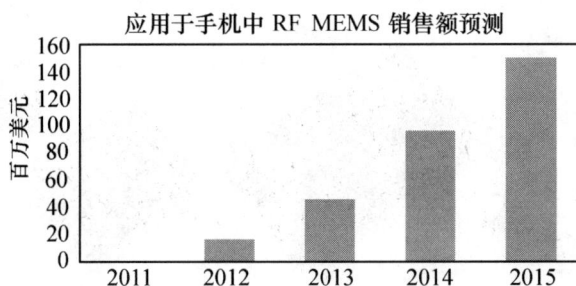

图 11.5 IHS iSuppli 给出的 RF MEMS 在手机市场的应用规模

对市场分析将有如下机遇:(1)调谐匹配电路在移动电话前端模块中使用将占最大的份额市场;(2)测试和仪器设备,包括针对半导体的自动化测试设备是第二大机遇;(3)无线基础设施是一个小机遇,如基站和小型 femto 蜂窝通信,预计将在 2013 年起飞;(4)医疗应用于 2010 年起飞(非射频应用),同时航空航天和国防应用将出现在 2014 年后。

11.1.2 FBAR 和 MEMS 滤波器的应用

11.1.2.1 Avago[6]

Avago 作为整个射频领域的老大,从 2001 年推出 FBAR 双工器,面积仅有传统陶瓷双工器的 10%,至 2003 年 7 月宣布已经售出 1000 万颗相关产品,2006 年报道,FBAR 的出货量已经突破 2 亿只,月出货量 1500 万只以上。

2006 年推出 FBAR 双工器,面向 PCS 和 UMTS 频段手机用业内最小的超薄封装,厚度仅为 1.3mm,面积为 3.8mm × 3.8mm。

2007 年面向 UMTS 手机发布 RF 前端模块 AFEM - 7780,集成 FBAR 及 CoolPAM 技术。Avago 的超小型化 ACMD - 7602/ACMD - 7612 双工器可以为 UMTS band 1 手机、家用型基站(femtocell)以及数据终端提供优越的传送和接收插入耗损性能。

2008 年发布手机用 FBAR Quintplexer 多工器 ACFM - 7103(图 11.6),大幅度提升了多工器的性能标准,通过更好的 1.9 dB(最高 3.1 dB) PCS 发送插入损耗,大量降低电流消耗(达 50mA ~ 70mA)。拥有前所未有的低 PCS 插入损耗,带来同级产品中最优秀的功耗和接收灵敏度表现。另外,这个 Quintplexer 多工器还可以适用于单一或双天线应用,提供更高程度的设计灵活度。

集成滤波器的高增益 GPS 低噪声放大器(LNA, Low Noise Amplifier)在 2.7V 和 6mA 的典型工作条件下,Avago 高度集成的 ALM - 1612 LNA/滤波器模块具有 0.9dB 的噪声系数、18dB 的增益、+2dBm 的输入三阶截点(IIP3)以及超过 65dBc 的移动通信 Cell/PCS 频带抑制能力,特别面向 1.575GHz 频带应用。

图 11.6 Avago 的多工器

2009 年 Avago 采用 FBAR 技术的高性能 Band 8 WCDMA 双工器 ACMD - 7605 成功在各种工作温度下达到典型 1.3dB 发送插入损耗和最高 3.5dB 插入损耗的卓越表现,大幅降低功耗并改善通话时间。

ACMD - 7409 主要针对美国 PCS 频带运作的 PCS 手机以及数据终端设备应用设计,可直接取代 ACMD - 7402,同样使用 Avago 的 Microcap 键合芯片级封装技术,能在大小仅 3.8mm × 3.8mm,高度低于 1.3mm 的 COB 模块上完成滤波器组合。

ACMD – 7407 为 Avago PCS 双工器系列的最新成员,比前一代版本小了 1/3。采用 Avago 自有的 FBAR 技术设计,这款低插入耗损并且具有高隔离度的 UMTS 双工器拥有相同的尺寸,并针对美国 PCS 频带运作的 PCS 手机与资料终端设备应用设计,其性能如表 11.1 所列。

表 11.1 2.4GHz 频段 FBAR 带通滤波器主要性能

型号	ACPF – 7024	ACPF – 7025
应用	WiFi,Bluetooth	WiMAX
带通	2400MHz ~ 2482MHz	2496MHz ~ 2690MHz
功率	+ 27dBm	+ 33dBm
匹配	输入,输出 50Ω	输入、输出 50Ω
封装	2.0mm × 1.6mm × 0.95mm	2.5mm × 2.5mm × 1.15mm
工作温度	– 30℃ ~ + 85℃	– 20℃ ~ + 85℃
插损 (典型值)	1.2dB,2401MHz ~ 2480MHz	2.4dB,2496.5MHz ~ 2502MHz
		2.3dB,2502MHz ~ 2689.25MHz
带外抑制 (典型值)	800MHz ~ 2300MHz 频段:33dB	800MHz 手机频段:60dB
	LTE Band 40(2300MHz ~ 2400MHz):37dB	1900MHz PCS 频段:43dB
	WiMAX 2496MHz ~ 2502MHz 30dB	WLAN/WiFi/蓝牙频段:43dB
	WiMAX/LTE B7(2502MHz ~ 2690MHz):45dB	

Avago 的 ALM – 1912 在微型化的精简封装内整合了低噪声放大器以及高抑制能力前置滤波器,带来一个能够有效简化各种广泛 GPS 手持式产品应用设计,完整、精简并且高效能的 GPS 射频前端模块产品。

2010 年推出拥有最低噪声系数的 GPS 滤波器低噪声放大器(LNA)滤波器模块 ALM – 2712,整合前置与后置高抑制能力 FBAR 滤波器,可实现卓越的效能表现。手机中使用的 S – GPS 以及其他适地性(location – based) GPS 服务需要相当高的接收器灵敏度,ALM – 2712 提供有超低噪声指数以及高线性度输出。

第一代 4G/LTE Band 7 双工器 1mm × 2mm × 2.5mm 薄膜体声波谐振器(FBAR)为手机和数据终端提供了高度双向隔离的优势。该 FBAR 双工器有助于制造商生产新兴的 4G/LTE 标准手机,优化话音服务质量并延长电池寿命。

2011 年,AFEM – S102 模块将一个薄膜体声波谐振器(FBAR)滤波器、SP3T 天线开关和 TX 通道耦合器结合在一个小型的 2.2mm × 2.2mm × 0.55mm 封装中,非常适合对空间有限制要求的应用。可为手机和平板电脑以及其他便携式个人电脑设备的移动路由器提供强大的 802.11 b/g/n WiFi 和蓝牙信号过滤功能。

11.1.2.2 TriQuint[7]和 ST[8]

TriQuint 以电力电子类的砷化镓与氮化镓元件著名,特别是手机射频放大器;得益于其表面声波(Surface Acoustic Wave,SAW)与体声波(Bulk Acoustic Wave,BAW)技术相关产品,该公司 2010 年在 MEMS 市场上的表现优异。根据 iSuppli 的报告,TriQuint 的 BAW 与 SAW 产品推出才一年,就囊括了全球 BAW / SAW 市场的 26% 占有率,抢走 Avago 不少生意。TriQuint 在 2010 年是排名全球前 24 的 MEMS 供应商;该公司的成长动力来自于 MEMS 产品取得进驻苹果(Apple)iPhone 4 与 iPad 的机会(ST 的情况也相似)。

ST 与 TriQuint 在 MEMS 市场的 2010 年表现突飞猛进,都是因为取得进驻 iPhone 4 与 iPad 的机会;iPad 内部有 3 颗 MEMS 元件,iPhone 4 则有 6 颗(包括传声器在内),iPhone 3GS 内的 MEMS 元件则为 2 颗。

TriQuint 的主要优势之一就是能够提供完整的 RF 解决方案,包括放大器、开关和滤波器。

11.1.2.3 南京电子器件研究所

作为国内 RF MEMS 的优势单位,南京电子器件研究所 2005 年向市场推出国内首款 X 波段微带型带通 MEMS 滤波器,X 波段滤波器典型性能:插损 1.5dB,带外抑制 40dB ~ 50dB,矩形系数 2,尺寸约 9mm × 5mm,如图 11.7 所示。

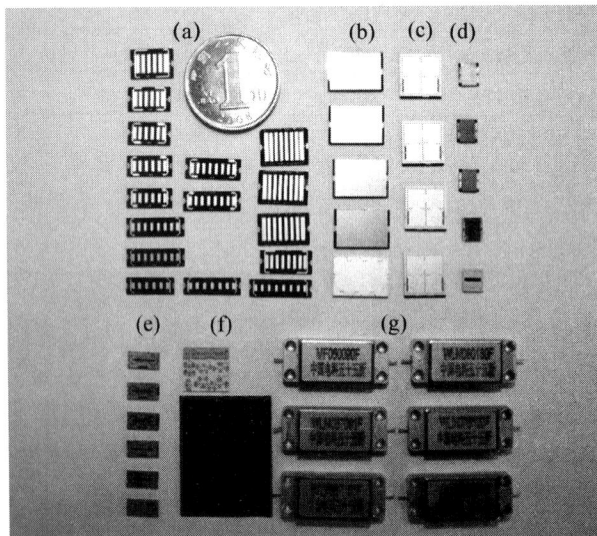

(a)硅基微带滤波器;(b)硅帽滤波器;(c)基片集成波导滤波器;
(d)薄膜腔体滤波器;(e)层叠式结构;(f)单片可调滤波器;(g)封装滤波器

图 11.7　南京电子器件研究所 MEMS 滤波器

至 2012 年南京电子器件研究所已提供硅基微带带通市场 MEMS 滤波器、SIW 型 MEMS 带通滤波器以及 MEMS 低通滤波器不同频段逾 300 多款,并运用于多个射频组件中。如图 11.8 所示。

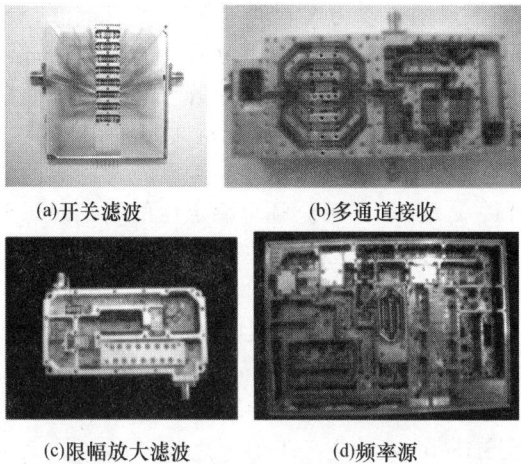

(a)开关滤波 (b)多通道接收

(c)限幅放大滤波 (d)频率源

图 11.8 南京电子器件研究所 MEMS 组件

11.1.3 MEMS 振荡器的应用

硅 MEMS 振荡器的厂商主要有 SiTime、Discera、Silicon Clocks 等几家美国公司。此外,欧洲的恩智浦半导体、意法半导体等大企业也都在投资 MEMS 振荡器的开发。另外,芬兰技术研究中心 VTT、MEMS 公司 VTI 及精工爱普生(Seiko Epson)等也在开发 MEMS 振荡器。

SiTime 公司[9]是目前全球最大的硅振荡器生产厂商,其技术起源于德国 Bosch 公司,并进一步优化。2007 年推出首款产品,主要包括振荡器、时钟发生器 (Clock Generator)以及谐振器等,针对电信、通信、存储、无线等领域,产品具有极低相位噪声和极高可靠性,可承受 $50000g$ 的冲击和 $70g$ 的振动。SiTime 的革命性技术能够集成全硅 MEMS 和模拟集成电路,从而实现创新解决方案。石英行业用了几十年时间才实现该精密度,而 SiTime 仅用了 5 年时间便突破了这一性能水平。MEMS 频率产品支持低抖动、高频率、展频、低功耗、差分输出、多锁相环 (PLL)、多输出频率等功能,由于硅振荡器在性能和可靠性等方面具有较大优势,该公司产品迅速挤占石英振荡器市场,2011 年 6 月,该公司已累计出货 5000 万只产品,且无失效的产品出现。SiTime 为 FTTH 和 Passive Optical Networking (PON)系统、10M 以太网交换机、计算和存储服务器等高性能电子系统及数码相机、LCD 高清晰电视、个人电脑、笔记本电脑、机顶盒、多功能打印和固态硬盘等大批量消费电子提供了最可靠最稳定的时钟频率。

2010 年 SiTime 公司分别针对音响、微控制器和工控医疗等高可靠性应用,推出业界第一款编号为 SiT8503 的千赫(kHz)可编程全硅 MEMS 振荡器;针对赛灵思(Xilinx) FPGA 评估套件采用 SiT9102 高性能差分振荡器及各种规格组合的 SiT8102 可编程高性能振荡器提供可编程时钟频率;SiTime 的 SiT9105 产品为一款基于 MEMS 振荡器的时钟发生器,其体积仅为 $7.0\text{mm} \times 5.0\text{mm} \times 0.9\text{mm}$,可为 PCB 板节省 66% 以上的面积;第一颗针对实时时钟芯片和实时计时应用开发的编号为 SiT1052 的 MEMS 谐振器。SiT1052 可利用标准 IC 塑料封装整合在主芯片内,以此减去电子系统中所有外挂的实时计时元件,实现最为优异的成本效益。这个元件同时创下了全硅时钟 $\pm 5 \times 10^{-6}$ 单位频率稳定性的新纪录。SiT105 目标客户群包括了针对便携、手持和消费电子应用提供实时时钟,微处理器,微控制器,低功耗无线射频、传感器、电子手表、智能卡和专用标准电路(ASSP)的芯片厂商。

2011 年 4 月 11 日 SiTime 公司针对平板电脑以及电子书产品设计所需的所有时钟振荡器,推出完整的解决方案。基于 SiTime 公司低功耗全硅 MEMS 振荡器平台,该完整方案可满足平板电脑及电子书设计中不同功能电路区块的所有频率需求。与传统石英振荡器相比,SiT8003 系列产品不但比之薄 30%(图 11.9),并具有优于 10 倍以上的稳定性和抗震性;进而优化平板电脑以及电子书的设计美观以及耐用性。

2011 年 5 月 23 日 SiTime 公司针对电信、通信、储存、无线等应用领域推出基于 MEMS 技术的 SiT820X 可编程振荡器系列。SiT820X 系列包含了分别针对 1MHz ~ 80MHz 的 SiT8208,以及针对 80MHz ~ 220MHz 的 SiT8209 可编程振荡器。该系列振荡器提供了前所未有的抖动效能,在 12kHz 到 20MHz 范围内累计 RMS 相位抖动指标达到 600fs(飞秒)。该系列器件在工规温度工作范围内提供达 10×10^{-6} 的频率稳定性;高于传统同类石英振荡器产品两倍的效能。

2011 年 7 月 11 日 SiTime 公司推出业界第一个超稳定、基于 MEMS 技术开发的压控温补振荡器(VCTCXOs);该产品目标应用于电信、网络,以及无线等应用领域的产品。此新一代可编程器件基于 Encore 平台的 VCTCXO 系列包含 4 个产品,分别为 SiT5001、SiT5002、SiT5003 及 SiT5004,所有产品可支持的范围频率均达 220MHz、业界领先的 $\pm 0.5 \times 10^{-6}$ 频率稳定性以及 RMS 相噪抖动(12kHz ~ 20MHz 累积范围)参数达 600fs。高性能压控温补振荡器(VCTCXOs)Stratum 3 解决方案,在温度工作范围内的频率稳定性为 $\pm 0.1 \times 10^{-6}$,为目前业界最高水平。

SiTime 于 2011 年 11 月 15 日,推出 SiT530x 系列全硅 MEMS 三级时钟(Stratum 3)解决方案,以替代传统的恒温晶振和温补晶振产品。SiT5301 和 SiT5302 定位于电信和网络基础设施,如基于同步光纤网(SONET)和同步以太网的核心及边缘路由器、无线基站、IP 时钟和智能电网等应用。SiT530x 系列是市场中唯一兼具三级钟(Stratum 3)稳定性、小尺寸、低电压运行和可编程特性的产品,支持客户方便快捷地实现产品的差异化和定制。

SiTime 公司利用 8 英寸生产线进行硅振荡器生产,通过 SiP 技术实现电路与

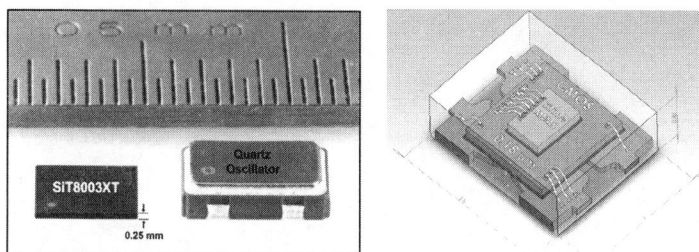

(a)SiTime 公司硅振荡器与石英晶体振荡器比较   (b)SiTime公司硅振荡器结构

图 11.9　SiTime 公司硅振荡器介绍

硅振荡器的集成。其圆片成品率可以达到 95% 以上,保证了其价格在市场上的竞争力。例如其 2011 年所推出的产品 SiT8004 价格仅为 0.98 美元。

另据 Yole Development 公司分析,"从 2011 到 2016 年之间,全硅 MEMS 时钟产品市场在以 66.4% 的年复合成长率(CAGR)取代传统石英产品持续扩增其市场占有率","在这快速成长的市场中,毫无疑问,SiTime 以其在 2010 年 85% 的市场占有率,取得市场领导的地位"。Yole 公司 2011 年对硅振荡器市场预测,2009 年,全球硅振荡器市场为 790 万美元,随着硅振荡器产品技术的成熟,其市场份额将迅猛增加,到 2015 年,全球硅振荡器市场将达到 3.5 亿美元。

11.2　RF MEMS 技术的展望

RF MEMS 技术下一步工作和发展趋势:

(1) 进一步提高 RF MEMS 开关、移相器的可靠性,高功率的 RF MEMS 器件的开发以及解决封装可靠性技术。

(2) 面向更高频率的应用。大多数 RF MEMS 研究机构、大学和公司研究重点主要集中在 LF、MF、VHF、L、S、C、X、Ku、K、Ka 频段,也有部分 W、V 波段的报道,RF MEMS 纳米腔技术可将频率倍频到 THz。

(3) 基于 Si、GaAs 向 SiC、GaN、无机/有机衬底等发展。

(4) 可调谐与可重构网络、扫描阵列、天线和子系统,以实现多频段应用。

(5) RF SOC 和 RF SIP 技术开发,使得 RF MEMS 从器件到模块向射频微系统发展。

RF MEMS 不仅提供 RF MEMS 器件、模块制作方法,RF MEMS 牺牲层技术、TSV(硅通孔)技术、WLP(圆片级封装)等加工技术,更是实现 RF 微系统的重要手段。

PolyStrata 微制造公司展示了一种结合平面工艺、EDM 工艺、MEMS 等加工技术,将小型、高密度的复杂 3D 金属—绝缘体元件的 3D CAD 图形直接转换为精密的电路器件。利用此技术,可以设计高密度的微同轴电缆网络,在微波段它们之间没有耦合效应,并且具有较低的插损。图 11.10 是 PolyStrata 给出的如何实现小型化、集成化的 W 波段 3D 集成相控阵 T/R 模块示意图。

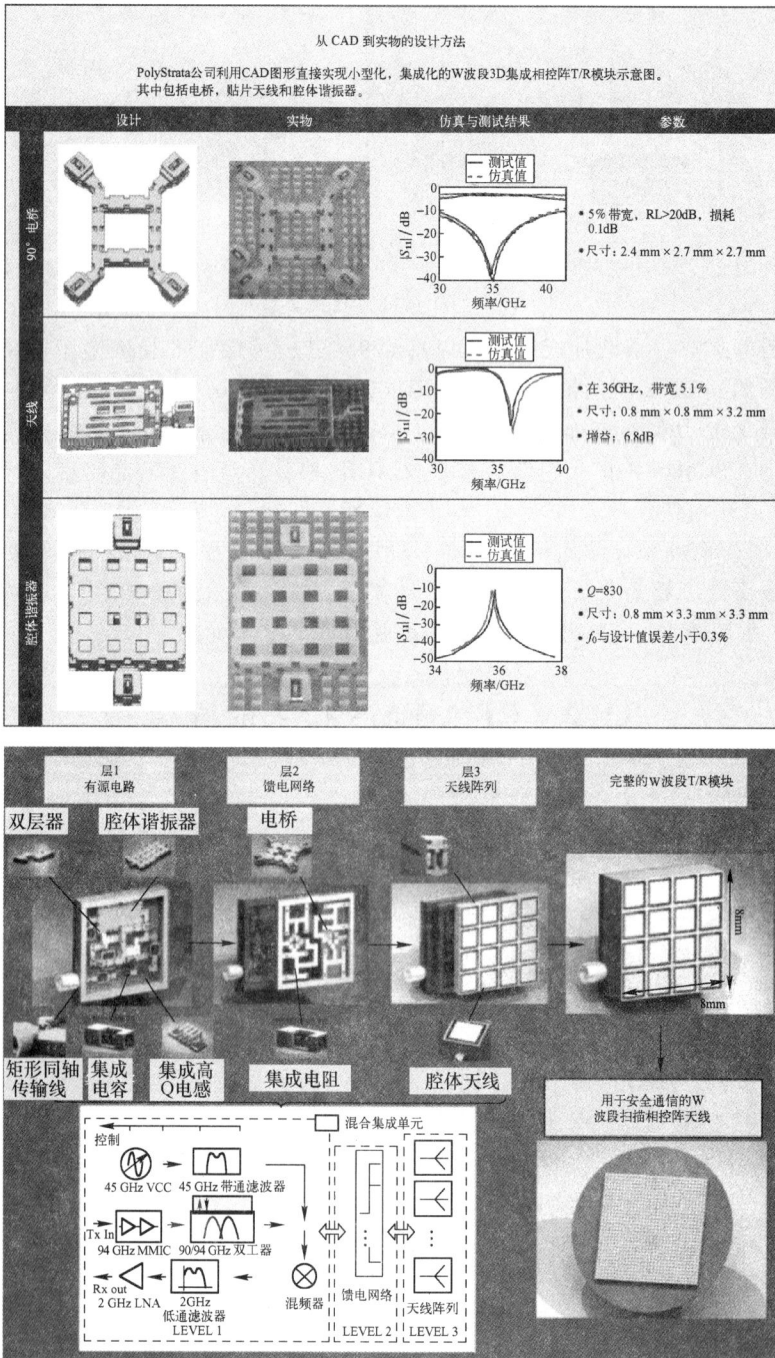

图 11.10　W 波段 3D 集成相控阵 T/R 模块示意图[10]

参 考 文 献

［1］XCOM Wireless – The leader in MEMS switching Solution［OL］. http://www. xcomwireless. com.

［2］OMRON Gloable［OL］. http://www. omron. com.

［3］EPCOS – Electronic Components, Modules and Systems［OL］. http://www. epcos. com.

［4］WiSpry［OL］. http://www. wispry. com.

［5］DelfMEMS: RF MEMS Switch. ［OL］. http://www. delfmems. com.

［6］Analog, Mixed – signal & Optoelectronic Semiconductors［OL］. http://www. avagotech. com.

［7］TriQuint – Connecting the Digital World to the Global Network［OL］. http://www. triquint. com.

［8］STMicroelectronics［OL］. http://www. st. com.

［9］SiTime, Silicon MEMS Oscillators and Clock Generators［OL］. http://www. sitime. com.

［10］Zoya Popovic, David Sherrer, Chris Nicholas, et al. An Enabling New 3D Architecture for Microwave Components and Systems［J］. Microwave Journal, 51, 2008:66 – 83.

内 容 简 介

本书系统地介绍了射频微机电系统（RF MEMS）的原理、加工技术和应用。全书共分 11 章。前 3 章介绍 RF MEMS 技术基础，包括 RF MEMS 概述和设计及工艺技术。第 4 章至第 9 章介绍开关、电容电感、移相器、谐振器、滤波器和天线等 RF MEMS 器件的设计及应用，重点介绍作者近年来在该领域的研究成果和国内、外研究进展。第 10 章为 RF MEMS 器件走向实用化的关键技术——封装及可靠性。第 11 章为 RF MEMS 技术的应用及未来展望。

本书可供从事 MEMS 技术以及射频电路研究的科技及工程技术人员参阅，也可供高等院校相关专业的师生和研究生参考。

The book introduces the principle, fabrication technology and application of RF MEMS systematically. It is divided into eleven chapters. The first three of which introduce the technical foundation of RF MEMS including summary, design and process of it. Chapter 4 to 9, concerns the application of RF MEMS devices such as switch, capacitor and inductor, phase shifters, oscillators, filters and antennas. The chapters mentioned above introduce the research achievement of the author in the field both domestic and abroad. Chapter10 introduces the technology of package and reliability of RF MEMS, which are critical for industrial application. Lastly, Chapter 11 forecasts the application of RF MEMS technology.

The book may serve the technologists engaged in the research of MEMS or RF circuit as a reference and is also suitable for the teachers and students in relevant field from universities or institutes.